생명의 도약

Life Ascending: The Ten Great Inventions of Evolution

Copyright © 2008 Nick Lane
Korean translation copyright © 2011 by Geulhangari Publishers

This Korean edition published by arrangement with United Agents Ltd. through Milkwood Agency.

이 책의 한국어판 저작권은 밀크우드 에이전시를 통한 United Agents Ltd. 사와의 독점계약으로 (주)글항아리가 소유합니다. 저작권법에 의하여 한국 내에서 보호를 받는 저작물이므로 무단 전재와 복제를 금합니다.

진화의 10대 발명

생명의 도약

닉 레인 지음 | 김정은 옮김

LIFE ASCENDING

글항아리

아버지, 어머니께 이 책을 바칩니다
부모가 된 지금, 그 어느 때보다도 두 분께 감사드립니다

차례

서문 · 011

제1장 | **생명의 기원** — 변화하는 지구에서 · 023

원시수프라는 개념 · 029 | 열수분출공의 세계 · 034 | 생명의 부화장, 로스트 시티 · 041 | 크레브스 회로의 역전 · 048 | 광물의 '세포' · 053 | 화학삼투와 양성자 기울기 · 058

제2장 | **DNA** — 생명의 암호 · 065

유전 암호 퍼즐 · 076 | 코돈 속의 암호 · 086 | 암호의 진화 · 090 | RNA의 기원 · 094 | DNA 복제는 두 번 진화했다? · 099

제3장 | **광합성** — 태양의 부름을 받고 · 107

산소가 있는 대기를 얻으려면 · 114 | '산소 발생' 광합성 · 118 | Z체계 · 122 | 남조세균의 기원을 찾다 · 129 | 광계의 진화 · 135 | 전자를 이동시키는 방법 · 141 | 산소 함유 복합체 · 147

제4장 | **진핵세포** — 운명적인 만남 · 151

화석 기록과 유전자 서열 · 161 | 우즈의 계통수 · 166 | '원시 식세포'설과 '운명적 만남'설 · 172 | 미토콘드리아 유전체의 비밀 · 181 | 자리바꿈 유전자 · 187

제5장 | **성** — 지상 최대의 제비뽑기 · 195

유성생식의 이득 · 207 | 돌연변이 · 211 | 개체의 이득과 집단의 이득 · 217 | 유전자 사이의 '선택적 간섭' · 226 | 유성생식의 기원 · 231

제6장 | **운동** — 힘과 영광 · 237

근육 수축의 수수께끼 · 245 | 근활주설 · 252 | 흔들거리는 연결 다리 · 257 | 근육의 진화 · 261 | 모터 단백질 · 266 | 모터 단백질의 기원 · 271 | 역동적인 세포골격 · 275

제7장 | **시각** — 눈 먼 동물들의 세상을 벗어나 · 281

절반의 눈 · 288 | 눈은 급격히 진화할 수 있었는가 · 296 | 수정체의 형성 · 303 | 놀라운 유사성 · 314 | 옵신의 조상 · 323

제8장 | **온혈성** — 에너지 장벽 허물기 · 333

'호기성 용량'설 · 343 | 온혈성의 기원 · 350 | 심장과 폐의 진화 · 358 | 대멸종의 영향 · 365 | 초식성과 질소 · 370

제9장 | **의식** — 마음의 뿌리 · 377

의식이라는 현상 · 387 | 신경 지도 · 394 | 신경 다윈주의 · 400 | 의식의 '어려운 문제' · 407 | '어려운 문제'의 해답을 찾아서 · 414

제10장 | **죽음** — 불로불사의 대가 · 421

죽음의 이득 · 427 | 왜 '늙는' 것일까 · 437 | 장수와 성 · 443 | 자유라디칼 신호 · 452 | 건강한 기간을 늘린다 · 440

에필로그 · 465

감사의 말 · 469
옮긴이의 말 · 472
도판 목록 · 476
문헌 안내 · 479
찾아보기 · 494

서문

칠흑 같은 우주 공간에 비하면, 지구는 매혹적인 푸른 별이다. 달이나 그 너머에서 지구를 바라보는 행운을 경험한 사람은 겨우 스무 명 정도지만, 지난 30여 년 동안 그들이 지구로 보내온 영상에 나타난 섬세한 아름다움은 우리 마음에 깊은 인상으로 남아 있다. 그 아름다움은 무엇과도 견줄 수 없다. 속 좁은 인간들은 국경이나 석유나 신념 따위를 두고 싸움을 벌이지만, 우리는 끝없이 펼쳐진 빈 공간으로 둘러싸인 지구라는 행성에서 함께 살아가야 하는 존재다. 더구나 우리가 함께 살아가는 이 보금자리는 생명의 가장 멋진 발명들 덕분에 존재한다.

생명은 우리 지구의 모습을 바꿔놓았다. 그 옛날, 한 젊은 별의 궤도를 돌며 난타를 당하던 뜨거운 돌덩어리는 우주 공간에서 환히 빛나는 살아 있는 행성으로 변모했다. 생명은 우리 행성을 초록색과 파란색으로 바꿔놓았다. 작은 광합성 세균들이 대기와 바다를 정화하고 산소를 가득 채운 것이다. 생명은 산소라는 새롭고 강력한 잠재적 에너지원으로부터 힘을 얻게 되면서 만개했다. 꽃은 유혹하듯 화려하게 피어나고, 미로 같은 산호에는 금빛 물고기가 몸을 숨기며, 깊고 어두운 곳에는 거대한 괴물들이 자리하고, 나무들은 하늘 높이 뻗어 올라가며, 동물들은 바삐 돌아다닌다. 그리고 이 모든 불가사의한 창조 한가운데에 우리 인간이 존재하고 있다. 우주 공간의 분자들이 조합되어 이루어진 우리 인간은 우리가 어떻게 해서 이곳에 있는지를 생각하며 경탄과 함께 온갖 궁금증에 사로잡힌다.

알다시피, 지구에도 역사가 시작된 첫 순간이 있었다. 그 순간에 관해서는 확실한 지식도 없고, 진실을 담은 석판이 전해 내려오는 것도 아니다. 그러나 우리를 둘러싼 세상과 우리 내면을 알고 이해하기 위한 인류의 위대한 여정은 결실을 맺어가고 있다. 당연히 그 출발점은 지금으로부터 150년 전에 출간된 다윈의 『종의 기원』이다. 다윈 이후, 지식의 간극을 메워주는 화석뿐 아니라 유전자의 상세한 구조에 대해서도 이해하게 되면서 과거에 대한 우리 지식에 살이 붙기 시작했다. 이런 이해는 오늘날 생명이라는 화려한 주단을 수놓는 한 땀 한 땀이 되었다. 그러나 막연한 개념과 이론에서 출발하여 생명의 모습을 세밀한 부분까지 자세히 들여다볼 수 있게 된 지는 불과 수십 년도 되지 않았다. 생명의 모습을 표현하는 언어는 최근에 들어서야 겨우 해독되기 시작했는데, 그 언어에는 우리를 둘러싼 생명의 비밀뿐 아니라 저 멀리 아득한 과거의 비밀까지도 담겨 있다.

이 이야기는 그 어떤 창조신화보다도 복잡하고 감동적으로 전개된다. 그러나 여느 창조신화들과 마찬가지로, 그것은 역시 갑작스럽고 극적인 변화에 관한 이야기다. 지구의 겉모습을 바꾼 혁신들이 일어나고 더욱 복잡한 생명체가 들어 있는 새로운 지층이 등장하는 장대한 변혁의 이야기다. 우주 공간에서 바라본 평온한 아름다움과 대조적으로 지구의 실제 역사는 변화무쌍하며 경쟁과 계략으로 들끓고 있다. 우리의 하찮은 다툼이 지구의 격동적인 과거를 반영하고, 홀로 지구의 약탈자 행세를 하는 우리 인간만이 저 높은 곳에서 아름다운 조화를 둘러볼 수 있다는 사실은 참으로 어처구니없는 일이다.

지구에서 일어난 대격변은 대체로 열 가지에 이르는 진화의 발명에 의해 촉발되었다. 이 발명들은 세상을 변화시켰고 결국 이 땅에 우리가 살 수 있게 해주었다. 먼저 나는 내가 말하는 발명의 뜻을 분명히 밝히고자 한다. 내가 이렇게 하는 까닭은 의도적인 발명가의 느낌을 풍기지 않으려는 마음에서다. 옥스퍼드 영어사전의 정의에 따르면, 발명invention은 '그전까지는 알려지지 않았던 뭔가를 하는 새로운 방법이나 수단의 독창적인 고안이나 고안물, 창시origination, 도입introduction'이다. 진화에는 미래에 대한 계획도 없고 전망도 없다. 발명가도 없고 지적 설계도 없다. 그럼에도 자연선택을 통해 모든 형질은 가장 가혹한 시험을 거치고, 그로부터 최고의 설계가 나온다. 자연은 인간의 무대가 무색할 정도로 거대한 실험실인데, 한 세대마다 수조 가지의 미묘한 차이를 동시어 감시한다. 진화학자들은 편하게 발명이나 발명품이라는 말을 자주 쓰는데, 자연의 놀라운 창조성을 이만큼 잘 표현하는 말도 없다. 이 모든 일이 어떻게 일어나게 되었는지에 대한 통찰을 얻는 것은 종교적 신념에 관계없이 과학자라면 누구나 갖고 있는 목표다. 또 우리가 어떻게 해서 여기에 있는지를 궁금해 하는 모든 이들의 목표이기도 하다.

이 책은 진화의 가장 위대한 발명들에 관한 책이다. 각각의 발명이 생명의 세계를 어떻게 변화시켰고 어떤 정교한 장치로 자연에 대항했는지를 이해하면서 우리 인간이 무엇을 배워왔는지에 대해 알아보는 책이다. 그리고 경이로운 생명의 독창성과 우리 자신에 대한 찬사를 담은 책이기도 하다. 결국 우리가 어떻게 해서 여기에 있는지에 관한 긴 이야기다. 이제 우리는 생명의 기원을 시작으로 중대한 사건들을 짚어가며 우리 자신의 삶과 죽음에까지 이르는 장대한 여정에 나설 것이다. 이 책에서는 심해의 열수분출공에서 인간의 의식까지, 작은 세균에서 거대한 공룡까지 생명의 범위를 대단히 깊고 넓게 다룰 것이다. 지질학, 화학, 뇌영상학neuroimaging, 양자물리학, 지구과학에 이르는 다양한 과학 분야를 넘나들 것이다. 나아가 과학사의 가장 유명한 과학자에서 아직까지 잘 알려지지 않은 연구자에 이르기까지 많은 사람들이 이룩한 성과도 가늠해볼 것이다.

물론 내가 뽑은 발명의 목록은 주관적이며, 다른 목록도 있을 수 있다. 그러나 나는 네 가지 기준을 적용하여 생명의 역사에서 몇 가지 중요한 사건을 신중하게 추렸다.

첫 번째 기준은 이 발명들이 생물계에 일대 변혁을 일으키고 지구 전체에도 큰 변화를 가져와야 한다는 것이다. 앞서 나는 광합성을 언급했는데, 광합성 덕분에 지구는 우리가 알고 있는 것처럼 산소가 풍부한 행성으로 변모했다(이 사건이 없었다면 동물은 나타날 수 없었다). 다른 변화들은 광합성만큼 확연하게 드러나지는 않았지만 그만큼 널리 영향을 미쳤다. 가장 널리 영향을 미친 두 발명으로는 운동과 시각이 있다. 운동은 동물이 먹이를 찾아 어슬렁거리는 것을 가능하게 했으며, 시각은 모든 생명체의 특성과 행동을 변모시켰다. 약 5억 4000만 년 전의 화석에서 눈을 가진 동물이 자주 등장하는 것을 볼 때, 눈의 진화는 캄브리아기 대폭발로 알려진 시기에 갑자기 일어난 것으로 추정된다. 그렇듯 이 발명들이 지구를 뒤흔든 결과에 대해서는 각각의 장에서 알아볼 것이다.

두 번째 기준은 이 발명들이 오늘날에도 지극히 중요해야 한다는 것이다. 그 가장 좋은 예는 성과 죽음이다. 성은 궁극적인 실존적 불합리로 묘사되어왔다. 그러나 여기서 다루는 성이란 불안에서 무아경에 이르는 복잡한 정신적 상태에 관한 카마수트라의 가치를 논하는 것이 아니라 세포 사이에 벌어지는 독특하고 물리적인 현상에 초점을 맞춘 것이다. 왜 그토록 많은 생물들이, 심지어 그냥 조용히 자가 복제를 할 수 있는 식물까지도 성에 탐닉하는지는 하나의 수수께끼다. 오늘날 우리는 이 수수께끼에 대한 해답에 아주 근접해 있다. 그러나 만약 성이 궁극적인 실존적 불합리라면, 죽음은 궁극적인 비실존적 불합리가 되어야 한다. 왜 우리 인간은 자라고 늙고 죽는 것일까? 그리고 그 과정에서 가장 비참하고 끔찍한 질병으로 고통을 받는 이유는 무엇일까? 대부분의 현대인이 몰두해 있는 이 문제는 무질서도 증가에 관한 열역학 제2법칙에 따라 일어나는 현상이 아니다. 노화가 모든 생명체에서 일어나는 것은 아니다. 심지어 어떤 생물은 스위치 하나를 까딱 움직여서 노화를 멈출 수도 있다. 우리는 진화를 통해 동물의 수명이 몇 번이고 10배 이상 연장되었다는 사실을 확인할 것이다. 노화 방지 의약품은 한낱 꿈이 아니다.

    세 번째 기준은 이 발명들 하나하나가 모두 자연선택에 의한 진화의 직접적 산물이어야 한다는 것이다. 이를테면 문화적 진화는 안 된다. 나는 생화학자다. 따라서 내가 언어나 사회에 관해서 하는 말은 나만의 독자적인 것이 아니다. 그런데 우리 인간이 이룩한 모든 것의 토대는 바로 의식이다. 공통의 가치, 또는 지각이나 감정, 이를테면 사랑, 행복, 슬픔, 공포, 외로움, 희망, 믿음 같은 무언의 감정을 기반으로 하지 않는 다른 형태의 사회나 언어를 상상하기는 어렵다. 만약 인간의 마음이 진화를 한다면, 어떻게 뇌 속에 있는 신경의 흥분이 무형의 기분, 곧 감정이라는 내적 긴장을 일으키는지를 우리는 설명해야 할 것이다. 이는 내게 생물학적인 문제다. 그래도 마음에 들지 않는 이들이 있겠지만, 제9장에서 충분한 이유를 제시할 것이다. 그래서 의식도 위대한 발명 가운데 하나로 '넣었다'. 언어나 사회 같은 문화적 진화의 산물은 여기 포함되지 않는다.

그리고 마지막 기준은 이 발명들이 어떤 식으로든 상징적이어야 한다는 것이다. 눈이 완전하다는 가정은 아마 진화론의 대표적 난제일 것이다. 이 문제가 처음 대두된 시기는 다윈 시대 이전으로 거슬러 올라간다. 그 후로 눈에 관해서는 여러 차례에 걸쳐 다양한 방식으로 설명되어왔지만, 최근 10년 사이에 유전학적 지식이 폭발적으로 증가하면서 눈의 기원에 관해 전혀 예측하지 못한 새로운 해답이 나왔다. DNA의 이중나선 구조는 정보화 시대를 살고 있는 우리에게 가장 대단한 상징이다. 일반 대중보다는 과학자들 사이에서 더 잘 알려져 있지만, 복잡한 세포('진핵' 세포)의 기원도 또 다른 상징적 주제다. 이는 지난 40년 동안 진화학자들 사이에서 벌어진 가장 뜨거운 논쟁의 주제 가운데 하나로, 어떻게 해서 이 세상에 복잡한 생명체들이 퍼졌는지에 관한 의문을 해소하는 데 결정적으로 중요한 열쇠다. 이 책에서는 각 장마다 이런 상징적인 주제들을 다룰 것이다. 먼저 나는 내가 뽑은 열 가지 발명의 목록을 놓고 친구와 의논했는데, 그 친구는 동물의 상징으로 운동 대신 '창자'를 넣자고 제안했다. 그러나 이 제안은 상징 면에서 망설여졌다. 적어도 내가 생각하기에 울퉁불퉁한 근육의 힘은 상징적이다. 그렇지만 운동성이 없는 창자는 바위에 붙어 이리저리 휩쓸리는 멍게와 같다. 전혀 상징적이지 않다.

이렇게 정형화된 기준 외에도 각각의 발명은 내 상상을 사로잡아야 했다. 이 발명들은 호기심이 무척 강한 나 같은 사람에게는 가장 이해하고 싶은 것들이다. 어떤 것들은 전에 낸 책에서 다뤘던 주제지만 더 넓은 의미에서 다시 설명하고자 했고, 또 호기심 강한 연구자라면 누구나 치명적인 매력을 느낄 만한 DNA 같은 주제들도 다뤘다. 생물의 구조 깊숙이 숨겨져 있는 실마리를 얻고자 애써온 지난 반세기 동안의 이야기는 추리소설 못지않게 흥미진진하지만, 과학자들조차 잘 모르는 부분이 여전히 남아 있다. 나는 다만 이 과정을 추적하면서 내가 느꼈던 짜릿함을 전할 수 있기를 바랄 뿐이다. 온혈성에 관한 부분도 아직 격렬한 논쟁이 벌어지고 있는 분야 중 하나다. 공룡이 뜨거운 피가 흐르는 잽싼 포식자였는지, 아니면 느릿느릿 움직이는 거대한 도마뱀이었는지, 그리고 정온동물인 새가 가까운 사촌인 T. 렉스T. rex에서 직접 진화했는지, 아니면 공룡과는 아무 관계도 없는 것인지에 관해서는 여전히 논란이 분분하다. 내게 이 책은 그 증거들을 천천히 검토해볼 만한 절호의 기회다!

이제 여행 목록은 완성되었다. 이 여행은 생명 자체의 기원에서 시작하여 우리 자신의 죽음과 불사의 가능성을 알아보는 것으로 끝을 맺을 것이다. 그 길목에서 DNA, 광합성, 복잡한 세포, 성, 운동, 시각, 온혈성, 의식 같은 높은 산봉우리들을 둘러볼 것이다.

그러나 시작에 앞서, 이 서문을 쓰게 된 동기에 관해 조금 언급하고 넘어가야겠다. 내가 하려는 이야기는 진화의 역사를 깊이 파악할 수 있는 통찰을 선사하는 새로운 '언어'에 관한 것이다. 최근까지 과거를 탐색하는 방법은 화석과 유전자라는 두 갈래 길로 크게 나뉘었다. 두 가지 모두 과거에 생명을 불어넣는 놀라운 힘을 갖고 있지만, 저마다 결점이 있다. 화석 기록의 '틈새'는 수없이 지적되고 있으며, 다윈이 이 점에 우려를 나타낸 이래로 150년이 넘도록 열심히 메워져왔다. 문제는 화석이 보존될 수 있게 한 바로 그 조건 때문에 화석이 과거를 그대로 투영하지 않고 그렇게 할 수도 없다는 것이다. 우리가 화석에서 그렇게 많은 정보를 얻어낼 수 있다는 사실은 놀라운 일이다. 마찬가지로 우리는 유전자 서열을 자세히 비교하여 계통수를 만들 수 있다. 계통수는 우리 인간이 다른 생명체들과 어떻게 연관되어 있는지를 정확히 보여준다. 안타깝게도 유전자는 결국 어느 시점에서는 갈라져 더 이상 공통된 부분이 없어지게 된다. 그러한 시점을 넘어서면, 유전자를 통해 읽은 과거가 틀릴 수도 있다는 것이다. 그러나 아득한 과거로 돌아가는 데 유전자와 화석을 능가하는 강력한 방법이 나타났다. 이 책은 어느 정도 이 방법의 정확성에 대한 찬사라 할 수 있다.

내가 좋아하는 예를 하나 들어보겠다. 이 책에서는 적절하게 언급할 기회를 찾지 못한 효소(화학 반응의 촉매 작용을 하는 단백질)에 관한 예다. 효소는 생명에서 대단히 중요하기 때문에, 세균에서 인간에 이르기까지 살아 있는 생명체라면 어디서든 볼 수 있다. 서로 다른 세균, 이를테면 무척 높은 온도의 열수분출공에 사는 세균과 혹한의 남극 지방에 사는 세균에 들어 있는 같은 효소를 비교해보자. 효소가 암호화된 유전자 서열은 서로 다르다. 이 서열들은 어떤 시점에서 갈라져 나와 현재는 상당한 차이가 난다. 우리는 이 세균들이 공통조상에서 갈라져 나왔다는 것을 알고 있다. 온화한 조건에서 살아가는 세균에서 그 중간 단계에 해당하는 영역을 발견했기 때문이다. 그렇지만 유전자 서열 하나만 가지고는 더 이상 할 수 있는 이야기가 없다. 살아가는 조건이 판이하게 다르기 때문에 두 세균이 갈라진 것은 분명하지만, 이는 추상적인 이론적 지식이며 건조하고 2차원적이다.

그러나 이제 두 효소의 분자 구조를 보자. 효소에 조밀한 X-선을 통과시키고 눈부시게 발전한 결정학을 이용해 그 결과를 판독하는 것이다. 두 효소는 포개질 수 있을 정도로 똑같은 구조를 하고 있다. 3차원 구조에서는 접힌 곳과 갈라진 곳, 들어간 곳과 나온 곳이 하나하나 일치할 정도로 대단히 유사하다. 대충 봐서는 둘 사이의 차이를 전혀 알아챌 수 없다. 다시 말해서 대단히 많은 구성 요소가 오랜 세월에 걸쳐 바뀌었지만, 분자의 전체적인 구조와 형태는 진화 기간 내내 보존되고, 그 결과 기능도 그대로 유지된다는 것이다. 마치 돌로 지은 대성당을 벽돌로 다시 지으면서 그 웅장한 구조를 그대로 유지하는 것과 비슷하다. 그리고 뜻밖의 다른 사실이 밝혀졌다. 어떤 구성 요소가 뒤바뀌었고, 그 이유는 뭘까? 초고온의 열수분출공에 사는 세균의 효소는 대단히 경직된 구조를 하고 있다. 구성 요소들이 접착제 작용을 하는 내부 결합에 의해 서로 단단히 묶여 있다. 그래야만 뜨거운 열수분출공의 에너지가 일으키는 진동도 견디며 형태를 유지할 수 있기 때문이다. 말하자면 이 효소는 끊임없이 일어나는 지진을 견딜 수 있게 만들어진 대성당인 것이다. 그런데 남극에서는 상황이 정반대다. 이 효소의 구성 요소는 유연해서 꽁꽁 얼어도 움직일 수가 있다. 벽돌 대신 볼베어링으로 다시 지은 대성당이라고 할 수 있다. 섭씨 6도에서 두 효소의 활성을 비교하면, 남극의 효소가 26배나 빠르게 움직인다. 그렇지만 섭씨 100도가 되면 이 효소는 산산이 부서지고 만다.

  새롭게 드러난 상황은 다채롭고 3차원적이다. 유전자 서열 변화는 이제 의미를 지닌다. 전혀 다른 조건에서 작동하게 되더라도 유전자 서열에는 효소의 구조와 기능이 그대로 보존된다. 이제 우리는 진화에서 실제로 무슨 일이 일어나고 그 이유가 무엇인지를 알 수 있다. 더 이상 단순한 암시가 아니다. 생생한 통찰이다.

이처럼 실제로 무슨 일이 벌어졌는지를 생생하게 꿰뚫어볼 수 있는 다른 근사한 도구들도 있다. 비교유전체학comparative genomics을 통해 우리는 유전자뿐 아니라 유전체genome 전체, 수백여 종의 수천 가지 유전자를 한 번에 비교할 수 있다. 이 역시 최근 몇 년 사이에 유전체 서열 분석이 급증하면서 가능해진 일이다. 단백질 유전 정보학proteomics을 이용하면 어느 한 시점에서 어떤 세포에 작용하는 단백질의 범위를 확인할 수 있고, 오랜 진화 기간에 걸쳐 보존되어온 소수의 조절 유전자가 어떻게 이 단백질들을 조절하는지도 파악할 수 있다. 컴퓨터 생물학computational biology은 유전자가 변해도 단백질에 남아 있는 특별한 형태나 구조, 특색 따위를 확인할 수 있게 해준다. 암석이나 화석의 동위원소를 분석하면 과거의 대기 조성이나 기후 변화를 재구성할 수 있다. 영상 기술을 활용하면, 우리가 생각을 하는 동안 뇌 속에 있는 뉴런의 기능을 눈으로 확인할 수 있고, 암석을 부수지 않고도 그 속에 들어 있는 미세 화석의 3차원 구조를 재구성할 수 있다. 이 밖에도 여러 가지 기술이 있다.

이런 기술들이 새로운 것은 아니다. 새로운 것은 이 기술들의 정밀도와 속도와 이용도다. 인간 유전체 계획Human Genome Project이 당초 예정을 크게 앞당긴 것처럼, 수많은 자료들이 현기증이 날 정도로 빠르게 축적되고 있다. 이 정보들은 대부분 집단유전학이나 고생물학 같은 고전적 언어로 쓰인 것이 아니라 자연에서 실제 일어나는 변화의 눈높이에 맞춰 분자의 언어로 쓰인 것이다. 새로운 기술과 함께 새로운 부류의 진화학자들도 등장하고 있다. 이들은 실시간으로 일어나는 진화의 작용을 포착할 수 있다. 그렇게 그려진 그림은 놀라우리만치 세부 묘사가 풍부하며, 작게는 원자 수준에서 크게는 행성 규모에 이를 정도로 그 범위가 넓다. 날로 늘어나고 있는 우리 지식의 대부분이 한시적이라는 것은 분명하지만, 그 속에 담긴 중요한 의미가 미치는 영향은 지대하다. 이렇게 많은 것을 알고 있지만, 여전히 더 나아갈 길이 기다리고 있는 지금 이 순간을 살아간다는 것은 더 없이 기쁜 일이다.

제1장

생명의 기원
변화하는 지구에서

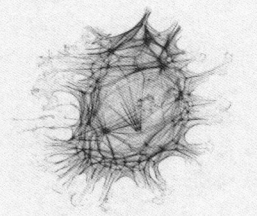

Life Ascending

밤과 낮은 대단히 빠르게 바뀌었다. 당시 지구는 하루가 겨우 5~6시간에 불과했다. 지구는 엄청난 속도로 자전을 했다. 달은 하늘을 위협하듯 무겁게 매달려 있었는데, 지구와 달 사이의 거리가 지금보다 훨씬 가까웠기 때문에 오늘날보다 달이 훨씬 커 보였다. 대기 중에는 안개와 먼지가 가득해서 별은 거의 보이지 않았다. 뿌옇고 붉은 안개 사이로 희미하게 보이는 태양은 그 위용을 찾기 어려웠다. 이런 곳에는 인간이 살 수 없다. 인간의 눈은 점점 부풀다 터져버릴 것이고, 산소가 없어 숨도 쉴 수 없다. 우리는 잠시 몸부림을 치다 이내 질식사하게 될 것이다.

지구는 아주 잘못 지은 이름이다. '해구海球'가 훨씬 어울린다. 오늘날에도 대양은 지구의 3분의 2를 뒤덮고 있으며, 우주 공간에서 지구를 보면 주로 바다가 보인다. 과거로 거슬러 올라가면 지구는 사실상 모두 바다였다. 작은 화산섬 몇 개가 거친 파도를 뚫고 솟아나 있을 뿐이었다. 을씨년스럽게 커다란 달의 중력에 이끌린 탓에 조수 운동은 수십, 수백 미터에 달했다. 소행성과 혜성이 지구와 충돌하는 횟수는 더 이전에 비해 훨씬 줄었다. 달이 바람막이가 되어준 덕분이었다. 그러나 상대적으로 평온했던 이 시기조차도 바다는 계속 끓어오르고 요동쳤다. 바다는 밑바닥까지 극도로 뜨거웠다. 지각이 갈라져 화산이 분출하고 용암이 흐르는 지옥 같은 풍경이었다. 지구는 불안정하고 쉼 없이 움직이는 열정적인 어린 행성이었다.

생명이 처음 나타났던 38억 년 전의 세상은 아마 지구 자체의 불안정한 뭔가에 의해 활기가 넘쳤을 것이다. 그렇게 짐작할 수 있는 것은 그 불안정한 시대를 거쳐 오늘날까지 남아 있는 소량의 암석 때문이다. 이 암석에는 아주 작은 탄소 조각이 들어 있는데, 그 탄소 조각에는 생명의 흔적이 뚜렷한 원자 구조가 보인다. 이것이 허황된 주장을 하기 위한 억지스러운 구실처럼 보인다면, 그럴 가능성도 있다. 아직까지 전문가들 사이에서조차 완전한 합의가 이루어지지 않았기 때문이다. 그러나 시간이라는 양파껍질을 조금 더 벗겨 34억 년 전에 이르면, 생명의 증거가 명백하게 나타난다. 당시에는 세균이 번성했으며, 세균은 탄소 조각뿐 아니라 다양한 형태의 미세화석과 스트로마톨라이트stromatolite라고 하는 세균으로 이루어진 수 미터 높이의 커다란 구조물에도 그 흔적을 남겼다. 그 후 정말로 복잡한 생명체의 화석 기록이 처음 나타난 25억 년 전까지, 세균은 지구를 지배했다. 어떤 사람들은 지금도 세균이 지구를 지배하고 있다고 말하는데, 무엇보다 식물과 동물을 모두 합쳐도 세균의 생물량에 미치지 못하기 때문이다.

초기 지구에서 무기 원소에 최초로 생명을 불어넣은 것은 무엇이었을까? 우리는 독특하고 지극히 희귀한 존재일까? 우리 행성은 우주에 흩어져 있는 수많은 생명 배양기 가운데 하나일 뿐일까? 인류원리anthropic principle에 따르면 별로 문제될 것이 없다. 만약 우주에 생명이 존재할 확률이 1000조 분의 1이라면, 1000조 개의 행성 중 어딘가에는 생명이 나타날 확률이 정확히 1인 곳이 있다는 것이다. 우리는 생명이 존재하는 행성에 살고 있기 때문에, 분명 그런 행성 중 하나에 살고 있는 것이다. 생명은 대단히 드물지 모르지만, 광활한 우주 속 한 행성에는 반드시 생명이 나타날 가능성이 있고, 우리는 그 행성에 살고 있어야만 한다.

만약 지나치게 교묘한 통계학에 만족하지 못하겠다면, 역시 불만족스러울 답을 하나 더 내놓겠다. 이 답은 프레드 호일Fred Hoyle이나 훗날 프랜시스 크릭Francis Crick보다는 격이 조금 떨어지는 과학 정치가가 내놓은 것이다. 생명이 어딘가에서 시작되어 우리 행성을 '오염'시켰는데, 여기에는 신 같은 외계의 지적 존재와 우연이 모두 관여했다는 것이다. 어쩌면 그럴 수도 있다. (총대를 메고 그렇지 않다고 말할 사람이 누가 있을까?) 그러나 대부분의 과학자들은 확실한 근거에 입각해서 이런 추론을 자제한다. 이런 추론은 과학이 문제에 답을 내놓을 수 있는지를 심각하게 고민도 해보기 전에 답을 내놓을 수 없다고 단정하는 것과 같다. 우주 어딘가에서 구원을 찾기 위한 근거는 대개 시간인데, 지구에는 놀라울 정도로 복잡한 생명체가 진화하기에 충분한 시간이 없었다는 것이다.

그런데 누가 이런 말을 하는 것일까? 저명한 노벨상 수상자인 크리스티앙 드 뒤브Christian de Duve는 더 아슬아슬한 주장을 내놓았다. 화학적 결정론은 생명이 갑작스럽게 등장했어야 한다는 의미라는 것이다. 드 뒤브의 말은, 화학반응이란 빠르게 일어나거나 전혀 일어나지 않는다는 것이 골자다. 만약 어떤 반응이 완전하게 일어나는 데 1000년이 걸린다면, 그 동안 반응 물질은 뿔뿔이 흩어지거나 분해될 것이다. 더 빠른 속도로 일어나는 다른 반응에 의해 반응 물질이 계속 공급되지 않는다면 말이다. 생명의 기원은 확실히 화학적 문제이므로 같은 논리가 적용된다. 기본적인 생명의 반응도 자연발생적으로 빠르게 일어나야만 한다. 따라서 드 뒤브는 생명이 100억 년보다는 1만 년 만에 진화했을 가능성이 훨씬 크다고 생각한다.

우리는 지구에서 생명이 어떻게 시작되었는지를 정확히 알 길이 없다. 만약 우리가 화학물질들을 섞어 시험관 속에서 세균이나 꿈틀꿈틀 움직이는 작은 벌레를 만들어내는 데 성공한다 하더라도, 그것이 실제로 지구에서 생명이 시작된 방식인지는 결코 알 수 없을 것이다. 다만 이런 방식으로 시작되었을 가능성이 있고, 한때 우리가 생각했던 방식보다 훨씬 그럴싸할지도 모른다고 짐작만 할 따름이다. 그러나 과학은 예외가 아닌 규칙을 다루는 학문이다. 그리고 우리 행성에서 생명의 등장을 관장한 규칙은 우주 전체에 적용되어야 한다. 생명의 기원을 향한 여정은 기원전 38억 5100만 년 오전 6시 30분에 무슨 일이 일어났었는지를 재구성하기 위한 것이 아니라, 우주 어디서나, 특히 우리가 알고 있는 유일한 예인 지구에서 모든 생명의 등장을 관장하는 일반적인 규칙을 찾기 위한 것이다. 물론 우리가 추적하는 이야기가 속속들이 다 옳지는 않겠지만, 대체로 있음직한 이야기일 것이다. 나는 그렇게 생각한다. 생명의 기원은 사람들이 이따금 이야기하듯이 그렇게 신비로운 일은 아니라는 사실을 밝히고 싶다. 어쩌면 생명의 등장은 지구 환경 변화에 따른 거의 필연적인 현상이었을지도 모른다.

원시수프라는 개념

물론 과학에 규칙만 있는 것은 아니다. 과학은 그 규칙을 밝히는 실험에 관한 학문이기도 하다. 우리의 이야기는 1953년에서 시작된다. 1953년은 경이로운 해였다. 엘리자베스 2세 여왕의 즉위식이 있었고, 최초로 에베레스트 산을 등정했으며, 스탈린이 사망했고, DNA의 구조가 밝혀졌으며, 무엇보다도 생명의 기원 연구에서 상징적 발단이 된 밀러-유리의 실험Miller-Urey experiment이 이루어졌다. 당시 스탠리 밀러Stanley Miller는 노벨상 수상자인 해럴드 유리Harold Urey의 연구실에서 박사학위를 준비하던 고집 센 학생이었다. 밀러는 반세기에 걸쳐 담대하게 유지하던 관점에 여전히 매진하다가 2007년에 사망했는데, 아마 조금은 분기를 품었을 것이다. 그의 특별한 발상이 어떤 운명을 겪었는지를 떠나서, 밀러는 놀라운 실험에 근거하는 분야를 개척했고, 이것이야말로 그의 진정한 유산이다. 그의 실험 결과는 오늘날까지도 놀라운 힘을 유지하고 있다.

밀러는 커다란 유리 플라스크에 원시 지구의 대기 조성을 모방한 혼합 기체와 물을 넣었다. 그리고 (스펙트럼 분석을 통해) 목성의 대기를 구성하는 것으로 여겨지는 기체들, 곧 암모니아, 메탄, 수소를 선택했는데, 이 기체들이 어린 지구에도 풍부했을 것이라는 합리적인 추측을 했다. 그는 이 혼합 기체에 번개 대신 전기 스파크를 일으키고 관찰을 했다. 며칠 뒤, 몇 주 뒤, 몇 달 뒤, 그는 표본을 채취해 자신이 정확히 무슨 요리를 했는지를 알아보기 위해 분석에 나섰다. 그 결과 그는 자신의 원대한 상상마저도 뛰어넘는 발견을 하게 되었다.

그는 거의 전설적 유기물질 혼합물인 원시수프primordial soup를 만들고 있었다. 원시수프에는 단백질의 구성 요소인 몇 가지 아미노산이 포함되어 있었는데, DNA가 명성을 얻기 전인 당시로서는 확실히 가장 상징적인 생명물질이었을 것이다. 더욱 충격적인 사실은 밀러의 수프에서 실제로 만들어진 아미노산은 가능한 아미노산 구조들 가운데서 마구잡이로 뽑은 아미노산에 비해 생명체에서 쓰이는 아미노산과 더 비슷한 경향이 있었다. 다시 말해서, 밀러는 단순한 기체 혼합물에 전기 충격을 가했는데 생명의 기본 구성 요소들이 모두 그 혼합물에서 응축된 것이다. 마치 생겨나기를 기다리고 있었던 것처럼 아미노산들이 거기에 들어 있었다. 갑자기 생명의 기원이 가깝게 다가왔다. 이 개념이 『타임』의 머리기사를 장식한 것을 보면, 시대정신 같은 것을 사로잡은 것이 분명했다. 과학실험으로서는 유례없는 대서특필이었다.

그러나 시간이 흐르자 원시수프의 인기는 시들해졌다. 그러다 오래된 암석에 대한 분석을 통해 지구에 메탄과 암모니아와 수소가 풍부한 적이 없었다는 사실이 밝혀지면서 그야말로 운이 다했다. 적어도 달을 지구의 위성으로 만든 엄청난 소행성의 폭격이 있은 뒤에는 그랬다. 어마어마한 폭격으로 지구 최초의 대기는 우주 공간으로 흩어졌다. 최초의 대기에 대한 더 실제적인 모의실험 결과는 실망스러웠다. 이산화탄소와 질소, 그리고 미량의 메탄과 다른 기체를 섞은 혼합 기체에 전기를 방전시키면 유기물질의 수득률이 비참할 정도로 떨어진다. 아미노산은 거의 찾아볼 수 없다. 유기물질이 실험실에서 단순한 조작으로 만들어질 수 있다는 사실은 상세히 입증되었지만 원시수프는 단순한 호기심에 지나지 않게 되었다.

원시수프는 우주 공간, 특히 혜성과 운석에 유기물질이 널려 있다는 사실이 발견되면서 다시 부각되었다. 몇몇 혜성과 운석은 흙먼지가 섞인 얼음과 유기물질로 구성되고, 기체에 전기를 방전시켜 만든 아미노산과 놀라울 정도로 비슷한 아미노산이 들어 있는 것으로 추정되었다. 이런 물질이 존재한다는 사실에 대한 놀라움을 넘어서, 마치 모든 가능한 유기분자라는 전체집합의 작은 부분집합인 생명의 분자에 뭔가 특별한 호의가 존재하는 것 같은 시각이 형성되기 시작했다. 이제 엄청난 소행성의 폭격은 상당히 다른 면모로 다가왔다. 더 이상 단순한 파괴가 아니라 생명이 나아가는 데 필요한 유기물질과 물의 궁극적 공급원이 될 것이다. 원시수프는 지구 고유의 것이 아니라 우주 공간에서 실려 온 것이었다. 대부분의 유기분자들은 충격으로 만신창이가 되었겠지만, 수프를 만들기에 충분한 양은 남아 있었을 것으로 계산되었다.

우주학자인 프레드 호일은 생명의 씨앗이 우주 공간에서 왔다는 주장을 적극적으로 펼치지는 않았지만, 그래도 이 개념은 비록 생명의 기원까지는 아니더라도 적어도 원시수프를 우주의 구조와 결합시켰다. 생명은 더 이상 외로운 예외가 아니었다. 이제는 당당히 중력처럼 필연적인 우주의 불변량이 되었다. 당연히 우주생물학자들은 이 개념을 무척 좋아했다. 지금도 이 개념은 여전히 사랑을 받고 있다. 매력적인 개념이기도 하거니와, 고용 안정도 보장해주기 때문이다.

원시수프는 분자유전학molecular genetics의 입맛에도 아주 잘 맞았다. 특히 생명은 결국 모두 복제자replicator라는 개념과 잘 맞아떨어졌다. 여기서 복제자란 DNA나 RNA로 구성된 유전자로, 스스로를 충실히 복제해서 다음 세대에 전달할 수 있는 것을 말한다(이에 관해서는 다음 장에서 더 자세히 다룰 것이다). 사실 자연선택은 일종의 복제자가 없으면 작동할 수 없다. 또 생명은 자연선택의 도움을 받아야만 복잡성에 도달할 수 있다. 따라서 많은 분자생물학자들에게 생명의 기원은 복제의 기원이다. 그리고 원시수프는 이 개념과 잘 들어맞아, 서로 경쟁하는 복제자들이 성장하고 진화하는 데 필요한 모든 구성 성분을 공급하는 것처럼 보였다. 복제자들은 맛있고 진한 수프에서 필요한 것을 얻어 화합물을 만들고, 결국 다른 분자들을 조작해서 단백질이나 세포처럼 정교한 구조를 형성한다. 이 개념에서 원시수프는 문자들이 소용돌이치는 알파벳의 바다인데, 자연선택이 이 문자를 낚아 아름다운 산문으로 변모시켜주기를 기다리고 있다.

이 모든 것 때문에 원시수프는 해로운 개념이다. 반드시 틀리기 때문에 해로운 것이 아니다. 애초에 주장한 것보다는 훨씬 묽을지도 모르지만, 원시수프는 한때 분명히 존재했을 가능성이 있다. 원시수프 개념이 해로운 이유는 지난 수십 년 동안 생명의 진정한 기초를 등한시하게 했기 때문이다. 멸균된 커다란 수프(또는 땅콩버터) 통조림을 수백만 년 동안 가만히 놔둔다고 해보자. 생명이 나타날까? 그렇지 않다. 왜일까? 통조림을 가만히 두면 내용물이 분해되는 데 그친다. 통조림을 계속 두들기면 수프가 더 빨리 분해될 뿐, 사정은 별반 달라지지 않을 것이다. 번개처럼 산발적으로 엄청난 방전이 일어난다면 일부 끈끈한 분자들이 서로 엉겨 덩어리가 될 수도 있지만, 다시 작은 조각으로 나뉘기 십상이다. 수프에서 정교한 복제자 집단이 만들어질 수 있을까? 내 생각에는 불가능할 것 같다. 미국 아칸소 주를 여행하다 듣는 이야기처럼, "여기서는 더 갈 수 없으니 다른 길로 돌아가세요"다. 이는 열역학적으로 타당하지 않다. 시체에 반복적으로 전기 충격을 가한다고 해서 다시 살아날 수 없는 것과 같은 이치다.

열역학Thermodynamics은 대중성을 표방하는 책에서 가장 꺼리는 단어 중 하나다. 그러나 열역학은 생각보다 매력적인 학문이다. 열역학은 '욕망'의 과학이다. 원자와 분자의 존재는 '밀고 당기며, 원하고 버림받는 관계'의 지배를 받는다. 이런 관점에서 보면 화학도 일종의 복잡한 인간사를 빌려 표현할 수 있다. 분자는 전자를 얻거나 버리기를 '원한다'. 다른 종류의 전하는 끌어당기고 같은 종류의 전하는 밀어낸다. 성질이 비슷한 분자는 동거를 하기도 한다. 만약 함께하고 싶은 분자가 있으면 자연스럽게 화학반응이 일어난다. 또는 더 큰 힘에 의해 원치 않는 반응을 하도록 강요당할 수도 있다. 정말 반응을 하고 싶어하지만 타고난 수줍음을 극복하지 못하는 분자도 있다. 이런 분자는 조금만 불을 붙여주면 엄청난 정욕을 분출하기도 한다. 다시 말해서 순수한 에너지의 방출이 일어난다. 이 이야기는 이쯤에서 멈춰야 할 것 같다.

내 말의 요지는 열역학이 세상을 돌아가게 한다는 것이다. 만약 두 분자가 서로 반응을 하려고 한다면 수줍음을 극복하는 데 시간이 걸리더라도 반응이 일어날 것이다. 음식을 구성하는 분자는 산소와 대단히 반응을 하고 싶어하지만, 다행히도 자연적으로는 반응이 일어나지 않는다(수줍음이 아주 많다). 그렇지 않으면 우리는 모두 활활 타오르고 있을 것이다. 우리 모두를 지탱하는 생명의 불꽃은 느린 연소를 한다. 이 반응을 정확히 설명하면, 음식에서 떨어져 나온 수소는 산소와 반응하여 우리가 살아가는 데 필요한 모든 에너지를 만드는 것이다.● 근본적으로 모든 생명은 비슷한 형태의 '주반응main reaction'에 의해 유지된다. 자발적으로 일어나는

● 무엇보다도 이 반응은 공여체(수소)에서 수용체(산소)로 전자가 이동하는 산화환원 반응이다. 수소와 산소는 열역학적으로 안정된 최종 산물인 물을 형성하고 싶어한다. 모든 산화환원 반응에서는 전자가 공여체에서 수용체로 이동한다. 그리고 놀랍게도 세균에서 인간에 이르는 모든 생명체는 차례차례 전자를 전달해 에너지를 얻는다. 헝가리 출신 노벨상 수상자인 얼베르트 첸트-죄르지Albert Szent-Györgyi의 말처럼, "생명이란 쉴 곳을 찾는 전자일 뿐이다".

화학반응은 에너지를 방출하고, 이렇게 해서 얻어진 에너지는 물질대사의 각 부분을 구성하는 모든 부반응side reaction이 일어나는 데 활용될 수 있다. 이 모든 에너지, 우리의 모든 생명은 결국 평형을 완전히 벗어난 두 분자인 산소와 수소의 화합으로 요약된다. 산소와 수소는 아주 행복하게 한 분자가 되면서 엄청난 에너지를 방출하고, 작고 뜨거운 물웅덩이만을 남긴다.

그리고 여기서 원시수프의 문제점이 나온다. 원시수프는 열역학적으로 단조롭다. 원시수프 속에는 특별히 반응을 원하는 것이 없다. 적어도 수소와 산소가 원하는 방식의 반응은 일어나지 않는다. 불균형도 없고, 정말 복잡한 중합체를 형성하기 위해 생명으로 하여금 대단히 가파른 에너지 언덕을 오르도록 하는 추진력도 없으며, 무엇보다도 RNA와 DNA가 없다. 열역학적인 추진력에 앞서 RNA 같은 복제자가 생명이 만들어낸 최초의 산물이었다는 개념은 마이크 러셀Mike Russell의 말을 빌리면 "자동차에서 엔진을 제거하고 컴퓨터 조종으로 차가 움직이기를 기대하는 것과 같다".

열수분출공의 세계

어떤 해답의 실마리가 처음 나온 것은 1970년대 초반이었다. 당시 갈라파고스 군도에서 멀지 않은 갈라파고스 열곡Galapagos Rift을 따라 뜨거운 물이 솟아난다는 사실이 확인되었다. 다윈의 마음속에 종의 기원에 관한 생각을 처음 심어준 갈라파고스 섬이 이제는 생명 자체의 기원에 관한 실마리를 제공한 셈이다.

 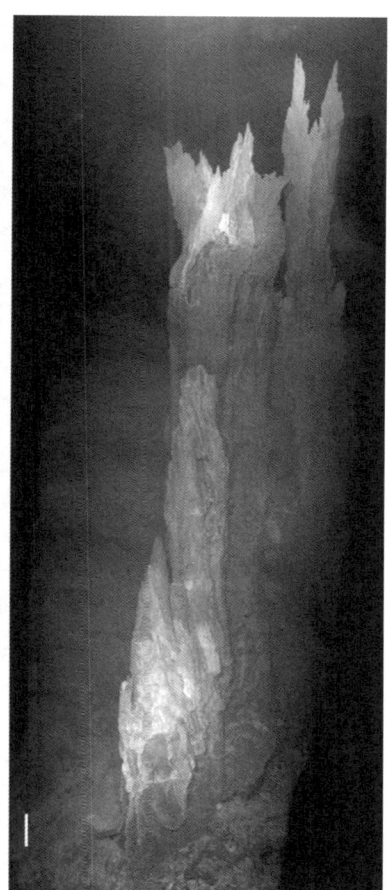

그림 1.1 화산을 방불케 하는 블랙 스모커. 온도가 섭씨 350도에 달한다. 태평양 북서부의 후안 데 푸카 해령Juan de Fuca Ridge. 표시선의 길이는 1미터를 나타낸다.
그림 1.2 로스트 시티Lost City의 사문암 암반 위에 30미터 높이로 솟아 있는 알칼리성 열수분출공인 네이처 타워. 활발하게 열수를 내뿜고 있는 부분은 더 밝은 흰색을 띤다. 표시선의 길이는 1미터를 나타낸다.

그 후 한동안 별다른 일이 없다가, 닐 암스트롱Neil Armstrong이 달에 첫 발을 내딛은 지 8년 만인 1977년에 미 해군 잠수정 앨빈Alvin 호가 뜨거운 물이 솟아나는 것으로 추정되는 열수분출공을 찾기 위해 갈라파고스 열곡으로 내려갔다. 예상대로 열수분출공이 있었다. 그러나 열수분출공의 존재는 그곳의 풍부한 생명체에 비하면 놀랄 일도 아니었다. 가히 충격적이었다. 열수분출공 주위에는 길이 2미터가 넘는 거대한 관벌레들과 접시만 한 홍합이나 대합들이 널려 있었다. 대왕오징어를 생각하면 해저에 거대 생명체가 산다는 사실이 낯설지 않지만, 열수분출공 주위에 형성된 풍성한 진짜 생태계는 참으로 놀라웠다. 심해의 열수분출공은 태양이 아닌 열수분출공의 분출물을 통해 에너지를 공급받지만, 개체군 밀도는 열대우림이나 산호초에 못지않았다.

가장 놀라운 것은 '블랙 스모커'라는 이름이 붙여진 열수분출공이 아닐까(그림 1.1 참조). 그 후 태평양, 대서양, 인도양의 해령을 따라 흩어져 있는 200여 개의 열수분출공이 발견되었고, 이들에 비하면 갈라파고스 열곡의 열수분출공은 온순한 편이었다. 어떤 것은 높이가 고층건물만 한데, 비틀린 검은 굴뚝에서 바다 속으로 검은 연기를 꾸역꾸역 내뿜고 있다. 이 연기는 진짜 연기가 아니라 식초만큼 산도가 높고 온도가 섭씨 400도에 달하는 대단히 뜨거운 금속 황화물이 심해의 엄청난 압력을 이기고 해저의 마그마에서 분출되는 것이다. 이 검은 연기는 곧 차가운 바닷물 속에서 침전된다. 굴뚝 자체는 (가짜 금으로 잘 알려진) 황철석 같은 황화물로 이루어져 있는데, 넓은 지역에 두껍게 쌓인 블랙 스모커의 침전물이 굳어진 것이다. 어떤 굴뚝은 하루에 30센티미터씩 자라서, 부서지기 전에 높이 60미터까지 치솟기도 했다.

이 기이하고 동떨어진 세계의 모습은 지옥 풍경을 연상시켰고, 블랙 스모커가 뿜어내는 유황과 황화수소 기체의 독한 연기가 가득했다. 블랙 스모커 아래에 메뚜기 떼처럼 기괴하게 무리지어 사는 엄청난 수의 눈 없는 새우들과 입도 항문도 없는 거대한 관벌레의 모습은 15세기 네덜란드 화가인 히로니뮈스 보스Hieronymus Bosch 같은 사람들이나 상상할 수 있음직한 풍경이다. 블랙 스모커 주위의 생명체들은 이 극한의 환경을 그저 견디고 있는 게 아니다. 그곳을 떠나서는 살 수 없고, 엄청나게 번성하고 있다. 그런데 어떻게 그런 일이 일어날 수 있는 것일까?

그 해답은 불균형에 있다. 바닷물은 블랙 스모커 아래에 있는 마그마 속으로 스며들면서 극도로 뜨거워지고 풍부한 무기염류와 기체를 얻는데, 대부분은 황화수소 기체다. 황세균Sulphur bacteria은 여기서 뽑아낸 수소를 이산화탄소와 결합시켜 유기물질을 만들 수 있다. 이 반응이 열수분출공 생태계의 기반이 되었고, 태양으로부터 직접 얻는 것이 전혀 없어도 세균이 번성할 수 있었다. 그러나 이산화탄소를 유기물질로 전환하는 데는 에너지가 들고, 그 에너지를 공급하려면 산소가 필요하다. 황화수소와 산소의 반응으로 나오는 에너지는 열수분출공 생태계의 원동력이 되며, 우리가 살아가는 데 원동력이 되는 수소와 산소의 반응과 같은 의미를 지닌다. 이 반응의 산물은 앞서 말한 것처럼 물이지만, 황세균의 경우에는 원자 상태의 황이 함유되어 있어 황세균이라는 이름이 붙었다.

여기서 눈여겨봐야 할 사실은, 이 세균들이 열수분출공에서 나오는 황화수소 외에는 열이나 그 밖의 다른 열수분출공의 특성을 직접적으로 활용하지 않는다는 점이다.● 황화수소 기체는 본질적으로 에너지가 풍부하지 않다. 에너지를 공급하는 것은 산소와의 반응이며, 이 반응은 열수분출공과 바다 사이의 경계면에서 일어난다. 다시 말해서, 동적 평형 상태가 아닌 두 세계가 공존하는 곳에서 일어나는 것이다. 오로지 황세균만이 동시에 두 세계가 만나는 열수분출공 바로 옆에 살면서 이 반응을 할 수 있다. 열수분출공에 사는 동물들은 황세균의 농장에서 방목이 되는 것이다. 열수분출공 주위에 사는 새우의 경우는 몸속에서 세균을 기른다. 말하자면 체내 농장인 셈이다. 이 예를 통해 거대한 관벌레에 소화관이 필요 없는 이유를 알 수 있다. 관벌레들도 체내에 살고 있는 세균으로부터 양분을 얻는 것이다. 그러나 황화수소와 산소를 모두 공급해야 한다는 엄격한 요구조건은 숙주 동물들을 재미난 딜레마에 빠뜨린다. 숙주 동물은 그들의 몸속에 두 세계를 같이 조금씩 들여와야 한다. 관벌레의 기이한 해부학적 구조는 대부분 이 엄격한 속박에서 기인한다.

과학자들이 열수분출공 세계의 조건을 생명의 기원 연구와 연관시키는 데는 그리 오랜 시간이 걸리지 않았다. 최초의 인물은 시애틀에 위치한 워싱턴 대학의 해양학자인 존 배로스John Baross였다. 열수분출공은 곧바로 원시수프의 여러 가지 문제점, 특히 열역학적인 문제점을 해결했다. 검게 솟구치는 연기에는 안정이라고는 없었다. 그렇게 말하기는 했지만, 열수분출공과 바다의 접촉면은 초기 지구와는 상당히 다를 것이다. 초기 지구에는 산소가 전혀 없거나 극히 미량만 존재했기 때문이다. 그래서 오늘날의 호흡처럼 황화수소와 산소의 반응이 일어날 수 없었을 것이다. 어쨌든

● 이는 엄밀히 따지면 사실이 아니다. 열수분출공에서는 희미한 빛이 나오는데(이는 제7장에서 다룰 것이다), 육안으로 확인하기 어려울 정도로 희미한 이 빛을 이용해 어떤 세균은 광합성을 한다. 그러나 이 세균들이 열수분출공 생태계에 기여하는 정도는 황세균에 비하면 미미한 수준이다. 말이 난 김에 말인데, 해저에서 차가운 물이 스며 나오는 곳이 발견되면서 열과 빛이 생명과 무관하다는 사실이 확인되었다. 이곳에도 열수분출공에 맞먹을 정도로 화려한 동물상이 존재했다.

세포 수준에서 보면 호흡은 복잡한 과정이므로, 진화하는 데 시간이 필요하다. 원시적인 에너지원이었을 리 없다. 독일의 혁신적 화학자이자 변리사인 귄터 베히터스호이저Günter Wächtershäuser는 다른 주장을 폈다. 그에 따르면, 생명을 일으킨 최초의 동력은 황철광을 형성하는 철과 황화수소의 반응이었다. 이 반응은 자연적으로 일어나며 소량의 에너지를 얻을 수 있다. 적어도 이론적으로는 그렇다.

베히터스호이저는 생명의 기원에는 아무것도 없어 보인다는 화학적 설계를 내놓았다. 황철광이 형성될 때 방출되는 에너지는 이산화탄소를 유기물질로 전환할 수 있을 만큼 충분치 않다. 그래서 베히터스호이저는 더 반응성이 좋은 중간산물로 일산화탄소를 생각해냈다. 실제로 산성 열수분출공에서는 일산화탄소가 검출된다. 베히터스호이저는 다양한 철-황 무기염류가 관여하는 느린 유기 반응을 적극적으로 소개했다. 철-황 무기염류에는 색다른 촉매 능력이 있는 것처럼 보였다. 더욱이 베히터스호이저와 그의 동료 연구진은 이것이 한낱 그럴듯한 이야기가 아니라는 것을 입증하기 위해, 이 이론상의 반응 다수를 실험실에서 재현하려고 했다. 베히터스호이저는 생명의 기원이 어떠했을 것이라는 수십 년 동안 이어져 온 생각을 바꿔놓았다. 그가 선택한 생명의 원료는 지옥을 연상시키는 환경에서 나온 가장 뜻밖의 물질인 황화수소와 일산화탄소와 황철석이었다. 두 가지 독성 기체와 가짜 금에서 생명이 탄생했다는 것이다. 베히터스호이저의 연구를 접한 한 과학자는 시간의 뒤틀림이 일어나 21세기 말에서 날아온 과학 논문과 우연히 마주친 기분이었다고 회상했다.

그런데 베히터스호이저의 생각이 과연 맞을까? 베히터스호이저에게도 격한 비판이 쏟아졌다. 한편으로는 그가 기존의 통념을 뒤집은 혁명가였기 때문이고, 다른 한편으로는 동료 과학자들의 화를 돋우는 그의 오만한 태도 때문이었다. 또한 그의 개념에 대한 정당한 의혹 때문이기도 했다. 아마 가장 치명적인 단점은 수프 개념에서도 골칫거리였던 '농도 문제'일 것이다. 어떤 유기분자라도 바닷물에 녹아들면, 서로 만나서 반응을 하고 RNA나 DNA 같은 중합체를 만드는 일은 거의 일어날 수 없다. 이런 유기분자가 들어가 있을 닫힌 공간이 없기 때문이다. 베히터스호이저는 모든 반응이 황철석 같은 무기염류의 표면에서 일어날 수 있다고 반박했다. 그러나 여기에는 또 다른 문제점이 있는데, 최종 산물이 촉매의 표면에서 분리되지 않으면 반응이 종결될 수 없다는 것이다. 그냥 들러붙어 있든지 흩어지든지 둘 중 하나다.●

현재 미국 캘리포니아 주 패서디나의 제트 추진 연구소Jet Propulsion Laboratory에 근무하는 마이크 러셀Mike Russell은 1980년대 중반에 이 모든 문제를 해결할 방법을 제시했다. 러셀은 '지구과학적 시상geopoetry'에 잠긴, 말하자면 과학의 음유시인이다. 생명을 바라보는 그의 관점은 많은 생화학자들에게는 생소할 수 있는 열역학과 지구화학에 뿌리를 두고 있다. 그러나 세월이 흐르면서 러셀의 개념에 흥미를 느끼고 나아가 생명의 기원을 설명할 독창적이고 실제적인 수단으로까지 보는 지지자들이 계속 늘어나고 있다.

생명의 기원 한가운데에 고온의 열수분출공이 있다는 점에서는 베히터스호이저와 러셀 모두 동의하지만, 그 밖의 면에서는 두 사람의 의견이 완

● 이 밖의 다른 문제로는 온도(어떤 사람들은 유기분자가 버티기에는 너무 뜨겁다고 말한다), 산도(대부분의 블랙 스모커는 산도가 대단히 높아 베히터스호이저가 제안한 반응이 일어나기 어려우며, 그는 알칼리성 조건에서만 합성에 성공했다), 황(현대 생화학의 경우에 비해 너무 많다)이 있다.

전히 엇갈린다. 한 사람은 검은 것을 찾고 다른 한 사람은 흰 것을 찾는다. 한 사람은 화산 활동을 가정하고 다른 한 사람은 정반대의 상황을 가정한다. 한 사람은 산을 좋아하고 다른 한 사람은 알칼리를 좋아한다. 두 사람의 개념은 이따금 혼동을 일으키지만, 둘 사이에는 거의 공통점이 없다. 이에 관해 짚고 넘어가자.

생명의 부화장, 로스트 시티

블랙 스모커가 버티고 있는 해령은 새로운 바다 밑바닥이 형성되는 곳이다. 화산 활동의 중심부에서 솟아오르는 마그마는 주위의 지각판을 서서히 벌어지게 한다. 지각판은 발톱이 자라는 속도간큼 조금씩 서로 멀어진다. 조금씩 움직이는 판들은 멀리 있는 판과 서로 부딪치기 때문에, 한 지각판이 다른 지각판 아래로 파고드는 동안 위에 있는 지각판에서는 엄청난 지각 변동이 일어난다. 히말라야 산맥, 안데스 산맥, 알프스 산맥은 모두 이런 방식으로 지각판이 충돌하면서 솟아오른 것이다. 그러나 해저에서 형성되는 새로운 지각의 느린 운동은 지각 아래에 위치한 맨틀에서 유래한 새로운 암석을 노출시키기도 한다. 이런 암석은 블랙 스모커와는 전혀 다른 새로운 종류의 열수분출공을 형성하는데, 바로 이런 열수분출공이 러셀의 흥미를 끌었다.

이 열수분출공은 화산이 아니며, 마그마와도 연관이 없다. 대신에 새로 노출된 암석이 바닷물과 일으키는 반응에 의존한다. 바닷물은 이 암석에 그냥 스며들지 않고, 물리적으로 반응을 한다. 바닷물이 암석과 결합하면, 암석의 구조가 바뀌어 사문석serpentine(뱀의 얼룩덜룩한 초록색 비늘을 닮았다고 해서 붙여진 이름) 같은 수산화물 광물이 형성된다. 바닷물과의 반응으로 부피가 커진 암석은 갈라지거나 부서진다. 그 결과 바닷물과 접하는 면이 더 많아지고 이 과정은 계속 반복된다. 이 반응의 규모는 실로 엄청나다. 이런 방식으로 암석과 결합한 바닷물의 부피는 해양 전체의 부피에 필적하는 것으로 추정된다. 바다 밑바닥이 넓어지면서 이렇게 팽창된 수산화물 광물은 결국 충돌하는 판 아래로 들어가고, 다시 맨틀 속에서 대단히 높은 열을 받게 된다. 그러면 암석 속에 있던 물은 지하 깊은 곳으로 빠져나오게 된다. 이렇게 바닷물이 혼입되면 맨틀 깊은 곳에서 대류 순환이 일어나, 마그마를 밀어 올려 심해의 해령과 화산에서 분출시킨다. 따라서 우리 지구에서 일어나는 거센 화산 활동은 대부분 바닷물이 맨틀 속으로 끊임없이 유입되면서 일어난다. 이것이 바로 이 세상에 끊임없이 불균형을 일으키는 힘, 우리 지구가 돌아가게 하는 힘이다.●

그러나 바닷물과 맨틀의 반응이 단순히 암석으로 하여금 격렬한 화산 활동만 일으키게 하는 것은 아니다. 열의 형태로 된 에너지와 함께, 수소 같은 엄청난 양의 기체도 방출된다. 기괴하고 과장된 모습을 비추는 요술 거울처럼, 이 반응은 바닷물에 녹아 있는 모든 것의 성질을 변화시킨다. 바닷물 자체에서 이 반응이 일어나면 모든 반응물은 전자를 얻는다(전문적으로 말하면 '환원'된다). 주로 배출되는 기체는 수소인데, 이는 무엇보다도 바닷물이 대부분 물로 이루어져 있기 때문이다. 그렇지만 다양한 기체

● 핵의 냉각에 따른 장기적 결과에 관한 흥미로운 문제도 있다. 맨틀이 냉각되는 동안 암석과 결합한 바닷물은 가열되어 화산 활동을 통해 지각 표면으로 분출되기보다는 암석 구조의 일부로 남아 있을 가능성이 크다. 식어가는 지구에서 대양은 결국 이런 방식으로 사라질 것이다. 화성에서도 이런 과정을 거쳐 대양이 사라졌을지도 모른다.

들이 조금씩 들어 있어서 스탠리 밀러의 혼합물을 연상시킨다. 이런 기체들은 단백질이나 DNA 같은 복잡한 분자의 전구물질을 형성하는 데 아주 유용하다. 따라서 이산화탄소는 메탄으로, 질소는 암모니아로, 황산염은 황화수소로 다시 뿜어져 나왔다.

열과 기체는 또 다른 유형의 열수분출공을 통해 지각 표면으로 되돌아간다. 이 열수분출공을 자세히 살펴보면 블랙 스모커와는 모든 면에서 다르다. 산성과는 거리가 멀고, 강한 알칼리성을 띠는 경향이 있다. 온도는 뜨겁거나 따뜻한 정도로, 블랙 스모커의 초고온보다는 훨씬 낮다. 이 열수분출공은 새로운 바다 밑바닥이 형성되는 장소인 중앙 해령에서 어느 정도 떨어진 곳에서 주로 발견된다. 그리고 한 개의 분출구에서 검은 연기를 내뿜는 수직의 검은 굴뚝을 형성하기보다는, 작은 거품 같은 구획으로 나뉜 복잡한 구조를 형성하는 경향이 있다. 이 구조를 통해 따뜻한 알칼리성 열수가 차가운 바닷물로 스며 나온다. 나는 이런 종류의 열수분출공을 알고 있는 사람이 무척 드물다는 사실이 '사문석화 작용serpentinisation(역시 광물인 사문석에서 유래)'이라는 정체를 알 수 없는 용어와 연관이 있는 게 아닐까 하는 생각을 한다. 우리의 목적을 위해, 이 열수분출공을 간단히 '알칼리성 분출공alkaline vent'이라고 부르겠다. 물론 '블랙 스모커'가 풍기는 힘찬 기운에 비하면 조금 맥이 빠지는 이름이기는 하다. '알칼리성'이라는 단어의 중요성에서 관해서는 나중에 살펴볼 것이다.

흥미롭게도 알칼리성 분출공은 최근까지 몇몇 퇴적층에 흔적만 남아 있을 뿐, 그 존재는 이론적으로만 예측되었다. 화석으로 남아 있는 알칼리성 분출공 중에서는 아일랜드 타이나Tynagh에 있는 약 3억 5000만 년 전의 분출공이 가장 유명한데, 1980년대에 마이크 러셀은 바로 여기서 착상을 시작했다. 러셀은 화석으로 남아 있는 분출공 근처에서 채집한 거품 같은 암석의 박편을 현미경으로 관찰하다가 유기세포와 크기가 비슷한 10분의 1밀리미터 크기의 작은 공간이 미로처럼 얽혀 있는 구조를 발견했다. 러셀은 알칼리성 분출공에서 나오는 열수와 산성인 바닷물이 섞이면 이와 비슷한 무기세포가 형성될 수 있을 것이라고 예측했으며, 곧바로 실험실에서 알칼리성 용액과 산성 용액을 섞어 다공성 암석 구조를 만드는 데 성공했다. 1988년 『네이처』에 보낸 글에서, 러셀은 알칼리성 분출공이 생명이 탄생하기에 이상적인 조건을 갖추었다는 데 주목했다. 암석 속에 만들어진 구획은 유기분자가 자연스럽게 농축될 수 있는 수단을 제공했으며, 막키나와이트mackinawite 같은 철-황 무기염류로 이루어진 격벽은 이 무기세포에 귄터 베히터스호이저가 상상한 촉매 작용을 할 수 있는 능력을 부여했다. 1994년 논문에서 러셀과 그의 연구진은 다음과 같은 가설을 제시했다.

> 생명은 알칼리성 용액과 환원 상태의 열수 용액을 담고 있는 황화철 거품의 집합체에서 등장했다. 이 거품은 40억 년 전에 대양이 확장되던 중심에서 조금 떨어진 곳에 위치한 해저의 유황 온천에서 유체정역학적으로 팽창되었다.

당시에는 활동하는 알칼리성 분출공이 심해에서 발견된 적이 없었기 때문에 이 이야기는 상상으로 여겨졌다. 그러다 2000년대에 들어서 잠수함을 타고 대서양을 누비던 과학자들은 아틀란티스 고원Atlantis massif이라고 불리는 대서양 중앙 해령에서 약 15킬로미터 떨어진 곳에서 정확히 이런 종류의 분출공을 발견했다. 당연히 이곳에는 사라진 전설의 도시를 따

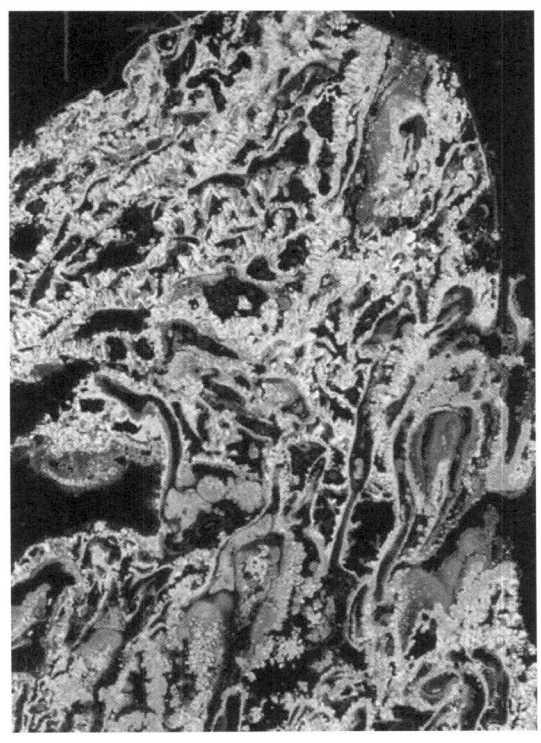

그림 1.3 현미경으로 본 알칼리성 열수구의 구조. 복잡하게 연결된 구획들이 나타난다. 이런 구조가 생명 기원의 이상적인 모태를 제공한다. 이 박편은 직경이 1센티미터, 두께가 30미크론(3/100밀리미터)이다.

서 로스트 시티라는 이름이 붙여졌는데, 탄산염으로 이루어진 돌기가 달린 하얀 기둥이 칠흑 같은 바다 속에 솟아 있는 모습과 소름끼칠 정도로 잘 어울리는 이름이다. 이 분출공은 이전에 발견된 여느 분출공과는 전혀 달랐다. 어떤 굴뚝은 블랙 스모커만큼 높고, 포세이돈이라는 이름이 붙은 가장 높은 굴뚝은 높이가 60미터에 달했다. 그러나 섬세한 돌기로 장식된 그 모습은 대중적인 역사학자 존 줄리어스 노리치John Julius Norwich의 이야기에 나오는 '허무한 낙서'로 가득한 고딕 건축물을 연상시킨다. 무색의 열수가 분출되는 이 분출공은 마치 순식간에 사막에 파묻히는 바람에 화려하고 섬세한 고딕 양식이 보존된 오래된 도시 같은 느낌을 풍겼다. 지옥 같은 블랙 스모커가 아니라, 하얗고 섬세한 석화된 돌기가 하늘을 향해 뻗어 있었다(그림 1.2).

잘 보이지는 않지만, 이곳에서는 실제로 생동하는 도시를 지탱하기에 충분한 양의 열수가 분출되고 있다. 굴뚝은 철-황 무기염류로 구성되어 있지는 않지만(산소가 풍부한 대양에서는 철이 거의 녹지 않으며, 러셀의 예측은 더 오랜 옛날과 연관이 있다), 똑같이 구멍이 많은 구조로 이루어져 있다. 대신 여기서는 선석aragonite의 벽이 깃털 모양으로 미세하게 나누어진 미로 같은 구조를 하고 있다(그림 1.3). 흥미롭게도 더 이상 부글거리는 열수의 흐름이 없어 잠잠해진 이 오래된 구조는 훨씬 단단하며 구멍은 방해석calcite으로 막혀 있다. 이와 대조적으로 열수의 흐름이 있는 분출공은 대단히 활기차다. 구멍마다 세균들이 분주히 활동하면서 화학적 불균형을 최대한 활용한다. 이곳에 사는 동물들도 다양성 면에서는 블랙 스모커의 경우와 비슷하지만, 크기는 훨씬 작다. 그 이유는 생태적인 문제와 연관이 있을 것으로 추측된다. 블랙 스모커 주위에서 번성하는 황세균은 숙주 동물의 몸속에서 쉽게 적응하는 반면, 로스트 시티에서 발견되는 세균(엄밀히 따지면 고세균archaea)은 이런 협력 관계를 형성하지 않는다.[•] 체내의 '농장'이 없어서 이 분출공에 사는 동물들이 크게 자라지 못하는 것이다.

로스트 시티의 생명들은 이산화탄소와 수소의 반응을 발판으로 살아간다. 사실상 이 반응은 지구의 모든 생명의 토대가 된다. 이 반응은 대개 간접적으로 일어나지만, 로스트 시티에서만은 유별나게 직접적으로 일어난다. 땅속에서 부글거리며 올라오는 열수에 들어 있는 기체 상태의 수소는 우리 지구로서는 매우 드문 선물이다. 대체로 생명체는 물이나 황화수소 같은 분자 속에서 다른 원자와 단단히 결합된 수소를 어렵게 구할 수밖에 없었다. 이런 분자에서 수소를 떼어내어 이산화탄소와 결합시키려면 에너지가 든다. 이 에너지는 궁극적으로 광합성이나 열수분출공 세계의 화학적 불균형에서 나온다. 설사 수소 기체 자체가 자연적으로 반응을 일으키더라도 대단히 느리게 진행된다. 그러나 열역학적 관점에서 보면, (에버릿 쇼크Everett Shock의 유명한 말처럼) 이 반응은 공짜 밥이지만 먹는 데는 힘이 든다. 다시 말해서, 이 반응을 통해 유기분자가 만들어지고 곧바로 충분한 양의 에너지가 방출된다. 그리고 이 에너지는 원칙적으로 다른 유기반응을 일으키는 데 활용될 수 있다.

따라서 러셀의 알칼리성 분출공은 생명의 모태로 알맞은 곳이다. 이 분출공들은 지표면 전체를 뒤바꾸는 체계에서 꼭 필요한 것으로, 지구에서 끊임없이 화산 활동을 일으킨다. 이들은 바다와 항상 불균형을 이루며, 이산화탄소와 반응해 유기분자를 형성할 수소를 안정적으로 공급한다. 미로처럼 복잡한 다공성 구조로 이루어진 분출공에서는 그러한 유기분자가 보

● 핵이 없는 단세포 원핵생물은 세균과 고세균의 두 영역으로 나뉜다. 로스트 시티에 주로 서식하는 원핵생물은 고세균으로, 메탄을 생성하면서 에너지를 얻는다(메탄 생성 작용methanogenesis). 고세균에서는 동식물의 몸을 구성하는 복잡한 진핵세포와는 전혀 다른 생화학 작용이 일어난다. 현재까지 알려진 병원균이나 기생충 중에는 고세균에서 유래한 것이 없다. 병원균이나 기생충은 숙주세포와 생화학적인 면에서 훨씬 공통점이 많다. 아마 고세균은 그저 너무 다를 뿐일 것이다. 한 번 예외적으로 고세균과 세균 사이의 협력이 일어난 적이 있는데, 10억 년 전에 진핵세포 자체가 나타났을 때였을 것으로 추정된다. 이 이야기는 제4장에서 다룰 것이다.

존되고 농축되어 RNA 같은 중합체를 만들었을 가능성이 크다(이에 관해서는 다음 장에서 살펴볼 것이다). 로스트 시티의 굴뚝은 아주 오래되었다. 4만 년 동안 열수를 뿜어내고 있으며, 대부분의 블랙 스모커보다 그 수명이 수백 배나 길다. 식어가던 맨틀이 바다와 더욱 가까이 있던 초기 지구에서는 그 수가 훨씬 많았을 것이다. 당시에도 바다에는 철이 풍부하게 녹아 있었고, 아일랜드 타이나에 화석으로 남아 있는 분출공에서처럼 철-황 무기염류로 이루어진 미세한 격벽이 촉매 작용을 했을 것이다. 사실 이 분출공들은 온도차와 전기화학적인 농도차를 형성하고, 촉매 구실을 하는 격벽 사이로 반응성이 있는 액체를 순환시키는 천연 반응기 구실을 했을 것이다.

여기까지는 모두 좋다. 그러나 중요한 과정이기는 하지만, 하나의 반응기가 생명을 구성할 가능성은 거의 없다. 이런 천연 반응기는 어떻게 생명으로 나아갔을까? 우리 주위를 둘러싸고 있는 복잡하고 경이롭고 정교한 작품은 어떻게 나오게 되었을까? 당연히 그 해답은 아무도 모르지만, 생명 자체의 특성에서 몇 가지 실마리를 찾을 수 있다. 특히 오늘날 거의 모든 생명체가 깊이 간직하고 있는 반응의 핵심에서 확인할 수 있다. 우리 안에 살아 있는 화석인 이 물질대사의 핵심에는 까마득하게 오랜 옛날부터 반복되어온 과정이 보존되어 있는데, 알칼리성 열수분출공의 근본적인 기원과도 일치한다.

크레브스 회로의 역전

생명의 기원에 접근하는 방법은 두 가지다. '과거에서 현재로' 내려오는 방법과 '현재에서 과거로' 거슬러 올라가는 방법이다. 지금까지 우리가 이 장에서 활용한 방법은 '과거에서 현재로'의 접근법으로, 무엇보다도 초기 지구에 있었을 법한 지구화학적 조건과 열역학적 차이를 고려했다. 우리는 심해에서 이산화탄소가 풍부한 바닷물 속으로 수소 기체를 뿜어내는 따뜻한 열수분출공이 생명의 기원을 위한 최적의 조건을 갖추었다는 가설을 제시했다. 천연의 전기화학 반응기는 유기분자와 에너지를 만들어낼 수 있는 능력을 두루 갖추었을 것이다. 그러나 아직은 정확히 어떤 반응이 일어났는지, 어떤 방식으로 우리가 알고 있는 생명으로 나아갔는지는 자세히 생각하지 않았다.

현재 우리가 알고 있는 생명이라는 개념이 어떻게 해서 나타났는지를 알려줄 유일한 진짜 길잡이는 말하자면 '현재에서 과거로'의 방식이다. 우리는 LUCA라는 애칭으로 알려진 최초의 보편적 공통조상Last Universal Common Ancestor의 가상 특성을 재구성하기 위해, 모든 생명체의 공통적 특성의 목록을 만들었다. 이를테면 광합성 능력은 세균의 한 작은 무리만 갖고 있으므로 LUCA가 광합성을 하지는 않았을 것이다. 만약 LUCA가 광합성을 했다면 LUCA의 후손 대다수가 소중한 자주 하나를 버린 것인데, 단언할 수는 없지만 있을 법하지 않은 일이다. 이와 달리, 지구상에 살고 있는 모든 생명이 가진 공통적인 특성이 있다. 모든 생명체는 세포로 이루어져 있고(유일한 예외는 바이러스인데, 바이러스도 세포 안에서만 생명활동을 할 수 있다), DNA로 이루어진 유전자가 있으며, 공통의 암호로 아미노산을 정하는 방식으로 단백질이 암호화되어 있다. 또 ATP(아데노신삼인산adenosine triphosphate)라고 알려진 보편적 에너지 통화가 있어, 세포에서 일어나는 모든 일에 '값을 지불'한다(이에 관해서는 뒤에 가서 자세히 다룰 것이다). 따라서 모든 생명체가 이런 공통적인 특성을 아주 오래전의 공통조상인 LUCA로부터 물려받았다고 추측할 수 있다.

또 오늘날 살아가는 모든 생물은 물질대사의 핵심 반응이 같다. 이 반응은 크레브스 회로Krebs cycle라는 이름으로 알려진 작은 반응회로인데, 노벨상 수상자인 한스 크레브스Hans Krebs 경의 이름을 따서 붙인 것이다. 독일 출신인 크레브스는 나치의 박해를 피해 영국으로 이주해 1930년대에 셰필드에서 이 회로를 최초로 밝혀냈다. 크레브스 회로는 생화학에서 성스러운 위치를 차지하고 있지만, 이제껏 학생들은 이 회로를 시험 때만 달달 외웠다가 잊어버리는 재미없고 케케묵은 이야기 정도로 생각한다.

그러나 크레브스 회로에는 어떤 상징적 의미가 있다. 생화학과의 너저분한 사무실을 본 적이 있는가? 그곳에는 온갖 책과 종이더미가 여기저기 널려 있고, 10년 동안 비운 적이 없는 듯한 쓰레기통도 보인다. 메모판에는 종종 색이 바래고 구겨지고 한쪽 귀퉁이가 접힌 물질대사 도표가 붙어 있는 경우도 있다. 그러면 학생들은 교수님과 대면할 때까지 두려움과 황홀감이 뒤섞인 감정으로 그 도표를 뚫어져라 쳐다보게 된다. 도표는 충격적일 정도로 복잡하다. 정신병자가 그린 지하철 노선표 같은 느낌인데, 사방으로 뻗은 작은 화살표들이 복잡하게 얽혀 있다. 색이 바래긴 했지만 이 작은 화살표들은 모두 경로에 따라 다른 색깔로 표시되어 있음을 알 수 있다. 단백질은 붉은색, 지질은 초록색 같은 식이다. 아래로 내려가면 이 반역의 화살표들의 중심 같은 기분이 드는 부분이 있다. 이 부분에서는 도표 전체에서 유일하게 질서가 느껴지기도 한다. 이것이 바로 크레브스 회로다. 크레브스 회로를 가만히 들여다보면, 도표에 있는 화살표들이 사실상 모두 크레브스 회로에서 시작된다는 것이 보이기 시작한다. 바퀴살처럼 생긴 이 크레브스 회로가 모든 것의 중심, 세포 물질대사의 핵심인 것이다.

이제 크레브스 회로는 생각보다 꽤 괜찮아 보인다. 최근 의학 연구를 통해서 크레브스 회로가 생화학에서만큼 세포생리학에서도 중심에 있다는 사실이 입증되었다. 크레브스 회로의 작동 속도가 변하면 노화에서 암, 에너지 상태에 이르는 모든 것에 영향이 미친다. 그러나 더욱 놀라운 점은 크레브스 회로가 거꾸로도 작동할 수 있다는 사실이다. 보통 크레브스 회로는 (음식물에서 얻은) 유기분자를 소비하여 수소(호흡에서 산소와 함께 연소된다)와 이산화탄소를 만들어낸다. 따라서 이 회로는 대사 경로의 전구물질을 공급할 뿐 아니라, ATP 형태의 에너지를 만드는 데 필요한 수소를 내놓기도 한다. 크레브스 회로가 거꾸로 작동하면 이 반대 작용이 일어나는데, 이산화탄소와 수소를 흡수해 생명의 모든 기본 구성 성분인 새로운 유기분자를 형성한다. 회로가 역전되면 에너지를 만드는 대신 ATP를 소비한다. ATP와 이산화탄소와 수소가 공급되면, 크레브스 회로는 마술처럼 생명의 기본 구성 성분을 만들어낸다.

크레브스 회로의 역전은 세균에서 흔히 일어나는 현상이 아니지만, 열수분출공에 사는 세균에서는 비교적 흔히 볼 수 있다. 이는 원시적이기는 하지만, 확실히 이산화탄소를 생명의 구성 성분으로 바꾸는 데 중요한 방법이다. 예일 대학의 선구적인 생화학자이자 버지니아 주 페어팩스에 있는 크래스노 고등연구소Krasnow Institute for Advanced Study의 해럴드 모로비츠Harold Morowitz는 최근 몇 년 동안 역逆크레브스 회로의 특성을 알아내기 위해 애쓰고 있다. 간략하게 말해서, 그의 결론은 모든 원료의 농도가 충분히 진하면 회로가 제 방향으로 작동한다는 것이다. 만약 한 원료의 농도가 충분히 높으면, 다음 중간산물로 전환되는 경향이 있다. 크레브스 회로에 들어가는 유기분자들은 있을 수 있는 모든 유기분자 가운데 가장 안정적이며, 따라서 만들어지기도 쉽다. 다시 말해서, 크레브스 회로는 유전자에 의해 '발명'된 것이 아니라, 열역학과 화학적 확률의 문제다. 나중에 진화한 유전자는 이미 존재하고 있던 악보를 지휘만 한 셈이다. 마치 오케스트라의 지휘자가 음악 자체가 아닌 템포나 섬세함 같은 해석을 담당하는 것과 같은 이치다. 여기서 음악은 항상 있어왔던 지구의 음악이다.

일단 크레브스 회로가 돌아가고 에너지원이 갖춰지면, 아미노산이나 뉴클레오티드 같은 더 복잡한 전구물질을 생성하는 부반응이 반드시 일어날 것이다. 생명체의 핵심 물질대사 중에서 어떤 부분이 지구상에서 자연적으로 생겼고, 또 어떤 부분이 유전자와 단백질에 의해 나중에 생겼는지에 관한 의문도 흥미롭지만, 이는 이 책의 범위를 넘어서는 이야기다. 다만 나는 일반적인 요점 하나를 지적하고자 한다. 생명의 기본 구성 물질을 합성하려고 시도하는 대다수의 사람들이 '순수주의자purist'라는 것이다. 이들은 시안화물 같은 단순한 분자에서 시작한다. 시안화물은 우리가 알고 있는 생명의 화학과는 아무 관계가 없다(사실 생명체의 경우 시안화물은 금기 대상이다). 그 다음에는 압력이나 온도, 전기 방전 같은 요소들을 이용해 생명의 기본 구성 물질을 합성하려고 한다. 이런 요소들은 모두 생물학적 변수와는 아무 관계도 없다. 하지만 크레브스 회로의 분자들과 ATP 약간을 가지고 마이크 러셀이 구상한 전기화학적 반응기 안에서 시작한다면 어떤 일이 벌어질까? 열역학적으로 가장 있음직한 분자들로 바닥부터 점차 채워지는 이 천상의 거푸집에 들어 있는 재료들로부터 자연적으로 나타나게 되는 과정은 귀퉁이가 접힌 물질대사 도표에 나타난 과정에서 과연 어디까지가 될까? 나만 이런 추측을 하는 것은 아니다. 자연선택이 시작되는 시점을 작은 단백질(정확히 말해서 폴리펩티드polypeptide)과 RNA 까지로 잡는 사람도 있다.

이 모든 것은 실험 방법의 문제다. 이런 실험들은 대부분 아직 시도조차 되지 않았다. 그중 어느 것이라도 실제로 하려면, ATP라는 마법 재료의 극히 안정적인 산물이 있어야 한다. 그리고 이 때문에 걷는 법을 배우기도 전에 뛰려고 하는 우리 자신을 돌아봐야 할 것 같은 기분이 들 것이다. ATP는 어떻게 만들까? 가장 설득력 있는 해답을 내놓은 사람은 명석하지만 가끔은 거침없는 미국인 생화학자 빌 마틴Bill Martin이다. 미국을 떠나 독일 뒤셀도르프 대학의 식물학과 교수로 재직하면서, 마틴은 생물학적 문제의 거의 모든 면에서 정통 학설을 뒤엎는 개념을 끊임없이 내놓고 있다. 이 가운데에는 오류도 있겠지만, 그의 개념은 언제나 짜릿하고 생물학을 다른 관점에서 보게 하는 묘미가 있다. 몇 해 전, 마틴은 마이크 러셀과 함께 지구화학에서 생화학으로의 변화과정을 공략하기 시작했다. 그 이후, 다양한 견해가 자유롭게 물결치기 시작했다. 그 물결에 몸을 실어보자.

광물의 '세포'

마틴과 러셀은 기본으로 돌아가서 유기 세계에서 탄소의 흐름부터 검토했다. 이들은 오늘날 식물과 세균이 수소와 이산화탄소를 이용해 유기물을 만드는 대사 경로가 다섯 가지뿐이라는 점에 주목했다. 그중 하나가 우리가 앞서 살펴본 역크레브스 회로다. 다섯 가지 대사 경로 중 네 가지가 (크레브스 회로처럼) ATP를 소모하므로, 에너지 공급이 이루어질 때에만 일어날 수 있다. 그러나 수소와 이산화탄소가 직접 반응을 하는 나머지 한 경로는 유기분자를 만들 뿐 아니라 에너지도 내놓는다. 아주 오래전에 나타난 두 무리의 유기체가 대체로 비슷한 단계를 거쳐 정확히 이런 반응을 한다. 그리고 이 두 무리 중 하나는 이미 앞에서 나왔었다. 바로 로스트 시티의 분출공 주위에 번성하던 '고세균'이다.

만약 마틴과 러셀이 맞다면, 이 고세균의 오랜 조상은 생명이 싹틀 무렵인 40억 년 전에 거의 똑같은 환경에서 똑같은 일련의 반응들을 수행했을 것이다. 그러나 수소와 이산화탄소의 반응은 말처럼 간단하지 않다. 두 분자는 자연적으로 반응을 일으키지 않는다. 두 분자는 수줍음이 많은 편이라, 함께 춤을 추라고 부추겨줄 촉매가 필요하다. 또 만사가 잘되기 위해서는 약간의 에너지도 필요하다. 둘이 결합만 하게 된다면 그 전보다는 좀 더 많은 에너지가 방출된다. 촉매는 아주 간단하다. 오늘날 이 반응에서 촉매 작용을 하는 효소의 중심부에는 철과 니켈과 황으로 이루어진 작은 덩어리가 있으며, 그 구조는 열수분출공에서 발견되는 무기염류와 대단히 비슷하다. 이 사실을 통해 우리는 원시세포가 이미 만들어져 있던 촉매와 결합만 했다는 것을 알 수 있다. 이는 이 경로가 아주 오래되었음을 나타내는 특성으로, 복잡한 단백질의 진화를 반드시 수반하지 않는다. 마틴과 러셀의 말처럼, 이 경로에는 단단한 뿌리가 있는 것이다.

대사 경로가 진행되는 데 필요한 에너지원은 열수분출공 자체인 것으로 밝혀졌다. 적어도 열수분출공 세계에서는 그랬다. 이들은 예상 밖의 반응 산물 하나를 발견했는데, 바로 식초의 일종인 **아세틸티오에스테르**acetyl thioester라는 반응성이 큰 물질이었다.* 아세틸티오에스테르가 형성되는 까닭은, 매우 안정되어 있어 수소와 좀처럼 결합하지 않는 이산화탄소가 황이나 탄소의 '자유라디칼free radical' 조각과는 훨씬 더 잘 반응하기 때문이다. 이런 황이나 탄소의 '자유라디칼' 조각은 열수분출공에서 쉽게 찾아볼 수 있다. 실제로 이산화탄소가 수소와 반응하는 게 필요한 에너지는 열수분출공 속에 있는 반응성이 큰 자유라디칼에서 나오고, 이 자유라디칼은 아세틸티오에스테르를 형성한다.

아세틸티오에스테르는 대사 작용에서 아주 오랜 분기점에 자리 잡고 있으며 오늘날에도 여전히 유기체 속에서 발견된다는 점에서 중요성을 지닌다. 이산화탄소가 아세틸티오에스테르 한 분자와 반응할 때, 우리는 더 복잡한 유기분자가 형성되는 길을 따라가는 것이다. 이 반응은 자연적으로 일어나므로 에너지를 방출하면서 피루브산pyruvate이라고 하는 세 개의 탄소로 이루어진 분자를 형성한다. 피루브산이라는 이름을 들으면 생화학자들은 놀라서 벌떡 일어나는데, 바로 크레브스 회로의 시작점이기 때문이다. 다시 말해서, 열역학적으로 충분히 일어날 수 있는 단순한 반응 몇 가지와, 중심에 광물 같은 덩어리가 있는 효소에 의한 촉매 작용 몇 가지에 의해 '단단한 뿌리'가 만들어지고, 별 어려움 없이 크레브스 회로라는 생명의 중심 대사 작용으로 우리를 안내하는 것이다. 일단 크레브스 회로에 들어가면, 안정적인 ATP 공급만으로도 회로를 돌리고 생명의 기본 구성 성분을 만들 수 있다.

● 화학에서는 식초를 아세트산acetic acid이라고 부르는데, '아세틸'의 어원은 여기서 나왔다. 티오에스테르는 두 개의 탄소로 이루어진 분자로, 반응성이 큰 황°̇ 결합되어 있다. 20년 동안 크리스티앙 드 뒤브는 처음 진화가 일어날 당시의 아세틸티오에스테르의 중요성을 강조해왔고, 마침내 실험가들은 그의 주장을 진지하게 받아들이기 시작했다.

인산염이 다른 아세틸티오에스테르와 반응할 때 한쪽에서는 정확히 에너지가 공급된다. 분명 이 반응은 ATP를 생산하지 않지만, 대신 인산아세틸acetyl phosphate이라고 하는 ATP의 단순한 형태를 만들어낸다. 그러나 인산아세틸은 대체로 ATP와 같은 일을 수행하며, 일부 세균에서는 오늘날에도 ATP와 함께 쓰이고 있다. 인산아세틸은 반응성이 큰 인산기를 다른 분자에 전달하고 차례로 다른 분자를 활성화시키는 일종의 에너지 꼬리표를 전달하는 일을 하는데, 이는 정확히 ATP와 똑같은 일이다. 이 과정은 술래가 다른 아이를 잡으면 잡힌 아이가 술래가 되는 아이들의 술래잡기 놀이와 조금 비슷하다. 이때 '술래'는 다른 아이에게 전달할 수 있는 '반응성'을 얻는 것이다. 한 분자에서 다른 분자로 인산기를 전달하는 것은 이와 흡사한 방식으로 작동한다. 반응 꼬리표가 달리면 반응을 하지 않을 분자도 활성화된다. 이 방법을 이용해 ATP는 크레브스 회로를 거꾸로 돌릴 수 있으며, 인산아세틸도 정확히 같은 일을 한다. 일단 반응성이 있는 인산염 꼬리표가 전달되면, 그 나머지는 단순히 식초가 된다. 식초는 오늘날 세균의 일반적인 산물이다. 개봉한 와인을 닫아두었다가 다음에 다시 열면 이미 시어져버린(식초가 된) 것을 알게 되는데, 이런 현상에서 생명 자체만큼이나 오래된 산물을 생산하는 세균의 활동을 가늠할 수 있다. 이 산물은 오래 묵은 최고급 와인보다도 훨씬 고색창연하다.

이 모든 것을 그러모아, 알칼리성 열수분출공은 아세틸티오에스테르를 끊임없이 생산한다. 이 아세틸티오에스테르는 더 복잡한 유기분자를 만드는 시작점이 되고 이 과정에 필요한 에너지를 공급하는데, 전체적으로 이는 오늘날 세포에서 이용되는 형식과 본질적으로 같다. 열수분출공의 복잡한 굴뚝을 만든 무기세포는 곧바로 이런 반응을 좋아하는 산물과 반응

속도를 높여주는 촉매가 농축될 수 있는 수단을 제공했는데, 이 단계에서 복잡한 단백질은 전혀 필요하지 않았다. 그리고 마지막으로, 이 복잡한 무기세포의 미로 속으로 수소와 그 밖의 기체의 거품이 들어가면 모든 재료가 끊임없이 공급되고 골고루 잘 섞인다는 것을 알 수 있다. 이는 진정한 생명의 원천이지만, 가장 널리 퍼져 있는 결론에는 신경이 쓰이는 작은 부분이 하나 있다.

이 문제는 수소와 이산화탄소 사이에 반응이 잘 일어나게 하는 데 필요한 소량의 에너지와 연관이 있다. 나는 이것이 열수분출공 자체의 문제가 아니라고 말했는데, 열수분출공의 조건에서는 반응이 잘 일어나게 하는 자유라디칼이 형성되기 때문이다. 그러나 열수분출공에 살지 않고 독립생활을 하는 세포들에게는 문제가 된다. 대신 이 세포들은 ATP를 소모해서 반응이 잘 일어나게 해야 한다. 이는 첫 데이트에서 상대와 친해지기 위해 술을 사는 것과 비슷하다. 여기서 문제는 무엇일까? 바로 회계상의 문제다. 수소와 이산화탄소가 반응하면 한 분자의 ATP를 만들기에 충분한 에너지가 나온다. 그러나 한 분자의 ATP를 만들기 위해 한 분자의 ATP를 소비해야 한다면, 아무 이득이 없다. 그리고 만약 아무 이득이 없다면, 크레브스 회로도 작동할 수 없을 것이며 복잡한 유기분자도 전혀 생성되지 않을 것이다. 생명은 열수분출공에서는 이어져 나갈 수 있을지 몰라도, 결코 끊을 수 없는 열역학적인 줄로 이어져 있어 영원히 그 주위를 벗어나지 못했을 것이다.

생명이 열수분출공에 매여 있지 않은 것은 분명한 사실이다. 만약 이 모든 설명이 속임수가 아니라면, 우리는 어떻게 열수분출공을 빠져나온 것일까? 마틴과 러셀이 내놓은 답은 실로 놀라웠다. 오늘날 거의 모든 생명이 완전히 색다른 호흡법으로 에너지를 생산하는 까닭을 설명하기 때문이다. 이는 아마도 모든 생물학에서 가장 당황스럽고 반직관적인 메커니즘일 것이다.

화학삼투와 양성자 기울기

『은하수를 여행하는 히치하이커를 위한 안내서Hitchhiker's Guide to the Galaxy』를 보면, 구제할 길 없이 무능한 현대 인류의 조상이 지구에 불시착해서 당시 지구에 살고 있던 유인원을 몰아낸다. 이들은 바퀴를 재발명하기 위해 소위원회를 구성하고, 나뭇잎을 법정 통화로 채택해 모든 사람들을 어마어마한 부자로 만들었다. 그러나 심각한 인플레이션이 일어나 배 한 척 분량의 땅콩을 사는 데 낙엽수림 세 곳을 지불해야 했다. 그래서 우리 조상은 대규모 화폐개혁에 착수해 숲을 다 태워버렸다. 정말 그럴듯한 이야기다.

이 이야기는 경솔함에 관한 것이지만, 그 저변에는 통화의 특성에 대한 진지한 생각이 깔려 있다. 가치를 고정시킬 수 있는 것은 어디에도 없다. 땅콩의 가치는 금괴 하나가 될 수도 있고, 동전 한 닢이나 낙엽수림 세 곳이 될 수도 있다. 모두 상대적 가치, 희소성 따위로 결정된다. 10파운드 지폐는 뭐든 원하는 만큼의 가치를 지닐 수 있다. 그러나 화학에서는 그렇지 않다. 전부터 나는 ATP를 10파운드 지폐에 비유하고 주의 깊게 그 가치를 선택했다. ATP의 결합에너지는 ATP 한 개를 만들기 위해 지불해야 하는 10파운드 같은 것이다. 따라서 ATP를 사용하면 정확히 10파운드를 받는 것이다. 그러나 이는 인간의 통화와 똑같은 방식으로 비례하지는 않는다. 이것이 바로 열수분출공을 벗어나려는 세균이 처한 문제의 원인이었다. ATP는 10파운드만큼 보편적 통화가 아니다. 가치의 융통성이 없고, 잔돈 같은 것도 없다. 첫 데이트에서 썰렁한 분위기를 깨기 위해 음료수를 한 잔 산다고 하면, 음료수 값이 2파운드라고 해도 10파운드를 고스란히 내야 한다. ATP 분자의 5분의 1 같은 것은 없기 때문이다. 게다가 수소와 이산화탄소의 반응에서 나온 에너지를 얻을 때는 오로지 10파운드 단위로만 저장할 수 있다. 만약 반응을 통해 18파운드어치의 에너지를 얻을 수 있다고 해보자. 2개의 ATP를 만들기에 충분한 양이 아니므로, ATP는 한 개만 만들어야 한다. 환전소에 가면 대부분 이와 비슷한 짜증스러운 경험을 한다. 액면가가 큰 돈만 환전을 해주기 때문이다.

따라서 정리하자면, 첫 데이트에서 분위기를 부드럽게 하기 위해 2파운드가 필요하다면 10파운드 지폐를 사용하고 8파운드를 거슬러 받아야 하지만, 우리의 보편적인 10파운드 지폐를 사용해야 한다면 아예 10파운드를 고스란히 써버리는 셈 쳐야 한다는 것이다. 세균은 이 등식을 피할 수 없다. ATP만을 이용하는 수소와 이산화탄소의 직접 반응으로는 아무것도 성장할 수 없다. 그러나 세균은 10파운드 지폐를 잔돈으로 쪼개는 독창적인 방법을 활용해 번성을 한다. 이 방법은 바로 이름도 무시무시한 **화학삼투**chemiosmosis다. 화학삼투라는 이름을 붙인 사람은 1978년에 노벨상을 수상한 영국의 괴짜 생화학자 피터 미첼Peter Mitchell이다. 미첼이 노벨상을 수상하면서 수십 년에 걸친 열띤 논쟁은 가침내 종지부를 찍었다. 미첼의 발견은 20세기의 가장 중요한 발견 가운데 하나로 꼽힌다.* 그러나 오랫동안 화학삼투의 중요성을 지지해온 소수의 연구자들도 이런 기이한 메커니즘이 왜 생명 어디에나 존재해야 하는지를 설명하는 데 어려움을 겪었다. 보편적인 유전 암호, 크레브스 회로, ATP처럼 화학삼투도 모든 생명의 보편적 현상이므로 최초의 보편적 공통조상인 LUCA의 특성이었을 것이다. 마틴과 러셀은 그 이유를 설명한다.

간단히 말해서, 화학삼투는 막을 사이에 두고 양성자가 이동하는 현상이다(그래서 막을 사이에 두고 물이 이동하는 현상인 삼투에서 그 이름을 따왔다). 호흡을 할 때 바로 화학삼투가 일어난다. 음식에서 뽑아낸 전자는 전자전달계를 따라 산소에 전해진다. 이때 몇몇 지점에서 방출된 에너지가 막 너머로 양성자를 수송하는 데 이용된다. 그 결과 막을 사이에 두고 양성자 기울기가 생긴다. 여기서 막이 하는 구실은 수력발전 댐과 조금 비슷하다. 산골짜기에 있는 댐에서 쏟아져 내려오는 물이 발전기의 터빈을 돌려 전기를 생산하듯이, 세포에서는 양성자가 막에 있는 단백질 터빈을 통해 흘러들면서 ATP의 합성을 일으킨다. 이런 메커니즘은 전혀 예상치 못했다. 두 분자 사이에 깔끔한 직접 반응이 일어나는 대신, 기이한 양성자 기울기가 중간에 끼어든 것이다.

화학자들은 대개 정수를 다룬다. 한 개의 분자가 반 개의 다른 분자와 반응을 하는 것은 있을 수 없는 일이다. 아마 화학삼투의 가장 당혹스러운 특징은 분수가 너무 많다는 점일 것이다. 한 분자의 ATP를 만들려면 몇 개의 전자가 전달되어야 할까? 대략 8~9개다. 양성자는 몇 개나 필요할까? 지금까지 가장 정확한 추정치는 4.33이다. 이런 수치는 전혀 이치에 맞지 않다. 그러다 기울기라는 중간 단계를 인식하기 시작한 것이다. 어쨌

● 화학삼투의 전반적인 이야기와 함께 그 진기함과 보편적 중요성이 궁금하다면 나의 전작, 『미토콘드리아: 박테리아에서 인간으로, 진화의 숨은 지배자Power, Sex, Suicide: Mitochondria and the Meaning of Life』를 읽어보기 바란다.

든 기울기는 불연속적인 정수로 변하는 게 아니라 수많은 점진적 단계로 이루어져 있다. 그리고 기울기의 가장 큰 이점은 하나의 ATP 분자를 만들어내기 위해 하나의 반응이 몇 번이고 반복될 수 있다는 것이다. 만약 한 특정 반응에서 한 개의 ATP를 만드는 데 필요한 에너지의 100분의 1에 해당하는 에너지가 나온다면, 이 반응이 100번 반복되면서 한 개의 ATP를 만들 수 있을 만큼 양성자 저장고가 찰 때까지 차곡차곡 기울기를 쌓아 간다. 갑자기 세포가 저축을 할 수 있게 된 것이다. 주머니에는 잔돈이 가득해졌다.

　이 모든 것은 무엇을 의미할까? 수소와 이산화탄소의 반응으로 돌아가 보자. 분위기를 띄우기 위해 지불해야 하는 ATP는 여전히 한 개지만, 이제는 한 개 이상의 ATP를 만들 수 있게 되었다. 두 개째의 ATP를 만들기 위해 저축을 할 수 있기 때문이다. 풍족한 삶은 아닐지 몰라도 정직한 삶이다. 더 정확히 지적하자면, 이는 성장 가능성과 성장 불가능성 사이의 차이다. 마틴과 러셀이 옳다면, 그리고 초기 형태의 생명체가 이 반응을 통해 성장을 했다면, 생명체가 심해의 열수분출공을 떠날 수 있는 유일한 방법은 화학삼투밖에 없었을 것이다. 오늘날 이 반응으로 살아가는 생명체는 화학삼투에 의존할 뿐 아니라 화학삼투가 없으면 번성할 수 없다는 것은 분명한 사실이다. 그리고 지구상의 거의 모든 생명체, 심지어 화학삼투가 없어도 되는 생명체조차도 이와 같은 기이한 메커니즘을 공유하고 있는 것도 분명한 사실이다. 왜일까? 내 짐작은 간단하다. 화학삼투 없이는 살아갈 수 없었던 공통조상에게서 물려받았기 때문일 것이다.

　그러나 마틴과 러셀이 옳다는 생각을 하는 중요한 이유는 따로 있다. 바로 양성자의 사용이다. 이를테면, 우리의 신경계에서 이용하는 것처럼 나트륨 이온이나 칼륨 이온이나 칼슘 원자를 이용하지 않는 이유는 무엇일까? 다른 종류의 하전 입자보다 양성자가 만드는 전위차가 특별히 선호될 만한 명백한 이유는 없다. 게다가 드물기는 하지만 양성자 기울기가 아닌 나트륨 기울기를 만드는 세균이 있기도 하다. 내 생각에, 가장 큰 이유는 알칼리성 열수분출공의 특성에 있다. 이산화탄소가 녹아 산성을 띠는 바닷물 속으로 알칼리성 용액이 부글부글 끓어 넘치던 러셀의 열수분출공을 떠올려보자. 산도는 양성자로 정의된다. 산은 양성자가 많고, 알칼리는 양성자가 적다. 따라서 산성을 띠는 바닷물 속으로 알칼리성 열수가 유입되면 천연의 양성자 기울기가 만들어진다. 다시 말해서 러셀의 알칼리성 열수분출공에 있는 무기세포는 자연스럽게 화학삼투가 일어날 수 있는 조건에 있었다. 러셀도 몇 년 전에 이 점을 지적했다. 그러나 세균이 화학삼투 없이는 분출공을 떠날 수 없다는 사실의 이해는 미생물 에너지학을 연구하던 마틴과의 공동 연구에서 나온 결실이었다. 게다가 이런 전기화학적 반응기는 유기분자와 ATP를 만들어낼 뿐 아니라 탈주 계획, 곧 10파운드 보편 통화 문제를 피하는 방법까지도 넘겨주었다.

물론 생명체가 양성자 기울기를 활용할 수 있다 하더라도 처음에 활용할 수 있는 것은 천연 양성자 기울기밖에 없고, 훗날 자신만의 양성자 기울기를 만든다. 아무것도 없는 데서 뭔가를 만들어내기보다는 이미 존재하고 있던 양성자 기울기를 활용하는 쪽이 확실히 쉬웠겠지만, 이 역시도 간단치는 않았다. 이 메커니즘이 자연선택을 통해 진화했다는 데는 의심의 여지가 없다. 오늘날 이 과정에는 유전자로 결정되는 수많은 단백질이 필요한데, 이런 복잡한 체계가 단백질과 DNA로 이루어진 유전자도 없이 처음부터 진화할 수 있다고 가정할 만한 근거는 없다. 그런데 우리에게는 흥미로운 연결고리가 하나 있다. 생명은 스스로 양성자 기울기를 다루는 방법을 익힐 때까지 열수분출공을 떠날 수 없지만, 유전자와 DNA를 이용하면 자신의 양성자 기울기만은 다룰 수 있었을 것이다. 이는 불가피한 것처럼 보인다. 생명은 암석으로 이루어진 천연의 배양기 속에서 경탄을 자아낼 정도의 정교함을 진화시킨 것이다.

지금까지 지구상의 모든 생명체의 초기 공통조상의 예사롭지 않은 초상화를 보았다. 만일 내 생각대로 마틴과 러셀이 옳다면, 최초의 공통조상은 독립생활을 하는 세포가 아니라 무기세포가 미토처럼 얽힌 암석이었을 것이다. 이 무기세포의 벽은 촉매 작용을 하는 철과 황과 구리로 이루어져 있었으며 천연 양성자 기울기에 의해 에너지를 얻었다. 최초의 생명은 복잡한 분자와 에너지를 만들어낼 수 있는 다공성 암석이었다. 이 최초의 생명은 곧바로 단백질과 DNA의 형성을 향해 나아갔다. 이 장에서는 전체 이야기의 겨우 절반만 따라간 것이다. 다음 장에서는 그 나머지 절반, 모든 물질 가운데 가장 상징적인 발명품이자 유전물질인 DNA에 관해 알아볼 것이다.

제2장

DNA
생명의 암호

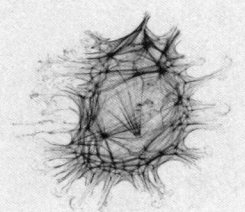

Life Ascending

영국 케임브리지 대학에 있는 이글 펍Eagle pub이라는 술집에는 파란 명판이 걸려 있다. 2003년에 걸린 이 명판은 이 술집에서 있었던 특별한 사건의 50주년을 기념하기 위한 것이다. 1953년 2월 28일 점심시간, 이 술집의 단골이었던 제임스 왓슨James Watson과 프랜시스 크릭Francis Crick이 갑자기 들이닥쳐 자신들이 발견한 생명의 비밀을 공표했다. 그 자리에 함께한 사람들은 모두 활달한 미국인 왓슨과 달변가 영국인 크릭이 음흉한 미소를 지으며 뭔가 우스꽝스러운 짓을 벌일 것이라고 짐작했지만, 이번에는 진지했고 절반은 옳았다. 생명에 비밀이 있다면, 이는 단연 DNA다. 왓슨과 크릭은 훌륭했지만, 그들이 알아낸 생명의 비밀은 절반에 불과했다.

그날 왓슨과 크릭은 DNA가 이중나선 구조라는 사실을 밝혔다. 이 고무적인 지적 도약은 천재성과 모형 설정, 화학적 추론, 그리고 도둑질한 X-선 회절 사진 몇 장이 어우러져 이루어진 작품이다. 왓슨의 말을 빌리면, 이는 "옳다고 하기에는 너무 멋진" 개념일 뿐이었다. 그리고 그날 점심시간, 이야기를 할수록 그들은 그 점을 더 잘 알게 되었다. 그들의 해석

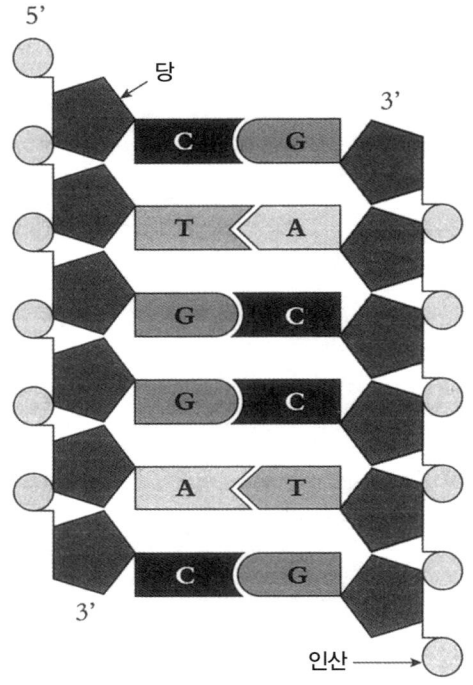

그림 2.1 DNA에 있는 염기쌍. 문자의 기하학적 형태는 G는 C, A는 T와만 결합한다는 것을 나타낸다.

은 얼마 후 4월 25일자 『네이처』에 한 쪽짜리 기고 형식으로 발표되었다. 지역 신문에 나는 출생 공고와 별반 다를 게 없는 일종의 공지였다. 유별나게 겸손한 어조로 쓰인(크릭의 겸손한 모습은 한 번도 본 적이 없다는 왓슨의 글은 유명하며, 왓슨 자신도 별로 나을 게 없었다) 이 논문은 다음과 같은 내숭스러운 표현으로 마무리되었다. "우리는 우리가 가정한 이 특별한 구조가 유전물질의 복제 메커니즘의 가능성을 직접적으로 암시한다는 사실을 놓치지 않고 간파했다."

말할 것도 없이 DNA는 유전물질이다. 인간에서 아메바, 버섯에서 세균에 이르기까지, 일부 바이러스를 제외하고 지구상의 모든 생물의 정보가 암호화되어 있다. 두 가닥의 나선이 서로를 맴돌며 끝없이 뒤쫓는 DNA의 이중나선 구조는 하나의 과학적 상징이다. 왓슨과 크릭은 각각의 가닥이 어떻게 서로를 보완하는지를 분자 수준에서 밝혔다. DNA 가닥을 벌리면 각각의 가닥이 상대편 가닥을 새로 만들 수 있는 주형이 되어, 한때는 하나였던 것이 완전히 똑같은 두 개의 이중나선이 된다. 유기체는 생식을 할 때마다 자신의 DNA 복사본을 자손에게 전달한다. 유기체가 하는 일이라고는 DNA 가닥을 둘로 분리해 원래와 똑같은 두 개의 복사본을 만드는 것밖에 없다.

자세한 분자 수준의 메커니즘은 누군가의 골치를 아프게 하겠지만, 원리 자체는 숨 막히게 아름답다고 할 정도로 간결하다. 유전 암호는 문자(전문용어로는 '염기base')의 연속이다. DNA의 알파벳은 A, T, G, C라는 단 네 글자로만 이루어져 있다. 각각의 글자가 의미하는 것은 아데닌adenine, 티민thymine, 구아닌guanine, 시토신cytosine이지만, 화학에서 쓰이는 명칭은 신경 쓰지 않아도 된다. 중요한 것은 이들의 형태와 결합 구조에서 오는 제약이다. A는 T와만, C는 G와만 짝을 이룬다(그림 2.1 참조). 이중나선을 분리하면 각각의 가닥에는 짝을 이루지 않은 문자들이 늘어서게 된다. 짝을 이루지 않은 A는 T와만 결합할 수 있고, C는 G와만 결합할 수 있다. 이 염기쌍은 단순히 서로를 보완하는 게 아니라 서로 간절히 결합하고 싶어한다. T의 칙칙한 화학적 삶을 밝혀줄 유일한 길은 A의 곁에 있게 해주는 것뿐이다. 둘을 함께 두면 둘 사이의 결합은 아름다운 화음을 만든다. 이것이야말로 진정한 화학 작용이다. 진짜 '단번에 끌리는 현상'이다. 따라서 DNA는 단순히 수동적인 주형이 아니다. 저마다의 가닥에는 자신의 분신을 찾기 위한 일종의 자력이 있다. DNA 가닥을 분리하면 저절로 다시 결합할 것이다. 만약 분리된 채로 있다면 각각의 가닥은 완벽한 짝을 급하게 끌어당기는 주형이 된다.

DNA의 문자열은 끝없이 이어지는 것처럼 보인다. 이를테면, 인간의 유전체에는 약 30억 개의 문자(염기쌍)가 있다. 전문용어를 쓰면 3기가베이스gigabase가 된다. 다시 말해서, 한 세포의 핵 속에 있는 염색체 한 세트에 쓰인 문자의 수는 모두 30억 개가 된다. 만약 타자로 친다면 인간의 유전체에 쓰인 문자는 전화번호부만 한 크기의 책을 200권쯤 채울 것이다. 그렇다고 인간의 유전체가 가장 크다는 뜻은 결코 아니다. 놀랍게도 가장 큰 유전체의 최고 기록은 하찮은 아메바인 아메바 두비아*Amoeba dubia*에게 돌아간다. 아메바 두비아의 거대한 유전체는 크기가 무려 670기가베이스로, 인간의 유전체보다 약 220배나 더 크다. 아메바 두비아의 유전체 대부분은 유전 암호가 전혀 쓰여 있지 않은 '쓰레기junk' DNA인 것으로 추정된다.

세포는 분열을 할 때마다 자신의 DNA를 모두 복제한다. 인간의 몸은 무려 15조 개의 세포로 이루어져 있으며, 똑같은 DNA를 충실하게 복제한 복사본이 세포마다 들어 있다(정확히 말하면 한 세포당 두 개씩 들어 있다). 한 개의 난세포에서 출발해 우리 몸이 되기까지, 우리 몸속에 들어 있는 DNA 나선이 두 가닥으로 분리되어 주형이 되기를 15조 번만큼 반복했다는 것이다(세포는 항상 죽고 다른 세포로 대체되므로 실제로는 그보다 훨씬 많다). 각각의 문자는 놀라우리만치 정확하게 복제되는데, 오류가 생길 확률은 약 10억분의 1이다. 이 정확도를 필경사에 비유하면, 성경 전체를

280번 필사하는 동안 딱 한 글자만 틀린다는 이야기다. 실제로 필경사의 정확도는 이보다 훨씬 낮다. 현재 남아 있는 신약성경 필사본은 모두 2만 4000권이라고 한다. 그리고 그중 똑같은 책은 단 한 권도 없다.

그러나 유전체는 대단히 크기 때문에 DNA에서도 실수가 생긴다. 이런 실수를 점돌연변이point mutation라고 부르는데, 문자 하나가 다른 문자로 바뀌는 것이다. 인간의 세포는 분열을 할 때마다 염색체 한 세트당 약 세 개의 비율로 점돌연변이가 일어난다. 따라서 세포 분열을 거듭할수록, 이런 돌연변이가 더 많이 축적되고 결국 암 같은 질병의 원인이 된다. 돌연변이는 다음 세대로도 전달된다. 수정란이 여자로 발생을 할 때, 새로운 난자가 형성되기까지 약 30회의 세포분열이 일어난다. 남자의 경우는 사정이 더 나쁘다. 정자를 만들려면 100회의 세포분열이 일어나야 하며, 세포분열을 할 때마다 여지없이 더 많은 돌연변이가 일어난다. 정자 생산은 평생 동안 진행되기 때문에, 나이가 많아질수록 상황은 더 안 좋아진다. 유전학자인 제임스 크로James Crow의 말에 따르면, 돌연변이를 일으켜 개체군의 건강을 가장 크게 위협하는 집단은 바로 생식 능력이 있는 노인들이다. 그러나 젊은 부모에게서 태어난 보통 아이들도 (직접적인 해를 끼칠 만한 돌연변이는 극히 드물지만) 부모에 비해 약 200개의 새로운 돌연변이를 타고난다.●

DNA의 복제가 이렇게 놀라운 정확도로 이루어지지만 변화는 피할 수 없다. 각 세대는 이전 세대와는 다르다. 성에 의해 유전자가 뒤섞이기 때

● 이렇게 새로운 돌연변이가 많이 일어나는 상황에서, 모두가 돌연변이로 인한 붕괴를 겪는 것은 아닌지 궁금해질 것이다. 많은 생물학자들이 이 문제와 씨름하고 있다. 이 문제의 해답은 한 마디로 '성'인데, 이에 관해서는 제5장에서 알아보자.

문일 뿐 아니라 우리 모두 새로운 돌연변이를 만들기 때문이다. 대부분의 돌연변이는 앞서 설명했듯이 DNA 문자 하나가 바뀌는 '점'돌연변이지만, 일부 돌연변이는 훨씬 더 극심한 변화를 일으킨다. 염색체 전체가 복제되거나 분리가 안 되기도 하고, DNA 서열의 많은 부분이 지워지기도 한다. 바이러스가 새로운 염색체 조각을 뭉텅이로 삽입해, 자신의 염색체도 뒤바꾸고 문자 서열을 역전시키기도 한다. 가능성은 무궁무진하지만, 생존을 위협할 정도로 엄청난 변화가 일어나는 경우는 드물다. 유전체를 자세히 들여다보면, 마치 뱀이 우글우글 모여 있는 구덩이 같다. 이 구덩이에서 뱀처럼 생긴 염색체는 끊임없이 융합하고 분열한다. 최소한의 괴물만 남기고 돌연변이를 솎아내는 자연선택은 확실히 안정을 위한 동력이다. 자연선택은 DNA의 변형과 뒤틀림을 바로잡는다. 긍정적인 변화는 유지되지만, 심각한 오류나 변화는 가차 없이 버려진다. 심각성이 덜한 다른 돌연변이들은 황혼기의 질병과 연관이 있을지도 모른다.

우리가 읽는 유전자에 관한 글은 거의 전부 DNA 문자 서열의 변화와 연관이 있다. 이를테면 부자 관계를 확인하거나, 사건이 일어난 지 수십 년이 지나 용의자의 범죄 사실을 입증하는 데 쓰이는 DNA 감식법DNA fingerprinting은 개인마다 문자 서열이 다르다는 점에 근거하고 있다. DNA는 무척 다양해서 우리는 저마다 독특한 DNA '지문'을 갖고 있기 때문이다. 마찬가지로 수많은 질병에 대한 감수성도 DNA 서열의 작은 차이로 결정된다. 평균적으로 인간은 문자 1000개당 약 1개꼴로 차이가 나는데, 유전체 전체로 따지면 600만~1000만 개 정도의 단일 문자 차이, 곧 '스닙스snips'(단일 뉴클레오티드 다형성single nucleotide polymorphisms)가 있는 것이다. 스닙스의 존재는 우리 모두 최고의 유전자와 근소한 차이만 나는 유전자를 품고 있다는 것을 의미한다. 대개의 스닙스가 대수롭지 않다는 것은 맞지만, 통계학적으로 볼 때 일부는 당뇨병이나 알츠하이머병 같은 질병과 연관이 있다. 그러나 어떻게 그런 효과가 발휘되는지에 관해서는 확실치 않은 경우가 대부분이다.

이런 차이가 있지만, 그래도 우리는 '인간 유전체'에 관해 이야기할 수는 있다. 스닙스가 있더라도 여전히 우리 모두는 1000개의 문자 중 999개가 같기 때문이다. 여기에는 두 가지 이유가 있다. 바로 시간과 자연선택이다. 만물의 진화론적 설계에서 보면, 우리 모두가 원숭이였던 시절에서 그리 많은 시간이 흐른 것은 아니다. 실제로 우리가 여전히 원숭이라고 확신하는 동물학자도 분명히 있을 것이다. 인간이 침팬지와의 공통조상에서 갈라져 나온 것이 600만 년 전이고 돌연변이가 한 세대당 200개의 비율로 축적된다고 가정하면, 지금까지 우리에게 허락된 시간으로는 유전체의 약 1퍼센트만이 변형될 수 있다. 침팬지도 비슷한 속도로 진화한다고 할 때, 이론적으로 우리가 기대할 수 있는 차이는 약 2퍼센트다. 실제 차이는 이보다 조금 더 적다. DNA 서열로 따질 때, 침팬지와 인간은 약 98.6퍼센트의 서열이 일치한다.● 차이가 적어진 까닭은 자연선택이 해로운 변화의 대부분을 제거하는 제동 장치로 작용했기 때문이다. 만약 변화가 자연선택에 의해 제거된다면, 남아 있는 서열은 제동 장치가 없이 변화가 진행되

● 이 수치는 DNA 서열의 유사성을 나타낸다. 인간과 침팬지는 서로 갈라진 이래로 결실과 염색체 융합 같은 규모가 더 큰 유전체 변화도 일어나고 있어, 전체적인 유전체의 유사성은 95퍼센트에 가깝다. 이에 비해 인간 개체군 사이의 유전적 차이는 작은 편이다. 우리는 유전적으로 99.9퍼센트가 동일하다. 이렇게 변이가 제한적이라는 사실은 비교적 최근에 인구 '병목'이 있었다는 것을 암시한다. 약 15만 년 전, 아프리카에 살던 한 작은 개체군에서 오늘날 살아가는 모든 인종이 나왔으며, 이들은 연속적인 집단 이주를 통해 아프리카를 빠져나왔다.

없을 때보다 분명 서로 더 비슷할 것이다. 이번에도 역시 자연선택이 문제를 해결하고 있다.

아득히 먼 과거의 시간 속으로 더 거슬러 올라가면, 시간과 선택이라는 이 두 특징이 꾸민 음모는 가장 아름답고 복잡하게 뒤얽힌 구조를 만든다. 지구상 모든 생명체는 연관이 있으며, DNA의 문자를 판독하면 어떻게 연관이 있는지가 확연하게 밝혀진다. DNA 서열의 비교를 통해, 우리는 원숭이부터 유대류, 파충류, 양서류, 어류, 곤충류, 갑각류, 지렁이, 식물, 원생생물, 세균까지 무슨 생물이든 우리와 얼마나 유연관계가 가까운지를 통계학적으로 계산할 수 있다. 우리는 모두 정확히 비교할 수 있는 문자의 서열로 명시된다. 우리에게는 일반적인 선택에 의해 강요된 공통 서열이 있지만, 원형을 알아볼 수 없을 정도로 변화된 부분도 있다. 토끼의 DNA 서열을 판독하면, 지루하게 이어지는 염기의 서열에서 우리와 똑같은 부분과 다른 부분이 만화경처럼 다채롭게 뒤섞인 모습을 확인할 수 있다. 엉겅퀴도 마찬가지다. 곳곳에서 똑같거나 유사한 서열이 나타나지만 다른 부분이 훨씬 더 많아, 공통조상에서 갈라진 지 오랜 시간이 흘러 완전히 다른 생활방식으로 우리를 이끌었다는 것을 짐작할 수 있게 한다. 그러나 깊은 생화학적 특징은 여전히 같다. 우리는 모두 아주 비슷한 방식으로 작동하는 세포로 이루어져 있으며, 여전히 비슷한 DNA 서열에 의해 특징지어진다.

엉겅퀴와도 깊은 생화학적 공통점이 있는 상황에서, 우리는 세균 같은 가장 오래된 형태의 생명체와도 공통적인 서열을 찾을 수 있을 것이라는 기대를 할 수 있다. 그래서 그런 서열을 찾고 있는 중이다. 그러나 사실 여기에는 혼란의 여지가 있다. 서열의 유사성을 나타내는 범위는 우리가 생각하는 것처럼 0~100퍼센트가 아니라 25~100퍼센트이기 때문이다. 이런 현상이 생기는 까닭은 DNA가 4개의 문자로 이루어져 있다는 점에서 찾을 수 있다. 한 문자가 무작위로 다른 문자로 대체될 때, 같은 문자가 다시 올 확률은 25퍼센트가 된다. 마찬가지로, 실험실에서 무작위로 DNA 서열을 만들면, 어떤 유전자를 선택하든지 반드시 25퍼센트의 유사성을 지니게 된다. 인간의 DNA에 있는 문자와 들어맞을 확률이 4분의 1이라는 것이다. 결론적으로 말해서, 바나나와 우리의 유전체 서열이 50퍼센트 유사하므로 우리는 '절반이 바나나'라는 개념은 조심스럽게 말해서 잘못된 개념이라는 것이다. 같은 논리를 적용하면, 무작위로 만들어진 DNA 서열은 4분의 1이 인간의 것과 같아진다. 문자들의 실제 의미가 무엇인지 우리가 알지 못하는 한, 우리는 그야말로 어둠 속에 있는 것이다.

그래서 1953년 아침에 왓슨과 크릭은 생명의 비밀을 절반만 파악한 셈이다. 이들은 DNA의 구조를 알았으며, 이중나선을 이루는 각각의 가닥이 어떻게 서로에게 주형이 되어 생명체의 유전 암호를 형성할 수 있는지를 이해했다. 그러나 이들은 유명한 논문에서 문자의 서열이 실제로 무엇의 암호인지는 언급하지 않았고, 이후 10년 동안 이를 밝히기 위한 독창적인 연구가 이어졌다. 그 소용돌이 속에 들어 있는 문자를 무시한 이중나선에는 대단한 상징성이 부족하지만, 크릭 자신도 생명의 암호를 해독하는 일을 더 큰 업적 중 하나로 기대하고 있었을 것이다. 이 장의 논점을 떠나 무엇보다 중요한 사실은, 현대 생물학에 처음부터 곤혹과 실망을 안겨준 암호의 해독이 흥미로운 통찰을 제공했다는 것이다. 바로 DNA가 약 40억 년 전에 어떻게 처음 진화했는지에 관한 통찰이다.

유전 암호 퍼즐

DNA는 대단히 현대적인 것처럼 보인다. 그래서 1953년 당시에는 분자생물학의 원리에 관해 알려진 것이 얼마나 빈약했는지를 제대로 가늠하기가 쉽지 않다. DNA는 왓슨과 크릭이 쓴 최초의 논문에서 튀어나왔고, 크릭의 화가 아내인 오딜Odile이 도식적으로 그린 비꼬인 사다리 모양의 DNA 그림은 반세기 동안 별 변화 없이 이용되어왔다(그림 2.2). 왓슨은 1960년대에 쓴 『이중나선The Double Helix』이라는 유명한 책을 통해 과학의 현대적 시각을 생생하게 묘사했다. 생명이 예술을 모방하기 위해 시작되었을 것이라는 생각의 영향력은 정말 대단했다. 나만 해도 학교 다닐 때 왓슨의 책을 읽고 노벨상과 획기적인 발견의 꿈을 키웠다. 돌이켜보면, 과학이 실제로 무엇을 했는지에 관한 내 생각은 거의 전부 왓슨의 책에 기초를 두고 있었다. 게다가 대학 생활에서는 내가 기대했던 짜릿함을 경험하지 못하면서 대학에 환멸을 느끼게 된 것도 여기서 기인했던 것 같다. 대신 나는 암벽 등반에서 짜릿함을 찾았다. 그러다 몇 년 전, 과학의 지적 흥분이 다시 내 뼛속을 파고들었다.

그러나 내가 대학에서 실제로 배운 것은 거의 모두 1953년에 왓슨과 크릭에 의해 알려진 것이다. 요즘에는 '유전 암호가 단백질을 암호화한다'는 것은 진부한 이야기지만, 1950년대 초반에는 이에 관해서조차도 거의 합의가 이루어지지 않았다. 1951년에 처음 케임브리지에 도착한 왓슨은 맥스 퍼루츠Max Perutz와 존 켄드루John Kendrew의 허심탄회한 비판에 분통을 터뜨렸다. 이들에게 유전자가 단백질이 아닌 DNA로 이루어져 있다는 것은 타당한 의심을 넘어 아직 입증조차 되지 않은 것이었다. DNA의 분

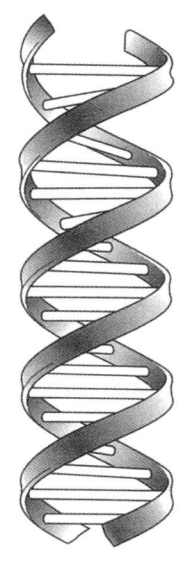

그림 2.2 DNA 이중나선 구조. 두 가닥이 서로 어떻게 꼬여 있는지를 보여준다. 두 가닥을 분리하면, 각각의 가닥은 새로운 상보적 가닥을 만드는 주형 구실을 한다.

자 구조는 알려지지 않았지만, 그 화학적 조성은 평범했으며 종 사이의 변화도 거의 없었다. 만약 유전자가 유전의 기초이자 개체나 종 사이의 무수한 차이가 암호화되어 있는 것이라면, 동물이나 식물, 세균 할 것 없이 조성이 같은 이런 단조로운 화합물로 어떻게 생명의 풍부함과 다양성을 설명할 수 있을까? 이런 기념비적인 임무를 수행하는 데는 무궁한 다양성을 갖춘 단백질이 훨씬 적합해 보였다.

왓슨은 미국의 생화학자 오즈월드 에이버리Oswald Avery가 1944년에 발표한 연구에서 확신을 얻은 소수의 과학자 중 한 사람이었다. 에이버리는 끈질긴 실험을 통해 유전자가 DNA로 이루어져 있다는 것을 입증했다. 크릭으로 하여금 DNA의 구조를 밝히는 일에 착수하도록 자극한 것은 오로지 왓슨의 열정과 믿음이었다. 일단 구조가 밝혀지자 암호를 밝히는 문제가 시급해졌다. 이번에도 요즘 세대에게는 놀라울 정도로 아는 것이 없었다. DNA는 단 네 개의 문자가 끝없이 이어져 있었고, 아무 규칙도 없어 보였다. 원칙적으로 문자의 배열이 어떤 방식으로든 단백질을 나타내는 암호라는 것은 쉽게 짐작할 수 있었다. 단백질도 아미노산이라는 구성 요소의 연속으로 이루어져 있다. 아마 DNA에 있는 문자의 배열은 단백질에 있는 아미노산의 서열을 암호화하고 있을 것이다. 그러나 이 암호가 이미 추측된 바와 같이 보편적이라면, 아미노산의 목록도 보편적이어야 할 것이다. 아미노산의 목록은 만들어진 적이 없었거니와 신경을 쓰는 사람도 거의 없었다. 왓슨과 크릭은 이글 펍에 앉아 점심을 먹으며 오늘날 교과서마다 나오는 20개의 아미노산 목록을 써내려갔다. 둘 다 생화학자는 아니었지만, 놀랍게도 이들은 단 한 번의 시도로 정확한 목록을 만들었다.

그렇게 해서 도전 과제가 만들어졌고, 곧바로 수학적 문제가 되었다. 후대의 생물학도들이 무턱대고 외우는 상세한 분자 구조와는 전혀 상관이 없는 문제였다. DNA에 있는 4개의 서로 다른 문자는 20개의 아미노산의 암호가 되어야 했다. 이들은 1대 1 대응은 배제했다. DNA 문자 하나가 한 개의 아미노산을 나타낼 수는 없었다. 문자 두 개로 이루어진 암호도 가능성이 없었다. 겨우 16개의 아미노산밖에 나타낼 수 없기 때문이다(4×4). 최소한 세 개의 문자, 곧 3중 암호triplet code가 필요했다(이는 훗날 크릭과 시드니 브레너Sydney Brenner에 의해 입증되었다). 세 개의 DNA 문자가 짝을 이뤄 하나의 아미노산을 암호화하는 것이다. 그러나 이는 심각한 낭비로 보였다. 4개의 문자가 3개씩 짝을 이루면 모두 64개의 조합이 생기고($4 \times 4 \times 4$), 따라서 64개의 서로 다른 아미노산을 암호화할 수 있는 잠재력이 있다. 그런데 왜 겨우 20개일까? 이 문제에 대한 마법의 해답은 4개의 문자가 3개씩 짝을 이뤄 64개의 단어로 만들어져 20개의 아미노산의 암호가 되어야만 하는 의미를 알려주어야 했다.

어쩌면 당연한 일일 수도 있겠지만, 그 해답을 최초로 내놓은 사람은 생물학자가 아니라 물리학자인 조지 가모브George Gamow였다. 가모브는 빅뱅 이론으로 잘 알려진 러시아 태생의 미국인 물리학자다. 가모브에게 DNA는 글자 그대로 단백질을 만들기 위한 주형이었다. 아미노산은 돌아가는 나선 사이에 있는 마름모꼴 홈에 숨어 있었다. 그러나 가모브의 이론은 기본적으로 수비학적이었다. 그는 단백질이 핵에서 만들어지지 않는다는 점을 전혀 개의치 않았고, 따라서 DNA와는 직접적인 접촉을 전혀 하지 않았다. 그의 생각은 한낱 추상적인 것이었다. 본질적으로 그가 제안한 것은 중복 암호overlapping code였다. 중복 암호에는 암호 사용자들이 좋아하는 대단히 큰 장점이 있는데, 바로 정보 밀도를 극대화한다는 것이다. ATCGTC라는 서열이 있다고 해보자. 첫 번째 '단어', 전문용어로 말해서 '코돈codon'은 ATC, 두 번째 코돈은 TCG, 세 번째 코돈은 CGT, 이런 식으로 계속 이어질 것이다. 중복 암호의 결정적인 문제는 허용되는 아미노산 서열이 제한적이라는 점이다. ATC가 특정 아미노산의 암호라고 하면, 그 뒤에 오는 아미노산의 코돈은 항상 TC로 시작되어야 하고 그 다음 것은 꼭 C로만 시작되어야 한다. 모든 암호의 배열을 끈기 있게 살펴보니 대다수의 3중 암호가 허용되지 않았다. 이런 3중 암호가 허용될 수 없는 까닭은 A 다음에는 항상 T가 오고, T 다음에는 항상 C가 오는 따위의 현상 때문이었다. 그러면 몇 개의 3중 암호가 남게 될까? 가모브는 정확히 20개라고 말했다! 마치 모자에서 토끼를 끄집어내는 마술 같았다.

가모브의 개념은 냉엄한 자료에 의해 가차 없이 폐기된 재기 넘치는 수

많은 초기 개념들 가운데 하나였다. 중복 암호는 자체 한계에 의해 파괴된다. 먼저, 단백질에서 특정 아미노산들이 항상 나란히 나타나야 하지만, 프레드 생어Fred Sanger에 의해 그렇지 않다는 사실이 밝혀졌다. 프레드 생어는 단백질 서열 분석으로, 다음에는 DNA 서열 분석으로 노벨상을 두 차례나 수상한 걸출한 천재로, 당시 인슐린의 서열을 분석하고 있었다. 곧 어떤 아미노산 뒤에 어떤 아미노산이 오는지가 분명하게 밝혀졌다. 단백질 서열에는 아무런 제한도 없었다. 두 번째 큰 문제는 점돌연변이(한 문자가 다른 문자로 바뀌는 것)였다. 중복 암호에서는 점돌연변이가 일어나면 두 개 이상의 아미노산에 영향을 미쳐야 하지만, 실험을 통해 얻은 자료에서는 한 개의 아미노산만 바뀌는 것으로 나타나는 경우가 많았다. 분명히 진짜 암호는 중복되지 않았다. 가모브의 중복 암호는 실제 암호가 알려지기 오래전에 이미 틀렸다는 것이 입증되었다. 이제 암호 해독가들은 대자연의 어머니에게 빈틈이 있을지도 모른다는 의문을 품기 시작했다.

크릭이 뒤이어 내놓은 개념은 무척 아름다워 곧바로 모든 사람들이 받아들였다. 그러나 크릭 자신은 뒷받침할 만한 자료가 부족한 것이 마음에 걸렸다. 크릭은 여러 곳의 분자생물학 실험실에서 나온 새로운 통찰을 활용했는데, 그중에는 하버드에 있는 왓슨의 새로운 실험실도 있었다. 왓슨은 RNA에 집착했다. RNA는 하나의 가닥으로 이루어진 좀 더 짧은 DNA라고 할 수 있으며, 세포질과 핵에서 발견된다. 왓슨은 RNA가 단백질 합성 장소로 추정되는 작은 기관의 일부라고 생각했다. 오늘날 이 기관은 리보솜ribosome으로 알려져 있다. 따라서 핵에 위치하는 DNA는 활성이 없고 움직일 수 없다. 단백질이 필요하면 DNA의 한 부분이 주형으로 쓰여 RNA 복사본이 만들어진다. 이렇게 만들어진 복사본은 핵 밖에 있는 리보솜으로 이동한다. 이 재빠른 RNA에는 mRNA, 곧 전령messenger RNA라는 이름이 붙여졌다. 왓슨이 1952년에 크릭에게 쓴 편지의 내용처럼, "DNA는 RNA를, RNA는 단백질을 만든다". 크릭이 흥미를 느낀 문제는 다음과 같다. 전령 RNA에 있는 정확한 문자 서열이 어떻게 단백질의 아미노산 서열로 번역될까?

크릭은 이에 관해 생각하다가, RNA의 전달 내용이 각각의 아미노산에 1대 1로 대응되는 일련의 '연결' 분자들의 도움을 받아 번역될 수 있다는 가설을 제시했다. 이 연결 분자들 역시 RNA로 만들어져야 하는데, 저마다 전령 RNA의 코돈을 인식하고 결합할 수 있는 '안티-코돈anti-codon'을 갖고 있을 것이다. 크릭은 이 원리가 정확히 DNA와 같다고 말했다. C는 G와 짝을 이루고, A는 T와 짝을 이루는 것이다.● 이런 연결 분자의 존재는 당시에는 순전히 가설에 불과했지만 몇 년이 지나지 않아 정식으로 발견되었고, RNA로 이루어져 있을 것이라는 크릭의 예상은 적중했다. 이제는 이 RNA를 운반transfer RNA, 또는 tRNA라고 부른다. 전체적으로 작은 조각을 붙였다 떼었다 하면서 일시적이지만 근사한 구조를 형성하는 '레고'와 비슷하다는 느낌이 들기 시작했다.

여기서 크릭은 잘못된 길로 들어섰다. 내가 이 부분을 좀 더 자세히 설명하는 까닭은, 현실적으로는 크릭의 예상이 조금 빗나갔지만 모든 것이 처음에 어떻게 시작되었는지에 관해서는 여전히 그의 개념과 어느 정도 관

● DNA의 T(티민)는 RNA에서는 우라실uracil(U)이라고 하는 약간 다른 염기로 바뀐다. RNA와 DNA의 구조에는 딱 두 가지의 작은 차이가 있는데, 이것이 그중 하나다. 다른 차이는 리보오스ribose라는 당이 DNA에서는 디옥시리보오스deoxyribose로 바뀌는 것이다. 이 두 가지의 사소한 화학적 차이가 얼마나 큰 기능의 차이를 가져오는지는 뒤에 가서 확인하게 될 것이다.

련이 있기 때문이다. 크릭은 전령 RNA가 세포질에 가만히 놓여 있을 것이라고 생각했다. 전령 RNA의 코돈이 마치 엄마 돼지의 젖꼭지처럼 튀어나와 있어 젖먹이 아기 돼지 같은 운반 RNA가 와서 결합되기를 기다리고 있다는 것이다. 결국 모든 운반 RNA는 전령 RNA 전체에 나란히 달라붙고, 아미노산이 아기 돼지의 꼬리처럼 튀어나와 단백질이 합성되는 것이다.

크릭의 문제는 만들어진 운반 RNA가 무작위로 전령 RNA에 다가와 가장 가까운 곳에 있는 코돈에 달라붙을 것이라는 점이었다. 그러나 만약 이들이 시작점에서 시작하지 않고 종결점에서 끝나지 않는다면, 어떤 코돈에서 시작해서 어떤 코돈으로 끝나는지 어떻게 알 수 있을까? 읽어야 할 부분의 정확한 위치를 어떻게 판단할까? 앞서와 마찬가지로 ATCGTC라는 서열이 있다면, 한 운반 RNA는 ATC에 결합하고 그 다음 운반 RNA는 GTC에 결합할 것이다. 크릭의 독단적인 해답에 따르면 이는 허용되지 않는다. 전달 내용 전체가 모호함이 없이 읽혀야 한다면, 모든 코돈이 의미를 지닐 수는 없을 것이다. 허용되지 않아야 하는 코돈은 무엇일까? 분명 A, C, U, G로만 이루어진 서열은 적합하지 않을 것이다. AAAAAA 같은 서열에는 읽어야 할 부분의 정확한 위치를 정할 방법이 없을 것이다. 다음으로 크릭은 가능한 모든 문자의 조합을 두루 확인했다. 간단히 말해서, 만약 ATC가 허용된다면 이 세 개의 문자로 이루어진 다른 모든 변형은 허용되지 않는 것이다(그러니까 ATC가 허용되면 TCA와 CAT는 금지된다는 것이다). 그러면 몇 가지 가능성이 남을까? 또다시 정확히 20개가 남는다! (가능한 코돈 64개 가운데 AAA, UUU, CCC, GGG를 제외하면 60개가 남는다. 세 개의 문자로 가능한 조합의 수는 3이므로 60을 3으로 나누면 20이 된다.)

중복 암호와 달리, 크릭의 암호는 단백질에서 아미노산의 순서에 제약

이 없다. 또 점돌연변이가 일어나도 두 개나 세 개의 아미노산이 변화될 필요가 없다. 가설이 제시되었을 때, 구조-해독 문제를 매끄럽게 해결하면서 64개의 코돈을 수비학적으로 만족스러운 방법을 통해 20개의 아미노산으로 환원시켰다. 게다가 알려진 모든 자료와도 완벽하게 일치했다. 그런데도 크릭의 암호는 틀렸다. 몇 년 뒤, 순전히 AAA로만 구성된 합성 synthetic RNA가 리신lysine이라는 아미노산을 암호화하고 완전히 리신으로만 이루어진 단백질 중합체로 전환될 수 있다는 사실이 밝혀진 것이다.

실험 도구가 더욱 정교해지면서, 1960년대 중반에 몇몇 연구 단체가 실제 암호를 점차 완성해나갔다. 암호를 해독하려는 끈질긴 노력 끝에, 여기저기서 얻어진 사실은 가장 당혹스럽고 맥 빠지는 결과로 나타났다. 암호는 우아한 수비학적 해결책과는 전혀 상관없이 한마디로 퇴화되어 있었다(말하자면 군더더기가 가득했다). 일반적으로 아미노산 하나는 한두 개의 코돈에 암호화되어 있는 반면, 세 종류의 아미노산은 무려 6개의 서로 다른 코돈에 암호화되어 있었다. 모든 코돈이 사용되고 있었는데, '여기서 중지'라는 명령을 하는 코돈 세 개를 제외하면 나머지는 모두 아미노산이 암호화되어 있다. 여기에는 질서도, 아름다움도 없는 것 같았다. 사실 이는 아름다움이 과학에서 어떤 진리의 안내자라는 개념을 완벽히 뒤엎는 것이었다.● 암호를 설명할 수 있는 어떤 특별한 구조적 원인도 없는 것 같았

● 그렇다면 자연은 구조-해독 문제를 어떻게 피해갈까? 간단하다. 전령 RNA의 시작점에서 시작해서 종결점에서 끝내는 것이다. 운반 RNA가 엄마 젖에 늘어선 아기 돼지처럼 늘어서는 게 아니라 충격적일 정도로 기계적인 과정이다. 전령 RNA는 카세트테이프처럼 리보솜을 통과하고, 리보솜은 녹음기처럼 각각의 코돈을 끝까지 차례로 읽어나간다. 과정이 끝났을 때 단백질 전체가 한 번에 조립되는 게 아니라, 단백질이 조금씩 연장되다가 리보솜이 종결점에 다다르면 마침내 방출되는 것이다. 몇 개의 리보솜은 같은 전령 RNA에서 동시에 작업을 해서 저마다 새로운 단백질을 만들 수 있다.

고, 아미노산과 특정 코돈 사이에 강한 화학적 인력이나 물리적 인력도 없었다.

크릭은 이 실망스러운 암호를 '동결된 우연frozen accident'이라고 선언했으며, 학계에서는 대체로 이 의견을 수긍했다. 크릭이 이를 동결되었다고 표현한 까닭은 어떤 위반, 곧 암호의 해동이 일어나면 심각한 결과를 낳을 수 있기 때문이다. 점돌연변이 하나는 한곳의 아미노산을 변화시키는 반면, 암호 자체에 어떤 변화가 생기면 말 그대로 전체적으로 파국적 변화가 일어난다. 가끔씩 나오는 오자는 의미를 별로 바꿔놓지 않지만, 알파벳 전체가 변한다면 내용을 알아볼 수 없는 것과 같은 이치다. 한번 확고하게 자리 잡은 후에 함부로 암호를 변경하면 죽음의 벌을 받게 될 것이라고 크릭은 말했다. 이런 관점은 지금도 생물학자들 사이에 널리 퍼져 있다.

그러나 크릭은 암호의 '우연한' 특성에 의문을 제기했다. 왜 하나의 우연일까? 여러 개의 우연은 안 되는 것일까? 만약 암호가 임의로 정해진다면 어떤 암호도 다른 것에 비해 특별한 이득이 없을 것이다. 그렇다면 한 종류의 암호가 '다른 모든 경쟁자들에 비해 선택될 만한 우월함 같은 것이 있어 혼자 살아남게 되는' 선택의 '병목'이 있을 이유가 없다는 것이 크릭의 말이다. 그렇지만 만약 병목이 없다면, 왜 몇 가지 암호가 다른 유기체들 사이에 공존하지 않는지, 크릭은 의아함을 떨칠 수 없었다.

명백한 해답은 지구상의 모든 유기체가 이미 암호가 정해져 있던 하나의 공통조상으로부터 내려왔다는 것이다. 좀 더 냉정하게 말하자면, 지구상에 단 한 차례 나타난 생명은 독특하고 있을 법하지 않으며 심지어 기형적으로 보이기까지 하는 사건을 만들었다. 크릭이 보기에 이는 감염, 그러니까 단 한 번의 주입을 시사했다. 그의 추측에 따르면, 생명은 하나의 외계 생물체에서 유래한 세균의 클론처럼 지구에 '심어졌다'. 더 나아가 그는 이 세균이 우주선을 타고 지구에 온 어떤 지적인 외계인이 계획적으로 심은 것이라고 주장하면서, 이 개념을 '정향적 범균설directed panspermia'이라고 불렀다. 크릭은 이 주제를 1981년에 출간된 『생명 그 자체Life Itself』에서 발전시켰다. 매트 리들리Matt Ridley는 크릭의 전기에 다음과 같이 썼다. "이 주제는 적지 않은 사람들을 경악시켰다. 위대한 크릭이 우주선을 타고 온 외계 생명체가 지구에 생명의 씨앗을 뿌렸다는 글을 썼다? 머리가 어떻게 된 것은 아닐까?"

우연한 암호 개념이 정말 이런 심각한 철학의 근거가 되는지는 각자 판단할 몫이다. 암호 자체는 병목을 지나기 위한 어떤 특별한 이점이나 단점을 제공할 이유가 없다. 누군가를 위한 치밀한 선택이 전혀 아니다. 소행성 충돌 같은 특별한 사건조차도 단 하나의 클론만 남기고 모든 것을 쓸어버릴 수 있다. 그러면 당연히 단 하나의 암호만 남을 것이다. 어쨌든 크릭은 시기가 좋지 않았다. 책을 쓰고 있던 1980년대 초반에 크릭은 생명의 암호가 동결되어 있지도, 또 우연한 것도 아니라는 사실을 점점 깨달아가고 있었다. 암호 속에는 '코돈 속의 암호code within the codons'라는 눈에 잘 띄지 않는 형식이 있는데, 이 형식은 거의 40억 년 전에 있었던 그 기원에 관한 실마리를 제공한다. 이제 우리는 이 암호가 암호 해독가들에게 비난을 받는 하찮은 암호와는 거리가 멀다는 것을 알고 있다. 오히려 변화를 억제하고 단번에 진화 속도를 증가시킬 수 있는 최고의 암호였다.

코돈 속의 암호

코돈 속의 암호! 1960년대부터 이 암호 속에 있는 다양한 유형들이 인식되기 시작했다. 그러나 대부분은 단순한 통계적 잡음이나 호기심 정도로 치부되기 쉽다. 크릭도 그랬다. 심지어는 전체적인 유형을 종합해도 별 의미가 없는 것 같았다. 왜 이렇게 별다른 의미가 없느냐는 질문에 대해 캘리포니아의 생화학자인 브라이언 K. 데이비스Brian K. Davis가 설명을 내놓았다. 데이비스는 유전 암호의 근원에 관해 오랫동안 관심을 가져왔다. 그는 '동결된 우연'이라는 개념 자체가 암호의 기원에 관한 흥미를 잃게 만들었다고 지적했다. 우연을 연구할 이유가 뭐가 있겠는가? 우연은 그냥 일어나는 일이다. 이후 관심을 갖고 있던 소수의 연구자들마저 원시수프 개념으로 인해 잘못된 길로 들어섰다고 데이비스는 생각했다. 암호가 수프 속에서 시작되었다면 암호는 그 속에서 일어나는 물리적 과정과 화학적 과정에 의해 만들어지는 것과 흡사한 물질에 근원을 두고 있어야 했다. 따라서 핵심 아미노산이 암호의 기반이 되고 다른 것들은 차차 덧붙여졌을 것으로 추측했다. 이 개념에는 헷갈리기는 하지만 기대를 걸게 하는 증거가 될 만한 충분한 사실이 있다. 우리가 암호를 **생합성**biosynthesis의 산물로 볼 때, 그러니까 수소와 이산화탄소를 이용해 스스로 구성 성분을 만들 수 있는 세포의 산물로 인식될 때만 암호는 의미를 갖기 시작한다.

그렇다면 감지될 듯 말 듯한 이 유형은 무엇일까? 유형에 따라 제각각 3중 암호의 문자와 연관이 있다. 첫 번째 문자는 가장 충격적이다. 단순한 전구물질을 아미노산으로 바꾸는 단계와 연관이 있기 때문이다. 이 원리는 매우 놀랍기 때문에 간략히 짚어둘 필요가 있다. 오늘날 세포에서는 아미노산이 단순한 몇 가지 전구물질에서 시작해 일련의 생화학적 단계를 거쳐 만들어진다. 깜짝 놀랄 만한 발견이란 3중 암호의 첫 번째 문자와 이 단순한 전구물질들 사이에 연관성이 있다는 것이다. 따라서 **피루브산**이라는 전구물질로부터 만들어지는 아미노산의 경우에는 모두 코돈의 첫 글자가 똑같이 T다.● 여기서 피루브산을 예로 든 것은 이미 제1장에서 언급된 물질이기 때문이다. 피루브산은 열수분출공의 이산화탄소와 수소로부터 만들어질 수 있는데, 열수분출공에 있는 무기염류가 촉매로 작용한다. 그러나 피루브산만 그런 것이 아니다. 아미노산의 전구물질들은 모든 세포의 생화학의 핵심인 크레브스 회로의 일부며, 제1장에서 다룬 것과 같은 열수분출공에서 만들어진다. 이제 열수분출공과 3중 암호의 첫 번째 위치 사이에 미약하나마 연관성이 있다는 의미가 점점 강해지고 있다.

두 번째 문자는 어떨까? 이는 아미노산의 소수성hydrophobicity과 연관이 있다. 친수성 아미노산은 물에 녹는 반면, 소수성 아미노산은 녹지 않고 세포의 지질막 같은 지방에 녹는다. 아미노산의 범위는 '강强친수성'에서 '강强소수성'까지 걸쳐 있으며, 이런 특성은 3중 암호의 두 번째 위치와 연관이 있다. 가장 소수성이 강한 아미노산 6개 중 5가는 두 번째 염기가 T인 반면, 가장 친수성이 강한 아미노산은 모두 A였다. 중간 정도인 아미노산은 두 번째 염기가 G나 C였다. 따라서 전체적으로 모든 코돈의 첫 번째, 두 번째 자리와 암호화된 아미노산 사이에는 긴밀한 연관성이 있었다. 그

● 전구물질의 이름은 중요하지 않지만, 이 규칙성은 한번 살펴볼 만하다. 암호의 첫 번째 문자가 C이면, 알파-케토글루타르산α-ketoglutarate에서 유래한 아미노산이 암호화된다. A는 옥살아세트산 oxaloacetate, T는 피루브산에서 유래했다는 뜻이다. 마지막으로 첫 번째 문자가 G이면, 그 아미노산은 어떤 단순한 전구물질이 하나의 단계에 상당하는 단계를 거쳐 형성되는 아미노산이다.

이유가 무엇이든 말이다.

　마지막 문자는 중복될 수 있다. 8개의 아미노산에서는 (아름다운 전문용어를 쓰면) **4중 중첩**fourfold degeneracy이 일어난다. 대부분의 사람들은 4중 중첩이라고 하면 비틀거리다가 네 번 도랑에 빠지는 주정뱅이를 연상할지 모르지만, 생화학자들에게는 단순히 코돈의 세 번째 자리는 정보가 정해져 있지 않다는 의미다. 어떤 염기가 오든 중요하지 않다. 네 개의 염기 중 어떤 것이 와도 같은 아미노산을 나타내기 때문이다. 이를테면 GGG로 암호화되는 글리신glycine의 경우는, 3중 암호의 마지막에 오는 G가 T나 A나 C로 바뀌어도 여전히 글리신을 나타낸다.

　세 번째 위치에서 암호가 중첩되는 현상에는 몇 가지 흥미로운 의미가 있다. 우리는 앞서 2중 암호는 20개가 아닌 16개까지 암호화할 수 있다는 점에 주목했다. 만약 가장 복잡한 아미노산 5개를 빼면(아미노산 15개와 종결 코돈stop codon을 남기면), 암호의 처음 두 문자에서 규칙이 더욱 강력해진다. 그렇다면 원시 암호는 2중 암호였다가 '코돈 획득codon capture'에 의해 나중에 3중 암호로 발전했을 가능성이 있다. 아미노산들 사이에서 세 번째 위치를 두고 경쟁이 벌어진 것이다. 만약 그렇다면, 가장 오래된 아미노산은 3중 암호로 넘어가면서 '부당한' 이득을 보았을 것이며, 실제로도 그런 것으로 보인다. 이를테면 초기의 2중 암호에 의해 암호화되었을 가능성이 큰 15개의 아미노산은 3중 암호 64개 가운데 53개를 차지하여, 아미노산 하나당 평균 3.5개의 코돈이 있다. 대조적으로 '나중에' 추가된 5개의 아미노산은 겨우 8개의 코돈만을 차지하는데, 하나당 평균 1.6개에 해당한다. 확실히 일찍 일어난 새가 벌레를 잡는 것 같다.

　그렇다면 암호가 처음에는 3중이 아니라 전부 15개의 아미노산이 암호화된(그리고 '종결' 코돈 하나가 추가된) 2중 암호였을 가능성을 생각해보자. 이 초기의 암호는 완전히 결정적인, 말하자면 물리적 요소와 화학적 요소를 지시하는 것처럼 보였다. 전구물질과 연관이 있는 첫 번째 문자에는 몇 가지 예외가 있었지만, 두 번째 문자는 아미노산의 소수성과 연관이 있었다. 여기서 물리 법칙을 벗어난 우연의 작용을 생각하기란 대체로 어렵다.

그러나 세 번째 문자는 문제가 다르다. 세 번째 문자에는 대단히 유연하게 우연이 작용해왔으며, 암호를 '최적화'하기 위한 선택이 가능해졌다. 이는 영국의 분자생물학자인 로런스 허스트Lawrence Hurst와 스티븐 프리랜드Stephen Freeland가 1990년대 말에 내놓은 급진적인 가설이다. 두 사람은 유전 암호를 컴퓨터로 생성한 수백만 개의 무작위 암호와 비교함으로써 유명해졌다. 이들은 코돈에서 한 개의 문자가 다른 문자로 바뀌는 점돌연변이가 일으킬 수 있는 손상을 알아보았다. 어떤 암호가 이런 점돌연변이를 가장 잘 견디는지 궁금했다. 정확히 똑같은 아미노산을 유지하는 암호일까, 아니면 비슷한 아미노산으로 대체되는 암호일까? 그 결과 이들은 진짜 유전 암호가 놀라울 정도로 변화를 잘 견딘다는 것을 알아냈다. 점돌연변이가 일어나도 아미노산 서열이 변하지 않는 경우가 많으며, 변화가 일어나면 물리적으로 연관이 있는 아미노산으로 대체되는 경향이 있었다. 사실 허스트와 프리랜드는 유전 암호가 무작위로 만들어낸 100만 개의 암호보다 낫다고 선언했다. 이들의 말에 따르면, 변화에 저항하는 능력이 있을 뿐 아니라 변화로 인해 파국적인 결과가 일어나지 않도록 방지하는 구실도 한다. 확실히 돌연변이는 파국적이지만 않으면 이득이 될 가능성이 더 크다.

성스러운 설계의 가정은 별문제로 하고, 초적화를 설명할 유일한 방법은 선택의 작용을 거치는 것이다. 만약 그렇다면 생명의 암호는 진화해야 마땅하다. 무엇보다 세균과 미토콘드리아 사이의 '보편' 암호에는 소소한 변이가 제법 있다는 것은 적어도 특별한 상황에서는 암호가 진화할 수 있음을 입증한다. 다만 암호가 어떻게 대혼란을 일으키지 않고 변하는지, 크릭처럼 여러분도 의문을 품을 수 있을 것이다. 그 해답은 암호가 제각각이라는 데서 찾을 수 있다. 아미노산 하나에 4개, 심지어 6개의 서로 다른 암호가 있다면, 어떤 암호는 다른 것들보다 좀 더 자주 쓰일 것이다. 드물게 쓰이는 암호는 실제로 다른 (그러나 연관이 있는) 아미노산을 지시하는 암호로 다시 쓰일 수 있다. 따라서 암호는 진화한다.

암호의 진화

종합하면, '코돈 속의 암호'는 처음에 생합성과 연관된 물리적 과정과 아미노산의 용해성을 보여주며, 나중에 암호가 늘어나면서 최적화되었다. 여기서 의문이 하나 생긴다. 어떤 종류의 물리적 과정에 선택이 작용하기 시작했을까?

그 해답은 아직 분명하지 않으며, 몇 가지 걸림돌도 있다. 가장 먼저 지적된 것은 DNA와 단백질의 '닭이 먼저냐, 달걀이 먼저냐'에 관한 문제다. DNA는 다소 활성이 적고 복제를 할 때도 특별한 단백질을 필요로 한다. 특별한 단백질은 우연히 특별해질 수 없다. 자연선택을 거쳐 진화해야 하며, 그렇게 되기 위해서는 유전이 되어야 하고 다양해야 한다. 단백질은 스스로 유전될 수 있는 주형으로 작용할 수 없으며, DNA에 암호화되어 있다. 따라서 단백질은 DNA가 없으면 진화할 수 없고, DNA는 단백질이 없으면 진화할 수 없다. 둘 다 상대가 없이는 진화할 수 없으니 선택은 시작조차 할 수 없는 것이다.

그러던 1980년대 중반에 놀라운 사실이 발견되었다. RNA가 효소로 작용한다는 것이다. 이중나선 구조를 형성하는 일이 드문 RNA는 대신 복잡한 형태의 작은 분자를 형성해 촉매 반응에 관여한다. 결국 단백질이 먼저냐, DNA가 먼저냐의 고리를 끊은 것은 RNA였다. 가상의 'RNA 세계'에서는 RNA가 단백질과 DNA의 구실을 모두 하여, 다른 여러 반응과 함께 자신의 합성에 필요한 촉매 작용을 한다. 갑자기 DNA에 관한 모든 암호가 불필요해졌다. RNA와의 직접적인 상호작용으로 단백질이 만들어질 수 있게 된 것이다.

이는 오늘날 세포의 작용에 비춰보면 이해하기 어렵지 않다. 오늘날 세포에서는 DNA와 아미노산 사이에 직접적인 상호작용이 일어나지 않는다. 반면 단백질 합성이 일어나는 동안, 여러 중요한 반응에서 리보자임 ribozyme이라는 RNA 효소가 촉매 작용을 한다. 'RNA 세계'라는 용어는 왓슨의 하버드 동료인 월터 길버트Walter Gilbert가 만들었는데, 지금까지 『네이처』에서 가장 많이 읽힌 기사로 꼽히는 글에 등장한다. RNA 세계 개념은 아주 매력적이며, 생명의 암호를 찾는 여정의 방향을 'DNA 암호에서 어떻게 단백질이 만들어졌는지'에서 'RNA와 아미노산 사이에 어떤 종류의 상호작용이 일어났는지'로 바꿔놓았다. 그러나 지금까지도 그 해답은 분명하지 않다.

RNA 세계가 열띤 관심을 얻고 있는 상황에서, 더 작은 RNA 조각의 촉매적 특성이 대체로 부정되고 있다는 점은 적잖이 놀라울 것이다. 큰 RNA 분자가 반응의 촉매 작용을 할 수 있다면, 더 작은 조각, 이를테면 각각의

'문자'나 '문자'의 쌍도 세기는 약해지더라도 반응의 촉매 작용을 할 수 있어 보인다. 미국의 생화학자인 해럴드 모로비츠Harold Morowitz는 분자생물학자인 셸리 코플리Shelley Copley, 물리학자인 에릭 스미스Eric Smith와 함께 최근 이 가능성을 분명하게 제시한 연구를 내놓았다. 이들의 접근이 옳지 않을 수도 있지만, 내 생각에 이 이론은 생명 암호의 기원을 설명하기 위해 우리가 모색해야 할 그런 이론이다.

모로비츠와 동료 연구진은 문자의 쌍(전문용어로 '디뉴클레오티드 dinucleotide')이 촉매로 작용한다고 가정했다. 이들은 디뉴클레오티드가 피루브산 같은 아미노산의 전구물질과 결합하여 이 전구물질이 아미노산으로 전환되는 반응에 촉매로 작용하는 모습을 상상했다. 정확히 어떤 아미노산이 형성되는지는 (앞서 다뤘던 코돈 속의 암호를 따르는) 디뉴클레오티드 문자쌍에 의해 결정된다. 본질적으로 첫 번째 위치는 아미노산의 전구물질을 결정하고, 두 번째 위치는 변화의 종류를 결정한다. 이를테면 두 문자가 UU라면, 피루브산이 결합하여 극히 소수성 아미노산인 류신leucine으로 전환된다는 것이다. 모로비츠는 몇 가지 독창적인 반응 메커니즘을 덧붙여서 그럴싸하게 보이는 이 기분 좋게 단순한 개념을 지지했다. 그러나 나는 이들이 제시한 반응이 시험관 속에서 정말 일어난다는 증거를 조금이라도 확인하고 싶었다.

원칙적으로 여기서 3중 암호에 도달하려면 몇 단계만 더 있으면 되고, 문자들 사이의 정상적인 조합 이상의 것을 가정할 필요도 없었다. 첫 번째 단계에서, RNA 분자는 일반적인 염기쌍 조합을 통해 2개의 문자로 이루어진 디뉴클레오티드와 결합한다. 다시 말해서 G는 C, A는 U와 결합하는 식이다. 이 아미노산은 더 큰 RNA로 전달되는데, 크기가 커질수록 인력은 더 강해진다.● 그 결과는 RNA 하나가 아미노산 하나와 결합하는 것으로 나타나며, 아미노산의 종류는 디뉴클레오티드를 구성하는 문자에 의해 결정된다. 사실 이는 '정확한' 아미노산을 담당하는 RNA, 다시 말해서 클릭이 말한 '수용체adaptor'의 원형이다.

  2개의 문자로 이루어진 암호가 3개의 문자로 된 암호로 바뀌는 마지막 단계는 다시 RNA 사이의 표준 염기 조합에 의해 결정될 수 있다. 만약 이런 상호작용이 문자가 2개일 때보다 3개일 때 기능이 더 좋아진다면(아마 간격이 더 넓어지거나 결합력이 강해지기 때문일 것이다) 쉽게 3중 암호로 바뀔 것이다. 3중 암호에서 첫 번째 두 문자를 결정하는 데는 합성의 제약을 받는 반면, 세 번째 문자는 어느 정도 변화가 가능하여 다음 단계에서 암호를 가장 효과적인 상태에 놓이게 한다. 이 대목에서는 나는 어미 돼지의 젖을 빠는 아기 돼지들처럼 RNA가 늘어서 있다는 크릭의 처음 개념이 옳을지도 모른다고 추측한다. 공간상의 제약이 인접한 RNA들을 '평균' 세 문자 간격으로 떨어지게 했을 수 있다. 주목할 것은 아직까지 해독틀 reading-frame도 단백질도 없고 단순히 RNA와 상호작용을 하는 아미노산만 있다는 점이다. 그러나 암호의 기초는 이미 자리 잡았으며, 늘어난 아미노산이 비어 있는 3중 암호를 차지함으로써 다음 단계에 추가될 수 있다.

  전체적인 시나리오는 그럴싸하다. 그러나 이를 뒷받침할 증거는 미미하다. 이 시나리오의 가장 큰 장점은 암호의 기원을 설명할 길을 찾으면서, 단순한 화학적 관계에서 3중 암호까지 납득할 만하고 검증 가능한 방

● 아미노산이 RNA로 이동하는 것은 RNA의 서열에 따라 결정될 수 있다. 콜로라도 대학의 마이클 야러스Michael Yarus와 동료 연구진은 다수의 안티코돈 서열을 포함한 작은 RNA 분자가 '정확한' 아미노산과 결합하며 다른 아미노산에 비해 친화력이 수백만 배나 크다는 것을 입증했다.

식으로 우리를 안내한다는 것이다. 이 모든 것이 아주 좋다고 느끼는 독자도 있겠지만, RNA를 나무에서 저절로 나는 것처럼 쉽게 말한다고 느끼는 독자도 있을 것이다. 그래서 말인데, 단순한 화학적 관계가 어떻게 단백질 선택으로 뒤바뀔 수 있을까? 그리고 어떻게 RNA에서 DNA를 얻었을까? 때마침 최근 몇 년 동안의 놀라운 발견을 뒷받침할 만한 충격적인 해답이 나왔다. 만족스럽게도, 새로운 발견은 생명이 제1장의 무대였던 열수분출공에서 진화했다는 가설과 잘 맞아떨어진다.

RNA의 기원

여기에서 첫 번째 의문은 이 RNA가 전부 어디서 왔느냐다. 20년 동안 RNA 세계에 대한 심도 있는 연구가 이루어졌지만, 이 의문을 심각하게 제기한 일은 거의 없었다. 이 RNA가 원시수프 속에 그냥 '있었다'는 것이 암묵적으로 합의된 가정이지만, 솔직히 말해서 터무니없는 소리다.

나는 여기서 비난이나 하는 사람이 되고 싶지는 않다. 과학에는 특수한 문제들이 많으며, 이런 문제에 모두 즉답을 내놓을 수는 없다. RNA 세계가 멋지게 설명되려면 먼저 RNA가 존재한다는 '가정'이 필요하다. RNA 세계의 개척자들에게 RNA가 어디서 왔는지는 중요하지 않다. 연구에 박차를 가하는 질문은 RNA가 무엇을 할 수 있었는지다. 물론 RNA 합성에 관심이 있는 사람들도 있었지만, 이들은 자신들이 지지하는 가설을 놓고 편을 갈라 지루한 논쟁을 벌였다. RNA가 외계에서 시안화물로부터 합성되었을 것이라거나, 지구에서 메탄과 암모니아에 번개가 쳐서 만들어졌을 것이라거나, 화산 속에 있는 가짜 금에서 만들어졌을 것이라는 따위의 다양한 시나리오가 있다. 이 시나리오들은 저마다 몇 가지 장점이 있지만 모두 똑같은 기본적인 문제를 안고 있다. 바로 '농도 문제'다.

RNA 문자(뉴클레오티드) 하나하나를 만드는 것은 어려운 일이지만, 뉴클레오티드 농도가 높을 때는 서로 결합만 하면 중합체(적당한 RNA 분자)를 만들 수 있다. 대량으로 존재한다면 뉴클레오티드는 저절로 긴 사슬로 농축될 것이다. 그러나 농도가 낮을 때는 반대 현상이 벌어진다. 다시 말해서 RNA가 구성 성분인 뉴클레오티드로 분해된다. 문제는 RNA가 자가 복제를 할 때마다 뉴클레오티드를 소모하므로 농도가 낮아진다는 것이다. 뉴클레오티드의 총량이 소비되는 양보다 더 빨리 끊임없이 다시 채워지지 않으면, 아무리 설득력이 있다고 해도 RNA 세계는 작동할 수 없을 것이다. 따라서 생산적인 과학을 하고 싶은 사람에게는 이미 있는 RNA를 연구하는 것이 최선의 선택이었다.

그들이 그렇게 한 것은 옳았다. 결국 극적인 방식으로 등장했지만, 그 해답이 등장하기까지는 아주 오랜 시간이 걸렸기 때문이다. RNA가 나무에서 열리지 않는 것은 사실이지만, 열수분출공에서는 만들어질 수 있다. 적어도 가짜 열수분출공에서는 만들어진다. 2007년 한 중요한 논문에서, (제1장에서 만났던) 지칠 줄 모르는 지구화학자 마이크 러셀은 디터 브라운 Dieter Braun의 연구팀과 독일에서 진행한 공동 연구를 통해 열수분출공에서는 뉴클레오티드가 극단적인 수준까지 농축될 것이라는 결과를 내놓았다. 그 이유는 열수분출공에 있는 강력한 온도차와 연관이 있다. 제1장의 내용을 떠올려보자. 알칼리성 열수분출공에는 서로 연결되어 있는 수많은 구멍들이 가득하다. 온도차는 이 구멍들 사이를 순환하는 두 가지의 흐름을 만든다. 하나는 대류(끓고 있는 주전자 안에서 나타나는 현상)이고, 다른 하나는 열 확산(열이 더 차가운 물속으로 흩어지는 현상)이다. 이 두 가지 흐름으로 인해 구멍에는 낮은 곳부터 수많은 작은 분자들이 점차 들어찬다. 이 작은 분자들에는 뉴클레오티드도 들어간다. 이들이 재현한 열수분출공 체계에서는 뉴클레오티드 농도가 처음 농도보다 수천 배, 심지어 수백만 배까지도 달했다. 이렇게 고농도에서는 뉴클레오티드가 RNA나 DNA 사슬로 쉽게 농축되었을 것이다. 이들이 내린 결론처럼, 열수분출공의 조건은 '생명의 분자적 진화의 시작점이 될 만한 엄청난 고농도'를 제공한다.

그러나 열수분출공이 할 수 있는 일은 이것이 전부가 아니다. 이론적으로는 더 긴 RNA나 DNA 분자가 단일 뉴클레오티드보다 더 고농도로 축적된다. 형태가 더 크기 때문에 구멍을 채우기가 더 수월해진다. 100개의 염기쌍으로 이루어진 DNA 분자는 처음 농도의 수천억 배라는 경이로운 수준까지 농축될 것으로 예측된다. 이런 고농도에서는 RNA 분자가 서로 결합하는 것 따위의, 우리가 다루었던 모든 종류의 상호작용이 원칙적으로 가능하다. 그뿐이 아니다. 주기적으로 변하는 온도(열 순환)는 만능 실험 기술인 PCR(중합효소 연쇄반응polymerase chain reaction)과 같은 방식으로 RNA의 복제를 촉진한다. PCR에서는 온도가 올라가면 DNA 사슬이 풀려 주형 구실을 할 수 있게 된다. 반면에 온도가 내려가면 응축되어 풀린 가닥에서 각각 중합이 일어난다. 그 결과 기하급수적으로 복제가 일어난다.●

종합하면, 열수분출공에서는 온도차로 인해 단일 뉴클레오티드가 극한

● 실험에서는 DNA 중합효소라는 효소도 필요하다. 열수분출공에서 RNA나 DNA의 복제를 촉진하는 데도 효소가 필요할 가능성이 크다. 그러나 그 효소가 꼭 단백질이어야 하는 것은 아니다. 거기에 제격인 RNA 합성효소RNA replicase는 존재할 가능성이 크지만 조금은 성배처럼 되었다.

의 수준까지 농축되어 RNA의 형성이 촉진된다. 그리고 똑같은 온도차가 분자 사이의 물리적 인력을 일으켜 RNA를 농축한다. 마지막으로 주기적인 온도 변화가 RNA의 복제를 촉진한다. 원시 RNA 세계에서 이보다 더 나은 환경은 상상하기 어렵다.

그렇다면 우리의 두 번째 문제는 어떨까? 스스로 복제하는 RNA는 서로 경쟁을 한다. 여기서 RNA가 단백질을 암호화하기 시작하는 더 복잡한 체계까지는 어떻게 나아가야 할까? 역시 열수분출공이 그 해답을 쥐고 있을지도 모른다.

RNA를 시험관에 넣고 필요한 원료와 (ATP 같은) 에너지원을 함께 넣어주면, RNA가 복제될 것이다. 사실 RNA는 단지 복제만 하지 않는다. 분자생물학자인 솔 스피겔먼Sol Spiegelman과 주위 사람들이 1960년대에 발견한 결과에 따르면, RNA는 **진화**한다. 시험관에서 세대를 거듭할수록 RNA는 복제 속도가 점점 더 빨라지다가 마침내 괴물 같은 효율성을 얻는다. 이렇게 풍성하게 복제된 RNA 가닥은 스피겔먼의 괴물이 되는데, 인공적으로 일시적으로만 존재할 수 있다. 흥미롭게도, 시작점이 어디인지는 문제가 되지 않는다. 바이러스 전체에서 시작을 할 수도 있고, 인공 RNA에서 시작을 할 수도 있다. 심지어 뉴클레오티드에 뉴클레오티드를 하나로 합쳐주는 중합효소를 섞은 혼합물에서도 시작할 수 있다. 어디서 시작하든, 언제나 똑같은 '괴물', 똑같이 미친 듯이 복제하는 RNA 가닥, 약 50개의 문자로 이루어진 스피겔먼의 괴물에 이르는 경향이 있다. 말하자면 분자에서 생명이 싹트는 것이다.

문제는 이 스피겔먼의 괴물이 더 이상 복잡해지지 않는다는 것이다. 이 괴물이 더 길어지지 않는 까닭은 50문자 길이가 합성효소가 부착되는 최대 길이이기 때문이다. 합성효소가 없으면 이 RNA 가닥은 전혀 복제를 할 수 없다. 사실상 RNA는 한 치 앞을 내다보지 못하고, 따라서 결코 복잡성을 만들지 못한다. 그렇다면 RNA는 어떻게, 그리고 왜 복제 속도라는 대가를 치르면서 단백질을 암호화하기 시작했을까? 이 올가미를 벗어날 유일한 방법은 선택이 '한 단계 더 높은 수준'에서 일어나 RNA가 더 큰 존재의 일부가 되는 것이다. 이 더 큰 존재는, 이를테면 오늘날 선택의 단위인 세포 같은 것이다. 문제는 유기세포는 모두 진화를 거치지 않고 갑자기 나타나기에는 너무 복잡하다는 것이다. 다시 말해서, RNA의 복제 속도를 위한 선택보다는 세포를 구성하는 형질의 선택이 일어났을 것이라는 이야기다. 이는 '닭이 먼저냐, 달걀이 먼저냐' 하는 상황으로, DNA-단백질 문제만큼이나 난처한 문제지만 그만큼 널리 알려지지는 않았다.

우리는 DNA-단백질 문제를 RNA가 멋지게 해결하는 것을 보았다. 그러나 선택의 고리는 어떻게 끊을 것인가? 그 해답은 코앞에 있었다. 바로 열수분출공에 이미 만들어져 있는 무기세포다. 이 세포는 유기세포와 크기가 대략 비슷하며, 활동을 하고 있는 열수분출공에서 계속 만들어진다. 따라서 세포의 내용물이 특별히 자가 복제를 하는 데 필요한 원료 물질을 재생산하기에 좋다면, 세포는 스스로 복제를 시작하여 새로운 무기세포의 싹을 틔울 것이다. 이와 대조적으로 가능한 한 빠른 속도로 복제를 하는 '이기적' RNA는 뒤처지기 시작할 것이다. 자가 복제를 유지하는 데 필요한 원료를 재생산하지 못하기 때문이다.

그러니까 열수분출공 환경에서는 선택의 대상이 개별 RNA 분자의 복제 속도에서 개별적인 단위로 작용하는 세포의 전반적인 '물질 대사'로 점차 옮아간다. 단백질은 그 무엇보다도 물질 대사의 왕이다. 단백질이 결국 RNA를 밀어내고 그 자리를 차지하는 것은 불가피했다. 그러나 단백질이 단번에 나타나지 않았다는 것은 분명하다. 무기염류, 뉴클레오티드, RNA, 아미노산, (RNA와 결합한 아미노산 같은) 분자 화합물들이 모두 원시적인 물질 대사에 참여했을 것이다. 요점은 분자들 사이의 단순한 협력으로 시작된 무엇인가가 자연적으로 번성하는 세포의 세계에서 모든 세포의 내용물을 재생하는 능력으로서 선택되었다는 것이다. 이는 자급자족을 위한 선택이었고, 궁극적으로는 자율적인 생존을 위한 선택이 되었다. 그리고 흥미롭게도, 세포의 자율적인 생존 속에는 DNA 자체의 기원에서 우리가 찾고 있는 마지막 단서가 있다.

DNA 복제는 두 번 진화했다?

세균들 사이에는 깊은 간극이 있다. 이 간극이 우리 자신의 진화에서 지니는 중요한 의미는 제4장에서 알아볼 것이다. 지금은 DNA 자체만큼이나 중요한 그 기원의 의미만 생각할 것이다. 이 간극의 한편에는 진정세균eubacteria(그리스어로 '진짜' 세균이라는 뜻에서 유래했다)이 있다. 모든 면에서 별 차이가 없어 보이는 두 번째 세균 무리는 고세균archaea 혹은 시원세균archaeabacteria이라고 한다. 고세균이라는 이름은 이 무리가 특별히 오래되었다는 생각에서 나온 것이지만, 오늘날에는 고세균이 진정세균에 비해 더 오래되었다고 믿는 사람은 별로 없다.

사실 믿기 어려운 요행 속에서, 세균과 고세균은 모두 바로 그 열수분출공의 둔덕에서 등장했을 가능성이 있다. 이들이 유전 암호뿐 아니라 단백질 합성의 여러 세부적인 부분에서 공통점이 있다는 사실을 설명할 수 있는 것은 별로 없지만, 이는 분명 DNA를 복제하기 위해 나중에 완전히 독자적으로 배운 것이다. DNA와 유전 암호가 확실히 단 한 차례만 진화한 동안, 모든 살아 있는 세포에서 일어나는 유전의 물리적 메커니즘인 DNA 복제는 분명히 두 차례 진화했다.

만약 이런 주장이 유진 쿠닌Eugene Koonin 같은 거물에게서 나온 것이 아니라면, 미안한 이야기지만 나는 믿지 않았을 것이다. 신중하고 지적인 러시아 태생 미국인인 쿠닌은 미국 국립 보건원National Institutes of Health에서 전산유전학computational genetics을 연구하고 있다. 이 사실을 발견한 쿠닌과 동료 연구진은 어떤 급진적인 가설을 입증하려고 한 것은 아니었다. 이는 세균과 고세균의 DNA 복제를 체계적으로 연구하는 과정에서 우연히 나온 결과였다. 자세한 유전자 서열의 비교를 통해, 쿠닌과 동료 연구진은 세균과 고세균의 단백질 합성 메커니즘이 대체로 비슷하다는 것을 발견했다. 이를테면, DNA에서 RNA를 읽어내는 방식과 RNA를 단백질로 번역하는 방식이 기본적으로 비슷하고, 이때 세균과 고세균이 사용하는 효소는 (유전자 서열로 볼 때) 분명히 공통조상으로부터 물려받았다. 그러나 DNA를 복제하는 데 필요한 효소의 경우는 판이하게 달랐다. 대부분에서 공통점이 전혀 없었다. 이런 흥미로운 상황은 세균과 고세균이 오래전에 갈라져 나왔다는 것으로 설명될 수 있지만, 그러면 한 가지 궁금증이 생긴다. 똑같이 오래전에 갈라져 나왔는데 DNA의 전사와 번역에서는 왜 이런 완전히 차이가 나타나지 않는 것일까? 이를 가장 단순하게 설명한 것이 쿠닌의 파격적인 추측이다. DNA의 복제는 고세균에서 한 번, 세균에서 한 번, 이렇게 두 번 진화했다는 것이다.•

이런 주장은 많은 이들에게 터무니없어 보였겠지만, 독일에서 연구하고 있던 재기 넘치고 악의 없이 '짓궂은' 텍사스 사람에게 이는 여지없는 지상 명령이었다. 앞의 제1장에서 소개한 생화학자 빌 마틴은 이미 마이크 러셀과 함께 열수분출공에서의 생화학적 기원을 탐구하고 있었다. 2003년, 두 사람은 상식을 깨트리는 자신들만의 견해를 내놓았다. 세균과 고세균의 공통조상은 독립생활을 하는 유기체가 아니라 다공성 암석에 갇혀 있던 일종의 복제자replicator이며, 이 복제자는 아직도 수수께끼 같은 열수분출공의 둔덕을 벗어나지 못하고 있다는 것이다. 마틴과 러셀은 이 주장을 뒷받침하기 위해 세균과 고세균 사이에 나타나는 다른 심원한 차이의 목록을 만들었다. 특히 세균과 고세균은 세포막과 세포벽이 완전히 다른데, 이는 두 무리가 같은 암석의 범위 안에서 독립적으로 등장했다는 것을 의미했다. 많은 사람들이 마틴과 러셀의 견해가 너무 앞서갔다고 생각했지만, 쿠닌에게는 관찰 결과와 딱 들어맞는 견해였다.

오래지 않아 마틴과 쿠닌은 함께 머리를 맞대고 열수분출공에서의 유전자 및 유전체의 기원을 탐색했고, 2005년에 이 주제에 관해 흥미진진한 견해를 발표했다. 이들은 무기세포의 '생활 주기life cycle'가 HIV 같은 오늘날의 레트로바이러스retrovirus와 비슷할 것이라고 추측했다. 레트로바이러스에는 작은 유전체가 있는데, DNA가 아니라 RNA에 암호화되어 있다. 레트로바이러스는 세포에 침투하면 '역逆전사효소reverse transcriptase'라는 효소를 이용해 자신의 RNA를 DNA로 복제한다. 이 새로운 DNA는 먼저 숙주 세포의 유전체에 섞여 들어간 다음, 숙주 세포의 유전자와 함께 읽힌

● 우리 (진핵생물의) DNA 복제 방법은 세균이 아닌 고세균에서 유래했다. 그 이유는 제4장에서 알아볼 것이다.

다. 이렇게 해서 수많은 복사본이 만들어지면 레트로바이러스가 작용을 한다. 그러나 다음 세대를 위해 짐을 꾸리는 동안에는 유전 정보의 전달을 RNA에 의존한다. 레트로바이러스는 DNA 복제 능력이 현저하게 떨어지는데, 대개 DNA 복제는 수많은 효소가 필요한 거추장스러운 과정이다.

이런 생활 주기에는 장점과 단점이 모두 있다. 가장 큰 장점은 속도다. DNA를 RNA로 전사하고 RNA를 단백질로 번역하는 과정에서 숙주 세포의 장치를 이용함으로써, 레트로바이러스는 수많은 유전자의 필요성을 제거하여 시간과 수고를 아낀다. 가장 큰 단점은 자신의 존재를 '적절한' 세포에 전적으로 의존해야 한다는 것이다. 두 번째로 큰 단점은 RNA는 DNA보다 정보를 저장하기에 적합하지 않다는 것이다. 화학적으로 덜 안정되어 있는데, 다시 말해서 DNA보다 반응성이 큰데, 어쨌든 이 능력 덕분에 RNA는 생화학 반응에 촉매로 작용할 수 있다. 그러나 이런 반응성 때문에 RNA 유전체는 불안정하고 붕괴가 잘 일어나므로, 그 최대 크기가 독립생활을 하는 데 필요한 한계치에 훨씬 못 미친다. 사실상 레트로바이러스는 RNA가 암호화된 생명체의 가장 복잡한 형태에 가깝다.

다만 무기세포에서는 그렇지 않다. 무기세포에는 더 복잡한 RNA 생명체가 진화할 수 있는 두 가지 장점이 있다. 첫째 장점은, 독립생활을 하는 데 필요한 특성들을 열수분출공에서는 공짜로 얻을 수 있다는 것이다. 무기세포는 한 발 앞서 나아가는 데 유리한 조건, 이를테면 공간을 가르는 막과 에너지 따위를 제공한다. 자가 증식하는 RNA들이 살고 있는 열수분출공은 어떤 의미에서 보면 이미 '바이러스에 감염된' 상태다. 둘째 장점은, '둥둥 떠다니는 RNA 무리'가 서로 연결된 세포들을 통해서 끊임없이 섞이고 경쟁을 한다는 것이다. 새로 형성된 세포에 확산이 되어 들어갔을 때 '협력'이 잘되는 무리는 선택을 받을 수 있다.

그래서 마틴과 쿠닌은 무기세포에서 등장한 협동하는 RNA 집단을 상상했다. 이 RNA에는 저마다 비슷한 유전자가 조금씩 암호화되어 있다. 이 주장의 단점은 당연히 RNA 집단이 다른 집단, 어쩌면 잘 맞지 않는 집단과 다시 섞이게 되면 약해질 것이라는 점이다. 협동하는 RNA 집단에서 하나의 DNA 분자로 모습을 바꿔 자신의 '유전체'를 그럭저럭 유지하는 세포는 자신의 장점을 그대로 간직할 수 있을 것이다. 이 세포의 복제는 레트로바이러스와 비슷할 것이다. 이 세포의 DNA는 RNA 집단으로 전사되어 인접한 세포를 감염시키고, 인접한 세포는 DNA 은행에 정보를 예치할 수 있는 똑같은 능력을 얻게 된다. 이 DNA 은행에서는 따끈따끈한 RNA를 새로 찍어낼 것이고, 그로 인해 오류투성이가 될 가능성은 적어진다.

이런 상황에서 무기세포가 DNA를 '발명'할 가능성은 어느 정도나 될까? 아마 그리 어렵지 않을 것이다. 사실 DNA 복제 체계 전체를 발명하는 것은 (RNA보다) 훨씬 더 쉬울 것이다. RNA와 DNA는 화학적으로는 단 두 가지의 작은 차이만 보일 뿐이지만, 구조적으로는 엄청난 차이가 나타난다. RNA는 코일 모양의 촉매 분자인 반면, DNA는 그 유명한 이중나선 구조를 하고 있다(왓슨과 크릭이 1953년에 처음 『네이처』에 발표한 논문에서 예측한 그대로).● 열수분출공에서 사실상 저절로 일어나는 두 가지 작은 변화를 막기란 어려울 것이다. 첫 번째 변화는 RNA(리보핵산ribonucleic

---

● 왓슨과 크릭의 견해에 따르면, "디옥시리보오스 자리에 리보오스 등이 들어가면 이(이중나선) 구조가 만들어지지 않는다. 리보오스 당에 하나 더 들어 있는 산소 원자가 너무 강한 반데르발스van der Waals 결합을 만들기 때문이다."

acid)에서 산소가 제거되어 디옥시-리보핵산deoxy-ribonucleic acid, 곧 DNA가 되는 것이다. 오늘날에도 이 메커니즘에 관여하는 반응성이 큰 중간생성물(전문용어로는 자유라디칼) 종류가 열수분출공에서 발견된다. 두 번째 차이는 우라실이라는 문자에 '메틸methyl'(CH) 기가 첨가되어 티민이 되는 것이다. 메틸기 또한 메탄 기체에서 나온 반응성이 큰 자유라디칼로, 알칼리성 열수분출공에 풍부하게 들어 있다.

따라서 DNA를 만드는 것은 상대적으로 쉬웠을 수 있다. DNA는 RNA처럼 열수분출공에서 '자연적으로' 형성되었을 것이다(이는 간단한 전구물질에서 무기염류, 뉴클레오티드, 아미노산 따위의 촉매 작용에 의해 DNA가 만들어졌을 것이라는 뜻이다). 조금 더 어려운 기술은 암호의 내용을 유지하는 비결인데, 말하자면 RNA의 문자 서열을 DNA의 형태로 정확히 복제하는 것이다. 그러나 여기서도 공백을 메우는 것이 어렵지 않다. RNA를 DNA로 바꾸는 데는 단 하나의 효소만 있으면 된다. 바로 역전사효소로, 오늘날 HIV 같은 레트로바이러스에 들어 있다. 역설적이게도, DNA에서 RNA가 만들어지고 RNA에서 단백질이 만들어진다는 분자생물학의 중심원리를 '깨부순' 바로 그 효소가 바이러스 같은 RNA가 우글거리는 다공성 암석을 생명체로 바꾼 효소가 되어야 하는 것이다! 어쩌면 세포의 탄생은 보잘것없는 레트로바이러스 덕분일지도 모른다.

이 이야기에는 아직 설명되지 않은 부분이 많다. 적어도 내가 보기에 어느 정도 설득력 있는 이야기를 재구성하려다 보니 몇 가지 골칫거리는 그냥 뛰어넘었다. 우리가 여기서 다뤘던 모든 증거가 확실하다거나 오래 전 과거에 대한 중요한 실마리인 척하지는 못하겠다. 그러나 이 증거들은 진짜 단서들이며, 사실로 밝혀진 이론이라면 어떤 것에 의해서든 설명되어야 할 것이다. 생명의 암호 속에는 정말로 어떤 유형들이 있으며, 이 유형은 화학과 선택의 작용을 암시한다. 심해의 열수분출공에서 일어나는 열수의 흐름은 실제로 뉴클레오티드와 RNA 및 DNA를 농축하여 수수께끼 같은 무기세포를 이상적인 RNA 세계로 바꿔놓았다. 세균과 고세균 사이에는 깊은 차이가 있으며, 이 차이는 교묘한 술수 같은 것으로는 설명될 수 없다. 이 차이는 생명이 레트로바이러스 같은 생활 주기에서 시작되었다는 사실을 분명하게 암시한다.

이 책에서 밝힌 이야기들이 사실일지도 모른다는 생각은 정말 나를 들뜨게 하지만, 내 마음 한구석에는 불안한 것이 하나 있다. 바로 세포 생명체가 심해의 열수분출공에서 두 번 등장했다는 주장에 함축된 의미다. 열수분출공 근처에서 부유하던 RNA 무리가 결국 드넓은 대양을 차지하여 지구 전체 규모에서 선택이 일어날 수 있게 된 것일까? 아니면 특별히 조건이 좋은 열수분출공 세계가 있어서, 그 이례적인 조건에서 고세균과 세균이 모두 나타난 것일까? 아마 우리는 결코 알 길이 없을 것이다. 그러나 필연과 우연의 장난은 누구라도 잠시 생각에 잠기게 한다.

제3장

광합성
태양의 부름을 받고

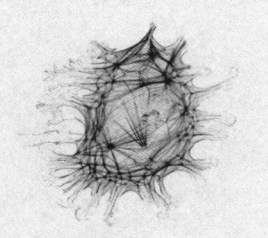

Life Ascending

광합성이 없는 세상을 상상해보자. 우선 초록색은 아니었을 것이다. 우리의 에메랄드빛 행성은 식물과 조류藻類, 그러니까 결국 빛을 흡수해 광합성을 하는 초록색 색소의 영광을 보여준다. 이 색소들 가운데 가장 돋보이는 것은 엽록소라는 놀라운 변환기다. 엽록소는 광선을 훔쳐 다량의 화학 에너지로 바꾸는데, 이 에너지가 식물과 동물이 살아가는 원동력이 된다.

세상에는 파란색도 없었을 것이다. 하늘과 바다가 푸른빛을 띠려면 대기와 물이 깨끗해야 하는데, 대기와 물에서 뿌연 안개와 먼지를 제거한 요소가 바로 산소의 정화 능력이다. 또 광합성이 없었다면 자유 산소free oxygen도 없었을 것이다.

사실 대양도 없었을지 모른다. 산소 없이는 오존도 있을 수 없다. 또 오존이 없으면 엄청난 세기의 자외선이 거의 차단되지 않았을 것이다. 자외선은 물을 산소와 수소로 분해한다. 산소는 천천히 형성되며 공기 중에는 전혀 축적되지 않는다. 대신 암석에 있는 철과 반응하여 암석을 녹의 색깔인 붉은색으로 바꿔놓는다. 그리고 가장 가벼운 기체인 수소는 지구의 중력을 벗어나 우주 공간으로 흩어질 것이다. 이 과정은 느리게 진행될지는 모르지만, 가차 없이 진행되어 대양도 우주 공간으로 날아갔을 것이다. 자외선은 금성에서 대양을 앗아갔으며, 화성에서도 그런 현상이 일어났을 것으로 추측된다.

따라서 광합성이 없는 세상을 그리기 위해 그리 많은 상상력을 발휘할 것도 없다. 대양도 없고, 뚜렷한 생명의 징후도 없이 붉은 흙으로 덮여 있는 화성과 흡사한 모습일 것이다. 물론 광합성이 없어도 생명은 있으며, 많은 우주생물학자들이 화성에서 생명을 찾고 있다. 그러나 흙 속에 숨어 있거나 만년설 속에 묻혀 있는 소량의 세균을 발견하더라도, 화성 자체는 죽어 있다. 화성은 거의 완벽한 평형 상태에 있다. 이는 활성이 없다는 분명한 징후다. 결코 가이아Gaia로 오인될 수 없다.

산소는 행성의 삶에서 중요한 요소다. 광합성의 노폐물에 지나지 않는 산소는 진정 세상을 만든 분자다. 산소는 광합성을 통해 대단히 빠르게 배출되어 결국 행성의 수용력을 압도하고 행성을 집어삼키게 된다. 마침내 모든 흙과 바위 속에 들어 있는 철분과 바다 속에 있는 모든 황과 대기 중의 메탄까지 산화될 수 있는 것은 모두 산화되고, 결합하지 않은 산소는 공기와 바다 속으로 쏟아져 나온다. 일단 산소가 생기면, 행성에서는 물의 소실이 중단된다. 물이 분해되어 나온 수소는 우주 공간으로 날아가기 전에 먼저 수가 많아진 대기 중의 산소 분자와 충돌하고, 빠른 속도로 반응을 일으켜 다시 물이 된다. 이 물이 비가 되어 내리면서 대양에서 물이 줄어드는 현상이 서서히 멈춘다. 게다가 산소가 대기 중에 축적되면 강렬한 자외선을 차단하는 오존층이 형성되어 세상은 더 살기 좋은 곳이 된다.

산소가 단지 행성의 생명만 구하는 것은 아니다. 산소는 모든 생명체가 힘을 발휘할 수 있게 하고 몸집이 커지게 한다. 세균은 산소가 없는 환경에서 완벽한 삶을 영위할 수 있다. 세균은 탁월한 전기화학적 능력을 지니고 있어 사실상 어떤 분자로도 에너지를 얻는 반응을 할 수 있다. 그러나 세균이 메탄과 황 같은 분자를 반응시켜 얻을 수 있는 에너지와 발효로 얻는 에너지를 모두 합쳐도, 산소 호흡의 막강한 능력에 비하면 보잘것없는 양이다. 산소 호흡은 말 그대로 산소를 이용해 음식을 태워 이산화탄소와 수증기로 완전히 산화시키는 것이다. 산소 호흡 외에는 다세포 생명체에 활기를 불어넣는 데 필요한 에너지를 공급할 수 있는 것이 없다. 모든 동식물은 다만 생활사의 한 시기일지라도 산소에 의존한다. 내가 알고 있는 예외로는 현미경으로 볼 수 있을 정도로 작은(그러나 다세포생물이다) 선충 nematode worm이 유일하다. 이 선충이라는 벌레는 산소가 없는 흑해 깊은 곳에서 살아간다. 따라서 자유 산소가 없는 세계는 적어도 개체 수준에서는 극히 미세한 세계다.

산소는 다방면으로도 많은 기여를 한다. 먹이사슬을 생각해보자. 최종 소비자는 작은 동물을 잡아먹고, 이 작은 동물은 차례로 곤충 따위를 잡아먹으며, 이 곤충은 더 작은 곤충을 잡아먹고, 이 작은 곤충은 나뭇잎이나 균류를 먹고 살아간다. 대여섯 단계에 걸쳐 복잡한 먹이사슬이 형성되는 것을 흔히 볼 수 있다. 먹이사슬에서는 각 단계마다 에너지 소실이 일어나는데, 어떤 호흡 형태도 결코 효율이 100퍼센트일 수 없기 때문이다. 사실 산소 호흡은 효율이 약 40퍼센트 정도인 반면, (산소 대신 철이나 황 같은 것을 활용하는) 다른 형태의 호흡은 대부분 그 효율이 10퍼센트에도 미치지 못한다. 이는 곧 산소 호흡을 하지 않을 때는 먹이사슬을 두 단계만 거쳐도 처음 투입된 에너지의 1퍼센트만 남는 반면, 산소 호흡을 할 경우에는 여섯 단계를 거쳐야 같은 지점에 도달한다는 뜻이다. 이는 계속해서 먹이사슬이 길게 늘어지는 것도 산소 호흡에서나 가능한 일이라는 의미이기도 하다. 먹이사슬의 경제가 의미하는 바에 따르면, 포식자는 산화된 세상에서 움직일 수 있지만 생활방식으로서의 포식은 산소가 없으면 지불이 불가능하다.

당연히 포식은 포식자와 피식자 사이의 군비 경쟁을 유발해 몸집의 크기를 점차 키워간다. 딱딱한 껍질은 이빨과 전투를 벌이고, 위장술은 눈을 속이며, 몸집의 크기는 쫓는 자와 쫓기는 자 모두를 위협한다. 그렇다면 결국 포식은 산소로 인해 포식자의 몸집이 커진 덕분에 가능해진 것이다. 따라서 산소가 생물체의 크기를 키운다는 것은 단지 있음직한 이야기가 아니라 거의 확실한 사건이다.

산소는 생물체의 구성에도 도움을 주었다. 동물의 몸에서 근육의 팽팽한 힘을 만드는 단백질은 콜라겐collagen이다. 콜라겐은 모든 결합 조직에서 중요한 단백질인데, 뼈와 이빨과 단단한 껍질에는 경화된 상태로 존재하며, 힘줄과 인대와 연골과 피부 속에는 '벌거벗은' 상태로 들어 있다. 콜라겐은 포유류에 가장 풍부하게 들어 있는 단백질로, 몸을 이루는 단백질 총량의 무려 25퍼센트에 달한다. 무척추동물에서도 껍질이나 큐티클, 거북류의 등딱지 같은 온갖 종류의 섬유 조직에서 중요한 구성 요소인 콜라겐은 모든 동물의 '접착제와 테이프'라고 할 수 있다. 콜라겐은 조금 특별한 구성 성분으로 이루어져 있는데, 이 구성 성분들이 인접한 단백질 섬유와 교차 결합을 하여 강한 장력을 얻기 위해서는 자유 산소가 필요하다. 자유 산소가 필요하다는 사실에서 우리가 알 수 있는 것은, 껍질이나 단단한 뼈대로 몸을 보호하는 덩치 큰 동물의 진화는 대기 중의 산소량이 콜라겐 생산을 지탱할 수 있을 정도로 충분히 높아야 비로소 가능하다는 것이다. 약 5억 5000만 년 전인 캄브리아기가 시작될 무렵의 화석 기록에서 몸집이 큰 동물이 갑자기 출현한 일도 이 요소가 원인이었을 것으로 추측된다. 캄브리아기가 시작되기 바로 전, 지구 전역에서는 대기 중의 산소량이 증가했다.

콜라겐을 만드는 데 산소가 쓰이는 것은 단지 우연일 수도 있다. 만약 콜라겐이 없다면 자유 산소가 들어가지 않는 다른 것으로 대체할 수는 없을까? 산소는 힘을 얻는 데 필수적인 요소일까? 아니면 어쩌다 우연히 섞여 들어가 재료로 쓰이게 되고, 그 후 영원히 제조법의 일부로 남은 것일까? 우리는 확실히 알 길이 없다. 그러나 놀랍게도 고등한 식물도 구조를 지탱하는 데 자유 산소를 필요로 한다. 나무는 리그닌lignin이라는 매우 단단한 중합체의 형태로 유연한 힘을 얻는다. 리그닌은 화학적으로 불규칙한 형태를 띠는데, 자유 산소를 이용해 분자 사슬 사이에 강한 교차 결합을 형성한다. 이는 분해가 매우 어려운 구조라서 나무가 그렇게 단단하고 오랫동안 썩지 않는 것이다. 제지 회사에서 쓰는 방법으로 목재에서 리그닌을 제거하면(제지 회사에서는 애써 리그닌을 제거해야만 목재의 펄프로 종이를 만들 수 있다) 나무는 가벼운 바람에도 무게를 지탱하지 못하고 쓰러지게 된다.

따라서 산소가 없었다면 큰 동식물도 없고, 포슨도 없고, 파란 하늘도 없고, 어쩌면 바다도 없고, 오로지 흙먼지와 세균만 가득했을지도 모른다. 분명 산소는 상상할 수 있는 모든 쓰레기 중에서 가장 값진 쓰레기다. 그러나 산소는 그냥 폐기물이 아니라 있을 수 없는 얼토당토않은 폐기물이기는 하다. 지구나 화성이나 우주 어디서든 산소를 전혀 생산하지 않는 광합성이 진화할 수 있는 가능성은 무척 크다. 그러면 세균 수준의 복잡성을 벗어날 생물은 분명 거의 없을 것이며, 우리만이 세균의 우주에서 지각력 있는 존재로 남을 것이다.

산소가 있는 대기를 얻으려면

산소가 대기 중에 결코 축적되지 않았을 수도 있는 이유 중 하나는 호흡이다. 광합성과 호흡은 같은 반응이 반대 방향으로 일어나는 것이다. 간단히 말해서, 광합성은 태양 광선을 에너지로 삼아 두 가지 간단한 분자인 이산화탄소와 물로 유기물을 만드는 것이다. 호흡에서는 정확히 이 반대과정이 일어난다. 유기물(음식물)을 태울 때, 우리는 이산화탄소와 물을 공기 중으로 배출한다. 이때 나오는 에너지가 우리가 살아가는 데 원동력이 된다. 우리가 내는 모든 에너지는 음식물 속에 갇혀 있던 태양 광선이 풀려나는 것이다.

광합성과 호흡은 화학적인 세부과정뿐 아니라 전체적인 계산에서도 정반대다. 호흡이 없다면, 다시 말해서 식물을 먹어 태울 동물과 균류와 세균이 없다면, 대기 중의 이산화탄소는 오래전에 모두 식물에 흡수되어 생체량biomass으로 전환되었을 것이다. 그러면 광합성은 서서히 멈췄을 것이다. 느리게 일어나는 부패나 화산에서 조금씩 배출되는 것을 제외하면 이산화탄소가 없기 때문이다. 그러나 이는 실제로 일어난 현상과는 거리가 멀다. 실제로는 식물이 비축한 모든 유기물이 호흡을 통해 태워진다. 지질학적 연대로 따지면 식물은 연기처럼 사라진다. 이는 하나의 중요한 결과를 낳는다. 광합성을 통해 공기 중으로 쏟아져 나온 모든 산소는 호흡을 통해 다시 식물에 흡수된다. 이는 어떤 행성에나 죽음의 입맞춤이 될 오래도록 한결같고 끝없는 평형이다. 행성이 산소가 있는 대기를 얻는 유일한 방법은, 다시 말해서 붉은 흙으로 뒤덮인 화성의 운명을 벗어날 수 있는 유일한 방법은 식물질을 분해해 에너지를 얻는 생명의 독창성에 영향을 받지 않고 식물질이 고스란히 보존되어야만 한다. 곧, 식물이 땅속에 묻혀야만 한다.

그래서 그렇게 되었다. 보존된 식물질은 땅 속 깊은 곳에 있는 바위나 흙 속에 석탄, 유연탄, 천연가스, 석유, 목탄의 형태로 묻혀 있다. 최근 예일 대학에서 은퇴한 선구적인 지구화학자 로버트 버너Robert Berner에 따르면, 지각에 묻혀 있는 '죽은' 유기 탄소의 양은 지구상에 살고 있는 생물체 전체보다 약 2만 6000배가 더 많다. 우리가 화석 연료를 캐내어 태울 때는, 그 속에 들어 있는 탄소 원자 하나하나가 공기 중의 산소 분자와 결합해 이산화탄소로 바뀐다. 이로 인해 예상치 못한 심각한 결과가 기후에 나타난다. 다행히도 우리가 기후를 엉망으로 만들어도, 화석 연료의 연소가 전세계 산소 공급을 결코 고갈시키지는 않을 것이다. 대부분의 유기 탄소는 아주 미세한 유기 퇴적물의 형태로 이판암shale 같은 암석 속에 들어 있어 인간의 산업, 적어도 경제 산업의 손길이 미치지는 않는다. 지금까지 우리 인류는 알고 있는 화석 연료를 모두 태워 없애려는 오만한 시도를 했지만, 대기 중의 산소 함량을 겨우 2~3ppm, 다시 말해서 약 0.001퍼센트 밖에 감소시키지 못했다.●

그러나 막대한 양의 유기 탄소가 매장된 저장고가 끊임없이 만들어지는 것은 아니다. 이런 유기 탄소가 가끔씩 매장되면 다른 지질시대가 시작된다. 그 외에는 완벽한 균형에 근접하는데, 이런 균형에서는 호흡과 광합성이 상쇄되어(그리고 침식과 퇴적이 상쇄되어) 아무것도 매장되지 않는 것이나 다름없다. 그래서 산소 농도가 수천만 년 동안 21퍼센트 정도로 유지되고 있는 것이다. 오래전 지질시대에는 드물게 일어나는 일이기는 했지만 상황이 아주 달랐다. 가장 충격적인 예는 지금으로부터 약 3억 년 전의 석탄기였을 것이다. 석탄기에는 갈매기만 한 잠자리가 퍼덕거리며 하늘을 날아다녔고, 1미터 길이의 노래기가 덤불 속을 기어 다녔다. 이런 거대 생명체들이 출현할 수 있었던 것은 모두 석탄기에 엄청난 속도로 탄소가 매장된 덕분이었고, 이렇게 엄청난 양의 석탄이 매장되어 석탄기라는 이름이 붙었다. 탄소가 석탄늪coal swamp 아래에 묻힘으로써 산소 농도가 30퍼센트 이상으로 치솟았고, 그로 인해 일부 생명체가 정상 범위를 크게 벗어나는 크기까지 자라게 되었다. 이런 현상은 폐를 통해 능동적인 기체 교환을 하는 동물들보다는 잠자리처럼 기관이나 피부를 통한 기체 확산에 의존해 수동적인 호흡을 하는 동물들에서 특히 두드러졌다.**

석탄기에 예기치 못한 속도로 탄소가 매몰된 데는 어떤 요인이 작용했을까? 우연히 다양한 요소가 작용한 것이 거의 확실하다. 거기에는 대륙의 움직임, 다습한 기후, 거대한 범람원 따위가 있으며, 무엇보다도 리그닌의 진화가 가장 중요한 요소로 작용했을 것이다. 리그닌은 거대한 나무

● 대기 중에 존재하는 산소의 양은 이산화탄소보다 약 550배가 더 많다. 분명 이산화탄소의 농도를 두세 배 높이기는 훨씬 쉽다. 그러나 대기의 산소량에 전혀 변함이 없더라도 온도가 증가하면 물에 대한 산소의 용해도가 감소한다. 이미 바다의 용존 산소 농도가 감소하여 어류의 개체군이 영향을 받고 있다. 이를테면 북해의 등가시치eelpout 개체군은 해마다 용존 산소 농도에 따라 그 크기가 변해서, 산소 농도가 낮으면 개체군의 크기가 작아진다.
●● 진화에서 산소의 구실에 관해 좀 더 알고 싶다면 나의 초기작인 『산소: 세상을 만든 분자』를 보라.

와 튼튼한 식물들이 드넓은 땅에 군락을 이룰 수 있게 만들었다. 오늘날까지도 세균이나 균류가 분해하기 어려운 물질인 리그닌은 진화한 직후에도 분해가 곤란한 골칫거리였을 것이다. 따라서 분해되어 에너지를 얻는 데 활용되기보다는 엄청난 양이 고스란히 땅에 파묻혔을 것이다. 그리고 그 결과 산소가 공기 중에 떠돌게 된 것이다.

지질시대의 우연한 사건들이 서로 다른 두 시기에 산소 농도를 증가시켰는데, 두 시기 모두 지구 전역이 얼음으로 뒤덮인 이른바 '눈덩이 지구'의 결과였을 것이다. 처음 산소 농도가 급격히 증가한 시기는 지금으로부터 약 22억 년 전으로, 지각이 융기하고 지구 전체에 빙하가 뒤덮인 직후였다. 두 번째 빙하기는 약 8억~6억 년 전으로, 이 시기에도 역시 산소 농도가 증가했던 것으로 보인다. 이런 전지구적 재앙은 광합성과 호흡, 퇴적과 침식의 균형을 변화시켰을 것이다. 거대한 빙하가 녹고 비가 내리는 동안, 암석에서 씻겨 나온 무기염류와 양분(철, 질산염, 인산염)이 바다로 흘러들어가 광합성을 하는 조류와 세균의 번성을 이끌었다. 이는 오늘날 화학 비료의 작용과 비슷하지만 훨씬 규모가 컸다. 이렇게 땅 위에 넘쳐흐르던 물은 생명의 만개를 유도했을 뿐 아니라, 그 생명을 묻어버리기도 했다. 흙이 섞여 있는 얼음, 모래, 자갈이 바다로 흘러들어 변성 중인 세균과 섞이면서 유례없이 엄청난 규모의 탄소가 매몰되었다. 그리고 이와 함께 지구 전역에서 높은 산소 농도가 지속되었다.

따라서 우리 지구의 산화는 우연이라는 느낌이 든다. 다른 기간에는 오래도록 아무 변화가 없었던 것을 보면 더욱 그런 느낌이 든다. 지질학자들이 '따분한 10억 년boring billion'이라고 부르는 약 20억~10억 년 전의 기간에는 주목할 만한 사건이 거의 아무것도 없었다. 이 기간에는 수억 년에 걸친 다른 시기가 그랬던 것처럼, 산소 농도가 일정하고 낮게 유지되었다. 고요한 상태가 처음 설정된 상태인 반면, 지질학적 불안정이 반복될 때마다 영구적인 변화가 나타난다. 다른 행성에도 이런 지질학적 요소가 개입했을 것이다. 그러나 산소가 축적될 수 있는 우연한 변화가 일어나기 위해서는 지각의 운동과 활발한 화산 활동이 필수 요소인 것으로 추측된다. 오랜 옛날에 화성에서 광합성이 진화했을 가능성이 없는 것은 아니지만, 작은 행성인 화성은 용암이 굳어 부피가 줄어들면서 산소가 축적되는 데 필요한 지각 변동을 이겨내지 못했을 것이고 결국에는 행성 전체에서 생명의 불씨가 꺼졌을 것이다.

'산소 발생' 광합성

그러나 광합성이 행성에서 무조건 산소가 풍부한 대기를 만드는 것만은 아니다. 더 중요한 이유는 따로 있다. 광합성 자체는 물을 재료로 쓰지 않아도 된다. 우리 모두는 주변에서 흔히 볼 수 있는 광합성 형태에 친숙하다. 풀과 나무와 해조류는 모두 근본적으로 똑같은 방식으로 산소를 내놓는데, 이 과정이 '산소 발생oxygenic' 광합성이다. 그렇지만 몇 단계 뒤로 물러나 세균을 살펴보면 다양한 광합성이 존재한다. 비교적 원시적인 일부 세균은 물 대신 철이 녹아 있는 용액이나 황산을 이용해 광합성을 한다. 이런 재료로 광합성을 할 수 있다는 사실이 좀처럼 믿기지 않지만, 그것도 우리가 다 '산소 발생' 광합성의 산물인 산소가 풍부한 세상에 너무 익숙해져서 광합성이 처음 진화할 당시 초기 지구의 조건을 상상하기 어려운 탓이다.

언뜻 짐작이 잘 안 되지만 알고 보면 단순한 광학성 메커니즘이다. 광합성에는 부당한 선입견이 많은데, 그 예를 하나 들어보겠다. 다음은 프리모 레비Primo Levi의 근사한 책인 『주기율표Il Sistema Periodico』의 한 부분이다. 1975년에 발표된 『주기율표』는 2006년 런던의 왕립 과학 연구소Royal Institution에서 (나를 포함한) 독자들이 뽑은 '최고의 대중과학서'로 선정된 책이다.

잎으로 들어간 우리의 탄소 원자는 무수히 많은 (그러나 여기서는 쓸모없는) 질소 및 산소 분자와 충돌한다. 탄소는 어떤 크고 복잡한 분자와 결합하고, 일제히 하늘에서 오는 반짝이는 햇빛 한 다발로 이루어진 결정적인 전갈을 받는다. 갑자기 거미가 곤충을 잡아채듯, 탄소는 산소와 분리되고 수소와 결합하거나 (생각에 따라서는) 인과 결합하고, 마지막에는 어떤 사슬로 들어간다. 이 사슬이 길고 짧은 것은 중요하지 않지만, 그것이 바로 생명의 사슬이다.

눈치 챘는가? 위 글에는 잘못된 곳이 두 군데 있다. 광합성의 화학적 특성은 40년 전에 밝혀졌기 때문에 레비가 더 잘 알고 있어야 했는데, 아쉽다. 우선 반짝이는 햇빛 한 다발은 이산화탄소를 활성화시키지 않는다. 이산화탄소는 한밤중이 되어야만 활성화될 수 있으며, 아무리 밝은 빛이 비쳐도 빛에 의해서는 결코 활성화되지 않는다. 또 탄소는 갑자기 산소와 분리되지 않는다. 산소는 탄소와의 결합을 끈질기게 유지한다. 레비의 설명은 광합성을 통해 배출되는 산소가 이산화탄소에서 나온다는 가정을 토대로 한 것이다. 이 가정은 일반적이지만 명백히 틀렸다. 실제로는 그렇지 않다. 산소는 물에서 유래한다. 그리고 이것이 결정적 차이를 만들고, 광합성이 어떻게 진화했는지를 이해하기 위한 단초가 된다. 또한 지구의 에너지와 기후 위기 해결을 향해 나아가는 첫걸음이기도 하다.

광합성에 쓰이는 태양 에너지 한 다발은 물을 수소와 산소로 나눈다. 이 반응은 강렬한 자외선이 내리쬐어 지구 전역에서 대양이 우주 공간으로 날아가던 시절에 일어났던 반응과 동일한 것이다. 광합성은 우리 인간이 지금까지 이루지 못한 위업을 달성했다. 바로 최소량의 에너지를 투입해 물에서 수소를 떼어낼 수 있는 촉매를 만든 것이다. 이 반응에 활용되는 에너지는 태울 듯이 강렬한 자외선이나 우주선宇宙線이 아니라 부드러운 태양 광선이다. 지금까지 인간의 시도는 모두 물을 분해할 때 들어가는 에너지가 물을 분해해서 얻는 에너지를 항상 초과하는 것으로 끝이 났다. 만약 우리가 간단한 효소를 이용해 물에서 수소 원자를 쉽게 분리하는 광합성을 흉내 낼 수만 있다면, 전세계적인 에너지 위기를 극복할 수 있을 것이다. 수소를 연료로 활용하면 전세계 에너지 수요를 모두 충족할 수 있으며 물 이외의 다른 폐기물은 배출되지 않는다. 공해도 없고, 이산화탄소 배출도 없고, 지구 온난화도 없다. 그러나 말처럼 쉽지는 않다. 물은 원자들이 대단히 안정된 결합을 하고 있는 물질이다. 이는 대양을 통해서도 알 수 있다. 아무리 사나운 폭풍우가 몰아치고 바닷가 절벽에 사정없이 부딪혀도, 물은 구성 원소로 분해되지 않는다. 물은 지구상에서 가장 흔한 동시에 가장 다루기 힘든 재료다. 만약 오늘날 어떻게 하면 물과 소량의 햇빛으로 항해를 할 수 있을지 고민하는 항해가가 있다면, 아마 그는 파도 위에 떠다니는 초록색 부유물에게 물어봐야 할 것이다.

물론 이 부유물의 오랜 조상, 다시 말해서 오늘날 남조세균cyanobacteria의 조상도 똑같은 문제에 봉착했었다. 남조세균은 지구상에서 유일하게 물을 분해할 수 있는 방법을 알아낸 생명체다. 남조세균은 황산이나 산화철을 분해하는 친척뻘 되는 세균들과 정확히 같은 이유, 곧 전자를 얻기 위해 물을 분해한다. 이점이 대단히 특이한데, 얼핏 보기에 물은 전자를 얻기에는 최악의 물질로 보이기 때문이다.

광합성의 개념은 단순하다. 모두 전자로 설명된다. 이산화탄소에 전자 몇 개를 첨가하고 전하의 균형을 위해서 양성자 몇 개를 함께 넣어주면, 갑자기 당이 만들어진다. 당은 유기물이다. 프리모 레비가 말하는 생명의 사슬이며, 궁극적으로 우리 모두의 양분 공급원이다. 그런데 전자는 어디서 온 것일까? 태양으로부터 오는 약간의 에너지만 있으면 어디서나 전자를 얻을 수 있다. 우리에게 친숙한 '산소 발생' 광합성의 경우에는 전자를 물에서 얻는다. 그러나 물보다 불안정한 화합물에서는 훨씬 더 쉽게 전자를 얻을 수 있다. 황산에서 전자를 얻으면 대기 중에 산소가 방출되는 대신 황(성경에 나오는 표현을 쓰자면 유황)이 침전될 것이다. 바닷물에 녹아 있는 철 이온에서 전자를 얻으면 붉은 녹과 같은 성분의 또 다른 철 이온이 생기며, 이 철 이온은 새로운 암석이 된다. 이 과정을 통해 한때 줄무늬 철광층banded-iron formation이 대규모로 형성되었을 것으로 추정된다. 세계 전역에서 발견되는 줄무늬 철광층은 오늘날 하급의 철광석을 가장 많이 보유하고 있는 저장고다.

이렇게 다양한 형태의 광합성은 산소가 풍부한 현재의 지구에서는 변두리로 내몰려 있다. 이유는 간단하다. 이런 광합성에 원료로 쓰이는 황산이나 용해된 철 이온은 햇빛이 내리쬐고 산소가 풍부한 물에서는 잘 발견되지 않기 때문이다. 그러나 지구가 젊었을 때, 그러니까 자유 산소가 많아지기 전에는 분명히 이런 원료야말로 전자를 가장 손쉽게 얻을 수 있는 급원이었을 것이며 바다에 가득했을 것이다. 이는 어떤 모순을 불러일으키는데, 이 모순의 해답은 광합성이 처음 어떻게 진화했는지를 이해하는 토대가 된다. 풍부하고 쉽게 얻을 수 있는 원료들을 두고, 훨씬 문제가 많은 물로 전자의 급원을 바꾼 이유는 무엇이었을까? 게다가 그 부산물인 산소는 어떤 세균에도 치명적인 손상을 입힐 수 있는 독성 기체였다. 태양 에너지와 재주 많은 촉매가 주어진 상황에서 물이 다른 전자의 급원들보다 훨씬 풍부했기 때문이라고 말한다면 이는 잘못된 이야기다. 진화는 앞을 내다볼 수 없기 때문이다. 산소 발생 광합성이 세상을 바꿨다는 사실도 마찬가지다. 세상은 조금도 신경 쓰지 않는다. 그렇다면 어떤 종류의 환경적 압력 혹은 돌연변이가 이런 변화를 이끌어낼 수 있었던 것일까?

교재에서 흔히 볼 수 있는 해답은 원료가 바닥났다는 것이다. 생명체가 물로 돌아선 까닭은 선택의 여지가 없었기 때문이라는 이야기다. 그러나 이 해답은 사실일 수가 없다. 지질학적 기록에서는 '산소 발생' 광합성이 모든 원료가 바닥나기 오래전, 적어도 그보다 10억 년 전에 진화했다는 것이 명백하기 때문이다. 생명은 막다른 골목에 몰리지 않았다.

이제 막 새로운 해답이 하나 등장하기 시작했는데, 그 해답은 바로 광합성 장치 속에 숨겨져 있으며 전체적으로 훨씬 더 근사하다. 우연과 필연이 결합된 이 해답은 세상에서 가장 복잡하게 뒤얽힌 추출 방법에 단순성이라는 빛을 비춘다.

Z체계

식물에서 전자가 추출되는 장소는 엽록체chloroplast다. 엽록체는 모든 식물의 잎을 이루는 세포 속에서 발견되는 미세한 초록색 구조물로, 잎이 전체적으로 초록색으로 보이는 것도 엽록체 때문이다. 엽록체라는 이름은 엽록체 안에 들어 있는 초록색 색소인 엽록소chlorophyll에서 유래했다. 광합성을 하는 동안 태양 에너지를 흡수하는 일을 담당하는 엽록소는 엽록체의 내부를 구성하는 특별한 막 구조 속에 들어 있다. 수많은 납작한 원반이 차곡차곡 쌓여 있는 엽록체의 구조는 꼭 공상과학 영화에 나오는 외계인의 발전소처럼 생겼는데, 사방팔방으로 어지러이 교차되는 관들로 연결되어 있다. 이 원반 속에서 광합성의 위대한 작업이 진행된다. 다시 말해서 물에서 전자를 추출한다.

물에서 전자를 추출하는 것은 어려운 일이지만, 식물은 이 특별한 식사를 한다. 색소와 단백질 복합체는 대단히 많기 때문에 분자 수로 따지면 작은 도시에 달하는 양이 된다. 이 분자들이 한데 모여 두 개의 거대한 복합체를 형성하는데, 각각 제1광계Photosystem I, 제2광계Photosystem II라고 부른다. 그리고 엽록체 하나마다 이런 광계가 수천 개씩 들어 있다. 이 복합체들이 하는 일은 광선을 포착해 살아 있는 물질로 바꾸는 것이다. 이 복합체에서 어떤 일이 일어나는지를 밝히는 데는 한 세기가 족히 걸렸으며, 가장 독창적이고 아름다운 실험들이 수행되었다. 그러나 안타깝게도 이런 이야기들은 우리의 논의 범위를 벗어난다.● 여기서는 우리가 무엇을 알아냈는지, 그리고 그 실험들이 광합성의 발명에 무슨 의미가 있는지만 짚고 넘어갈 것이다.

● 이에 관해 좀 더 알고 싶다면 올리버 모튼Oliver Morton이 쓴 『태양을 먹다Eating the Sun』를 적극 추천한다.

광합성의 핵심 개념, 광합성을 이해할 수 있는 길잡이는 'Z체계Z scheme'
로 알려져 있다. 생화학을 공부하는 학생들에게 Z체계는 매혹적인 것이
면서도 공포의 대상이다. Z체계를 처음 제안한 사람은 뛰어난 재능을 지
녔지만 소심했던 영국의 생화학자 로빈 힐Robin Hill이었다. 1960년에 처
음 제시했을 당시, 힐은 Z체계를 광합성의 '에너지 개요energy profile'라고
표현했다. 힐은 도덕적인 말투로 유명했다. 그는 자신의 노고가 공격받는
것을 원하지 않아서, 같은 연구실에 있는 사람들에게조차도 알리지 않았
다. 1960년에 그의 가설이 『네이처』에 발표되었을 때는 주위 사람들이 모
두 깜짝 놀랐다. 그들은 힐이 무슨 연구를 하고 있었는지 전혀 몰랐다. 사
실 Z체계는 힐 자신의 연구를 기초로 한 것이 아니다. 그의 연구가 가장
중요한 요소이기는 했지만, 오히려 수많은 실험에서 이상한 관찰 결과들
을 종합한 것이라 볼 수 있다. 더 나아가 이 속에는 열역학적으로 흥미로
운 문제가 있었다. 광합성은 새로운 유기물뿐 아니라 생명의 '에너지 통
화'인 ATP도 만들어낸다는 것이 밝혀졌다. 뜻밖에도 이 두 가지는 항상
짝을 이루는 것 같았다. 광합성으로 유기물이 더 많이 생성되면 ATP도 더
많이 생성되고, 유기물 생산량이 감소하면 ATP 생산도 함께 감소한다는
것이다. 태양은 두 가지 공짜 식사를 동시에 내놓는 것이 분명했다. 놀랍
게도 로빈 힐은 이 한 가지 사실을 통해서 광합성 메커니즘 전체를 간파했
다. 실로 그 누구도 파악하지 못하는 것을 명백하게 볼 수 있는 능력을 지
닌 천재라 할 수 있다.●

● T. H. 헉슬리T. H. Huxley는 『종의 기원』을 읽으면서 "이런 생각을 못 했다니 너무도 멍청하군!"
하고 흥분해서 외쳤다고 한다.

그림 3.1 Z체계를 표현한 리처드 워커의 만화. 나무망치를 내리치는 것으로 표현된 광자의 에너지는 전자 하나를 높은 에너지 준위로 올려 보낸다. 이 전자가 연쇄반응을 거쳐 낮은 에너지 준위로 다시 내려올 때, 에너지의 일부가 방출되어 세포에서 일을 하는 데 동력으로 쓰인다. 두 번째 광자는 전자를 더 높은 에너지 준위까지 끌어올린다. 여기서 전자는 고에너지 분자(NADPH)에 붙들리는데, 이 분자가 나중에 이산화탄소와 반응해 유기물을 형성한다.

그러나 어떤 것도 힐과 연관이 없으며, 심지어 'Z체계'라는 용어도 도덕적으로 잘못된 것이다. 실제로는 Z를 90도 회전시켜 N으로 만들어야 한다. 그러면 광합성의 에너지 개요를 더 정확하게 나타내게 된다. 글자 'N'의 첫 획이 오르막 반응이라고 상상해보자. 이 반응이 일어나기 위해서는 에너지가 공급되어야 한다. 그러면 'N'에서 대각선으로 내려오는 획은 내리막 반응이 된다. 이때는 ATP 형태로 저장할 수 있는 에너지가 발생한다. 그리고 마지막 위로 향하는 획은 다시 에너지 공급이 필요한 오르막 반응이 되는 것이다.

광합성에서 두 광계(제1광계와 제2광계)는 'N'자의 아래쪽에 있는 두 점에 위치한다. 광자photon가 첫 번째 광계를 때리면 전자가 들떠서 에너지 준위가 더 높아진다. 그러면 이 전자의 에너지는 몇 개의 작은 단계를 거쳐 ATP를 만드는 데 필요한 에너지를 공급한다. 전자는 낮은 에너지 준위로 돌아와 두 번째 광계에 도착한다. 여기서 두 번째 광자가 전자를 다시 더 높은 에너지 준위로 올라가게 한다. 이 두 번째 최고점에서 마침내 전자가 이산화탄소로 전달되는데, 이것이 당을 만드는 첫 단계다. 리처드 워커Richard Walker는 이 과정을 나무망치로 도약대를 내리치면 금속구가 기둥 위로 튀어 올라가 종을 치는, 놀이동산의 힘자랑 게임에 빗대어 알기 쉽게 표현했다(그림 3.1). 이 경우, 나무망치를 내리치는 것이 금속구가 기둥 위로 튀어 오르게 하는 에너지를 공급한다. 광합성에서는 태양으로부터 오는 광자의 에너지가 이와 똑같은 구실을 한다.

Z체계라고 부르든 N체계라고 부르든 관계없이, 이 과정은 이상한 방식으로 꼬여 있다. 그러나 여기에는 기술적으로 타당한 이유가 있다. 물에서 전자를 떼어내는 반응과 이산화탄소를 당으로 전환하는 반응을 연결시키는 것은 화학적으로 불가능에 가깝다. 그 이유는 전자 전달의 특성, 그중에서도 특히 특정 화합물에서 화학적인 전자 친화도affinity of electron와 연관이 있다. 알다시피 물은 대단히 안정된 물질이다. 물은 전자 친화도가 매우 높다는 이야기다. 물에서 전자를 떼어내려면 엄청난 에너지가 필요하다. 다시 말해서 극히 강력한 산화제가 필요하다. 이 강력한 산화제가 바로 게걸스러운 형태의 엽록소로, 하이드 씨라고 할 수 있다. 온순한 지킬 박사 엽록소가 고에너지의 광자를 흡수하면 하이드 씨로 변하는 것이

다.* 그러나 당기는 것을 좋아하면 밀어내는 것은 덜 좋아하는 성향이 있다. 전자를 단단히 붙들고 있는 분자는 그 전자들을 밀어내고 싶어하지 않는다. 염세적인 하이드 씨나 욕심 많은 구두쇠가 가진 것을 자발적으로 내놓지 않으려는 경향이 있는 것처럼 말이다. 엽록소도 마찬가지다. 빛에 의해 활성화되면 물에서 전자를 떼어낼 수 있을 정도로 어마어마한 힘을 얻게 되지만, 그 전자를 다른 곳으로 밀어낼 수 있는 힘은 아주 약하다. 조금 어려운 말을 쓰자면, 산화제로서는 강력하지만 환원제로서는 약하다는 것이다.

이산화탄소는 이와 정반대의 문제를 일으킨다. 이산화탄소도 대단히 안정되어 있으며 화학적으로 전자를 더 얻고 싶은 생각이 조금도 없다. 엄청난 힘으로 전자를 밀어 넣는 것, 다시 말해서 강력한 환원제가 있어야만 마지못해 전자를 받아들인다. 따라서 이산화탄소에는 다른 형태의 엽록소가 필요하다. 이 엽록소는 미는 힘은 아주 좋지만 잡아당기는 힘은 약하다. 욕심 많은 구두쇠라기보다는 순진한 행인들에게 엉터리 물건들을 떠넘기려고 하는 떠돌이 약장수에 가깝다. 빛을 받아 활성화되면 이런 종류의 엽록소는 자신의 전자를 다른 분자에게 억지로 떠넘길 수 있다. 이렇게 해서 원치 않는 전자를 떠안는 분자는 엽록소의 공범이자 떠돌이 약장수와 한패인 NADPH이며, NADPH가 받은 전자는 최종적으로 이산화탄소

● 전자기 스펙트럼에서 에너지와 파장은 반비례 관계이다. 파장이 짧을수록 에너지가 많다. 엽록소는 스펙트럼에서 가시광선 부분, 그중에서도 특히 붉은빛을 흡수한다. 강산화제 형태의 엽록소는 P680이라고 하는데, 파장이 680나노미터인 빛을 흡수하기 때문이다. 다른 엽록소는 이보다 약간 에너지가 적은, 파장이 700나노미터인 빛을 흡수한다. 파란빛과 노란빛은 광합성에 전혀 필요하지 않기 때문에 반사되거나 투과되므로, 식물이 초록색으로 보인다.

에 전달된다.●

그래서 광합성에는 두 개의 광계가 존재한다. 여기에는 놀라운 것이 없다. 그러나 더 어려운 문제가 있다. 이렇듯 서로 복잡하게 얽혀 있는 체계가 어떻게 진화한 것일까? 이 과정은 실제로 다섯 부분으로 나뉜다. 첫 번째는 일종의 분자 호두까기 인형인 '산소-발생 복합체oxygen-evolving complex'로, 물에서 전자를 하나씩 부숴내고 그 폐기물인 산소를 방출하는 일을 담당한다. 그 다음 제2광계가 나온다(헷갈리게도 두 광계의 이름은 역사적인 이유에서 순서가 바뀌었다). 제2광계가 빛에 의해 활성화되면 하이드씨 분자로 바뀌어 산소-발생 복합체로부터 전자를 낚아챈다. 그 다음 전자전달계가 나오는데, 전자전달계는 마치 럭비 선수가 비탈길에서 공을 패스하듯 전자를 전달한다. 전자전달계는 내리막 에너지 기울기를 이용해 소량의 ATP를 만든 다음, 같은 전자를 제1광계에 전달한다. 여기서 또 다른 광자가 이 전자를 다시 고에너지 상태로 올려놓으면, 이 전자는 '떠돌이 약장수' 분자인 NADPH에 넘겨진다. NADPH는 전자를 밀어내는 성질이 강하기 때문에 전자를 떼어내기만 바란다. 그러면 전자는 마지막으로 이산화탄소를 활성화시켜 당으로 전환하기 위한 분자 장치로 들어간다. 제1광계가 만들어낸 떠돌이 약장수 분자를 이용해 이산화탄소를 당으로 전환하는 작업은 빛보다는 화학적인 동력에 의해 일어나며, 실제로도 암반응이라는 이름으로 알려져 있다. 프리모 레비가 제대로 파악하지 못한 특성이 바로 이것이다.

● 생화학에서 이름을 어떻게 정하는지 궁금해 하는 독자도 있을 것이다. NADPH는 니코틴아미드 아데닌 디뉴클레오티드nicotinamide adenine dinucleotide의 환원형을 나타낸다. 이는 강력한 '환원제'로, 말하자면 전자를 강하게 밀어내는 성질을 갖고 있다.

이 다섯 체계가 차례로 작용해 물에서 떼어낸 전자를 이산화탄소에 억지로 떠넘긴다. 이는 대단히 복잡한 방식으로 호두를 까는 것이지만, 이 특별한 호두를 까기에는 이 방법밖에 없을 것 같다. 진화론적으로 가장 큰 문제는 다음과 같다. 이 복합체들이 모두 연결되는 체계는 어떻게 존재하게 되었을까? 그리고 어떻게 제대로 된 방식, 어쩌면 유일한 방식으로 정확히 조직되어 산소 발생 광합성이 이루어진 것일까?

남조세균의 기원을 찾다

생물학자라면 언제나 '사실'이라는 단어에 긴장할 것이다. 어떤 규칙이라도 너무나 많은 예외들이 있기 때문이다. 그러나 산소 발생 광합성에서 만큼은 이런 '사실'이 사실상 확실하다. 한 차례만 진화했기 때문이다. 광합성이 일어나는 장소인 엽록체는 모든 식물과 조류에 있는 모든 광합성 세포에서 발견된다. 엽록체는 어디에나 존재하며 서로 뚜렷한 유연관계를 나타낸다. 이들은 비밀스러운 과거를 공유하고 있는 것이다. 엽록체의 과거에 관한 실마리는 그 크기와 형태에서 찾을 수 있다. 엽록체는 커다란 숙주 세포 속에 살고 있는 작은 세균처럼 보인다(그림 3.2). 모든 엽록체 속에 저마다 독립된 DNA 고리가 있다는 점도 엽록체가 세균의 후손임을 더욱 분명하게 암시한다. 이 DNA 고리는 엽록체가 분열할 때마다 복제되어 세균과 똑같은 방식으로 딸 엽록체에 전달된다. 엽록체 DNA의 자세한 염기 서열은 세균과의 연관성을 뒷받침할 뿐 아니라 현존하는 가장 가까운 친척인 남조세균을 향해 비난의 손가락질을 하고 있다. 마지막으로 중요한 사실이 하나 더 있는데, 식물 광합성의 Z체계와 그 다섯 구성 요소는

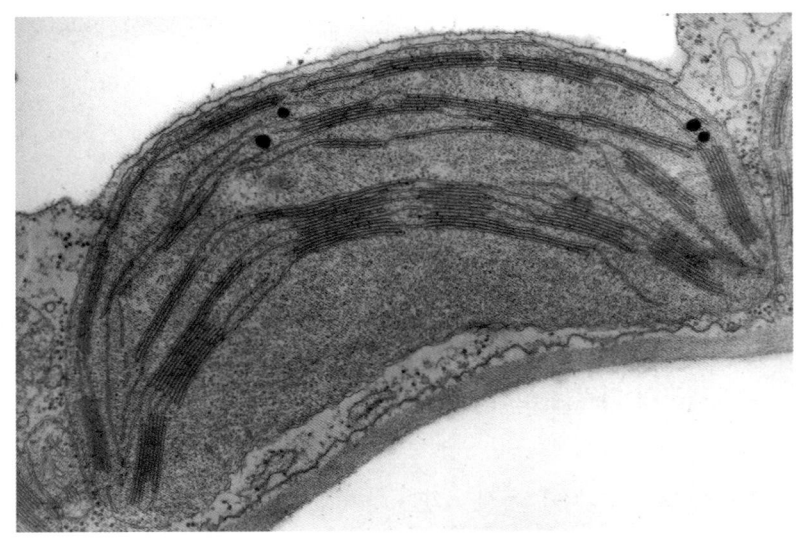

그림 3.2 근대*Beta vulgaris* 엽록체의 모습. 겹쳐 쌓여 있는 막(틸라코이드thylakoid)이 보인다. 광합성에서 물이 분해되어 산소가 발생하는 장소가 바로 이 막이다. 엽록체가 세균의 모습과 비슷한 것은 우연이 아니다. 엽록체는 한때 독립생활을 하던 남조세균이었다.

모두 (장치가 조금 단순하기는 하지만) 남조세균에서 정확히 그 조짐이 나타난다. 간단히 말해서, 엽록체가 한때 독립생활을 하던 남조세균이었다는 사실에는 의심의 여지가 없다는 것이다.

한때는 '남색말blue-green algae'이라는 서정적이기는 하지만 잘못된 이름으로 불리던 남조세균은 '산소 발생' 광합성을 거쳐 물을 분해할 수 있는 유일한 세균 무리로 알려져 있다. 몇몇 남조세균이 더 커다란 숙주 세포 속으로 들어가게 된 정확한 과정은 두터운 지질시대의 장막 속에 비밀스럽게 감춰져 있다. 이 사건이 적어도 10억 년 전에 일어났다는 것은 분명하다. 아마 어느 날 그냥 잡아먹힌 남조세균이 우연히 소화되지 않고 살아

그림 3.3 서부 오스트레일리아 샤크 베이 근처의 햄린 풀Hamelin Poo 에 있는 살아 있는 스트로마톨라이트. 보통의 바다에 비해 염도가 약 두 배에 이르는 햄린 풀에는 달팽이 같은 초식동물은 볼 수 없고 남조세균의 콜로니만 번성할 수 있다.

남아(흔치 않은 일이다), 결국 숙주 세포에 도움이 된다는 것을 입증했을 것이다. 남조세균을 품은 숙주 세포는 크게 조류와 고등식물이라는 두 무리로 발전했다. 두 무리 모두 손님인 세균의 조상으로부터 물려받은 광합성 장치를 이용해 태양과 물로 살아갈 수 있는 능력을 갖고 있다.

그러므로 광합성의 기원을 찾는 여정은 물을 분해하는 문제를 해결한 유일한 세균 종류인 남조세균의 기원을 찾는 여정이 되었다. 그리고 이는 현대 생물학에서 가장 논란이 되고 있으며, 사실상 아직도 풀리지 않은 문제다.

새천년이 시작되기 전까지, 대부분의 연구자들은 조금 짜증이 나기는 했지만 빌 쇼프Bill Schopf의 놀라운 발견을 확신했다. 로스앤젤레스에 위치한 캘리포니아 대학의 고생물학 교수인 쇼프는 혈기 왕성하고 저돌적인 인물이었다. 1980년대부터 쇼프는 지구상에서 가장 오래된 약 35억 년 전의 생물 화석을 발견하여 분석해왔다. 여기서 '화석'이라는 단어의 의미를 조금 분명히 할 필요가 있는데, 쇼프가 발견한 것은 암석에 일렬로 늘어서 있는 아주 미세한 구조물이었다. 이 구조물은 세균과 생김새가 아주 흡사했고 크기도 똑같았다. 자세한 구조를 바탕으로, 쇼프는 이 미세 화석이 남조세균의 화석일 것이라고 주장했다. 이 미세화석은 종종 화석 스트로마톨라이트stromatolite로 불리곤 했다. 살아 있는 스트로마톨라이트는 둥그스름한 광물처럼 생겼는데, 층이 조금씩 자라면서 그 높이가 1미터에 이르기도 한다. 퇴적된 광물층을 뒤덮고 있는 세균이 번성하면서 형성되는 스트로마톨라이트는 결국 전체 구조가 단단한 암석으로 바뀌게 된다. 스트로마톨라이트의 절단면은 무척 아름답다(그림 3.3 참조). 오늘날 스트로마톨라이트의 바깥쪽, 살아 있는 층에는 대개 남조세균이 있다. 그래서 쇼프가 스트로마톨라이트의 원시적 형태가 남조세균의 초기 모습을 보여주는 발전한 증거라고 주장할 수 있었다. 쇼프는 일말의 의혹도 남기지 않기 위해, 이 화석으로 추정되는 구조에 유기 탄소의 흔적이 남아 있다는 것을 입증했다. 그리고 이 유기 탄소가 단지 오래된 생명체가 아닌 광합성 생명체의 특징이라고 주장했다. 무엇보다도 쇼프는 남조세균, 아니면 남조세균과 대단히 유사한 이 뭔가는 이미 35억 년 전에 진화를 했다고 주장했다. 35억 년 전이라면 지구에 소행성의 폭격이 끝난 지 수억 년이 채 지나지 않은 시기로, 태양계 자체가 형성된 직후였다.

어떤 사람들은 이 오래된 화석에 대한 쇼프의 해석에 이의를 제기했고,

그중에는 설득력이 있는 것처럼 보이는 것도 있었다. 그 외에 전문성이 조금 떨어지는 사람들은 훨씬 더 회의적이었다. 남조세균은 오늘날처럼 산소를 노폐물로 내놓았을 것이다. 이런 남조세균이 지구 초기에 진화했다는 주장과, 대기 중의 산소에 관한 최초의 지질학적 증거가 그로부터 10억 년이 흐른 뒤에야 나왔다는 사실과는 잘 일치하지 않았다. 게다가 가장 심각한 문제는 Z체계의 복잡성이었다. 대부분의 생물학자들은 산소 발생 광합성이 그렇게 단기간에 진화할 수 있다는 개념에 대한 가장 큰 걸림돌로 Z체계의 복잡성을 지목했다. 좀 더 단순한 다른 형태의 광합성이 훨씬 더 고풍스러운 것 같았다. 그래서 대부분의 사람들은 대체로 이것이 세균이고, 아마도 광합성 세균일 것이라는 점은 받아들였지만, 정말로 광합성 기술의 최고봉에 오른 남조세균이 맞는지에 관해서는 반신반의했다.

그러다 옥스퍼드 대학의 고생물학 교수인 마틴 브레이저Martin Brasier가 링 안으로 들어오면서, 이 분야는 현대 고생물학의 일대 격전장으로 변했다. 어쨌든 고생물학은 주인공들이 열정적이고 또 대부분의 증거가 융통성 있기로 유명한 분야다. 초기 화석에 관심이 있는 대부분의 학자들은 런던 자연사 박물관에 있는 표본에 의존했지만, 브레이저는 쇼프가 화석을 처음 발굴한 장소의 지질학적 분포부터 다시 살피고 충격을 받았다. 얕고 잔잔한 바다 밑바닥이라는 쇼프의 가정과 달리, 분도 지역 전체에 걸쳐 지열 온천 수맥이 통과하고 있었다. 브레이저는 이것이 지질학적으로 몹시 소란스러웠던 과거를 나타내는 증거라고 말했다. 브레이저가 공격을 하자, 쇼프는 자기 주장의 정당성을 입증할 수 있는 표본만 내놓고 겉으로는 유사하지만 분명 생물학적이지 않은 다른 표본들은 뒤로 감췄다. 이런 표본들은 무기염류의 침전물에 고온의 물이 닿아 형성되었을 것이다. 브레이저의 말에 따르면, 스트로마톨라이트도 세균이 아니라 지질학적 과정을 통해 형성된 것이며 모래 위에 나타난 물결무늬 정도의 신비스러움만 있을 뿐이다. 게다가 유기 탄소에는 미세 구조가 전혀 없었는데, 지열이 발생하는 지역에서 발견되는 흑연의 무기 탄소와 별 차이가 없었다. 마침내 한때 위대했던 과학자의 명성에 먹칠을 하듯이, 한 연구자가 대학원생 시절에 의심스러운 해석을 강요당했다고 폭로했다. 쇼프는 만신창이가 된 것 같았다.

그러나 쇼프는 결코 당하고만 있을 인물이 아니었다. 자신의 주장을 뒷받침할 만한 자료를 보강한 쇼프는 2002년 4월에 열린 NASA의 춘계 회의에서 브레이저와 뜨거운 대면을 했고, 두 과학자 모두 선전을 펼쳤다. 머리끝에서 발끝까지 도도함을 풍기는 옥스퍼드의 명사인 브레이저는 쇼프의 주장을 "빛과는 별로 연관이 없고 오로지 열과만 연관이 있는 확실한 열수의 작용"이라고 몰아붙였다. 그렇지만 이들의 논쟁을 지켜본 사람들은 어느 쪽의 말에서도 진정한 확신을 얻지 못했다. 최초의 미세 화석의 생물학적 기원에 관해서는 참으로 의심스러웠지만 그 외에 시기를 겨우 1억 년 후로 잡은 다른 것들에 관해서는 논쟁이 덜했다. 브레이저 자신도 이 시기부터 화석 후보들을 내놓았다. 이제 쇼프를 포함한 대부분의 과학자들은 생물학적 기원을 입증하는 데 더욱 엄격한 기준을 적용한다. 지금까지 뜻밖의 마찰로 피해를 입은 것은 한때 쇼프의 명성을 화려하게 장식했던 남조세균이다. 결국 우리는 출발점으로 다시 돌아왔고, 남조세균의 진화에 관해서 알고 있는 것은 처음보다 별로 나을 게 없다.

광계의 진화

내가 이 이야기를 꺼낸 것은 화석 기록 하나만 가지고 지질시대의 깊이를 가늠하기가 얼마나 어려운 일인지를 설명하기 위해서다. 남조세균의 존재, 아니 그 조상의 존재가 증명된다 하더라도, 남조세균이 이미 물을 분해하는 장치를 가지고 있었다는 것을 입증하지는 않는다. 아마 남조세균의 조상은 더 원시적인 형태의 광합성을 했을 것이다. 그러나 오랜 옛날에 관한 정보를 발굴하는 다른 방법도 있다. 어쩌면 이 방법이 훨씬 유용한 것으로 밝혀질지도 모른다. 바로 살아 있는 생명체 안에 숨어 있는 비밀인데, 이 비밀은 생명체의 유전자와 물리적 구조, 특히 단백질 구조 속에 숨어 있다.

지난 20~30년 동안 과학자들은 식물과 세균 광계의 분자 구조를 알아내기 위해 이름도 무시무시한 실험 장치를 이용해 정밀 조사를 하고 있다. X-선 결정학X-ray crystallography에서 전자-스핀 공명 분광법electron-spin resonance spectroscopy에 이르기까지, 과학자들이 활용하는 방법의 이름도 실험 장치 이름 못지않게 무시무시하다. 이 책에서는 이런 기술이 어떻게 작동되는지에 관해서는 개의치 않아도 된다. 광합성 복합체의 구조와 형태를 아주 비슷하게, 그냥 대충이 아니라 원자 수준의 해상도로 보여주는 데 쓰인다는 것을 아는 정도로 족하다. 이제는 회의에서 논쟁이 격해지더라도 세부적인 부분을 두고 논쟁을 벌인다. 나는 최근 런던 왕립학회의 토론회를 다녀왔다. 이 토론회에서는 산소-생성 복합체oxygen-evolving complex에 있는 중요한 원자 5개의 정확한 위치를 두고 열띤 논쟁이 벌어졌다. 이런 논쟁은 사소하면서도 일면 중요하다. 중요한 까닭은 원자들의 정확한 위치에 따라 물이 분해되는 동안의 엄밀한 화학적 메커니즘이 결정되기 때문이다. 이를 이해하는 것은 세계적인 에너지 위기를 해결하는 데 결정적 단초가 된다. 한편, 그것이 사소한 이유는 이들의 입씨름이 원자 지름의 겨우 몇 배에 불과한 작은 공간에 들어가는 다섯 원자의 위치에 관한 것이기 때문이다. 이 공간의 크기는 겨우 몇 옹스트롬(100만 분의 1밀리미터보다 작다)에 불과하다. 구세대 학자들이라면 경악할 일이지만, 제2광계를 구성하는 4만 6630개의 다른 원자들의 위치에 관해서도 의견이 좀 분분하다. 이 제2광계의 구조는 2004년에 임페리얼 칼리지의 짐 바버Jim Barber 연구팀에 의해 밝혀졌고 최근에 조금 수정되었다.

몇 개의 원자들이 아직 마지막 쉴 곳을 찾지 못했지만, 광계의 전체적인 구조는 10여 년 전부터 조금씩 알려지기 시작해 현재는 분명해져서 그 진화 역사에 관해 많은 것을 알려준다. 2006년에는 워싱턴 대학의 밥 블랭켄십Bob Blankenship 교수가 이끄는 소규모 연구진이 두 개의 광계가 이례적으로 세균에서 보존되고 있다는 것을 입증했다.● 다양한 세균 무리 사이에는 진화상으로 엄청난 거리가 있지만, 광계의 핵심 구조는 거의 일치한다. 컴퓨터를 활용한 삼차원적 구조가 겹칠 수 있을 정도다. 게다가 블랭켄십은 연구자들이 오랫동안 추측해오던 또 다른 연결 고리를 확인했다. 두 광계(제1광계와 제2광계) 역시 핵심 구조가 똑같은 것을 보면, 아주 오래전에 공통조상으로부터 진화한 것이 거의 확실했다.

다시 말해서, 한때는 단 하나의 광계만 있었다는 것이다. 어느 시점에

● 정확히 말하자면, 세균에서는 광계가 아니라 광합성 단위photosynthetic unit라고 부른다. 그러나 세균 반응 중심부는 구조와 기능에서 모두 식물의 광계와 흡사하기 때문에 같은 용어를 사용하려고 한다.

유전자가 복제되어 두 개의 똑같은 광계가 생기고, 이 두 광계는 자연선택의 영향으로 서서히 갈라져나간 것이다. 그러면서도 한편으로는 구조적 유사성은 유지하고 있었다. 결국 이 두 광계는 남조세균의 Z체계 안에서 한데로 연결되고, 훗날 식물과 조류에 전달되어 엽록체 속으로 들어간 것이다. 그러나 이 단순한 이야기 속에는 매혹적인 딜레마가 숨어 있다. 원시적인 광계의 복제로는 산소 발생 광합성의 문제를 절대로 해결할 수 없다. 전자를 강하게 끌어당기는 광계와 전자를 강하게 밀어내는 광계를 연결시킬 수 없다는 것이다. 광합성이 작용하기 전까지, 이 두 광계는 서로 반대 방향으로 나아가야 했다. 그래야만 광합성에 쓸모 있는 연결 고리가 될 수 있기 때문이다. 그러면 다음과 같은 의문이 생긴다. 도대체 어떤 사건들이 연달아 일어났기에 서로 갈라져 나간 두 광계가 밀접하면서도 정반대의 성질을 지닌 짝으로 다시 연결되기에 이른 것일까? 마치 하나의 난자에서 갈라져 나와 다시 하나가 되는 남자와 여자처럼 말이다.

    그 해답을 찾는 가장 좋은 방법은 두 광계 자체를 살펴보는 것이다. 남조세균 안에서는 두 광계가 Z체계라는 하나의 통합된 체계를 이루지만, 다른 경우에는 비정상적인 흥미로운 진화 역사를 갖고 있다. 두 광계가 어디에서 유래했는지는 제쳐두고, 오늘날 세균의 세계에서의 분포를 간단히 살펴보자. 남조세균을 제외하면, 두 광계가 같은 세균 안에서 함께 발견되는 경우는 전혀 없다. 어떤 세균 무리에는 제1광계간 있고, 어떤 세균 무리에는 제2광계만 있다. 광계는 저마다 하나같으로 작용을 하여 서로 다른 목적을 달성한다. 그리고 이 광계의 정확한 임무를 통해서 산소 발생 광합성이 처음 어떻게 진화했는지를 가늠할 수 있는 놀라운 통찰을 얻게 된다.

세균에서 제1광계가 하는 일은 식물에서 하는 일과 정확히 같다. 무기물에서 전자를 빼내어 '떠돌이 약장수' 분자를 형성하면, 이 떠돌이 약장수 분자는 전자를 이산화탄소에 건네어 당을 만들게 한다. 차이가 있다면 전자를 얻는 무기물의 종류다. 다루기 어려운 물 대신, 황산이나 철에서 전자를 얻는 것이다. 둘 다 물보다는 훨씬 쉬운 표적이다. 그런데 제1광계에서 만들어지는 '약장수' 분자 NADPH는 순전히 화학적으로도 만들 수 있다. 이를테면 우리가 제1장에서 다뤘던 열수분출공에서도 만들어질 수 있다. 따라서 제1광계의 진정한 혁신은 그 이전에는 화학적 과정만으로 일어났던 일에 빛을 이용한 것이라고 말할 수 있다.

여기서 중요한 사실은 빛을 화학물질로 전환시키는 능력만큼 특별한 능력도 없다는 점이다. 그 어떤 색소도 이렇게 하기 어렵다. 색소 속 화학 결합은 광자를 흡수하는 데 유리하다. 색소가 광자를 흡수하면 전자 하나가 들뜬 상태가 되어 인접한 분자에 쉽게 붙들리게 된다. 그 결과 색소는 광산화photo-oxidised가 되고, 전자의 균형을 맞춰야 하므로 철이나 황산으로부터 전자 하나를 건네받는다. 엽록소가 하는 일은 이것이 전부다. 엽록소는 포르피린porphyrin으로, 우리 혈액에서 산소를 운반하는 헴haem과는 구조가 다르다. 대부분의 다른 포르피린들도 빛을 이용해 비슷한 일을 할 수 있는데, 때로는 포르피린증porphyria 같은 달갑지 않은 결과를 낳기도 한다.* 결정적으로 포르피린은 소행성에서 분리되는 복잡한 분자들 가운데 하나이며, 적절한 원시상태를 조성하면 실험실에서도 합성이 가능하다. 다시 말해서 포르피린은 초기 지구에서 저절로 만들어졌을 가능성이 대단히 높다.

요컨대 제1광계는 포르피린이라는 아주 단순한 색소에서 일어나는 빛을 이용한 화학 작용이 세균 세포에서 일어나는 반응과 어떤 식으로든 연관이 된 것이다. 그 결과는 원시적인 형태의 광합성으로 나타났고, 이 광합성을 통해 철이나 황산 같은 '손쉬운' 재료에서 전자를 떼어내 이산화탄소에 전달해서 당을 만들 수 있었다. 결국 이 세균들은 빛을 이용해 음식을 만든 것이다.

제2광계는 어떨까? 이 광계를 활용하는 세균은 완전히 다른 일을 하는 데 빛을 활용한다. 이 형태의 광합성은 유기물을 생산하지 않는다. 대신 빛에너지를 화학에너지로 전환한다. 좀 더 정확히 말하자면 전기를 만드는데, 이 전기는 세포의 동력으로 활용될 수 있다. 이 메커니즘은 아주 간단하다. 광자가 엽록소 분자를 때리면 전자 하나가 더 높은 에너지 준위로 올라가고 앞서와 마찬가지로 인접한 분자에 붙들린다. 그 다음 이 전자는 전자전달자들을 따라 열심히 전달된다. 전자전달계를 통해 전자가 전달될 때마다 소량의 에너지가 방출되고, 결국 전자는 낮은 에너지 준위로 돌아간다. 이 과정에서 방출되는 에너지의 일부는 ATP를 만드는 데 쓰인다. 마침내 지칠 대로 지친 전자는 처음 시작했던 그 엽록소로 돌아오고 회로

● 포르피린증이란 피부와 장기에 축적된 포르피린이 원인이 되어 생기는 질병들을 말한다. 대부분은 증세가 가볍지만 일부 경우에는 축적된 포르피린이 빛에 의해 활성화되어 심각한 화상을 일으키기도 한다. 포르피린증 가운데 가장 심각한 형태는 만성 적혈구 조혈 포르피린증chronic erythropoietic porphyria 같은 것인데, 이 병에 걸리면 코와 귀가 문드러지고, 잇몸이 망가져서 치아가 뱀의 독니처럼 튀어나오고, 얼굴에 털이 자라고 흉터 조직이 남는다. 일부 생화학자들은 민간에 전해지는 흡혈귀와 늑대 인간 이야기가 이 질병과 연관이 있을 것이라고 생각한다. 사실 오늘날에는 이렇게 증세가 심각한 포르피린증 환자를 거의 볼 수 없다. 예방과 치료 기술이 발달해서 비참한 고통을 겪는 경우가 줄었기 때문이다. 한편으로는 빛에 민감한 포르피린의 부식성을 암 치료에 활용하기도 한다. 광선 역학 요법photodynamic therapy이라는 이 방법은 빛을 이용해 포르피린을 활성화시켜 종양을 공격한다.

가 완성된다. 정리하면 다음과 같다. 빛이 한 전자에 비치면 전자의 에너지 준위가 높아진다. 이 전자는 단계적으로 에너지 준위가 낮아지면서 '바닥' 상태로 되돌아가고, 이때 방출된 에너지가 세포에서 쓰이는 에너지 형태인 ATP로 저장되는 것이다. 간단히 말해서 빛을 원동력으로 하는 전기 회로라고 할 수 있다.

어떻게 이런 회로가 생겼을까? 다시 잡다한 것들을 짜맞추다 보면 답이 나온다. 제2광계의 전자전달계는 호흡에 쓰이는 것과 대체로 비슷하다. 호흡의 전자전달계는 제1장에서 보았던 열수분출공에서 진화한 것인데, 조금 새로운 목적을 위해 빌려온 것이다. 우리가 눈여겨 본 것처럼, 호흡을 할 때는 음식물에서 뽑아낸 전자가 최종적으로 산소에 전달되면서 물이 만들어진다. 이때 방출되는 에너지는 ATP를 생산하는 데 쓰인다. 광합성의 전자전달계에서도 정확히 같은 일이 일어난다. 고에너지 상태의 전자가 이동하지만, 산소가 아니라 '욕심 많은(산화하는)' 형태의 엽록소에 전달되는 것이다. 이 엽록소가 전자를 더 많이 '끌어당길수록' 전자전달계의 효율은 더 좋아져 전자에서 에너지를 더 많이 뽑아낼 수 있을 것이다. 이 전자전달계의 가장 큰 장점은 에너지를 공급하기 위해 필요한 최소한의 연료, 곧 양분이 필요 없다는 것이다(양분은 새로운 유기 물질을 합성하는 데 필요하다).

일반적인 결론을 내리면, 더 단순한 형태의 광합성에는 모자이크 같은 특성이 있다는 것이다. 두 형태 모두 엽록소라는 새로운 변환기를 기존의 분자 기계장치에 결합시켰다. 한 경우에는 이 장치가 이산화탄소를 당으로 변화시켰고, 다른 경우에는 ATP를 생산했다. 포르피린 색소의 일종인 엽록소는 초기 지구에서 자연적으로 형성되었고, 자연선택이 그 나머지 일을 했다. 각각의 경우마다 엽록소 구조에 작은 변화가 일어나 흡수하는 빛의 파장이 변했고, 그 결과 화학적 특성도 변했다. 이 모든 변화로 인해 자연스럽게 일어나는 과정의 효율이 바뀌었을 것이다. 처음에는 훨씬 비효율적이었을 것이다. 아무 데로나 자유롭게 움직일 수 있는 세균은 ATP를 합성할 수 있는 '욕심 많은 구두쇠' 형태의 엽록소를 만들고, 황산이나 철이 공급되는 곳 가까이에만 사는 세균은 당을 만드는 '떠돌이 약장수' 같은 형태의 엽록소를 만드는 것이 자연스러운 결과다. 그러나 우리에게는 여전히 더 큰 의문이 남아 있다. 이 모든 것이 어떻게 남조세균의 Z체계에서 단단히 얽혀 궁극의 연료인 물을 분해하게 되었을까?

전자를 이동시키는 방법

간단히 말해서 확실한 답은 모른다. 확실한 답을 찾기 위한 여러 시도가 있었지만 안타깝게도 목표를 달성하지 못했다. 이를테면 우리는 세균 광계의 유전자를 체계적으로 대조하면서 비교해 광계의 조상을 나타내는 유전자 계보gene tree를 만들 수 있다. 그러나 이런 계보는 세균의 성생활을 알면 허물어지고 만다. 세균의 성은 유전자가 다음 세대로 전달되는 우리와는 다르다. 세균은 자신의 유전자를 아무것도 아니라는 듯이 주위에 내버려 유전학자들의 애를 먹인다. 그 결과 대대로 이어지기보다는 그물에 가까운 계보가 만들어지고, 이 계보에서 일부 세균의 유전자는 전혀 연관이 없는 다른 세균에 전달되기도 한다. 곧, 광계가 어떻게 Z체계로 조합되었는지에 관한 실제적인 유전학적 증거가 전혀 없다는 것이다.

그러나 그렇다고 우리가 해답을 찾을 수 없다는 뜻은 아니다. 과학에서 가설이 지니는 가장 큰 가치는 미지 속으로 기발한 도약을 함으로써 가정을 확증하거나 반증할 수 있는 실험이나 새로운 시각을 제시한다는 것이다. 런던 대학 퀸 메리 칼리지의 생화학 교수인 존 앨런John Allen이 내놓은 멋진 가설도 그런 최고의 가설 가운데 하나다. 앨런은 내가 쓴 세 권의 책에 연달아 등장한 최초의 인물이라는 조금 특이한 기록을 가지고 있는데, 번번이 독특하고 파격적인 가설을 제시했다. 과학에서 최고의 개념들이 그렇듯, 이 가설에도 복잡한 문제의 정곡을 찌르는 단순성이 있다. 그의 가설이 타당하지 않을 수도 있다. 과학에서 모든 위대한 개념이 다 옳았던 것은 아니니까. 그러나 오류로 밝혀지더라도 어떻게 그런 방식으로 될 수 있었는지를 보여주고, 그것을 검증할 실험을 제시함으로써 연구자들을 올바른 방향으로 인도한다. 다시 말해서 예리한 시각과 자극을 동시에 주는 것이다.

앨런에 따르면, 세균들은 주위 환경 변화에 자극을 받아 유전자의 활성을 조절한다. 이것 자체가 일반적 지식이다. 가장 중요한 환경적 요인은 원료의 유무다. 대체로 세균은 주위에 원료가 없으면 새로운 단백질을 만드는 데 에너지를 낭비하지 않는다. 좋은 때가 올 때까지 그냥 일손을 놓는다. 그래서 앨런은 끊임없이 변화하는 환경을 상상했다. 스트로마톨라이트가 있던 얕은 바다도, 황산을 배출하는 열수분출공 근처에서도 그랬을 것이다. 조수, 해류, 연중 시기, 열수의 작용 따위에 따라 환경 조건은 다양했을 것이다. 앨런이 가정한 세균은 오늘날의 남조세균처럼 두 개의 광계를 모두 가지고 있어야 하지만, 남조세균과 달리 한 번에 한 개의 광계밖에 사용할 수 없다는 결정적 단서가 붙었다. 황산이 있을 때, 이 세균은 제1광계를 활성화시켜 이산화탄소를 이용해 유기물을 만든다. 이렇게 만들어진 새로운 유기물은 성장이나 생식 따위에 쓰인다. 그러나 조건이 바뀌고, 스트로마톨라이트의 원료가 없으면, 이 세균은 제2광계를 활성화시킨다. 이제부터는 새로운 유기물의 생산을 중단하는 것이다(성장이나 생식을 더 이상 하지 않는다). 그러나 ATP를 직접 생산하는 태양에너지를 이용해 더 나은 시기가 올 때까지 자기 자신은 유지할 수 있다. 두 광계는 저마다 고유의 장점이 있으며, 우리가 앞서 살핀 것처럼 간단한 몇 개의 단계를 순차적으로 밟으며 진화했다.

    그런데 만일 열수분출공이 수명을 다하거나 변화된 조류가 환경 변화를 지연시키면 어떻게 될까? 이제 이 세균은 대부분의 시간을 제2광계의 전자전달 회로에 의존해야만 할 것이다. 그러나 여기에는 잠재적인 문제가 있다. 회로에 주위 환경으로부터 온 전자가 가득 찰 수 있다는 것이다. 전자가 희박한 환경이라도 이 과정은 서서히 진행될 것이다. 전자전달 회로는 이제 '수건돌리기' 놀이와 조금 비슷해진다. 전자전달자는 전자를 갖고 있거나 갖고 있지 않다. 마치 수건돌리기 놀이에서 음악이 멈췄을 때 아이가 수건을 갖고 있거나 갖고 있지 않은 것과 같다. 이제 수건을 한가득 챙기고 있는 심술궂은 놀이 진행자가 있다고 해보자. 이 진행자는 둥글게 앉아 있는 아이들에게 계속 수건을 건넨다. 마침내 아이들은 모두 저마다 수건을 한 개씩 갖게 된다. 누구도 다음 사람에게 전달할 수 없다. 결국 놀이는 엉망이 되어 끝나버린다.

    이와 거의 비슷한 현상이 제2광계에서도 일어난다. 이 문제는 태양빛 속에 내재되어 있는데, 특히 오존층이 생기기 이전에 바다 속에 더 많은 자외선이 투과되던 시기에 그랬다. 자외선은 물을 분해할 뿐 아니라 바다 속에 녹아 있는 무기염류와 금속 이온, 그중에서도 특히 망간과 철에서 전자를 떼어낼 수 있었다. 그리고 이런 현상은 수건돌리기 놀이를 중단시킨 것과 똑같은 문제를 일으킨다. 드문드문 생기는 전자가 회로로 들어오는 것이다.

오늘날 바닷물에서는 고농도의 철과 망간이 검출되지 않는다. 해양이 완전히 산화되었기 때문이다. 그러나 아주 오랜 옛날에는 오늘날과 달리 이런 금속 이온들이 풍부했다. 이를테면 해저에는 막대한 양의 망간이 있었다. 기이한 원뿔 모양의 '작은 덩어리' 형태로 발견되는 이 망간은 상어 이빨 같은 물체의 겉면에 수백만 년에 걸쳐 축적된 것이다. 상어 이빨은 바다 밑바닥의 엄청난 압력을 견딜 수 있는 몇 안 되는 물체 중 하나다. 해저에는 망간이 풍부하게 들어 있는 이런 덩어리 수십억 톤이 흩어져 있는 것으로 추산된다. 막대한 양인 것은 맞지만 경제적이지는 않다. 좀 더 경제적인 자원으로는 135억 톤의 망간 원석이 매장되어 있는 남아프리카 칼라하리 망간 광산이 있다. 이곳에 묻혀 있는 망간은 24억 년 전에 바다에서 퇴적된 것이다. 간단히 말해서 한때 바다는 망간으로 가득 차 있었다.

세균에게 망간은 아주 귀중한 원료다. 망간은 자외선의 파괴적인 힘으로부터 세포를 보호하는 산화방지제 구실을 한다. 망간 원자가 자외선의 광자를 흡수하면, '광산화된' 전자를 내놓고 자외선을 '중화'시킨다. 망간이 세포의 중요한 구성 성분 대신 '희생'을 하는 것이다. 그렇지 않으면 단백질이나 DNA 같은 세포의 구성 성분들이 자외선에 의해 산산조각이 났을 것이다. 그래서 세균은 망간이 세포 속으로 들어오는 것을 쌍수를 들어 환영했다. 문제는 이 망간 원자가 전자를 내놓으면 제2광계 속의 '욕심 많은 구두쇠' 엽록소가 게걸스럽게 먹어치운다는 것이다. 그 결과 회로에는 점점 전자가 가득 차서 흐름이 원활하지 못했다. 마치 둘러앉아 수건을 돌리던 아이들의 놀이가 수건 때문에 엉망이 되는 것과 비슷하다. 회로를 둔하게 만드는 전자를 뽑아낼 수 있는 방법을 찾아내지 못하면, 제2광계의 효율은 계속 떨어질 것이다.

세균은 어떻게 제2광계에서 전자를 빼낼 수 있었을까? 앨런의 기발한 가설이 여기서 능력을 발휘한다. 제2광계는 전자가 빽빽하게 들어찬 반면, 제1광계는 전자가 부족해 빈둥거리고 있다. 세균에게 필요한 것이라고는 두 광계가 동시에 작용하지 못하게 막는 스위치를 무력하게 하는 방법밖에 없다. 이 방법은 생리학적인 것일 수도 있고, 한 번의 돌연변이에 의한 것일 수도 있다. 그 다음 무슨 일이 벌어질까? 전자는 산화된 망간 원자에서 제2광계로 이동한다. 그 다음 들뜬 상태가 되는데, '욕심 많은 구두쇠' 형태의 엽록소가 빛을 흡수하기 때문이다. 여기서부터 전자전달계를 따라 전달되고, 이때 방출되는 에너지로 소량의 ATP를 만든다. 그러고는 샛길로 샌다. 움직임이 둔한 제2광계로 돌아가는 대신, 새로운 전자에 목말라 있던 제1광계를 활기차게 헤집고 다니는 것이다. 이제 전자는 다시 들뜬 상태가 된다. '떠돌이 약장수' 형태의 엽록소가 빛을 흡수하기 때문이다. 그러고는 말할 것도 없이 이산화탄소에 전달되어 새로운 유기물을 만들어낸다.

모두 어디서 들어본 이야기 같은가? Z체계를 한 번 더 설명한 것뿐이다. 단 한 번의 돌연변이로 두 개의 광계가 연결되면, 망간 원자에서 나온 전자는 Z체계 전체를 거쳐 당을 만드는 이산화탄소로 전달된다. 말할 수 없이 복잡하게 뒤얽히고 정교하기만 한 것 같았던 과정이 단 한 번의 돌연변이로 갑자기 필연적인 과정이 된 것이다. 논리는 흠잡을 데가 없고, 구조적인 면에서도 모두 그 자리에서 각각의 단위로 목적을 수행하고 있다.

환경적인 압력은 합리적이고 예측 가능하다. 단 한 번의 돌연변이로 이처럼 큰 차이를 만드는 것은 세상 어디에도 없을 것이다!

잠깐 대강의 내용을 한 번 더 훑어, 전체적인 그림을 제대로 이해하는 것도 의미 있을 것이다. 처음에는 하나의 광계가 있었다. 아마 이 광계에서는 태양광선을 이용해 황산에서 뽑아낸 전자를 이산화탄소에 집어넣어 당을 만들었을 것이다. 어느 시점에서 유전자가 복제되었는데, 아마 남조세균의 조상에게 일어난 일이었을 것이다. 이 두 광계는 서로 다른 용도로 쓰이는 방향으로 발전해나갔다.* 제1광계는 전에 하던 일과 똑같은 일을 수행했지만, 제2광계는 전자가 순환하면서 햇빛으로부터 ATP를 생산하도록 분화되었다. 두 광계는 환경에 따라 활동을 하기도 하고 멈추기도 했지만, 두 개가 동시에 활동을 하는 경우는 결코 없었다. 그러나 시간이 흐르면서 제2광계의 전자 흐름에 문제가 생겼다. 주위 환경에서 전자가 너무 많이 유입되면서 흐름이 엉망이 된 것이다. 전자는 자외선으로부터 세균을 보호해줄 망간 원자에서 지속적으로 천천히 유입되었을 가능성이 크다. 한 가지 해결책은 광계를 가동시키는 스위치를 멈춰 두 개의 광계가 동시에 돌아가게 하는 것이다. 그러면 망간에서 흘러들어온 전자는 두 개의 광계를 통해 이산화탄소로 흘러들어갈 것이다. 어느 모로 보나 복잡하게 뒤얽힌 Z체계를 암시하는 복합적인 경로를 지나는 것이다.

● 존 앨런에 따르면, 두 광계는 남조세균의 조상에서 다른 용도로 갈라져 나왔다. 학자들 중에는 두 광계가 완전히 다른 세균에서 발전해나가다 훗날 일종의 유전자 융합을 통해 하나로 합쳐져 유전적 키메라chimera를 형성하고 이것이 오늘날 남조세균의 조상이 되었다고 주장하는 사람도 있다. 최근에 나온 증거는 앨런의 관점을 뒷받침한다(두 광계가 남조세균으로부터 다른 계통의 세포로 전달되었다는 것을 시사한다). 그러나 아직까지는 유전학적 증거가 분명하지 않다. 다만 어느 쪽이라도 두 광계는 처음에 독립적인 기능을 수행했을 것이다.

이제 완전한 산소 발생 광합성이 되기까지 한 단계만을 남겨 놓고 있다. 지금까지는 물이 아닌 망간에서 전자를 얻었다. 그렇다면 마지막 변화는 어떻게 일어났을까? 그 해답은 놀랍게도 사실상 아무런 변화도 필요로 하지 않는다.

산소 함유 복합체

산소 함유 복합체oxygen-evolving complex는 물을 고정시켜 그 속에 있는 전자를 하나씩 끄집어내는 일종의 호두까기 인형이다. 전자가 모두 제거되면 대단히 귀중한 폐기물인 산소가 세상에 쏟아져 나온다. 산소 함유 복합체는 정말로 제2광계의 구성 요소이지만, 바깥 세상에 인접한 제일 끝 부분에 위치하고 있어 '덧붙여진' 것 같은 느낌을 주며, 정말 놀라울 정도로 작다. 이 복합체는 망간 원자 4개와 칼슘 원자 1개로 이루어진 다발 cluster인데, 모두 산소 원자로 이루어진 격자로 한데 연결되어 있다. 그리고 그게 전부다.

지난 몇 년 동안, 제1장과 2장에서 만났던 혈기왕성한 인물인 마이크 러셀은 이 복합체가 열수분출공에서 만들어지는 홀란다이트hollandite나 관 모양의 망간칼슘tunnel calcium manganite 같은 일부 무기염류와 그 구조가 놀라울 정도로 비슷하다고 주장해왔다. 그러나 2006년까지는 망간 다발의 구조를 원자 수준까지 알지 못했기 때문에 러셀의 주장은 공허한 외침에 지나지 않았다. 그러나 이제는 알고 있다. 정확하게 맞는 것은 아니지만 러셀의 개념은 넓은 의미에서 확실히 옳았다. 버클리의 비탈 야챤드라 Vittal Yachandra가 이끄는 연구진에 의해 밝혀진 산소 함유 복합체의 구조는

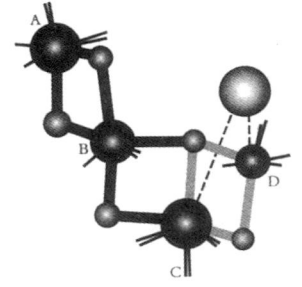

그림 3.4 무기물로 이루어진 산소 함유 복합체의 원시적인 구조. 네 개의 망간 원자(A~D로 표시)가 산소 격자로 연결되어 있고 칼슘 원자가 그 주위에 있는 구조인데, X-선 결정학을 통해 밝혀졌다.

러셀이 제시한 결정 구조와 충격적일 정도로 유사했다(그림 3.4 참조).

최초의 산소 함유 복합체가 단순히 제2광계에 파고 들어온 무기염류 조각인지는 알 수 없다. 어쩌면 자외선이 내리쬐어 산화된 망간 원자가 격자를 이루는 산소와 결합해, 그 자리에 작은 결정이 자랄 수 있는 씨가 되었을 수도 있다.* 망간 다발이 엽록소나 단백질 조각에 가까이 있는 경우에는 기능에 적합한 구조로 조금 변형이 되었을 것이다. 그러나 이 복합체의 기원이 무엇이든, 여기에는 우연의 느낌이 강하게 풍긴다. 광물의 구조와 너무 비슷해 생물의 산물이라고 보기 어려울 정도다. 효소의 중심부에서 발견되는 몇몇 금속 다발처럼, 이 역시 수십억 년 전 열수분출공의 조건을 떠올리게 한다. 모든 보석 가운데 가장 진귀한 보석인 이 금속 다발은 단백질에 감싸여, 남조세균에 의해 언제까지나 소중히 간직되고 있다.

● 짐 바버에 따르면, 오늘날 산소 함유 복합체가 형성되는 방식이 정확히 이렇다. 이 복합체를 제2 광계에서 제거한 다음, '속이 빈' 광계를 망간 이온과 칼슘 이온이 들어 있는 용액에 넣고 몇 차례 빛을 쏘여주면 산소 함유 복합체가 다시 만들어진다. 빛을 비출 때마다 망간 이온이 산화되고 산화된 망간 이온은 제자리에 결합한다. 대여섯 번 빛을 비춰주면, 망간 이온과 칼슘 이온이 모두 제자리를 찾아 완전한 산소 함유 복합체가 복원된다. 다시 말해서 정확한 단백질 복합체만 주어지면 이 복합체는 자기 조립self-assembling을 하는 것이다.

어떻게 만들어졌든지, 이 작은 망간 원자 다발은 새로운 세상을 열었다. 이 세상은 망간 다발을 처음 받아들인 세균뿐 아니라 지구라는 행성에 사는 모든 생명체에게도 새로운 세상이었다. 일단 형성되자, 이 작은 원자 다발은 물을 분해하기 시작했다. 4개의 산화된 망간 원자가 물 분자 속의 전자를 낚아채면 부산물로 산소가 배출된다. 처음에는 자외선에 의해 망간이 계속 산화되면 물의 분해 속도가 느려졌을 것이다. 그러나 망간 다발이 엽록소와 짝을 이루게 되면서, 전자가 잘 흐르기 시작했을 것이다. 엽록소가 자신의 일에 익숙해질수록, 물이 들어가 분해되어 전자가 나오고 산소가 배출되는 속도가 점점 빨라졌다. 물에서 유래한 전자의 흐름은 한때는 드문드문 이어졌지만, 결국에는 생명에 활력을 주는 흐름이 되어 지구에 온갖 생명이 넘쳐나게 했다. 광합성은 우리가 먹는 모든 양분의 궁극적 급원이며, 그 양분을 연소시켜 에너지를 얻는 데 필요한 산소를 공급해 준다. 우리는 이런 광합성에 두 번 감사해야 할 것이다.

　광합성은 세계적인 에너지 위기를 해결하기 위한 중요한 단서가 되기도 한다. 우리는 유기물 생산에는 관심이 없으므로, 두 광계가 모두 필요하지는 않다. 우리는 물에서 얻는 두 가지 산물, 곧 산소와 수소만 있으면 된다. 우리에게 필요한 것은 이 둘을 다시 반응시킬 때 나오는 에너지가 전부이며, 여기서 나오는 부산물은 물밖에 없다. 다시 말해서 이 작은 망간 다발을 이용해 태양에너지로 물을 분해할 수 있다면, 그래서 그 산물을 다시 반응시켜 물을 얻을 수 있다면, 수소 경제로 나아갈 수 있을 것이다. 공해도 없고, 화석 연료도 없고, 이산화탄소 배출도 없고, 인간에 의한 지구 온난화도 없다. 다만 약간의 폭발 위험은 있다. 이 작은 원자 다발이 아주 오래전에 세상의 모습을 변화시켰다면, 그 구조를 파악하는 것은 오늘날 세상을 변화시키기 위한 첫걸음이 될 것이다. 내가 이 글을 쓰는 동안, 전세계 화학자들은 이 작은 망간 다발을 실험실에서 합성하거나 그와 비슷한 연구에 매진하고 있다. 머지않아 이들은 반드시 성공을 거둘 것이다. 그러면 우리가 물과 반짝이는 햇살만으로 살아가는 방법을 배우게 될 날도 그리 멀지 않을 것이다.

제4장

진핵세포
운명적인 만남

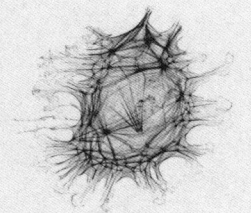

Life Ascending

"식물학자란 비슷한 푸성귀에는 비슷한 이름을 붙이고 다른 푸성귀에는 다른 이름을 붙여, 모든 이로 하여금 알 수 있게 하는 사람이다." 스웨덴의 위대한 분류학자인 칼 폰 린네Carl von Linné는 스스로 식물학자를 이렇게 바라보았다. 이런 소박한 포부는 오늘날 우리에게 다소 충격적일 수도 있지만, 린네는 종의 특성에 따라 생물계를 분류함으로써 현대 생물학의 기틀을 다졌다. 린네는 분명 자신의 성과를 자랑스럽게 여겼다. "신은 창조하고 린네는 체계적으로 정리한다"는 말을 즐겨 했던 린네는, 모든 생물을 계, 문, 강, 목, 과, 속, 종으로 분류하는 그의 체계를 과학자들이 지금도 활용한다는 사실을 아마 당연하게 여겼을 것이다.

유형에 따라 무리를 짓고 혼돈에서 질서를 이끌어내고자 하는 강한 충동은 우리를 둘러싼 세상을 이해하는 출발점이며 다양한 과학의 토대가 된다. 주기율표가 없었다면 화학은 어떻게 되었을까? 세世와 기期가 없었다면 지질학은 어떻게 되었을까? 그러나 이런 학문은 생물학과는 두드러진 차이가 있다. 이와 같은 분류가 주류 연구에서 여전히 활발하게 진행되고 있는 분야는 생물학밖에 없다. 평소에는 얌전한 과학자들이라도 모든 생명체의 유연관계를 한눈에 나타내는 근사한 표인 '계통수tree of life'가 어떻게 구성되어야 하는지를 놓고는 서로 적의를 드러내거나 심지어 핏대를 세우며 흥분하기도 한다. 생화학자인 포드 둘리틀Ford Doolittle이 쓴 어느 글에는 가장 세련된 과학자들의 이런 심리가 잘 드러난다. 그 제목은 바로 「계통수에 도끼 들이대기Taking an axe to the tree of life」다.

이 문제는 신비스럽고 미묘한 것이 아니라 모든 차이 중에서 가장 중요한 차이를 다룬다. 린네와 마찬가지로, 여전히 우리 대부분은 본능적으로 세상을 식물과 동물과 광물로 구분한다. 어쨌든 이 세 가지는 우리 눈에 보이는 것들이다. 그 외에는 무슨 차이가 있을까? 우리 주위에 가득한 동물들은 복잡한 신경계의 도움으로 식물을 먹거나 다른 동물을 잡아먹는다. 식물은 햇빛을 이용해 물과 이산화탄소로 스스로 양분을 만들고, 한곳에 뿌리를 내린 채 살아간다. 식물은 뇌가 필요 없다. 광물은 분명 무생물이다. 그러나 결정이 자라는 모습은 분류를 하던 린네를 당황스럽게 했다.

마찬가지로 생물학의 근간을 이루는 분야도 동물학과 식물학이라는 두 갈래로 나뉘는데, 이 두 분야는 몇 세대 동안 한 번도 만난 일이 없다. 현미경으로나 볼 수 있는 미생물이 발견되었을 때도 이 오랜 분리는 별로 무너지지 않았다. 아메바 같은 '극미동물animalcule'은 동물계에 집어넣고 훗날 **원생동물**protozoa('최초의 동물'이라는 뜻)이라는 이름을 붙였다. 반면 색소를 함유한 조류나 세균은 식물로 분류했다. 그러나 린네는 여전히 자신의 분류법을 따르고 있다는 사실을 기쁘게 여길지 몰라도, 겉모습만 그렇다는 것을 알면 적잖이 충격을 받을 것이다. 오늘날에는 동물과 식물 사이의 간극이 꽤 좁다고 생각하지만, 깊이를 알 수 없는 그 간극을 세균과 나머지 모든 복잡한 생물이 점점 메워가고 있다. 이 간극을 잇는 다리에 관해서는 과학자들 사이에 이견이 분분하다. 생명이 세균의 원시적인 단순성에서 동물과 식물의 복잡성으로 나아간 과정은 정확히 어땠을까? 이 과정은 언제라도 있을 법한 과정이었을까? 아니면 충격적일 정도로 거짓말 같은 일이었을까? 우주 어디에서라도 일어날 수 있는 일이었을까? 우리는 거의 유일한 존재일까?

'약간의 신神을 첨가'해 도움을 얻고자 하는 사람들에게 이런 불확실성이 유리하게 작용하는 경우를 막는 그럴싸한 발상은 차고 넘친다. 문제는 증거다. 정확히 말해서, 복잡한 세포가 처음 등장했다고 추정되는 20억 년 전이라는 아주 오랜 시간과 연관된 증거를 해석하는 일이 문제다. 그중에서 가장 중대한 문제는, 왜 복잡한 생명체가 지구 역사 전체를 통틀어 단 한 차례만 등장했느냐는 것이다. 모든 식물과 동물이 서로 연관이 있다는 사실은 의심할 여지가 없으며, 이는 우리 모두의 조상이 같다는 것을 의미한다. 복잡한 생명체는 각기 다른 시기에 각기 다른 세균에서 반복적으로 등장한 것이 아니다. 식물은 이 세균, 동물은 저 세균, 균류와 조류는 또 다른 세균에서 유래한 것이 아니라는 이야기다. 오히려 복잡한 세포는 세균에서 단 한 차례만 등장했으며, 식물이나 동물, 균류, 조류 같은 생물계에서 모두 이 세균의 유산이 속속 발견되고 있다. 모든 복잡한 생명체의 조상인 이 시조 세포는 일반적인 세균과는 상당히 다르다. 계통수를 생각해보자. 세균은 뿌리를 이루는 반면 낯익은 복잡한 유기체는 가지를 구성한다. 그런데 줄기의 밑동에서는 도대체 어떤 일이 벌어졌을까? 아메바 같은 단세포 원생생물을 중간 형태로 생각할 수도 있겠지만, 사실 이런 원생생물은 여러 면에서 동물과 식물만큼 복잡하다. 원생생물이 아래쪽에 있는 가지를 차지하는 것은 분명하지만 그래도 밑동보다는 살짝 위에 있다.

세균과 그 외의 다른 모든 생명체 사이의 간극에서 문제가 되는 것은 세포 수준에서의 구조다. 적어도 형태적인 면에서 보면 세균은 단순하다. 세균의 모양은 대개 평범해서, 둥글거나 막대 모양이 가장 일반적이다. 바깥쪽은 단단한 세포벽으로 둘러싸여 형태가 유지되며, 내부는 전자현미경으로 봐도 관찰할 것이 별로 없다. 세균은 독립생활을 할 수 있는 최소한의 생활방식을 유지하고 있다. 철저하게 효율적이며, 모든 것은 복제 속도에 초점을 맞춘다. 일반적으로 세균은 감당할 수 있을 만큼의 유전자만을 지니고 있다가, 어려움에 처하면 주위의 다른 세균으로부터 유전자를 얻어 유전적 자원을 보강하고 기회가 닿으면 다시 버리는 습성이 있다. 유전체가 작으면 복제 속도가 빨라진다. 20분마다 복제를 할 수 있는 어떤 세균은 원료가 남아 있는 한 놀라운 속도로 기하급수적인 성장을 할 수 있다. 충분한 양분이 주어지면(이는 엄연히 불가능하다), 무게가 1조 분의 1인 세균 한 마리는 채 이틀이 되지 않아 지구 전체의 무게와 맞먹는 집단으로 성장할 수 있다.

이제 복잡한 세포를 보자. 복잡한 세포에는 **진핵생물**eukaryote이라는 어마어마한 이름이 붙는다. 나는 진핵생물이라는 이름이 좀 더 친숙해졌으면 좋겠다. 그 중요성이 어디에도 뒤지지 않기 때문이다. 우리가 이야기하는 복잡한 생물체는 모두 진핵생물이다. 진핵생물을 뜻하는 'eukaryote'라는 단어는 그리스어에서 유래했는데, 'eu'는 '진짜', 'karyon'은 '핵'을 의미한다. 그러므로 진핵세포는 진짜 핵이 있는 세포이며, 이것이 바로 핵이 없는 **원핵생물**prokaryote인 세균과의 차이점이다. 어떤 의미에서 보면, 'pro-'라는 접두어는 하나의 가치판단인데, 원핵생물이 진핵생물 이전에 진화했다는 것을 명시하기 때문이다. 나는 이것이 거의 분명한 사실이라고 생각하지만, 몇몇 연구자들은 이에 동의하지 않는다. 그러나 원핵생물이 정확히 언제 진화했는지에 관계없이, 핵은 모든 진핵세포의 결정적인 특징이다. 핵이 나타난 이유와 방법, 그리고 진핵생물과 달리 세균에서는 진정한 핵이 결코 진화할 수 없었던 이유를 이해하지 않고서는 진핵생물 진화가 설명되리라고 기대할 수 없다.

핵은 세포의 '지휘 본부'로, 유전물질인 DNA가 가득 들어 있다. 진핵세포의 핵은 그 존재 자체 외에도 세균과는 다른 특성이 몇 가지 더 있다. 세균은 하나의 고리 모양 염색체를 갖고 있는 반면, 진핵생물은 기다란 직선 모양의 염색체를 여러 개 가지고 있으며 종종 이 염색체들이 쌍을 이루기도 한다. 유전자 자체는 실에 꿰인 구슬처럼 염색체 위에 늘어서 있지만, 이 유전자는 사이사이 끼어 있는 엄청난 양의 암호화되지 않은 DNA 때문에 여러 조각으로 나뉘어 있다. 우리 진핵생물은 무슨 이유인지 몰라도 '조각난 유전자'를 갖고 있는 것이다. 그뿐이 아니다. 우리의 유전자는 세균의 유전자처럼 '벌거벗은' 채 있는 것이 아니라, 단백질에 멋지게 결합되어 있다. 이런 방법은 오늘날 플라스틱으로 포장된 선물처럼 함부로 만지지 못하게 하는 효과가 있다.

핵의 바깥쪽도 진핵세포는 아주 다르다(그림 4.1 참조). 진핵세포의 부피는 세균보다 평균 1만~10만 배나 더 크다. 따라서 진핵세포의 내부는 겹겹이 쌓인 막구조, 수많은 밀봉된 소포, 역동적인 세포골격 따위의 온갖 것들로 가득 차 있다. 세포골격은 세포의 구조를 지탱하는 구실을 하지만, 세포 이곳저곳에서 곧바로 해체와 재건을 할 수 있어 운동과 형태 변화를 가능하게 한다. 이들 중 가장 중요한 것은 아마 세포소기관들일 것이

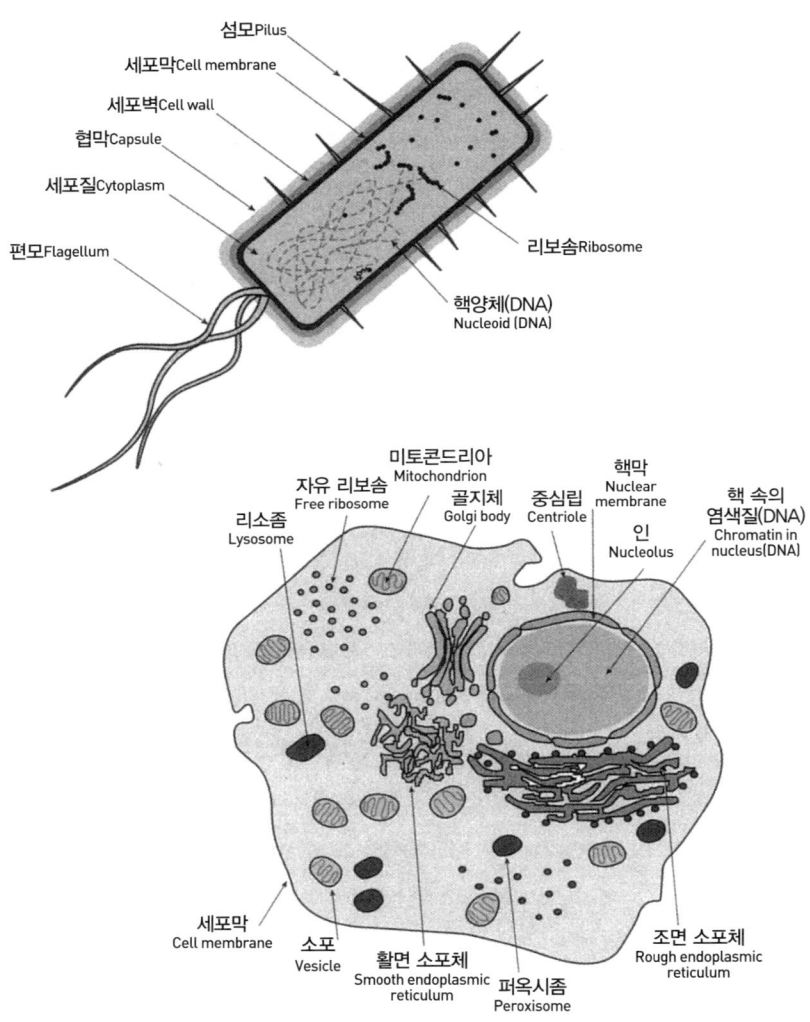

그림 4.1 세균 같은 원핵세포와 복잡한 진핵세포의 차이점. 진핵세포 속에는 핵, 세포소기관, 내막 체계 같은 '내용물'이 들어 있다. 이 그림은 정확한 비례가 **아니라는** 점을 강조한다. 진핵세포는 세균보다 부피가 1만~10만 배쯤 크다.

다. 현미경으로 볼 수 있는 이 작은 기관들은, 마치 인간의 몸에서 간이나 콩팥이 특화된 기능을 수행하는 것처럼 세포 안에서 특별한 작업을 수행한다. 중요한 것은 대부분 영원한 것이다. 그러나 이 변화는 세균의 기분을 잘 이해하지 못했다. 산소를 좋아하는 세균을 위한 생태적 변화만 있었을 뿐이다. 한 종류의 세균만이 다른 세균에 비해 선호되고, 나머지 다른 세균들은 결연히 세균의 위치에 남은 것이다. 다른 기념비적인 환경 변화도 정확히 이와 똑같았다. 세균은 황산을 이용해 바다 속 깊은 곳에서 자그마치 20억 년 동안 번성했다. 그러나 세균은 한결같이 세균으로 남아 있었다. 세균은 대기 중의 메탄을 산화시켜 지구의 결빙을 촉진해, 첫 번째 눈덩어리 지구를 만들었다. 그러나 이번에도 세균은 세균으로 남아 있었다. 무엇보다 가장 중대한 변화는 복잡한 다세포 진핵생물의 등장으로 초래된 지난 6억 년 동안의 변화일 것이다. 진핵생물은 세균에게 새로운 생활방식을 제공했다. 이를테면 전염병 유발 같은 것이다. 그래도 세균은 여전히 세균이었다. 세균만큼 보수적인 것도 없을 것이다.

  그래서 역사는 진핵생물과 함께 시작되었다. 비로소, 끝이 보이지 않는 단조로움에서 벗어나 '파란만장한 사건의 연속'이 가능해졌다. 이따금은 이 사건이 정신없이 빠르게 다가오기도 했다. 이를테면 캄브리아기 대폭발은 전형적인 진핵생물의 사건이었다. 지질시대로 따지면 약 200만 년에 걸쳐 이어진 비교적 짧은 기간에, 갑자기 몸집이 큰 동물들이 화석 기록에 처음으로 나타나기 시작했다. 당시의 동물들은 형태학적으로 전혀 어설프지 않았다. 벌레들의 굼뜬 행진이 아니라 근사한 라인을 자랑하는 모델들이 아찔한 워킹을 선보이는 패션쇼에 가까웠다. 이 동물들 중 일부는 나타났을 때와 마찬가지로 갑자기 사라졌다. 캄브리아기 대폭발은 마치 갑자기 잠에서 깨어난 미친 창조자가 그동안 잃어버린 시대를 모두 만회하기 위해 허겁지겁 작업에 착수한 것 같았다.

이런 대폭발을 전문용어로는 '방산radiation'이라고 한다. 방산이 일어날 때는, 무슨 이유에서인지 특정 종 하나가 선택되어 짧은 기간에 고삐 풀린 듯이 진화한다. 새롭게 나타난 생물 형태는 그 조상의 형태를 중심으로 마치 바퀴살처럼 뻗어나간다. 이런 방산의 예로는 캄브리아기의 대폭발이 가장 널리 알려졌지만, 그 외에도 육상생물의 등장, 꽃식물의 출현, 외떡 잎식물의 번성, 포유류의 다양화 같은 별로 알려지지 않은 예가 수두룩하다. 그러나 이유야 어떻든, 이처럼 화려하게 뻗어나가는 것이 진핵생물의 특성이다. 시대마다 진핵생물만이 번성을 했다. 세균은 지금까지 그래왔던 것처럼 세균으로 남아 있었다. 따라서 우리가 도달할 수 있는 결론은, 인간의 지능이나 의식과 같이 우리가 소중하게 여기며 우주 어딘가에서 찾고 있는 모든 특성이 한낱 세균에서는 결코 나타날 수 없다는 것이다. 적어도 이는 진핵생물만의 독특한 특성이다.

정말 정신이 번쩍 들게 하는 차이다. 세균은 다양한 생화학적 재주로 우리 진핵생물을 부끄럽게 하지만, 형태적 잠재력 면에서는 성장을 거의 멈췄다. 세균은 화려한 꽃이나 벌새 같은 경이로움을 만들어낼 능력이 거의 없는 것으로 보인다. 따라서 이 특성이 단순한 세균에서 복잡한 진핵생물로의 변화를 일궈냈으며, 아마 이런 중대한 변화는 지구 역사에서 단 한 번만 일어났을 것이다.

화석 기록과 유전자 서열

다윈주의자들은 틈새를 별로 좋아하지 않는다. 조금씩 발전해나가는 점진적인 작은 단계들로 이루어진 자연선택의 개념은 현재보다는 훨씬 과거로 멀리 떨어져 있는 중간 단계를 돌아다봐야 한다는 의미다. 『종의 기원』에서 다윈은 이런 어려움을 감지하고 이 문제와 씨름했다. 모든 것에는 중간 단계가 있다는 단순한 판단을 내리고, 당연히 이 중간 단계는 오늘날 우리가 주위에서 볼 수 있는 '최종 단계'보다는 적응을 잘하지 못했을 것이라고 생각했다. 결국 자연선택에 의해, 제대로 적응하지 못한 형태는 적응을 더 잘한 형태와의 경쟁에서 지게 될 것이다. 분명 비행 능력이 뛰어난 새는 '땅딸막한' 사촌들보다 훨씬 잘 살아남을 것이다. 컴퓨터 시장에서 새로운 소프트웨어가 나오면 구식 버전이 자취를 감추는 것과 같은 이치다. 윈도즈 286이나 386 같은 운영체계를 마지막으로 본 게 언제였는지 기억이 가물가물하다. 그러나 이런 운영체계들도 한때는 최첨단 기술이었다. 날개의 원형도 당시 상황에서는 그랬을 것이다(날다람쥐나 활강하는 뱀에게는 현재 모습이 그럴 것이다). 그러나 시간이 흐르면서 이런 초기의 운영체계는 흔적도 없이 사라지고, 윈도즈 XP 이전의 운영체계는 아무것도 남아 있지 않다.● 우리는 윈도즈 운영체계가 시간이 흐를수록 더 개선되고 있다는 것을 인정한다. 그렇지만 이 진화의 증거를 찾아 오늘날 우리가 사용하고 있는 컴퓨터와 비교하려면, 다락에 먼지를 뒤집어쓴 채

● 독자들이 이 글을 읽고 있는 시점에는, 윈도즈 XP도 윈도즈 286과 별로 다를 게 없는 신세일지도 모른다. 윈도즈 XP가 사라지면, 말할 것도 없이 (불안정하고 바이러스에 취약하더라도) 더 정교한 운영체계가 그 자리를 대신할 것이다.

처박혀 있는 몇 개의 '화석' 외에는 별다른 증거가 없다. 마찬가지로 생명에서도 어떤 연속성continuum의 증거를 찾고자 한다면, 변화가 일어났던 기간의 화석 기록을 살펴보아야 한다.

화석 기록은 확실히 불연속적이지만, 목소리 큰 소수의 광신도들이 인정하고 싶은 것보다는 훨씬 많은 중간 단계가 있다. 다윈이 글을 쓰던 시절에는 인간과 원숭이 사이의 '빠진 연결고리'가 분명히 있었다. 당시에는 중간 단계의 특성을 나타내는 원인 화석이 전혀 알려지지 않았기 때문이다. 그러나 지난 반세기 동안 고생물학자들은 수십여 개의 원인 화석을 발견했다. 이 화석들은 뇌의 크기나 걷는 모양 같은 것이 대체로 우리가 예상하는 다양한 형질의 범주에 들어간다. 중간 단계가 없는 게 아니라, 이제는 너무 많아서 걱정이다. 문제는 만약 이 원인들 가운데 현대 인류의 조상이 있다면 과연 어떤 부류가 우리의 조상이고, 어떤 부류가 후손을 남기지 못하고 절멸한 원인인지를 분간하기 어렵다는 것이다. 왜냐하면 (아직은) 우리가 모든 해답을 다 알 수는 없기 때문이다. 빠진 연결고리가 결코 발견된 적이 없다는 주장이 여전히 목소리를 높이고 있다. 그렇지만 이런 주장은 정직과 진실에 대한 모독이다.

그러나 생화학자인 내가 보기에 화석은 아름답지만 당혹스럽다. 화석화 작용은 좀처럼 일어나기 힘들고 예측하기도 어렵다. 게다가 해파리처럼 몸이 연한 생물이나 육지에 사는 동식물은 화석화 작용이 잘 일어나지 않는다는 시각이 일반적인 상황에서, 화석이 과거의 기록을 완벽하게 보존하고 있을 수는 **없다**. 만약 완벽한 화석이 발견된다고 해도 우리는 날조를 의심할 것이다. 가끔 이런 화석이 발견될 때는 놀라운 행운이며 무척 드물고 기적에 가까운 상황으로 기념해야 할 것이다. 다만 이런 화석도 결국은 자연선택을 기분 좋게 뒷받침하는 실제 증거에 지나지 않는다. 유전체학genomics의 시대를 살아가고 있는 우리 주변에는 이런 실제 증거가 유전자 서열 속에 널려 있다.

유전자 서열은 지금까지 화석이 해왔던 것보다 진화과정을 더 확실하게 보존하고 있다. 아무 유전자나 선택해보자. 유전자 서열은 길게 이어지는 문자의 행렬이다. 그 서열에는 단백질을 구성하는 아미노산들이 암호화되어 있다. 통상적으로 단백질은 약 200개의 아미노산으로 이루어져 있으며, 각각의 아미노산은 세 개의 DNA 문자로 암호화되어 있다(제2장을 보라). 앞서 지적했듯이, 진핵생물의 유전자 사이사이에서는 암호화되지 않은 기다란 DNA 서열을 종종 볼 수 있다. 이것까지 모두 합치면, 유전자 하나의 서열에는 보통 수천 개의 문자들이 늘어서게 된다. 그리고 수만 개의 유전자가 모두 비슷한 방식으로 구성되어 있다. 정리하자면, 하나의 유전체는 몇 조 개, 몇 경 개 되는 문자들로 이루어진 긴 띠다. 이 띠의 순서는 그 주인의 진화 유산에 관해 많은 것을 말해준다.

같은 일을 수행하는 단백질이 암호화된 같은 유전자는 세균에서 인류에 이르는 다양한 종에서 발견된다. 진화 기간 내내, 유전자 서열에서 해로운 돌연변이는 자연선택에 의해 제거된다. 이 작업에 의해 같은 문자가 유전자 서열에서 같은 자리에 남아 있는 효과가 나타난다. 그래서 우리는 상상하기 어려울 정도로 긴 시간이 흐른 뒤에도 서로 다른 종에서 유연관계가 있는 유전자를 알아볼 수 있다. 이는 순전히 경험에서 나온 말이다. 그러나 대충 봤을 때, 유전자를 이루고 있는 수천 개의 문자 중에서 특별히 중요한 부분은 극히 일부다. 그 나머지 부분들은 시간이 흐를수록 비교적 자유롭게 돌연변이가 일어나 변화할 수 있다. 변화가 별로 문제가 되지 않아 자연선택에 의해 제거되지 않기 때문이다. 시간이 흐를수록 더 많은 돌연변이가 축적되고 두 유전자 서열 사이에는 더 많은 차이가 벌어지게 된다. 침팬지와 인간처럼 비교적 최근에 공통조상에서 갈라져 나온 종들은 같은 유전자 서열이 대단히 많은 반면, 수선화와 인간처럼 아주 오래전에 공통조상에서 갈라져 나온 종들은 같은 유전자가 훨씬 적게 남아 있다. 이 원리는 언어에도 거의 똑같이 적용된다. 시간이 흐를수록 공통 언어 계통과의 유사점이 계속 상실되지만 몇 가지 보이지 않는 유사성은 여전히 그 언어들을 한데 이어준다.

유전자 계보는 종 사이의 유전자 서열 차이를 기반으로 만들어진다. 돌연변이의 축적은 어느 정도 마구잡이로 이루어지지만, 문자 수천 개에 걸쳐 평균을 내보면 거의 일정하게 일어나므로 통계적 확률과 연관이 있다. 유전자 하나를 이용해, 화석 사냥꾼들은 꿈도 꾸지 못할 정도로 정확하게 모든 진핵생물의 족보를 재구성할 수 있다. 만약 결과가 조금이라도 미심쩍다면, 간단히 다른 유전자를 이용해 분석을 반복하여 같은 유형이 나타나는지를 확인하면 된다. 진핵생물에는 공통적으로 들어 있는 유전자가 수천 개까지는 아니어도 수백 개는 되기 때문에 이 접근법을 얼마든지 반복해서 단 하나의 계보에 겹쳐놓을 수 있다. 컴퓨터의 힘을 약간 빌리면, 모든 진핵생물 사이의 가장 그럴듯한 유연관계를 보여주는 '합의된' 계보가 만들어진다. 이런 접근법은 화석 기록에서 나타나는 간극과는 아주 딴판으로, 우리 인간이 식물, 균류, 조류 따위와 어떻게 연관되어 있는지를 정확히 확인할 수 있다(그림 4.2). 다윈은 유전자에 관해서는 아무것도 알지 못했지만, 유전자의 자세한 구조는 그 어떤 것보다도 다윈주의 세계관에서의 불편한 간극을 말끔히 제거한다.

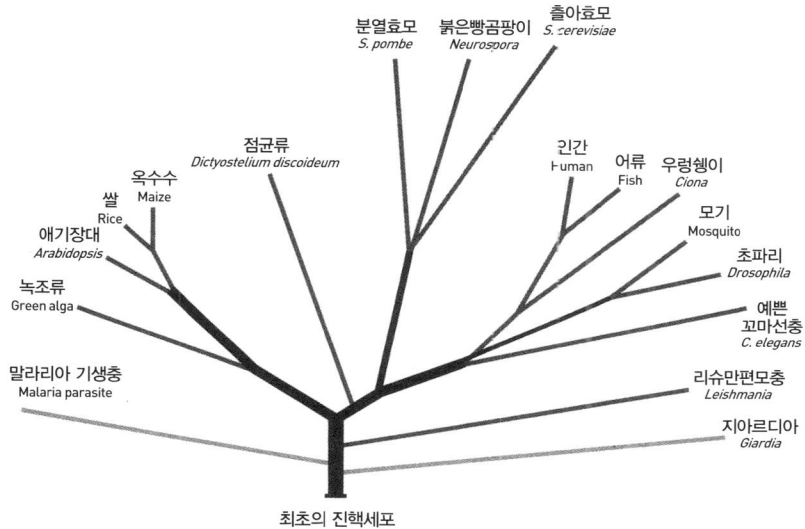

그림 4.2 전통적인 계통수. 약 20억 년 전에 살았던 것으로 추정되는 공통조상인 단세포생물에서 진핵생물이 갈라져 나가는 모습을 보여준다. 가지의 길이가 길수록 진화적 거리가 더 멀다. 다시 말해서 유전자의 차이가 더 많이 난다.

    지금까지는 순조로웠지만, 이 방법에도 문제는 있다. 이런 문제들의 원인은 대개 오랜 시간에 걸친 변화를 측정하면서 나타나는 통계적 오차에서 기인한다. 기본적인 골칫거리는 DNA를 이루는 문자가 단 네 개뿐이라는 것이다. 돌연변이가 일어나면 보통 문자 하나가 다른 문자로 바뀐다(적어도 우리가 여기서 관심을 갖는 돌연변이는 그렇다). 대부분의 문자가 한 번만 바뀐다면 별 문제가 없겠지만, 진화가 진행되어온 오랜 기간에 방대한 영역에서 문자들은 한 번 이상 바뀌게 될 것이다. 모든 변화는 마구잡이로 일어나기 때문에 어떤 문자가 몇 번 바뀌었는지는 알기 어렵다. 만약 문자에 아무 변화가 없다면, 전혀 바뀌지 않았거나 몇 번 바뀌다가 처음 문자로 돌아온 것이다. 바뀔 때마다 본래의 문자로 되돌아갈 확률은 매번 25퍼센트다. 이런 분석은 통계적 확률의 문제인 까닭에, 서로 다른 가능성들 사이의 차이를 구별하지 못하는 일이 벌어지기도 한다. 안타깝지만, 진핵세포 자체의 등장과 대강 일치하는 통계적 의혹의 바다에서 허우적거리고 있는 것이 지금 우리의 실정이다. 세균에서 진핵생물로 이행하는 결정적 변화는 유전학적 불확실성이라는 흐름 속에 잠겨 있다. 이 문제에서 벗어나는 유일한 방법은 더욱 정교하게 다듬은 통계적 여과 장치를 활용해 우리의 유전자를 보다 신중하게 선택하는 것이다.

우즈의 계통수

진핵세포의 유전자는 크게 두 무리, 곧 세균과 비슷한 유전자와 진핵생물 특유의 유전자로 나뉜다. 진핵생물 특유의 유전자란 세균의 세계에서 이제껏 발견된 적이 없는 유전자들을 말한다.● 이 독특한 유전자들을 '진핵생물 서명 유전자eukaryotic signature gene'라고 하는데, 이 유전자들의 속성은 격렬한 논쟁거리가 되고 있다. 어떤 학자들은 진핵생물이 세균만큼 오래되었다는 것을 입증했다고 주장한다. 그들의 말에 따르면, 그렇게 많은 진핵생물의 유전자가 독특하다는 사실은 진핵생물 자체가 진화가 처음 시

● 이는 세균과 같은 점이 전혀 없다는 의미가 아니다. 이를테면, 세균의 세포골격을 구성하는 단백질은 진핵세포의 세포골격 단백질과 분명히 연관이 있다. 공간 구조가 겹칠 정도로 물리적 구조가 똑같기 때문이다. 그렇더라도 유전자 서열은 모든 면에서 동질성을 잃고 갈라져 나갔다. 유전자 서열 하나만 놓고 판단하면, 세포골격 단백질은 진핵생물 특유의 것이라고 생각할 수 있다.

작되었을 때부터 세균과 달랐다는 것을 나타낸다. 진핵생물의 분기 속도가 일정하다고 가정할 때(돌연변이 속도가 분자시계로 작용해 일정하게 '똑딱인다'고 가정할 때), 이런 규모의 차이라면 진핵생물이 지구가 형성되기 10억 년 전, 적어도 5억 년 전에 진화했다는 것을 믿으라는 말이 된다. 영국의 풍자 잡지인『은밀한 시선Private Eye』에서 곧잘 쓰는 표현처럼, "학실히 몬가 잘못되어따Shurely shome mishtake".

어떤 학자들은 진핵생물의 진화 유산에 관해 진핵생물 서명 유전자가 알려주는 것은 아무것도 없다고 말한다. 우리는 오랜 옛날에 유전자들이 얼마나 빠른 속도로 진화했을지 알 길이 없으며, 그 유전자들이 분기하는 과정에서 어느 것이 시계와 같은 구실을 한다고 가정할 만한 근거가 없기 때문이다. 어떤 유전자는 다른 유전자에 비해 빠른 속도로 진화한다는 것을 우리도 분명히 알고 있다. 그리고 분자시계가 이렇게 불확실한 먼 옛날을 가리킨다는 사실은 생명체의 씨앗이 우주에서 왔다거나(내 생각에 이것은 아니다) 이 분자시계가 틀렸다는 것을 시사한다. 왜 이 분자시계는 그처럼 틀리게 되는 것일까? 유전자의 진화 속도가 상황에 따라 크게 변하고, 특히 그 유전자가 발견되는 유기체의 종류와 연관이 있기 때문이다. 앞서 확인했듯이, 궁극적으로 세균은 영원히 세균으로 남아 있는 반면, 진핵생물의 역사에는 캄브리아기 대폭발 같은 변화무쌍하고 극적인 사건이 많다. 유전자의 관점에서 볼 때 어쩌면 진핵세포 자체의 형성보다 더 극적인 사건은 없을 것이다. 만약 그렇다면, 진핵세포가 처음 만들어졌을 무렵에는 진화 속도가 엄청나게 빨랐을 것이라는 예상은 충분히 해봄직하다. 만약 대부분의 학자들이 생각하는 것처럼 진핵생물이 세균보다 더 나중에 진화했다면, 진핵생물의 유전자는 아주 다를 것이다. 한동안 대단히 빠른 속도로 진화하고, 돌연변이가 일어나고, 재조합이 이루어지고, 복제되고, 또다시 돌연변이가 일어나기 때문이다.

따라서 진핵생물 서명 유전자가 진핵생물의 진화에 관해 우리에게 알려주는 것은 별로 없다. 이 유전자들은 그저 무척 빠른 속도로 진화를 해서 시간의 안개 속에서 그 기원을 잃어버렸을 뿐이다. 그렇다면 세균과 동등하다고 알려진 두 번째 부류의 유전자들은 어떨까? 이 유전자들은 직접적인 정보를 더 많이 준다. 비슷한 것끼리 비교하기 시작할 수 있기 때문이다. 세균과 진핵생물에서 공통으로 발견되는 유전자에는 세포의 핵심과정이 암호화되어 있는 경우가 많다. 이 핵심과정은 (에너지 생산 방식이나 아미노산과 지질 같은 생명의 중요한 구성 요소를 만드는 방식 같은) 핵심 대사작용일 수도 있고, (DNA 서열을 읽어 단백질이라는 실질적인 통용 수단으로 번역하는 과정인) 핵심 정보 처리과정일 수도 있다. 이런 핵심과정은 대체로 천천히 진화하는데, 다른 것들이 이 핵심과정에 의존하기 때문이다. 단백질 합성에서 한 군데가 변하면, 단백질 하나에만 영향을 미치는 게 아니라 모든 단백질 생산 공정이 바뀌게 된다. 마찬가지로 에너지 생산과정이 그저 살짝만 변해도 세포 전체의 기능이 위험해질 수도 있다. 핵심 유전자의 변화는 자연선택에 의해 제거될 가능성이 훨씬 많기 때문에 이런 유전자는 느리게 진화할 것이고, 따라서 진화에 관해 아주 세밀한 분석을 가능하게 해줄 것이다. 이런 유전자를 이용해 만든 계통수는 진핵생물이 세균과 어떻게 연관되어 있는지를 잘 밝혀준다. 어떤 종류의 세균에서 나타났고, 심지어는 왜 나타나게 되었는지를 넌지시 알려주는 실마리도 있을지 모른다.

미국의 미생물학자인 칼 우즈Carl Woese가 1970년대 후반에 최초로 이런 계통수를 만들었다. 우즈가 선택한 유전자는 세포마다 독특한 핵심 정보 처리과정의 일부가 암호화된 유전자였는데, 바로 단백질 합성을 담당하는 리보솜ribosome이라는 작은 분자 기계의 한 부분이었다. 기술적인 이유에서 우즈는 유전자 자체를 사용하지 않고, 대신 RNA 복사본을 이용하는 독창적인 방법을 썼다. 유전자로부터 읽어온 RNA 복사본은 곧바로 리보솜과 결합한다. 우즈는 이 리보솜 RNA를 다양한 세균과 진핵생물에서 분리해 서열을 분석하고, 그 서열을 비교해 계통수를 만들었다. 우즈의 발견은 충격적이었다. 생명의 세계가 어떻게 구성되어야 하는지에 관한 오랜 개념에 도전장을 내민 것이다.

우즈는 지구상의 모든 생명체가 세 무리, 즉 세 영역으로 나뉜다는 것을 발견했다(그림 4.3을 보라). 첫 번째 무리와 두 번째 무리는 우리의 예상대로 세균과 진핵생물이다. 그런데 오늘날 고세균이라는 이름으로 알려진 세 번째 무리가 어디선가 갑자기 나타나 생물계에 모습을 드러냈다. 일부 고세균은 약 한 세기 전부터 알려져 있었지만, 우즈의 새로운 계통수가 나오기 전까지는 그저 세균의 한 종류로만 여겨졌다. 우즈 이후, 고세균은 진핵생물만큼이나 중요한 무리가 되었지만 생김새는 꼭 세균처럼 보인다. 고세균은 작고, 대개 세포벽이 있으며, 핵이나 이렇다 할 내부기관이 없다. 그리고 다세포생물로 오인될 만한 군체를 형성하는 일도 결코 없다. 고세균의 중요성을 강조하면서 원핵세포들이 계통수에서 중요한 자리를 차지하게 만들고 놀라운 다양성을 보여주는 동물, 식물, 균류, 조류, 원생생물을 별 볼일 없는 변두리로 밀어내는 쪽으로 자연계를 재편성한 우즈의 계통수를 보고, 많은 사람들이 정말 말도 안 된다고 생각했다. 우즈는 식물과 동물 사이에 나타나는 온갖 다양한 차이는 세균과 고세균 사이

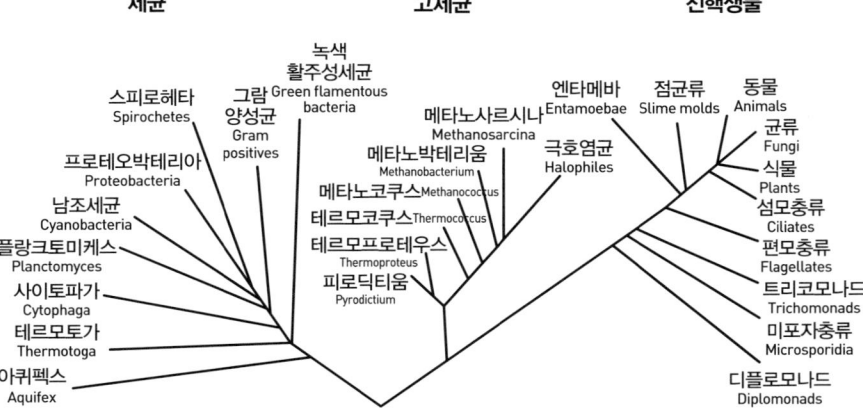

그림 4.3 리보솜 RNA를 기초로 칼 우즈가 작성한 계통수. 우즈는 세균, 고세균, 진핵생물이라는 세 개의 큰 영역으로 생물계를 분류했다.

에 있는 보이지 않는 간극에 비할 게 아니라며 우리의 통념에 이의를 제기했다. 저명한 생화학자인 에른스트 마이어Ernst Mayr와 린 마굴리스Lynn Margulis는 강한 불만을 표시했다. 몇 년 동안 이어진 날카로운 논박을 반영하듯, 과학전문지 『사이언스』는 우즈를 '미생물학계의 상처 입은 혁명가'라고 추어올렸다.

그러나 이제는 대부분의 학자들이 우즈의 계통수를 받아들이거나, 적어도 고세균의 중요성을 인정한다. 생화학적인 수준에서 볼 때, 고세균은 거의 모든 면에서 세균과는 확연하게 차이가 난다. 세포막은 완전히 다른 지질로 이루어져 있어, 합성에 필요한 효소의 조합도 완전히 다르다. 고세균의 세포벽과 세균의 세포벽은 공통점이 하나도 없다. 대사경로도 세균과 일치하는 부분이 거의 없다. 제2장에서 확인한 것처럼, DNA 복제를 조절하는 유전자는 거의 연관성이 없다. 마지막으로 유전체 전체의 분석이 일반화된 오늘날에는 고세균의 유전자에서 세균과 같은 부분은 3분의 1이 채 되지 않는다는 사실이 밝혀졌다. 어쨌든 예상치 못한 우즈의 RNA 계통수 덕분에 세균과 고세균 사이의 중요한 생화학적 차이가 연달아 조명을 받게 되었다. 세균과 고세균은 눈에 잘 띄지 않지만, 우즈가 대담하게 재구성한 계통수를 함께 떠받치고 있다.

우즈의 계통수에서 두 번째 예상치 못한 특징은 고세균과 진핵생물이 놀라울 정도로 가까운 관계에 있다는 것이다. 고세균과 진핵생물의 공통조상은 세균과 멀찍이 떨어져 있다(그림 4.3을 보라). 다시 말해서 고세균과 진핵생물의 공통조상은 진화 초기에 세균에서 갈라져 나와 훗날 오늘날의 고세균과 진핵생물로 분기되었다는 것이다. 또다시 우즈의 계통수가 적어도 몇 가지 중요한 측면에서는 옳다는 것이 생화학적으로 확인되었다. 특히 고세균과 진핵생물은 핵심 정보 처리과정에서 공통적인 부분이 많다. 둘 다 대단히 비슷한 단백질(히스톤histone)로 DNA를 감싸고 있으며, 둘 다 비슷한 방식으로 유전자를 해독하고, 둘 다 공통의 메커니즘을 이용해 단백질을 합성하는데, 모두 세균과는 세부적인 면에서 다른 메커니즘이다. 이런 면에서 고세균은 세균과 진핵생물 사이의 깊은 틈새를 이어주는 연결고리가 되었다. 본질적으로 고세균은 형태나 습성이 세균과 비슷하지만, DNA와 단백질을 다루는 방식에서는 놀랄 정도로 진핵생물과 비슷한 특성을 나타낸다.

우즈의 계통수의 문제점은 이 계통수가 단 하나의 유전자로 만들어졌다는 것이다. 따라서 여러 유전자 계보들을 겹쳐야 얻어지는 통계적 검증력이 없다. 만약 선택한 유전자가 진핵생물의 진정한 유산을 반영한다 하더라도 우리는 단 하나의 유전자로 만든 계통수에 의존한 것일 뿐이다. 이 유전자가 정말로 진핵생물의 유산을 반영하는지를 검증하는 최선의 방법은 진화속도가 느린 다른 유전자도 똑같은 분기 유형을 나타내는지를 확인하는 것이다. 이 작업을 하면, 혼란스러운 답이 나온다. 만약 생명의 세 영역(세균, 고세균, 진핵생물)에 모두 들어 있는 유전자만 선택하면, 세균과 고세균에 관해서는 탄탄한 계통수를 재구성할 수 있지만 진핵생물의 경우는 그렇지 못하다. 진핵생물은 뒤죽박죽으로 섞여 있다. 우리 진핵생물 유전자는, 어떤 것은 고세균에서 유래했고 어떤 것은 세균에서 유래했다. 더 많은 유전자를 연구할수록(최근 한 연구에서는 165종에서 유래한 5700개의 유전자를 이용해 하나의 '초超계통수supertree'를 만들었다) 진핵세포가 정상적인 다원주의 방식으로 진화한 것이 아니라 모종의 거대한 유전자 융합에 의해 만들어졌다는 사실이 더욱 분명해진다. 유전적 관점에서 볼 때, 최초의 진핵생물은 반은 고세균이고 반은 세균인 키메라chimera였다.

'원시 식세포'설과 '운명적 만남'설

다윈에 따르면, 생명체는 오랜 시간에 걸쳐 천천히 차이가 축적되면서 공통조상으로부터 다른 계통으로 떨어져나가면서 진화한다. 그 결과는 가지의 분기로 나타난다. 그리고 이런 나무 형태의 계통수가 우리가 볼 수 있는 대부분의 생명체, 특히 대부분의 몸집이 큰 진핵생물의 진화를 가장 잘 묘사한다는 데는 의심의 여지가 없다. 그러나 계통수가 세균, 고세균, 진핵생물에 관계없이, 미생물의 진화를 표현하는 최선의 방법이 아닌 것도 분명하다.

다원주의적인 유전자 계보를 당혹스럽게 하는 두 가지 과정이 있다. 바로 유전자 수평 이동lateral gene transfer과 유전체 전체의 융합이다. 세균과 고세균의 유연관계를 이해하려는 미생물 계통분류학자들에게 가장 큰 골칫거리는 예사로이 일어나는 유전자 수평 이동이다. 유전자 수평 이동이라는 용어가 꽤 거창하지만 의미는 단순하다. 유전자가 현금처럼 이 세균에서 저 세균으로 돌아다니는 것이다. 그 결과 한 세균이 딸세포에게 전달하는 유전체는 그 부모로부터 물려받은 유전체와 같을 수도 있고 그렇지 않을 수도 있다. 우즈의 리보솜 RNA 같은 일부 핵심 유전자는 한 세대에서 다음 세대로 '수직' 유전이 되는 반면, 어떤 유전자들은 여러 미생물 사이에서 교환이 이루어진다. 거의 유연관계가 없는 미생물들이 유전자를 주고받는 일도 종종 벌어진다.● 전체적인 유연관계의 모습은 나무 모양과 그물 모양의 중간쯤이 될 것이다. 핵심 유전자(리보솜 RNA 유전자 같은 것)는 나무 모양에 가깝고, 그 외의 유전자들은 그물 모양을 이루는 경향이 있다. 핵심 유전자 무리가 유전자 수평 이동을 통해 **전혀** 뒤섞이지 않는지에 관한 문제는 논쟁의 대상이다. 만약 이런 유전자가 존재하지 않는다면, 특별한 원생생물군을 이용해 진핵생물의 진화를 역추적한다는 발상은 허튼 소리가 된다. 어떤 '집단'이 역사적 정체성을 가지려면, 주로 자신들의 조상으로부터 물려받은 특징적인 유산이 있어야 하는 것이지 아무 데서나

● 우즈는 자신의 리보솜 RNA 계통수가 '규범적'이라고 주장했다. 리보솜 RNA의 유전자는 진화 속도가 느릴 뿐 아니라 유전자 수평 이동이 결코 일어나지 않는다는 것이 그 이유다. 리보솜 RNA는 수직으로, 다시 말해서 모세포에서 딸세포로만 전달된다. 그러나 이 **현상**이 엄격하게 지켜지는 것은 아니다. 임균Neisseria gonorrhoeae 같은 세균 사이에서 리보솜 RNA 유전자 수평 이동이 일어난 예가 알려져 있다. 이 현상이 진화 기간에 얼마나 자주 일어났는지는 별개의 문제고, 우리는 다만 여러 유전자를 이용한 더 정교하고 '합의된' 계통수를 통해 해답을 얻을 뿐이다.

받아들인 유산으로는 안 된다. 반대로, 소량의 핵심 유전자는 결코 주고받지 않더라도 그 밖의 유전자들을 모두 교환할 수 있다면, 정체성을 어떻게 말할 수 있을까? 만약 유전자의 99퍼센트가 무작위로 뒤바뀐 대장균도 대장균이라고 할 수 있을까?●

유전체 융합도 비슷한 어려움을 야기한다. 여기서 문제는 다윈주의 계통수가 혼란에 빠진다는 것이다. 유전체가 융합되면 분기가 아닌 수렴이 일어난다. 여기서 의문이 하나 생긴다. 유전체 융합을 하는 둘 이상의 유기체 중에서 진정한 진화의 경로를 나타내는 쪽은 어느 것일까? 리보솜 RNA의 유전자만 추적한다면, 가지가 갈라지는 전통적인 다윈주의 계통수를 다시 볼 수 있을 것이다. 그러나 다수의 유전자나 유전체 전체를 고려하면, 예전에는 갈라지던 가지가 이제는 다시 하나로 모여서 융합해 고리 모양이 된다(그림 4.4를 보라).

진핵생물이 유전적 키메라라는 것은 의심의 여지가 없다. 아무도 그 증거에는 의문을 제기하지 않는다. 현재 두 진영으로 갈라져 의문을 제기하고 있는 문제는 표준적인 다윈주의 진화에 얼마나 중점을 두고, 강렬한 유전자 융합에 얼마나 중점을 두어야 하는지에 관한 것이다. 다시 말해서, 진핵생물의 특징 가운데 숙주 세포의 점진적 진화를 통해 발달한 것은 얼마나 되며, 유전자 융합이 일어난 **뒤에야** 발달할 수 있는 것은 얼마나 되는지에 관한 것이다. 지난 수십 년 동안, 진핵세포의 기원에 관해 수많은

● 이는 정체성에 관한 오랜 철학적 문제의 세포판 이야기라고 할 수 있다. 만약 기억을 담당하는 부분을 조금만 남기고 뇌 전체를 바꾼다면, 우리는 '자아'에 관한 느낌을 계속 간직할 수 있을까? 만약 우리 기억이 다른 사람들에게 이식된다면 기억을 이식받은 사람은 기억을 공여한 사람의 페르소나가 될 수 있을까? 한 인간처럼 한 세포도 확실히 모든 부분이 합쳐져서 이루어진다.

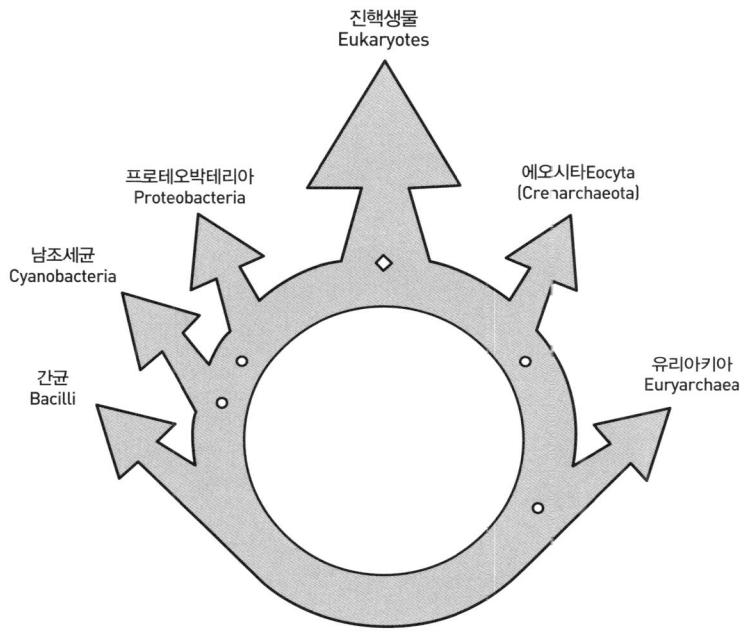

그림 4.4 '생명의 고리ring of life.' 아래쪽에 위치하는 모든 생명체의 공통조상에서 세균(왼쪽)과 고세균(오른쪽)이 갈라져 나온 뒤, 맨 위에서는 다시 융합해 진핵생물이라는 키메라가 만들어지는 모습을 나타낸다.

학설이 제시되었다. 이 학설들은 날조까지는 아니어도 순수한 상상의 산물에서부터, 신중하게 재구성된 생화학에 이르기까지 천차만별이다. 아직은 이 가운데 어느 것도 입증되지 않았다. 모두 크게 두 부류로 나뉠 수 있는데, 서서히 일어나는 다원주의적 분기를 강조하는 쪽과 극적인 유전자 융합을 강조하는 쪽이다. 이 두 부류는 생물학에서 더 오랜 논쟁을 벌이던 두 진영을 대변한다. 바로 진화과정은 점진적이며 끊임없는 변화과정이라고 주장하는 진영과, 이따금씩 극적인 변화가 일어나면서 엄청나게 오랜 기간 동안 안정되게 유지돼오던 평형 상태가 갑자기 종지부를 찍는다고 주장하는 진영이다. 간단히 말해서, 느림보 진화 대 깜짝 진화인 것이다.●

크리스티앙 드 뒤브는 진핵세포의 관점에서 이 두 진영의 가설에 '원시 식세포primitive phagocyte'와 '운명적 만남fateful encounter'이라는 이름을 붙였다. 다원주의적인 개념의 원시 식세포 가설을 가장 설득력 있게 옹호한 인물은 옥스퍼드의 진화학자인 톰 캐벌리어-스미스Tom Cavalier-Smith와 드 뒤브 자신이다. 원시 식세포 가설의 핵심은 진핵세포의 조상이 핵, 성, 세포골격, 식세포작용phagocytosis 같은 오늘날 진핵생물의 특징을 점점 축적해나간다는 것이다. 이런 특징들 가운데 가장 중요한 것은 식세포작용인데, 식세포작용이란 형태를 바꿔 다른 세포를 집어삼켜 세포 내에서 소화를 시키는 능력을 말한다. 오늘날의 진핵세포와 비교했을 때, 이 원시 식세포에 유일하게 부족한 점은 산소를 이용해 에너지를 생산하는 미토콘드리아가 없다는 것이다. 아마 이 원시 식세포는 산소 호흡보다 효율이 훨씬 떨어지는 발효를 이용해 에너지를 생산했을 것이다.

그러나 식세포에게 미토콘드리아의 조상을 집어삼키는 것은 일도 아니다. 사실, 한 세포가 다른 세포 속으로 들어갈 방법이 달리 뭐가 있을까? 확실히 원시 식세포에게 미토콘드리아의 획득은 중요한 이득이 되었다.

● 물론 진화에서는 두 가지 진화가 모두 일어나며 여기에는 전혀 모순이 없다. 두 진화의 차이는 변화의 속도를 세대로 측정하느냐, 지질학적 시대로 측정하느냐로 요약된다. 대부분의 돌연변이는 해롭고 자연선택에 의해 제거된다. 상태를 완전히 뒤바꾸는 환경 변화(대멸종 같은 것)가 아니라면 모든 것이 그대로다. 따라서 변화는 지질학적 시간으로 따져야만 빠르게 일어날 수 있다. 그러나 이렇게 따져도 유전자 수준에서는 여전히 똑같은 과정에 의해 조절되며, 한 세대에서 다음 세대로의 변화를 따지면 여전히 느리다. 파국적인 변화를 강조하느냐, 작은 변화를 강조하느냐는 목청 높여 진화를 외치는 과학자들의 성격과 대단히 밀접한 관계가 있다!

미토콘드리아는 에너지 생산의 혁명을 이뤄냈다. 그러나 기본적으로 세포의 구조를 바꾸지는 않았다. 미토콘드리아를 집어삼키기 전에도 식세포였으며, 그 후에도 식세포로 남아 있었다. 다만 에너지가 더 많아졌을 뿐이다. 그러나 노예화된 미토콘드리아에서 유래한 많은 유전자들이 핵으로 전이되어 숙주 세포의 유전체에 편입되면서 비로소 오늘날 진핵세포의 키메라적인 특성을 나타내는 변화가 일어났을 것이다. 미토콘드리아에서 유래한 유전자는 세균의 특성을 나타낸다. 따라서 원시 식세포 가설을 옹호하는 사람들은 오늘날 진핵세포의 키메라적인 특성에 이의를 제기하는 것이 아니라, 키메라가 아닌 식세포, 즉 숙주 세포의 존재를 가정함으로써 원시적인 진핵생물의 존재를 입증하고자 한다.

1980년대 초반, 톰 캐벌리어-스미스는 미토콘드리아가 없어 원시적으로 보이는 단세포 진핵생물 종류가 수천 종이 넘는다는 점을 강조했다. 캐벌리어-스미스의 말에 따르면, 그중 일부는 진핵세포가 처음 나타났던 시절부터 존재하던 원시 식세포의 직계 후손일 수도 있었다. 만약 그렇다면, 이런 진핵세포들은 어떤 유전적 키메라 현상 없이 순수하게 다윈주의적 과정을 거쳐 진화했다는 증거가 분명했다. 그러나 그 후 20년에 걸쳐, 이 세포들은 모두 키메라였던 것으로 드러났다. 모두 한때 미토콘드리아를 품고 있다가 나중에 잃었거나 다른 것으로 변형되었다. 오늘날 알려진 모든 진핵세포는 미토콘드리아를 갖고 있거나 한때 가지고 있었다. 만약 미토콘드리아가 없는 원시 식세포가 정말 존재했다면, 직계 후손을 전혀 남기지 않은 것이다. 원시 식세포가 절대로 존재하지 않았다는 이야기가 아니라, 다만 그 존재가 논란의 여지가 있다는 말이다.

두 번째 진영은 '운명적 만남'이라는 깃발 아래 모인다. 이들의 가정은

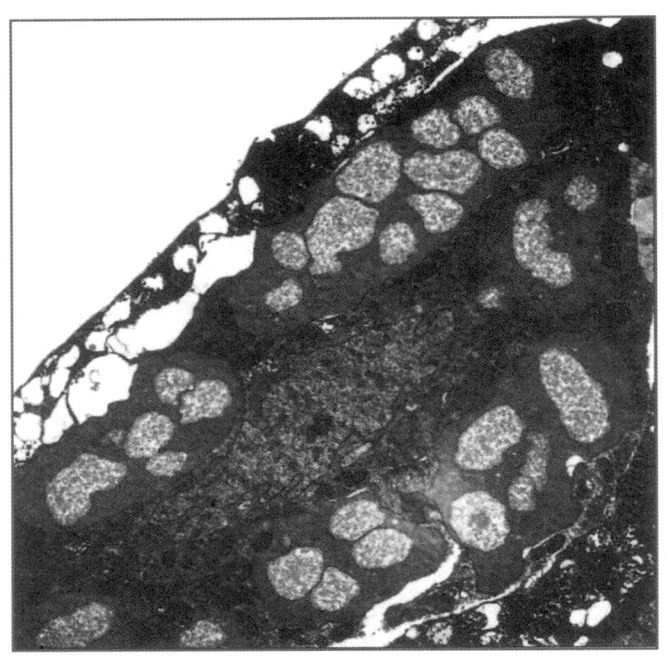

그림 4.5 다른 세균의 몸속에 사는 세균. 수많은 감마-프로테오박테리아gamma-proteobacteria(반점이 있는 연한 회색)가 베타-프로테오박테리아beta-proteobacteria(어두운 회색)의 몸속에서 살아가는 모습. 베타-프로테오박테리아는 모두 진핵생물의 몸속에 들어 있는데, 그림의 아래쪽 한가운데 있는 얼룩덜룩한 것이 핵이다.

모두 둘 이상의 원핵세포 사이에 모종의 연합이 있었다는 것이다. 이 연합은 대단히 긴밀하게 결속된 세포 공동체의 형성, 곧 키메라를 낳았다. 만약 숙주 세포가 식세포가 아니라 세포벽이 있는 고세균이었다면, 도대체 어떻게 다른 세포를 몸속으로 들였는지가 가장 큰 의문이다. 이 가설의 주창자는 그 유명한 린 마굴리스이며, (제1장에서 이미 만났던) 빌 마틴은 다양한 가능성을 지적한다. 이를테면 마굴리스는 어떤 세균 포식자가 다른 세균의 내부로 침입했을 것이라고 주장한다(그리고 이런 예는 실제로도 있다). 이와 대조적으로 마틴은 세포들 상호간의 물질대사 연관성을 가정한다. 마틴은 이런 연관성을 면밀히 탐구해, 이렇게 짝을 이룬 세포들이 서로 물질대사의 원료를 교환한다는 사실을 알아냈다.● 이 경우에는 어떻게 원핵생물이 식세포작용의 도움 없이 다른 원핵생물의 몸속으로 들어갔는지를 알아내기가 어렵지만, 마틴은 정확히 이런 현상이 일어나는 세균의 예를 두 가지 내놓았다(그림 4.5).

운명적 만남 가설은 모두 비다윈주의적non-Darwinian일 수밖에 없다. 작은 변화들로 이루어진 진화 양상이 아니라 완전히 새로운 존재를 가정하는, 상대적으로 극적인 기원설이기 때문이다. 결정적으로 이 가설은 모든 진핵생물의 형질이 운명적 만남 **이후**에만 진화했다고 가정한다. 연합하는 세포 자체는 확실한 원핵생물로, 식세포작용이나 성이나 역동적인 세포골격이나 핵 같은 것은 들어 있지 않다. 이런 형질들은 연합이 굳건해진 뒤에야 발전했다. 이 가정이 내포하는 의미는, 절대로 변하지 않는 극단적 보수주의자인 원핵생물을 변화무쌍한 속도광인 진핵생물로 변화시킨 뭔가가 이 연합 자체에 있다는 것이다.

이 두 가지 가능성을 어떻게 구별할 수 있을까? 우리는 앞에서 진핵생물 서명 유전자는 별로 도움이 되지 않는다는 것을 확인했다. 진핵생물이

● 빌 마틴과 미클로스 밀러Miklós Müller의 '수소 가설hydrogen hypothesis'은 수소와 이산화탄소를 이용해 살아가는 고세균과 산소 호흡이나 발효를 통해 수소와 이산화탄소를 산물로 내놓을 수 있는 세균 사이의 관계를 가정한다. 이 재주 많은 세균은 아마 관계를 맺은 고세균이 노폐물로 내놓는 메탄을 활용할 수 있었을 것이다. 그러나 여기서는 이 개념을 더 이상 다루지 않을 것이다. 내 전작인 『미토콘드리아』에서 어느 정도 다뤘기 때문이다. 다음 몇 쪽에서 다루게 될 개념은 『미토콘드리아』에서보다 조금 더 가다듬어진 것이다.

진화된 시기가 40억 년 전인지 20억 년 전인지, 미토콘드리아와의 융합이 일어나기 전인지 후인지, 우리는 알 길이 없다. 심지어 진화 속도가 느린 원핵생물의 서명 유전체도 신뢰할 수 없기는 마찬가지다. 선택은 우리에게 달렸다. 가령 우즈의 리보솜 RNA 계통수를 선택하면, 자료는 원시 식세포 모형과 일치한다. 우즈의 계통수에서는 진핵생물과 고세균이 공통조상에서 유래한 '자매' 분류군이기 때문이다. 이는 곧 진핵생물이 고세균에서 진화된 것이 아니라 고세균과는 같은 '어머니'에게서 나온 자매 사이라는 의미다. 이 경우 공통조상은 원핵생물이 거의 확실하다(그렇지 않다면 모든 고세균이 핵을 잃어야만 한다). 그러나 그 외에는 확신을 갖고 이야기할 만한 것이 별로 없다. 진핵생물의 계통이 미토콘드리아를 집어삼키기 이전의 원시 식세포에서 진화했을 가능성은 있지만, 이 추측을 뒷받침할 유전학적 증거는 조금도 없다.

반대로, 더 많은 유전체를 이용해 좀 더 복잡한 유전체 계통수를 만들면 진핵생물과 고세균 사이의 자매 관계가 붕괴되기 시작하면서, 고세균에서 진핵생물이 나온 것처럼 보이게 된다. 정확히 어떤 고세균에서 진핵생물이 나왔는지는 분명치 않지만, 지금까지 진행된 가장 대규모의 연구(앞서 5700개의 유전자로 만든 초계통수를 언급했다)에서 암시하는 바에 따르면, 숙주 세포는 진짜 고세균이며 오늘날의 테르모플라즈마thermoplasma라는 고세균과 가장 유연관계가 가깝다. 이 차이는 절대적으로 필요하다. 만약 숙주 세포가 진짜 고세균(정의에 의하면, 핵과 성과 역동적인 세포골격 같은 것이 없고 식세포작용을 하지 않는다)이었다면, 원시 식세포가 아니었던 것은 분명하다. 만약 이것이 옳다면, '운명적 만남' 가설은 사실임이 분명할 것이다. 다시 말해서 진핵세포는 원핵세포들 사이의 연합에서 비롯되었다는 것이다. 원시 식세포는 결코 없었고, 따라서 그 존재를 입증하는 증거의 부재는 그 부재를 입증하는 증거로 재주넘기를 한다.

그러나 이것도 최종 해답일 것 같지는 않다. 정혹히 어떤 유전자, 혹은 어떤 종을 선택하는지와 선택 기준에 따라 많은 것이 달라진다. 이런 것들이 달라질 때마다, 통계적 추측이나 원핵생물 사이의 유전자 수평 이동, 또는 그 밖의 알려지지 않은 다른 변수에 의해 혼란이 일어나 계통수에서 가지가 갈라지는 모양이 뒤바뀌게 된다. 이 상황이 더 많은 자료를 이용하면 해결할 수 있는 것인지, 유전학으로는 답을 내놓을 수 없는 것인지는 솔직히 말해서 아무도 모른다. 그렇지만 이 문제가 유전학적 자료로 결정될 수 없다면, 우리는 서로 대립하는 두 진영의 과학자들이 벌이는 끝없는 진흙탕 싸움을 지켜봐야만 할까? 아마 다른 방법이 있을 것이다.

미토콘드리아 유전체의 비밀

알려진 모든 진핵세포는 미토콘드리아가 있거나 과거에 가지고 있었다. 흥미롭게도 모든 미토콘드리아는 여전히 미토콘드리아로 기능하고 있다. 다시 말해서 산소를 이용해 에너지를 생산하며, 독립생활을 하던 세균의 옛날의 흔적인 소량의 유전자를 보유하고 있다. 내가 생각하기에, 이 작은 미토콘드리아 유전체 속에는 진핵생물의 깊은 비밀이 숨겨져 있다.

진핵생물은 족히 20억 년이라는 시간 동안 분기를 하고 있으며, 그 기간 동안 각각의 진핵생물에서는 독립적으로 미토콘드리아 유전자가 소실되고 있다. 모든 진핵생물에서 96~99.9퍼센트까지 미토콘드리아 유전자가 사라졌으며, 대다수는 세포의 핵으로 전이되었을 것이다. 그러나 그 어떤 진핵생물도 미토콘드리아 유전자가 모두 사라지지는 않았으며 산소를 활용하는 능력을 잃은 진핵생물도 없다. 이런 정황들을 볼 때, 이 변화가 마구잡이로 일어난 것이 아니라는 느낌이 든다. 미토콘드리아에 있는 유전자는 모두 핵으로 전이되는 것이 이치에도 맞고 깔끔하다. 99.9퍼센트의 유전자가 단 하나의 복사본에 저장되는 마당에, 세포마다 수백 개의 유전자 전진기지를 유지하는 이유는 무엇일까? 게다가 미토콘드리아에 유전자가 하나라도 있다는 것은 그 유전자를 해독하여 단백질로 번역하는 장치 전체도 함께 유지해야 한다는 것을 의미한다. 이런 낭비는 회계사들에게 골칫거리일 것이고, 자연선택은 회계사들의 수호천사다. 아니, 마땅히 수호천사가 되어야만 한다.

이 이야기는 아주 복잡하다. 미토콘드리아는 유전자를 보관하기에는 어처구니없는 장소다. 미토콘드리아는 곧잘 세포의 발전소라고 불리는데, 상당히 정확한 비유다. 미토콘드리아의 막에서 수백만 분의 1밀리미터를 사이에 두고 만들어내는 전위차는 번개의 전압과 같으며 가정용 전기보다 1000배 이상 강력하다. 이런 미토콘드리아에 유전자를 저장하는 것은 국립 도서관의 가장 귀중한 책들을 위험한 핵발전소 안에 두는 것이나 마찬가지다. 미토콘드리아 유전자는 핵 유전자에 비해 돌연변이 속도가 훨씬 빠르다. 이를테면 손쉽게 구할 수 있는 실험 재료인 효모에서는 미토콘드리아가 1만 배나 더 빨리 돌연변이를 일으킨다. 그러나 두 유전체(핵 유전체와 미토콘드리아 유전체)는 서로 잘 어울려 기능을 한다. 진핵세포의 원동력이 되는 고압의 전력은 두 유전체에 암호화된 단백질에 의해 만들어진다. 만약 두 유전체가 제대로 협력하지 못하면, 죽음을 맞게 된다. 이 죽음은 세포의 죽음, 그리고 유기체의 죽음이다. 따라서 두 유전체는 에너지를 생산하는 일에서 서로 협동을 해야만 한다. 어떤 식으로든 협동에 실패하면 죽음을 맞게 된다. 미토콘드리아 유전자가 핵 유전자보다 돌연변이 속도가 1만 배나 더 빠른 상황에서, 이런 긴밀한 협동을 하는 것은 거의 불가능에 가까운 일이다. 교과서가 흔히 그렇듯, 이 현상을 단순히 기이한 현상 정도로 치부하는 것은 크나큰 실마리를 놓치는 것이다. 만약 미토콘드리아 유전자를 모두 없애는 것이 도움이 되었다면, 자연선택에 의해 그렇게 된 종이 적어도 하나쯤은 있어야 할 것이다. 미토콘드리아가 유전자를 보유하고 있는 데는 확실히 이유가 있다.

그렇다면 왜 미토콘드리아는 유전체를 보유하고 있는 것일까? 틀에 박히지 않은 사고를 하는 존 앨런에 따르면(앞서 제3장에서 그의 광합성에 관한 개념을 다뤘다), 그 해답은 단순히 호흡 조절에 있다. 다른 이유는 그만큼 중요하지 않다. 호흡은 사람에 따라 다른 의미를 지닌다. 대개의 사람들에게 호흡은 단순히 숨쉬기를 의미한다. 그러나 생화학자들에게 호흡이란 세포 수준에서 일어나는 자질구레한 현상으로, 음식물이 산소와 반응해 전기를 생산하는 몇 개의 작은 단계로 이루어진 과정을 일컫는다. 호흡은 내가 아는 가장 즉각적인 선택압이다. 이를테면 청산가리는 세포호흡을 차단해, 머리에 비닐봉지를 뒤집어씌우는 것보다 더 빠르게 세포를 죽음에 이르게 한다. 정상적인 기능을 할 때조차도, 호흡은 '조절나사를 돌려가며' 쉴 새 없이 미세하게 조정을 해야만 한다. 앨런의 요점은, 이런 방식에서 요구되는 적절한 힘은 끊임없는 피드백을 필요로 한다는 것이다. 이런 피드백은 유전자의 활성을 국지적으로 조절해야만 도달할 수 있다. 전쟁터에서의 전술적 배치를 멀리 떨어져 있는 중앙 정부에서 조절할 수 없는 것과 같은 이치다. 핵은 세포 안에 있는 수백 개의 미토콘드리아를 조절하기에는 적당한 장소가 아니다. 따라서 미토콘드리아는 호흡을 조절하여 수요에 걸맞은 힘을 얻기 위해 작은 유전체를 보유한다.

앨런의 개념을 뒷받침할 증거는 있지만, 그의 개념은 어떤 식으로도 입증되지 않았다. 그러나 만약 앨런이 옳다면, 그의 개념에 함축된 의미는 진핵세포의 진화를 설명하는 데 도움이 될 것이다. 만약 몇 개의 유전자로 이루어진 전진기지가 진핵세포에서 호흡을 조절하는 데 필요하다면, 크고 복잡한 세포는 이런 유전자들이 없이는 호흡이 조절되지 않는다는 것을 의미한다. 이제 세균과 고세균 앞에 놓인 선택압을 생각해보자. 둘 다 미토콘드리아와 같은 방식으로 ATP를 생산한다. 다시 말해서, 막을 사이에 두고 전위차를 만들어낸다. 그러나 원핵생물은 바깥쪽 세포막을 이용하며, 그로 인해 크기 문제가 야기된다. 사실상 피부를 통해 호흡을 하는 것이다. 이것이 왜 문제가 되는지를 이해하기 위해, 감자 껍질 벗기는 일을 생각해보자. 만약 감자 1톤의 껍질을 벗겨야 한다면, 가장 큰 감자를 선택해야 할 것이다. 그러면 껍질에 비해 상대적으로 내용물이 훨씬 더 많을 것이다. 반면, 작은 감자를 선택하면 내용물보다 껍질이 훨씬 더 많을 것이다. 세균은 껍질을 통해 호흡을 하는 감자와 같다. 따라서 몸집이 커질수록 호흡을 할 수 있는 부분이 적어진다.●

원칙적으로 세균은 에너지-생산 막을 몸속에 일부 만듦으로써 호흡 문

● 정확하게 말해서, 표면적 대 부피의 비율은 크기가 커질수록 작아진다. 표면적이 제곱으로 증가할 때 부피는 세제곱으로 증가하기 때문이다. 길이가 2배가 되면 표면적은 4배로 증가하지만(2×2=4), 부피는 8배로 증가한다(2×2×2=8). 그 결과 에너지 효율이 떨어지게 되는데, 세균의 크기가 커질수록 에너지를 생산하는 데 쓰이는 세포막의 넓이가 세포의 부피에 비해 상대적으로 줄어들기 때문이다.

제를 피해갈 수 있었고, 실제로 이 현상은 앞서 지적한 것처럼 어느 정도 일어나고 있다. 일부 세균은 실제로 내막을 갖고 있어 '진핵세포처럼' 보이는 모양을 하고 있다. 그러나 이 정도로는 어림도 없다. '평균적인' 진핵세포는 가장 에너지 생산이 활발한 세균보다도 에너지 생산에 관여하는 내막의 크기가 수백 배나 더 크다. 다른 여러 특징과 마찬가지로, 여기서도 세균은 진핵생물의 범위에 미치지 못한다. 왜일까? 내막의 크기가 더 커지면 호흡을 조절할 수 없기 때문일 것으로 추측된다. 더 넓은 내막을 통해서 호흡을 하려면 미토콘드리아처럼 여러 꾸러미의 유전자를 곳곳에 유지해야 하지만 이는 그리 쉬운 일이 아니다. 세균은 복제 속도를 빠르게 하기 위해 최소한의 유전체만 남기고 모든 것을 버린다. 이런 모든 선택압이 크고 복잡한 세균이 만들어지는 데 불리하게 작용한다.

그러나 크고 복잡해지는 것은 정확히 식세포작용의 요구 사항이다. 식세포는 다른 세포를 집어삼킬 수 있을 정도로 커야 한다. 또 이리저리 돌아다니고 형태를 물리적으로 바꿔 먹이를 집어삼키려면 엄청난 에너지도 필요하다. 문제는, 세균은 크기가 커질수록 에너지 효율이 떨어져 돌아다니거나 형태를 바꾸기 위한 에너지를 비축하기 어렵다는 것이다. 큰 세균이 어떻게든 진화를 해서 다양한 식세포의 특성을 두루 갖추게 되지 않는 이상, 내가 보기에는 복제 속도가 빠른 작은 세균이 적극적으로 도전하는 더 큰 세균에 비해 항상 우세할 것 같다.

그러나 '운명적 만남' 가설은 문제가 다르다. 운명적 만남 가설에서는 두 원핵생물이 서로 도움을 주고받으며 물질대사의 협력을 이루며 함께 살아간다. 이런 공생 관계는 예외라기보다는 규칙이라고 할 정도로 원핵생물 사이에서 흔히 볼 수 있는 특성이다. 원핵생물에서 대단히 드물지만 그래도 일어난 적이 있었던 사건은 다른 세포를 물리적으로 집어삼키는 일이다. 한번 집어삼켜지면, 내부에 들어간 세균을 포함해 전체 세포가 이제는 하나의 존재로 진화한다. 서로 도움을 주고받는 관계는 계속되지만, 내부로 들어간 세균에서는 대부분의 특성이 점점 퇴화되고 숙주 세포를 위한 몇 가지 소임만 남게 된다. 미토콘드리아가 된 세균의 경우에는 그 소임이 에너지 생산이었다.

미토콘드리아를 통해서 엄청난 이득을 얻을 수 있었고, 미토콘드리아를 통해서 진핵생물의 진화가 가능하게 되었던 까닭은 모두 미토콘드리아가 제공한 즉석 에너지 내막 체계와 호흡을 국지적으로 조절하는 데 필수적인 유전자 전진기지 덕분이다. 숙주 세포는 미토콘드리아가 있었을 때만 막대한 에너지 비용에 휘청거리지 않으면서 더 크고 활동적인 식세포로 발전할 수 있었다. 만약 이 모든 것이 사실이라면, 미토콘드리아가 없는 원시 식세포는 결코 존재하지 않았을 것이다. 식세포작용은 미토콘드리아가 없으면 절대로 일어날 수 없기 때문이다.● 진핵세포는 두 원핵세포 사이의 연합을 통해 만들어졌다. 이 연합은 세균을 언제나 세균에 머물게 했던 에너지 한계라는 속박을 벗어나게 했다. 한번 속박에서 벗어나자, 식세포작용이라는 새로운 생활 방식이 최초로 가능해졌다. 진핵세포는 단

● 나는 전세계의 강연장에서 이 상황을 주장했으며, 아직까지 '결정적' 반격은 없었다. 가장 예리했던 인물은 캐벌리어-스미스로, 오늘날 식세포작용을 하는 진핵세포 가운데 일부는 미토콘드리아가 없다는 점을 지적했다. 나는 그런 진핵세포의 존재가 이 주장에 대한 반박이 된다고는 생각하지 않는다. 외막을 통해 호흡을 하는 원핵생물에는 가장 강력한 선택압이 작용하기 때문이다. 한번 식세포작용이 진화한 뒤에는, 다양한 환경에서 몸의 이곳저곳을 줄이는 방향으로 일어나는 환원적 진화가 기생생물에서는 가능하기 때문이다. 충분히 진화가 일어난 식세포에서 기생생활 같은 특정 상황 하에서 미토콘드리아가 퇴화되는 방향으로 진화가 일어나는 것은, 원핵생물에서 미토콘드리아의 도움 없이 식세포작용의 진화가 일어나는 것보다 훨씬 쉬운 일이다.

한 차례만 진화했다. 한 세균이 다른 세균의 몸속으로 들어가는 두 원핵세포 사이의 연합은 정말로 대단히 드물게 일어나는 사건이기 때문이다. 진정한 운명적 만남인 것이다. 삶에서 우리가 소중하게 간직하는 모든 것, 이 세상의 경이로움이 모두 우연과 필연이 합쳐진 한 사건에서부터 시작되었다.

자리바꿈 유전자

나는 이 장의 첫머리에서, 진핵세포라는 이름이 붙게 한 핵의 중요성을 파악해야만 진핵세포의 기원을 설명하거나 이해할 수 있다고 지적했다. 따라서 이 장의 막바지에 가까워가는 이 시점에서 핵을 짚어야 할 것이다.

진핵세포의 기원과 마찬가지로, 핵의 기원도 온갖 개념과 가설들의 공략 대상이었다. 이런 개념과 가설들은 대부분 처음부터 장애물에서 걸리고 만다. 이를테면 많은 것들이 핵막의 구조와 일치하지 않는다. 핵막은 일반적으로 세포의 바깥을 둘러싸고 있는 막처럼 하나로 이어진 막이 아니라 커다란 구멍이 가득한 납작한 소포들이 늘어서 있는 것으로, 이 소포들은 세포 내 다른 내막들과 이어져 있다(그림 4.6). 어떤 제안들은 핵이 있는 세포가 핵이 없는 세포보다 왜 더 나은지를 설명할 근거를 전혀 내놓지 못한다. 전형적인 해답은 핵막이 유전자를 '보호'한다는 건데, 이 해답은 다른 의문을 일으킨다. 무엇으로부터 보호한다는 것일까? 도둑질로부터? 어떤 파괴 행위로부터? 그러나 만약 핵에 자연선택이 좋아할 어떤 보편적인 이득이 있다면 왜 세균에서는 핵이 전혀 발달하지 않았을까? 앞서 확인했듯이 일부 세균에는 필요를 충족시킬 수 있는 내막이 있었는데 말이다.

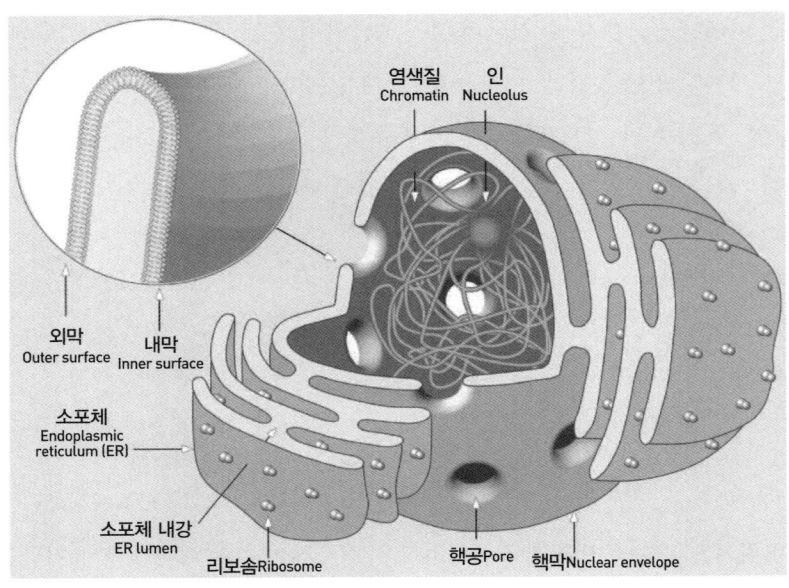

그림 4.6 핵막의 구조. 핵막은 세포 안에 있는 다른 막들(특히 소포체)과 이어져 있다. 핵막은 소포들이 서로 융합해 형성된다. 어떤 세포의 외막과도 구조에 유사성이 없어서, 핵이 다른 세포 안에서 살아가던 세포에서 유래하지 않았다는 것을 시사한다.

확고한 증거는 별로 없지만, 나는 또 상상력이 뛰어난 가설을 소개하고자 한다. 이 가설을 세운 이들은 제2장에서 만났던 독창적인 2인조, 빌 마틴과 유진 쿠닌이다. 이들의 가설에는 두 가지 큰 장점이 있다. 먼저, 반은 고세균이고 반은 세균인 키메라 세포(앞서 확인한 것처럼, 가장 믿을 만한 진핵세포의 기원이다)에서 핵이 특별히 진화해야 했던 이유를 설명한다. 또 세균과 완전히 달리, 사실상 모든 진핵세포의 핵에 DNA 암호가 가득 차 있는 이유를 설명한다. 만약 틀리더라도, 이 개념은 우리가 찾아야만 하는 그런 **종류**의 것이라고 생각한다. 게다가 초기의 진핵세포가 어떻게든 해결해야 했을 실질적인 문제점도 제기한다. 이 개념은 과학에 마법을 더하는 그런 개념이므로, 나는 이 개념이 옳았으면 좋겠다.

마틴과 쿠닌은 진핵세포 유전자의 특이한 '조각난 유전자' 구조에 주목했다. 이런 유전자 구조는 20세기 생물학에서 가장 놀라운 발견 중 하나로 꼽힌다. 세균 유전자는 질서정연하게 늘어서 있는 반면, 진핵세포의 유전자는 여러 조각으로 쪼개져 암호화되지 않은 기다란 서열 사이사이에 흩어져 있다. 이 암호화되지 않은 서열은 **인트론**intron(유전자 내 영역intragenic region의 줄임말)이라고 부른다. 인트론은 길고 복잡한 진화 역사를 가지고 있지만 최근에 들어서야 조명을 받게 되었다.

인트론들 사이에는 많은 차이점이 있지만, 현재 우리는 인트론 사이의 공통적 특징을 몇 가지 알아냈다. 이런 공통적 특징은 인트론의 공통조상을 **자리바꿈 유전자**jumping gene의 형태로 드러낸다. 자리바꿈 유전자는 미친 듯이 스스로를 복제해 유전체에 퍼트릴 수 있는 이기적 유전자다. 수법은 지극히 단순하다. 자리바꿈 유전자는 대부분 더 긴 서열의 일부로 RNA에서 읽히게 된다. 그동안 자리바꿈 유전자는 저절로 접혀서 RNA 가위와 같은 모양을 갖추고, 그 기다란 서열의 바깥쪽에 스스로를 잘라 붙이기splicing한다. 그러면 DNA 속에서 스스로를 계속 재생할 수 있는 주형이 되는 것이다. 원래의 이기적인 자리바꿈 유전자와 똑같은 복사본인 이 새로운 DNA는 무작위로 유전체에 섞여 들어간다. 자리바꿈 유전자는 여러 가지 다양하고 독창적인 형태로 변화할 수 있다. 자리바꿈 유전자가 진화에서 거둔 놀라운 성공은 인간 유전체 계획과 그 밖의 다른 거대 유전체 서열 연구를 통해서 입증되었다. 인간 유전체의 거의 절반이 자리바꿈 유전자나 자리바꿈 유전자가 퇴화된(돌연변이) 형태로 이루어져 있다. 인간의 모든 유전자 속에는 살아 있거나 죽은 자리바꿈 유전자가 평균 세 개씩 들어 있다.

어느 시점에서 퇴화가 되어 '죽은' 자리바꿈 유전자는 더 이상 자리바꿈을 할 수 없다. 이런 자리바꿈 유전자는 어느 면에서 보면 '살아 있는' 자리바꿈 유전자보다 더 나쁘다. 적어도 '살아 있는' 자리바꿈 유전자는 스스로를 잘라 붙여서 RNA에 아무런 해를 끼치지 않지만, 죽은 유전자는 그 자리에 그대로 남아서 방해를 한다. 만약 이 죽은 자리바꿈 유전자가 스스로를 잘라 붙이지 못하면, 숙주 세포가 이를 처리해야만 한다. 그렇지 않으면 단백질 합성에 참여하게 되어 큰 혼란을 일으킬 수도 있다. 진핵세포는 잘라 붙이기를 이용해 원치 않는 RNA를 제거하는 방법을 진화 초기에 발명했다. 흥미롭게도, 진핵세포는 자리바꿈 유전자에서 RNA 가위를 그냥 얻어서 단백질로 감싸기만 했다. 녹색식물에서 곰팡이와 동물에 이르는 모든 살아 있는 진핵생물은 암호화되지 않은 RNA를 잘라 붙여 제거하기 위해 오래전부터 이 가위를 이용하고 있다. 그래서 우리 진핵생물의 유전체가 이기적인 자리바꿈 유전자에서 유래한 인트론으로 이어져 있는 괴상한 상황에 처한 것이다. 이 자리바꿈 유전자들은 유전자가 읽힐 때마다 잘라 붙여지는데, 그때마다 자리바꿈 유전자에서 도용한 RNA 가위를 이용한다. 이것이 왜 핵의 기원과 연관이 있는지에 관한 해답은 이 오랜 가위가 조금 느리다는 데 있다.

여러모로 원핵생물은 자리바꿈 유전자나 인트론을 가만히 두고 보지 못한다. 원핵생물에는 유전자 자체와 새로운 단백질을 만드는 장치 사이에 공간의 차이가 없다. 핵이 없는 상황에서, 단백질 합성 장치인 리보솜이 DNA와 뒤섞여 있는 것이다. 유전자를 읽어 RNA 주형을 만들고, 이

RNA 주형은 거의 동시에 단백질로 번역된다. 문제는 리보솜에서는 단백질 합성이 대단히 빨리 진행되는 반면, RNA 가위가 인트론을 제거하는 속도는 느리다는 것이다. RNA 가위가 인트론을 제거할 때까지, 세균은 이미 인트론이 포함된 복사본을 몇 개나 만들어 기능에 문제가 있는 단백질을 합성할 것이다. 세균이 정확히 어떻게 인트론과 자리바꿈 유전자를 제거했는지는 밝혀지지 않았지만(대규모 집단에서 정화 선택이 일어났을 가능성이 있다), 세균이 그렇게 한 것은 사실이다. 미토콘드리아의 조상을 포함한 대부분의 세균에서는 자리바꿈 유전자와 인트론이 거의 제거되고, 일부 세균에만 소량이 남아 있다. 이런 세균은 유전체 당 30개 정도의 복사본을 보유하고 있는데, 진핵생물의 유전체는 이보다 수천, 수백만 배나 더 복잡하다.

진핵생물의 키메라 조상은 미토콘드리아 속에 있는 자리바꿈 유전자의 침략에 굴복했던 것이 분명하다. 우리가 이를 짐작할 수 있는 까닭은, 진핵생물 속의 자리바꿈 유전자가 세균에서 소량 발견되는 자리바꿈 유전자와 비슷하기 때문이다. 그뿐이 아니다. 아메바에서 엉겅퀴, 파리에서 곰팡이, 그리고 인간에 이르기까지, 살아 있는 진핵생물 속에 들어 있는 대부분의 인트론은 모두 정확히 유전자의 같은 자리에서 발견된다. 추측컨대, 초기에 침입해 유전체 곳곳에서 스스로를 복제하던 자리바꿈 유전자가 결국 모든 진핵생물의 공통조상의 몸속에서 '죽고' 고정된 인트론으로 퇴화된 것으로 보인다. 그런데 왜 자리바꿈 유전자는 이런 초기 진핵세포의 몸속을 마구 헤집고 다녔을까? 한 가지 추측을 해보면, 세균의 자리바꿈 유전자가 숙주 세포인 고세균의 염색체에서 이리저리 뛰어다녔기 때문일 수도 있다. 고세균은 이런 자리바꿈 유전자를 어떻게 처리해야 할지 전혀 몰랐을 것이다. 또 다른 추측으로는, 최초의 키메라 세포 집단이 분명히 작았을 것이기 때문에, 규모가 큰 집단에서 약점을 제거하는 일종의 정화 선택이 적용되지 않았을 것이라는 추측이 있다.

이유가 무엇이든, 최초의 진핵생물은 흥미로운 문제에 직면했다. 인트론이 들끓었고, 그중 다수가 단백질에 포함되었을 것이다. RNA 가위로는 빠르게 잘라 붙이기를 하여 제거할 수 없었기 때문이다. 이런 상황이 세포에 치명적이지는 않았다. 기능에 문제가 있는 단백질은 붕괴되고 결국에는 느린 가위가 제 기능을 하는 단백질 생산을 완수했을 것이기 때문이다. 분명 꽤나 엉망진창이었을 것이다. 그러나 한 가지 해결책이 이 엉망진창이 된 세포 앞에 나타나기 시작했다. 마틴과 쿠닌에 따르면, 질서를 되찾고 언제나 제대로 된 기능을 수행하는 단백질을 생산할 수 있는 간단한 방법이 있었다. 리보솜이 단백질 합성에 들어가기 전에 이 가위가 임무를 완수할 수 있도록 충분한 시간을 주는 것이다. 다시 말해서, 먼저 가위가 RNA에서 인트론을 제거한 다음에 RNA를 리보솜에 전달하는 것이다. 이런 시간의 분리는 공간의 분리로 간단히 해결할 수 있다. 리보솜이 DNA 가까운 곳에 있지 못하도록 차단하는 것이다. 무엇으로 차단을 할까? 바로 커다란 구멍이 있는 막이다! 이미 존재하는 막을 활용해 복잡한 유전자를 감싸면, 막에 있는 구멍을 통해 운반 RNA를 리보솜에 충분히 전달할 수 있다. 모든 것이 만족스럽다. 따라서 마틴과 쿠닌에 따르면, 모든 진핵생물을 정의하는 특징인 핵은 유전자를 보호하기 위해 진화한 것이 아니라 단백질 생산 공장을 세포질에 따로 떼어놓기 위해 진화한 것이다.

이 해결책이 조금 조잡하고 임시변통처럼 보일 수도 있겠지만(그래도 진화에서는 하나의 자산이다), 이 해결책에는 몇 가지 장점이 있다. 자리바꿈 유전자가 더 이상 위협이 되지 않자, 인트론 자체가 하나의 이점으로 변모한 것이다. 먼저 인트론은 잠재적 단백질을 '모자이크'하는 새롭고 기발한 방식으로 유전자를 수선할 수 있게 했다. 이 방식은 오늘날 진핵세포 유전자의 중요한 특징이다. 만약 어떤 유전자가 다섯 개의 서로 다른 암호 부위coding region로 이루어져 있다면, 인트론을 서로 다른 방식으로 이어 붙여 유전자 하나로 여러 개의 연관된 단백질을 만들 수 있다. 인간의 유전체에 들어 있는 유전자는 약 2만 5000개에 불과하지만, 최소 6만 개의 서로 다른 단백질을 얻을 수 있는 정도로 변화의 폭이 풍부하다. 세균이 극단적으로 보수적이라면, 인트론은 진핵생물을 거침없는 실험주의자로 변화시켰다.

두 번째 이점은 자리바꿈 유전자가 유전체의 크기를 부풀릴 수 있게 만든 것이다. 일단 다른 세포를 집어삼키는 생활방식에 적응하자, 진핵생물은 더 이상 지루하고 따분한 세균의 생활방식에 매여 있지 않았다. 특히 복제 속도를 증가시키기 위해 간소한 삶을 살지 않아도 되었다. 이제 진핵생물은 세균과 경쟁을 할 필요가 없어졌다. 세균을 그냥 삼키고 한가한 시간에 체내에서 소화를 시킬 수 있기 때문이다. 속도라는 굴레에서 자유로워지자, 이 최초의 진핵생물들은 DNA와 유전자를 축적해 엄청난 복잡성을 이룰 수 있었다. 자리바꿈 유전자는 진핵생물의 유전체가 일반적인 세균의 유전체보다 수천 배 커지는 데 도움이 되었다. 늘어난 DNA는 대부분 쓰레기에 지나지 않지만, 일부는 새로운 유전자나 조절 서열regulatory sequence을 만드는 데 참여하기도 한다. 복잡성은 거의 생각지도 못한 부수효과로 따라온 것이다.

지구상의 복잡한 생명체나 인간 의식의 필연성에 관한 이야기는 이 정도로 해두자. 이 세상에는 한결같은 원핵생물과 변화무쌍한 진핵생물이라는 두 종류의 생물이 있다. 원핵생물에서 진핵생물로의 변화는 점진적인 진화는 아니었을 것으로 추측된다. 무수히 많은 원핵생물 집단은 상상할 수 있는 모든 변화를 추구하지만 복잡성의 비탈을 오르지는 않았다. 분명히 엄청난 수의 세균 집단이 실현 가능한 모든 경로를 탐색했겠지만, 세균은 영원히 세균으로 남아 있다. 세균은 몸집과 에너지를 동시에 늘리는 능력을 얻지 못하고 좌절했다. 한 원핵생물이 다른 원핵생물의 몸속으로 들어가 하나가 된, 생각지도 못한 희귀한 사건만이 이 벽을 허물었다. 이는 우연한 사건이었다. 새로운 키메라 세포는 여러 가지 문제에 직면했지만, 엄청난 자유도 함께 얻었다. 이 자유는 에너지 문제를 극복하고 몸집을 키울 수 있는 자유였고, 식세포가 되어 세균의 굴레를 벗어날 수 있는 자유였다. 이기적 유전자의 갑작스러운 출현에서 나온 뜻밖의 해결책이 세포에 핵을 만들었을 뿐 아니라 DNA를 축적하고 재조합하는 경향을 일으켜 우리 주위를 둘러싼 마법 같은 화려한 세상을 만들었을 것이다. 이 역시 우연한 사건이다. 경이로운 이 세상은 두 가지 우연한 사건을 계기로 샘솟기 시작했을지 모른다. 운명은 이렇게 가느다란 끈에 매달려 있었다. 우리가 이 자리에 있는 것은 어쨌든 행운이다.

제5장

성
지상 최대의 제비뽑기

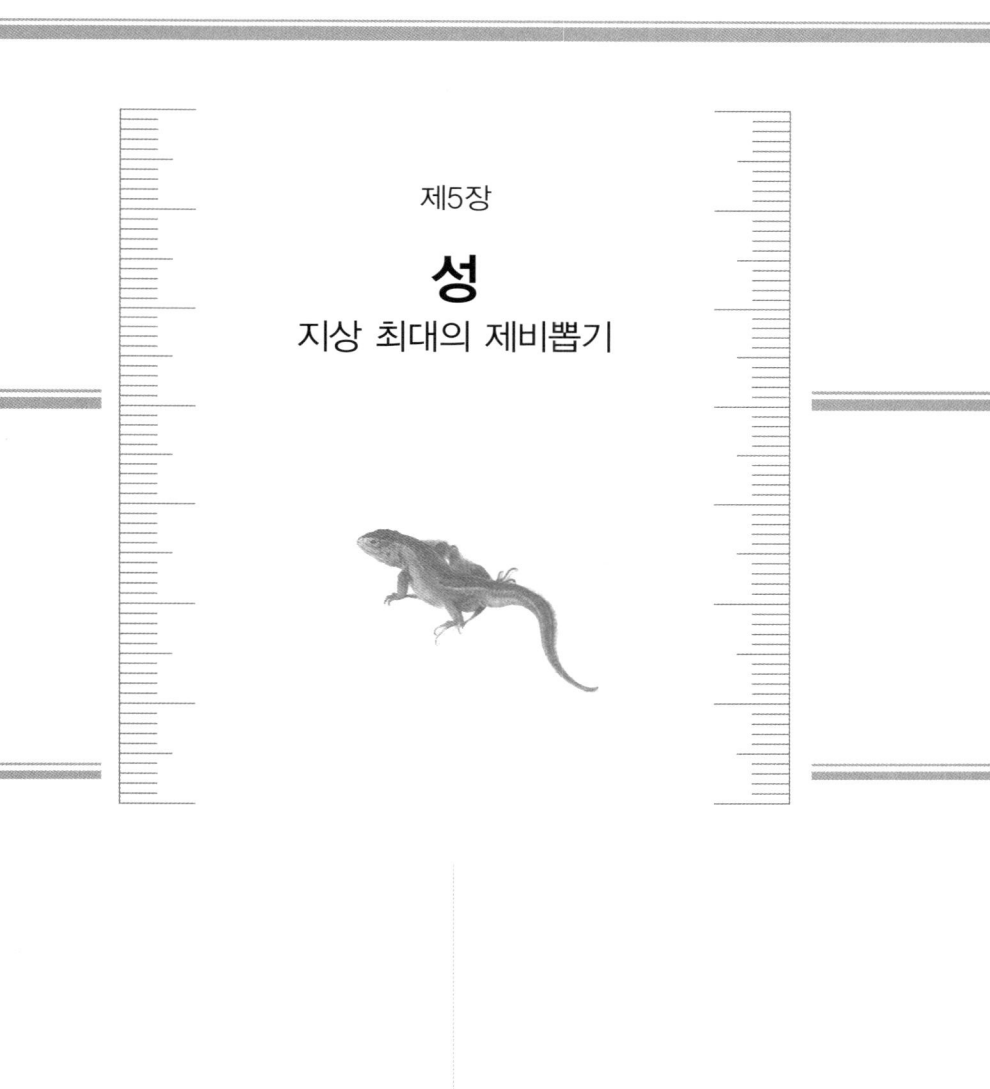

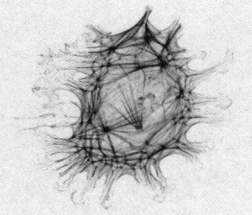

Life Ascending

아일랜드의 극작가인 조지 버나드 쇼는 출처가 의심스러운 일화를 유난히 많이 남긴 인물이다. 이런 일화 중에는, 쇼가 어느 파티에서 한 아름다운 여배우로부터 다음과 같은 제안을 받았다는 이야기도 있다.● "우리 둘이 아이를 낳으면 좋을 거예요. 나의 미모와 당신의 재능이 만나는 것은 큰 축복이기 때문이죠." 쇼는 신중하게 대답했다. "아, 그런데 나의 외모와 당신의 머리가 만나면 어쩌죠?"

쇼는 정곡을 찔렀다. 성은 성공이 입증된 유전자를 마구잡이로 만드는 가장 기묘한 장치다. 아마 쇼나 아름다운 여배우를 처음 만들어낼 수 있는 능력은 성의 무작위성밖에는 없을 것이다. 그러나 성은 성공적인 유전자 조합을 만들어내자마자 다시 해체해버린다. '노벨 정자은행Nobel sperm

---

● 일설에 의하면, 이 아름다운 여배우는 잉글랜드에서 가장 유명하고 구설수도 많은 여배우인 패트릭 캠벨Patrick Campbell이라고 한다. 쇼는 훗날 『피그말리온Pygmalion』을 집필하면서 엘리자 둘리틀Eliza Doolittle 역에 캠벨을 염두에 두었다. 또는 이 여성이 현대무용의 어머니라 불리는 이사도라 던컨Isadora Duncan이라는 설도 있다. 그러나 이 이야기는 지어낸 것일 가능성이 크다.

bank'이라는 무해하지만 파렴치한 행위는 정확히 이런 덫에 걸린 것이다. 생화학자인 조지 월드George Wald는 자신의 우월한 정자를 기부해달라는 요청을 받고 거절을 했다. 월드는 그들이 필요로 하는 정자는 자기 것이 아니라, 가난한 이민자 선원이었던 자기 아버지 같은 사람의 정자라고 말했다. 자기 아버지의 정자야말로 의심할 여지없는 천재의 원천이라는 것이다. 월드는 다음과 같이 말했다. "내 정자가 세상에 한 일이 뭐가 있습니까? 두 명의 기타리스트를 만들었을 뿐입니다!" 천재성, 일반적으로 지능은 분명히 유전된다(다시 말하면, 유전자가 결과를 결정한다는 것이 아니라 영향을 미친다는 뜻이다). 그러나 성은 이 모든 것을 예측할 수 없는 제비뽑기로 만들어버린다.

우리 대부분은 성의 마법이 (생식의 형태로) 정확히 이 능력을 통해 다양성을 만들고, 그때마다 모자에서 독특한 존재를 끄집어내는 마술을 부린다는 것을 알고 있다. 그러나 수리유전학적인 면에서 면밀히 조사하면, 다양성을 위한 다양성이 좋은 것이라는 사실은 다소 모호해진다. 왜 성공적인 조합을 망가뜨리는 것일까? 왜 그냥 복제를 하지 않을까? 만약 모차르트나 조지 버나드 쇼 같은 인물을 복제한다고 하면, 사람들은 대부분 자만에 빠진 인간이 신의 흉내를 내는 위험한 선언을 한다고 큰 충격을 받을 것이다. 그렇지만 대부분의 유전학자가 마음에 두고 있는 것은 이런 게 아니다. 유전학자들의 목표는 훨씬 더 평범하다. 성이 만들어내는 무한한 다양성은 곧바로 비참함과 질병과 죽음으로 이어질 수 있지만, 단순한 복제는 그렇지 않다. 선택이라는 가마에서 빚어진 유전자 조합을 그대로 보존하는 복제는 대개의 경우 가장 승률이 높은 도박이다.

이를테면 겸상적혈구빈혈증sickle-cell anaemia을 생각해보자. 이 병은 치명적인 유전병으로, 적혈구가 낫 모양으로 변형되어 미세한 모세혈관을 통과할 수 없게 되는 병이다. 이 병의 원인은 '나쁜' 유전자의 복사본을 두 개 물려받는 것이다. 어쩌면 이런 의문이 들 수도 있다. 자연선택은 왜 이런 나쁜 유전자를 제거하지 않았을까? 이 '나쁜' 유전자가 하나 있으면 실질적으로 도움이 되기 때문이다. 만약 '좋은' 유전자 하나와 '나쁜' 유전자 하나를 부모로부터 물려받으면 겸상적혈구빈혈증에 걸리지 **않을** 뿐 아니라 적혈구에 감염을 일으키는 다른 질병인 말라리아에 걸릴 확률이 낮아진다. 겸상적혈구빈혈증을 일으키는 '나쁜' 유전자가 하나 있으면 적혈구의 막을 변형시켜 말라리아 기생충의 침입을 막지만, 해로운 낫 모양으로 세포 변형을 일으키지는 않는다. 이렇게 이로운 '혼합된' 유전자형을 항상 전달할 수 있는 방법은 복제(다시 말해서 무성생식)뿐이다. 성은 유전자들을 가차 없이 뒤섞는다. 부모가 모두 혼합된 유전자형이라고 할 때, 자녀가 혼합된 유전자형을 물려받을 확률은 절반이다. 반면 4분의 1은 '나쁜' 유전자 두 개를 물려받아 겸상적혈구빈혈증에 걸릴 수 있고, 4분의 1은 '좋은' 유전자 두 개를 물려받아 말라리아에 걸릴 위험이 높아질 수도 있다. 다시 말해서, 다양성의 증가는 개체군의 절반을 심각한 질병의 위험에 놓이게 하는 것이다. 성은 생명을 직접적으로 파괴시킬 수 있다.

그러나 성의 단점은 이것이 다가 아니다. 줄줄이 이어지는 성의 단점들은 정신이 멀쩡한 사람이라면 피해야 마땅하다. 제레드 다이아몬드Jared Diamond는 "섹스는 왜 재미있는가?Why is Sex Fun?"라는 제목의 책을 쓴 적이 있다(국내 출간 제목 『섹스의 진화』—옮긴이). 그런데 이상하게도 어떤 해답도 내놓지 않았다. 그도 분명, 만약 섹스가 재미있지 않다면 제정신인 사람은 아무도 섹스를 하지 않을 것이라고 생각했을 것이다. 그러면 우리는 모두 어떻게 되었을까?

쇼가 걱정을 바람에 날려 보내고 아이의 두뇌와 외모를 운에 맡긴다고 상상해보자. 또 사실은 아니겠지만, 보기를 들기 위해서 이 가상의 여배우가 배우라는 명성에 걸맞게 살았다고도 상상해보자. 그녀는 아마 성병에 걸렸을 것이다. 이를테면 매독이라고 해보자. 당시는 항생제가 나오기 전이었고, 가난한 매춘부들을 찾는 가난한 군인과 음악가와 화가들에게 매독은 공포의 대상이었다. 니체, 슈만, 슈베르트 같은 인물이 정신병과 함께 끔찍한 죽음을 맞은 것이 성적 방종의 결과였다는 것도 모두 사실이다. 또 당시 유행하던 비소나 수은 같은 치료약은 이루 말할 수 없이 해로웠다. 말하자면, 미인의 품에서 하룻밤을 보낸 대가로 평생을 독약과 함께 지내야 하는 것이다.

물론 매독은 오늘날 전세계에 만연해 있는 AIDS처럼 치명적이거나 불쾌한 수많은 성병 가운데 하나일 뿐이다. 사하라 사막 이남의 아프리카에서는 AIDS 환자가 충격적인 증가세를 보이고 있다. 내가 이 글을 쓰는 동안, 약 2400만 명의 아프리카 인이 HIV에 감염되었고 청소년 인구의 발병률은 약 6퍼센트에 이르렀다. 가장 사태가 심각한 나라들은 발병률이 10퍼센트에 달했고, 이로 인해 평균 수명이 10년 이상 감소했다. 이런 재앙이 일어난 데는 의약품 부족과 가난과 폐결핵 같은 합병증이 복합적인 원인으로 작용했겠지만, 가장 큰 비중을 차지하는 원인은 역시 무방비 상태로 이루어지는 섹스다.* 그러나 원인이 무엇이든, 문제가 이렇게 심각한데도 섹스를 한다는 것은 어리석은 행동이라는 느낌이 든다.

다시 쇼 이야기로 돌아가보자. 여배우와 무방비로 섹스를 하면 부모로부터 최악의 형질을 물려받은 아이가 나올 수도 있고, 쇼 자신도 성병과

정신질환을 얻게 될 수도 있다. 그러나 그에게는 대다수의 평범한 사람들과는 다른 장점도 있었다. 여배우의 제안을 받았을 때, 그는 이미 부와 명성을 누리고 있었다. 일화만 몰고 다닌 게 아니라, 다이도 몰고 다녔을 것이다. 최소한 섹스에 동의만 해도, 그는 자신의 유전자 일부를 시간의 강을 따라 흘려보낼 기회를 잡았다. 대개의 사람들은 제짝을 찾지 못하면 전혀 짝짓기를 할 수 없지만, 그는 그런 비참함과 고통을 감내할 필요가 없었을 것이다.

논란의 여지가 큰 섹스의 정치학을 깊이 파고들 생각은 없다. 짝을 찾고 자신의 유전자를 전달하는 일에 비용이 든다는 것은 명백한 사실이다. 첫 번째 데이트에서 계산서를 받아들거나 이혼 조정으로 휘청거리는 사람은 이 말에 뼈저리게 공감을 할 것이다. 인터넷 데이트 사이트나 교제 상대를 구하는 광고가 급속히 증가하는 것을 보면 금전상의 비용도 만만치 않겠지만, 내가 말하고자 하는 비용은 금전적인 비용이 아니라 버려지는 시간과 감정에 대한 비용이다. 그러나 실제 비용, 곧 생물학적 비용을 인간 사회에서 가늠하기란 어렵다. 문화와 예절이라는 장막에 가려 있기 때문이다. 생물학적 비용의 중요성을 믿을 수 없다면, 공작의 꼬리깃을 생각해보자. 공작의 화려한 꼬리깃은 수컷의 생식력과 건강미를 상징하지만, 말할 것도 없이 생존에는 위험한 요소다. 다른 새들이 벌이는 온갖 종류의 화려한 구애 행위도 마찬가지다. 그중에서도 가장 충격적인 사례는 벌새

● 일부 아프리카 국가에서는 이런 추세를 바꿨다. 우간다에서는 HIV 감염률이 10년 사이에 14퍼센트에서 6퍼센트로 감소했는데, 여기에는 대중적인 홍보가 큰 구실을 했다. 무방비한 섹스를 피하라는 이 홍보의 메시지는 원칙적으로 단순하지만, 실천이 그리 쉽지만은 않다. 절제Abstinence, 신의Be faithful, 콘돔 사용use Condoms을 장려하는 우간다의 'ABC 운동'의 성공을 통해, 콘돔이 AIDS 확산 방지에 큰 기여를 했다는 것이 입증되었다.

일 것이다. 화려한 3400여 종의 벌새가 열심히 짝을 찾는다는 것은 의심할 여지가 없지만, 그 비용은 벌새를 위한 것이 아니라 꽃식물을 위한 것이다.

한곳에 뿌리를 박고 있는 식물이 섹스를 한다는 것은 정말 믿기 어려운 이야기지만, 대다수의 식물이 그렇게 하고 있다. 섹스에 관심이 없는 식물종은 민들레를 포함해 소수에 지나지 않는다. 그 나머지는 섬세한 꽃을 피우는 가장 화려한 생명체가 되는 길을 찾았다. 약 8000만 년 전에 세상을 뒤덮은 꽃식물은 단조로운 녹색의 숲을 오늘날 우리가 보는 형형색색의 아름다운 숲으로 바꿔놓았다. 꽃식물이 처음 진화하기 시작한 시기는 지금으로부터 약 1억 6000만 년 전인 쥐라기 말였지만, 지구 전체에 퍼지기까지는 오랜 시간이 걸렸다. 그러다 결국 벌 같은 꽃가루받이 매개 동물 pollinator이 등장하면서 전성기를 맞았다. 꽃식물은 화려한 색상과 형태로 곤충을 유혹해야 하며, 곤충의 방문이 헛되지 않도록 달콤한 꿀을 만든다(꽃의 꿀은 무게의 4분의 1이 설탕이다). 그리고 온갖 술수를 발휘해 자신의 유전자를 퍼뜨린다. 거리는 너무 가까워도 안 되며(근친 교배가 되면 섹스가 무의미해진다), 너무 멀어도 안 된다(꽃가루를 운반하는 곤충이 수정될 짝을 찾을 수 없을 것이다). 꽃과 꽃가루를 운반하는 곤충 사이에 관계가 정착되면, 이들은 서로 비용을 분담하고 이득을 주고받으며 함께 진화한다. 그리고 식물의 안정적인 성생활을 위해 작은 벌새가 부담해야하는 것보다 더 극단적인 비용도 없다.

벌새는 작아야만 한다. 몸집이 더 커지면 꽃을 앞에 두고 초당 50회의 날갯짓을 하며 정지비행을 할 수 없기 때문이다. 작은 몸집으로 정지비행을 하는 데 필요한 엄청난 대사율을 맞추기 위해 벌새는 거의 쉴 새 없이 먹어야만 한다. 벌새는 날마다 체중의 절반이 넘는 꿀을 먹기 위해 수백 송이의 꽃을 옮겨 다닌다. 한동안(두 시간 이상) 꿀을 먹지 못하면, 의식을 잃고 혼수상태와 비슷한 휴면에 들어간다. 휴면에 들어간 벌새의 심장 박동과 호흡 수는 정상적인 잠을 잘 때와 별 차이가 없지만, 심부체온은 급격하게 낮아진다. 벌새는 식물이 내놓는 마법의 약에 홀려 노예처럼 살아간다. 이 꽃에서 저 꽃으로 쉴 새 없이 돌아다니며 꽃가루를 퍼뜨리지 않으면 혼수상태에 빠지거나 죽음을 맞을 수도 있다.

모든 것을 너그러이 넘긴다 하더라도, 여전히 성에는 깊은 수수께끼가 남아 있다. 이렇게 짝을 찾는 데 많은 비용이 들지만, 이는 짝을 차지하는 데 드는 비용에 비하면 아무것도 아니다. 성은 두 배의 비용이 드는 것으로 악명이 높다. 과격한 페미니스트가 남성의 존재 자체를 비난하는 것은 타당한 지적이다. 얼핏 보면 남자는 정말 낭비이고, 처녀 생식으로 문제를 해결할 수 있는 여자는 소중하고 성스러운 존재인 것 같다. 일부 남자들은 육아 부담이나 물질적 조달 따위를 책임진다는 것을 들어 자신의 존재를 정당화할 방법을 모색하지만, 많은 하등동물의 실상은 그렇지 않다. 인간이든 다른 동물이든 수컷은 글자 그대로 볼일만 보고 사라진다. 그런데도 수태를 한 여성은 아들과 딸을 똑같은 비율로 낳는다. 50퍼센트의 수고가 고마움도 모르고 끊임없이 문제를 일으키는 남성을 세상에 내놓느라고 헛되이 낭비되는 것이다. 아버지의 존재가 필수적이지 않은 종이 있어 수컷을 완전히 폐지할 수 있다면, 이 종의 암컷은 두 배로 효율적인 번식을 할 수 있을 것이다. 무성생식을 통한 암컷의 클론clone 집단은 세대마다 수를 두 배로 늘리면서 몇 세대 만에 상대 성을 완전히 제거할 수 있을 것이다. 순전히 산술적으로만 예측해보면, 복제 여성 하나는 단 50세대 만에 유성생식 인구 100만 명을 넘어설 수 있다!

　세포 수준에서 생각해보자. 클론 복제, 또는 처녀 생식에서는 하나의 세포가 둘로 분열한다. 유성생식은 사실상 그 반대다. 한 세포(정자)가 다른 세포(난자)와 융합하여 하나의 세포(수정란)를 형성한다. 결국 두 개의 세포로 하나의 세포를 만드는 것이다. 이는 복제를 역행하는 것이다. 유성생식이 두 배의 비용이 든다는 사실은 유전자 수에서도 분명하게 드러난다. 생식세포, 즉 정자와 난자는 부모의 유전자를 단 50퍼센트만 다음 세대로 전달한다. 전체적인 유전자 수는 두 생식세포가 융합했을 때만 다시 회복된다. 이런 상황에서, 복제를 통해 모든 자손에게 자신의 유전자를 100퍼센트 다 전달할 방법을 찾는 개체는 저절로 두 배의 이득을 보는 것이다. 클론은 유성생식을 하는 개체보다 두 배 많은 유전자를 전달하므로, 클론의 유전자는 곧바로 집단 전체에 퍼지고 결국 유성생식을 하는 유전자를 밀어내게 될 것이다.

　게다가 다음 세대에 자신의 유전자를 절반만 전달하는 것은 이기적 유전자가 온갖 종류의 수상한 장난을 벌일 기회를 제공하는 것이다.● 적어도 원칙적으로는, 유성생식에서 한 유전자가 다음 세대로 전달될 확률은 모두 똑같이 50퍼센트다. 그러나 실제로는 이기적인 욕심을 채우기 위해 50퍼센트보다 더 많은 자손에게 전달하려는 부정행위가 일어난다. 이는 그냥 이론적인 확률이 아니라 실제로 일어나는 현상이다. 유전자들 사이의 충돌, 기생 유전자들 사이의 충돌을 보여주는 사례는 수없이 많다. 어

● 리처드 도킨스Richard Dawkins는 『이기적 유전자The Selfish Gene』라는 책에서 이런 행동을 예측했고, 그의 날카로운 통찰은 훗날 사실로 밝혀졌다.

떤 유전자는 규칙을 깨려 하지만, 규칙을 지키려는 다수의 유전자는 힘을 합쳐 이런 유전자들을 저지한다. 기생 유전자는 정자를 죽이거나 심지어는 자신의 유전자를 물려받지 않는 후손 전체를 죽이기도 한다. 수컷을 불임으로 만드는 유전자도 있으며, 다른 부모로부터 유래한 대립 유전자가 활성화되지 못하게 하는 유전자도 있고, 유전체 전체를 돌아다니며 증식하는 자리바꿈 유전자도 있다. 제4장에서 보았듯이, 우리 인간의 유전체를 포함해 수많은 유전체는 한때 유전체 전체를 돌아다니며 복제된 자리바꿈 유전자의 유물로 뒤덮여 있다. 자리바꿈 유전자의 묘지라고 할 수 있는 인간의 유전체는 썩어가고 있는 자리바꿈 유전자의 시체가 절반을 차지하고 있다. 다른 생물의 유전체는 상태가 더 나쁘다. 밀 유전체는 98퍼센트가 죽은 자리바꿈 유전체로 구성되어 있다. 이와 대조적으로, 무성생식을 하는 유기체는 대체로 유전체의 크기가 더 작으며, 전혀 기생 유전자의 먹이로 전락하지 않았다.

무엇보다도 중요한 것은, 이런 차이가 유성생식이라는 번식 방법에 엄청나게 불리해 보인다는 것이다. 어떤 독창적인 생물학자는 유성생식이 이로울 수 있다는 것을 입증할 특별한 상황을 생각해낼 수 있을지도 모르겠지만, 얼핏 봐서 유성생식은 색다른 호기심거리로 치부될 수밖에 없을 것 같은 느낌이다. 유성생식을 하면 처녀 생식에 비해 두 배나 많은 비용을 지불해야 하고, 유전체 전체를 무력화시킬 수 있는 이기적인 기생 유전자가 득실거리게 된다. 그리고 짝을 찾아야 하는 부담을 떠안게 되며, 가장 끔찍한 성병을 유전시킬 가능성도 있다. 그리고 가장 성공적인 유전자 조합을 의도적으로 완전히 뒤엎어버린다.

그러나 이 모든 단점에도 불구하고, 유성생식은 모든 형태의 복잡한 생명체 사이에서 거의 보편적으로 퍼져 있다. 사실상 진핵세포(핵이 있는 세포. 제4장 참조)로 이루어진 모든 유기체는 생활주기의 한 시점에 성을 탐닉하며, 대다수의 식물과 동물은 **반드시** 성이 있다. 다시 말해서 우리는 유성생식을 통해서만 번식을 할 수 있다. 이는 기이한 행동이 아니다. 클론으로 번식하는 무성생식 생물은 확실히 드물지만, 흔히 볼 수 있는 민들레 같은 생물에서도 일어난다(서양 민들레는 무성생식을 통해 번식할 수 있지만 우리 토종 민들레는 그렇지 않다고 한다—옮긴이). 놀라운 사실은 거의 모든 클론이 수백만 년 전부터 이어져온 것이 아니라는 점이다. 대체로 클론은 수천 년 전이라는 비교적 최근에 나타났다. 이들은 계통수에서 가장 작은 가지를 이루는데 언젠가는 사라질 운명이다. 많은 종들이 클론 번식으로 회귀하지만, 이런 종들은 한 종의 수명에서 성숙기에도 이르지 못하는 경우가 많다. 이들은 자손을 남기지 못하고 사라진다. 아주 소수의 클론만이 오래전부터 내려온 것으로 알려져 있다. 이들은 수십억 년 동안 진화하여 여러 종들로 이루어진 큰 무리를 이룬다. 이렇게 오래전부터 무성생식을 해온 종들 가운데 생물학에서 가장 유명한 종은 단세포생물인 담륜충 bdelloid rotifers이다. 마치 매음굴을 무심히 지나치는 수도승처럼, 담륜충은 섹스에 집착하는 세상에서 예외적으로 정숙한 생물이다.

만약 섹스가 어쩔 수 없이 저지를 수밖에 없는 어리석은 행위, 곧 실존적 부조리라면, 섹스를 하지 않는 것은 더 나쁘다. 대부분의 경우가 비실존적 부조리, 다시 말해서 멸종으로 이어지기 때문이다. 게다가 섹스에는 이런 부조리를 능가하는 압도적인 큰 장점이 있는 게 분명하다. 이 장점을 평가하는 것은 대단히 어려워서, 성의 진화는 20세기가 풀지 못한 진화 과제의 '여왕'으로 떠올랐다. 성이 없으면 크고 복잡한 형태의 생명체는 결코 출현할 수 없었을지도 모른다. 우리 모두는 퇴화하고 있는 Y 염색체처럼, 점점 쇠락하다가 몇 세대 만에 완전히 사라졌을지도 모른다. 어쨌든 성은 자기복제를 하는 음침한 것들로 가득한 조용하고 내성적인 행성(새뮤얼 테일러 콜리지Samuel Taylor Coleridge의 「늙은 선원의 노래The Rime of the Ancient Mariner」에 등장하는 '많고 많은 끈적끈적한 것들thousand thousand slimy things'이라는 구절이 연상되었다)을 즐거움과 찬란한 아름다움이 만개한 행성으로 바꿔놓았다. 성이 없는 세상은 남녀의 노랫소리와 개구리 울음소리와 새의 지저귐이 없는 세상이고, 화려한 형형색색의 꽃이 없는 세상이고, 악착같은 경쟁과 시와 사랑과 환희가 없는 세상이다. 한마디로 별 재미가 없는 세상이다. 확실히 성은 생명의 가장 위대한 발명품의 하나로 당당히 이름을 올릴 자격이 있다. 그런데 도대체 왜, 도대체 어떻게 성이 진화한 것일까?

유성생식의 이득

다윈은 성의 이득을 진지하게 생각한 최초의 인물들 중 하나다. 그리고 언제나 그렇듯이 다윈은 실용적이었다. 다윈이 생각하기에 성의 기본적인 이득은 잡종 강세hybrid vigour였다. 서로 혈연관계가 없는 부모에게서 나온 자손은 더 강하고 더 건강하고 더 적응을 잘했다. 다시 말해서, 혈우병이나 가족성 흑내장 백치Tay-Sachs disease 같은 선천성 질환에 걸릴 확률이 부모가 가까운 혈연지간일 때보다 더 적었다. 이에 관한 사례는 수없이 많다. 옛 유럽의 왕가인 합스부르크Hapsburg 가에는 환자와 정신병자가 많다는 것만 봐도 과도한 근친 교배의 악영향을 짐작할 수 있다. 다윈에게 성의 이득은 이계 교배outbreeding가 전부였다. 그럼에도 자신은 미덕의 전형이었던 사촌, 에마 웨지우드Emma Wedgewood와 결혼을 강행해 모두 열 명의 자녀를 두었다.

다윈의 해답에는 두 가지 큰 장점이 있지만, 다윈이 유전자에 관해서 완전히 무지했다는 점 때문에 제대로 평가되지 않았다. 이 두 장점은, 잡종 강세가 즉각적인 이득이 된다는 점과 이 이득이 개체에 초점이 맞춰져 있다는 점이다. 이계 교배는 건강한 아이를 만들 확률이 훨씬 크다. 이런 아이는 어린 나이에 죽지 않을 것이고, 그 결과 더 많은 유전자가 다음 세대로 전달될 것이다. 이는 명쾌한 다윈주의적 설명이며, 이 설명에 관한 더 폭넓은 중요성은 나중에 다시 살펴볼 것이다. (이 설명에서는 자연선택이 집단이 아닌 개체 수준에서 작용하고 있다.) 문제는 이것이 성에 관한 설명이 아니라 이계 교배에 관한 설명일 뿐이라는 것이다. 그래서 이 설명은 반쪽짜리 설명도 되지 못한다.

성의 역학을 제대로 이해하기까지는 그로부터 수십 년을 더 기다려야 했다. 20세기 초에 들어서면서, 완두콩의 특징을 관찰한 오스트리아의 수도사인 그레고어 멘델Gregor Mendel의 유명한 실험이 재발견된 것이다. 고백하건대, 학창시절 내게 멘델의 법칙은 언제나 이해할 수 없을 정도로 어려웠다. 그때를 떠올리면 조금 부끄럽다. 그래도 멘델의 법칙은 그냥 건너뛰어도 될 정도로 쉬운 기초적인 유전학이라고 생각한다. 유전자와 염색체의 구조에 관한 실제 지식이 없이도 설명될 수 있기 때문이다. 곧바로 유전자가 길게 늘어서 있는 염색체로 가보자. 그러면 염색체가 성에서 무슨 역할을 하는지, 그리고 왜 다윈의 설명이 왜 부족한지를 명확히 알 수 있을 것이다.

유성생식의 첫 단계는 두 세포의 융합이다. 이 두 세포는 앞서 확인한 것처럼 정자와 난자다. 정자와 난자는 저마다 한 꾸러미씩의 염색체를 지니고 있는데, 두 세포가 융합한 수정란은 완벽하게 두 꾸러미로 이루어진 염색체를 지니게 된다. 두 염색체 복사본이 정확히 똑같은 경우는 아주 드물며, '좋은' 복사본은 '나쁜' 복사본의 효과를 감출 수 있다. 이것이 잡종 강세의 기본이다. 근친교배를 하면 보이지 않던 질병이 드러나게 되는데, 만약 부모가 가까운 혈연관계면 같은 유전자의 '나쁜' 복사본 두 개를 모두 물려받을 가능성이 있기 때문이다. 그러나 이는 성의 장점이라기보다는 사실 근친교배의 단점이다. 잡종 강세의 장점은 모든 염색체가 약간 다른 두 개의 복사본이 있어 서로를 '보호'할 수 있는 데 있다. 그렇지만 이 장점은 무성생식을 하는 생명체라도 염색체마다 서로 다른 두 개의 복사본을 갖고 있다면 유성생식을 하는 생명체와 똑같이 적용된다. 따라서 잡종 강세는 성 자체가 아니라, 두 개의 서로 다른 염색체 꾸러미를 갖는 것에서 유래한다.

두 번째 단계는 저마다 유전자의 복사본을 한 개씩만 갖고 있는 생식세포를 다시 생산하는 것이다. 이는 성의 중요 요소이면서, 가장 설명하기 어려운 요소이기도 하다. 이 과정을 **감수분열**meiosis이라고 하며, 얼핏 보면 우아하기도 하고 어리둥절하기도 하다. 우아한 것은 염색체의 춤 때문인데, 염색체가 짝을 찾아 서로 한동안 단단히 결합하여 세포의 양극으로 이동하는 모습은 잘 짜인 안무처럼 아름답고 일사분란하다. 따라서 이 염색체의 춤을 처음 관찰했던 현미경 관찰의 선구자들은 현미경에서 눈을 뗄 수가 없었고, 마치 잘나가던 곡예 무용단의 모습을 찍은 빛바랜 옛 사진처럼 염색체의 움직임을 포착할 수 있는 다양한 염색법을 개발했다. 이

춤이 어리둥절한 까닭은 각 단계가 대단히 정교해서 가장 실용적인 안무가인 대자연의 어머니가 만든 것이라고는 상상하기 어렵기 때문이다.

감수분열을 뜻하는 meiosis라는 용어는 '줄어든다'는 뜻의 그리스어에서 유래했다. 감수분열은 두 개의 염색체 복사본을 갖고 있는 한 개의 세포에서 시작해, 마지막에는 저마다 한 개씩의 복사본을 갖고 있는 네 개의 생식세포가 만들어진다. 그 이유는 충분히 이해할 수 있다. 유성생식은 두 세포가 서로 융합해 두 꾸러미의 염색체를 갖고 있는 새로운 개체를 만드는 것이므로, 생식세포에 들어 있는 염색체가 한 꾸러미라면 훨씬 일이 수월해질 것이다. 놀라운 점은, 감수분열이 염색체를 모두 **복제**하는 것에서 시작해 세포 하나당 총 네 개의 염색체 꾸러미를 만든다는 것이다. 그 다음 이 염색체들은 이리저리 뒤섞이고 끼워 맞춰진다. 이를 전문용어로 '재조합recombination'이라고 하는데, 그 결과 여기저기서 한 조각씩 끼워 맞춰진 완전히 새로운 네 개의 염색체가 만들어진다. 재조합이야말로 유성생식의 진정한 핵심이다. 재조합이 일어나면, 아버지에서 유래한 유전자가 이제는 어머니에서 유래한 유전자가 있어야 할 염색체 상의 위치에서 발견된다. 이런 장난은 염색체마다 여러 곳에서 반복되어, 유전자 배열이 **부계 – 부계 – 모계 – 모계 – 모계 – 부계 – 부계** 같은 식으로 바뀌게 될 것이다. 이제 이 새롭게 형성된 염색체는 서로 다를 뿐 아니라 지금까지 존재했던 어떤 염색체와도 확실히 다른 독특한 염색체가 된다(염색체의 교차는 대개 다른 장소에서 마구잡이로 일어나기 때문이다). 마침내 세포는 반으로 갈라지고, 이렇게 형성된 딸세포들이 다시 분열하여 저마다 독특한 염색체 꾸러미를 하나씩 갖고 있는 네 개의 '손녀' 세포가 만들어진다. 그리고 그것이 성이다.

그 다음, 성이 무엇을 하는지는 분명하다. 유전자를 뒤섞어 새로운 조합으로 만든다. 이 조합은 일찍이 존재한 적이 없는 조합일 것이다. 이 과정은 전체 유전체에 걸쳐 대단히 체계적으로 일어난다. 이는 카드를 섞는 것과 같다. 카드를 섞어 이전 순서를 흩뜨려놓으면 놀이에 참여한 사람들에게 똑같은 확률로 패가 돌아갈 것이다. 문제는 왜 이렇게 하느냐다.

돌연변이

오늘날까지도 대부분의 생물학자들이 가장 그럴듯하다고 생각하는 해답을 내놓은 사람은 뛰어난 독일 사상가이자 다윈의 후계자인 아우구스트 바이스만August Weismann이다. 1904년에 바이스만이 내놓은 해답은 성이 자연선택의 작용을 위해 더 큰 변이를 만든다는 주장이다. 바이스만의 해답은 다윈의 생각과는 사뭇 다르다. 성의 이득이 개체를 위한 것이 아니라 집단을 위한 것이라는 속뜻을 품고 있기 때문이다. 바이스만의 말에 따르면, 성은 단순히 '좋은' 혹은 '나쁜' 유전자의 조합을 던져놓기만 하는 것 같았다. '좋은' 조합은 그 유전자를 가지고 있는 개체에게 직접적인 이득이 되는 반면, '나쁜' 조합은 해가 된다. 이것이 의미하는 바는, 어느 세대라도 개체에게는 성이 득도 실도 아니라는 것이다. 그럼에도 집단 전체에는 득이 된다고 바이스만은 주장했다. 나쁜 조합은 자연선택에 의해 제거되고 결국 (몇 세대 후에는) 대체로 좋은 조합만 남게 되기 때문이다.

물론 성 자체가 개체군 내에 어떤 새로운 변이를 일으키지는 않는다. 돌연변이가 없으면 성은 이미 존재하는 유전자를 단순히 뒤섞는 정도의 역할만 한다. 그러면 나쁜 유전자가 어느 정도 제거되고, 그로 인해 결국

변이가 제한될 것이다. 그러나 위대한 통계유전학자인 로널드 피셔Ronald Fisher가 1930년에 했던 것처럼, 여기에 약간의 새로운 돌연변이를 첨가하면, 성의 이득이 더욱 확연히 드러난다. 피셔의 말에 따르면, 돌연변이는 대단히 드물게 일어나는 사건이기 때문에 개체마다 다른 돌연변이가 일어날 확률이 크다. 한 사람이 벼락을 두 번 맞는 것보다는 각기 다른 두 사람이 벼락을 한 번씩 맞을 확률이 더 높은 것과 마찬가지다(그러나 돌연변이도 벼락도 같은 사람에게 두 번씩 닥치기도 한다).

피셔의 주장을 좀 더 자세히 알아보기 위해, 무성생식으로 번식하는 어느 집단에 이득이 되는 돌연변이가 두 개 나타났다고 해보자. 이 돌연변이들은 어떻게 퍼지게 될까? 이 돌연변이들은 다른 돌연변이가 일어난 개체들이나 돌연변이가 일어나지 않은 개체들을 희생시켜야만 퍼질 수 있다(그림 5.1을 보라). 만약 두 돌연변이가 똑같이 유익하다면 이 집단은 50대 50으로 나뉘게 될 것이다. 문제는, 벼락을 두 번 맞는 것처럼 한 돌연변이를 갖고 있는 개체에 다른 돌연변이가 또 일어나지 않는 한, 어떤 개체도 두 돌연변이의 혜택을 동시에 누릴 수 없다는 것이다. 흔하게 일어나든 드물게 일어나든 간에, 이런 현상은 돌연변이 속도와 집단의 크기 같은 요소에 의해 결정된다. 그러나 엄격하게 무성생식 방식으로만 번식하는 집단에서 유익한 돌연변이들이 함께 일어나는 일은 대단히 드물 것이다.● 이와 달리, 유성생식을 하면 어느 순간에 두 돌연변이가 한 개체에 나타날

● 이런 의미에서 보면 세균은 엄격하게 무성생식으로만 번식을 하지 않는다. 세균은 유전자 수평 이동을 통해 다른 곳에서도 DNA를 얻기 때문이다. 따라서 세균은 무성생식을 하는 진핵생물보다는 유전적으로 훨씬 유연하다. 세균의 특별한 능력은 항생제에 대한 저항성을 빠르게 전파시키는 것에서 볼 수 있는데, 이런 능력은 대개 유전자 수평 이동을 통해 얻는다.

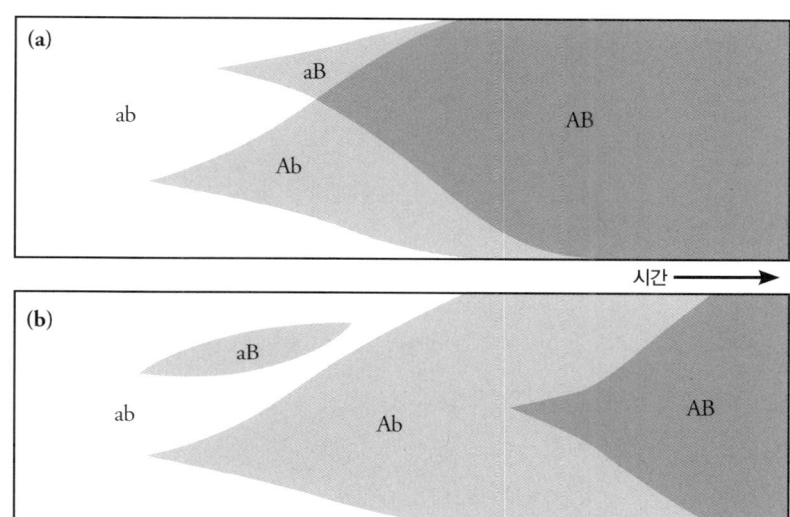

그림 5.1 유익한 새 돌연변이가 유성생식 개체군(위)과 무성생식 개체군(아래)에서 퍼지는 모습. 유익한 돌연변이가 일어나 유전자 a를 A로, 유전자 b를 B로 변화시킨다고 할 때, 유성생식을 하면 가장 좋은 AB 유전자형을 만드는 재조합이 빠르게 일어난다. 무성생식을 하면 A와 B는 서로를 희생시켜야만 퍼질 수 있다. 따라서 가장 좋은 유전자형인 AB는 B 돌연변이가 Ab 집단에서 다시 일어나야만 나타날 수 있다.

수 있다. 따라서 피셔에 따르면, 성의 이득은 새로운 돌연변이를 거의 동시에 한 개체 속에 모아 자연선택으로 하여금 그 조합의 적응도fitness를 시험할 기회를 주는 것이다. 만약 새로운 돌연변이의 적응도가 더 뛰어나다면, 유성생식은 이 돌연변이들이 개체군 전체에 빠르게 퍼질 수 있게 도와서 개체의 적응도를 높이고 진화에 박차를 가한다(그림 5.1).

X-선이 유전자의 돌연변이를 일으킨다는 사실을 발견해 1946년에 노벨 생리의학상을 받은 미국의 유전학자 허먼 멀러Hermann Muller는 훗날 해로운 돌연변이를 포함시켜 피셔의 주장을 더욱 발전시켰다. 초파리를

이용해 수천 가지의 돌연변이를 유발시킨 멀러는 대부분의 새로운 돌연변이가 해롭다는 사실을 누구보다도 잘 알고 있었다. 멀러는, 무성생식 집단에서는 이런 해로운 돌연변이를 어떻게 몰아낼 수 있는지에 관해 깊이 고민했다. 거의 모든 초파리에 한두 가지의 돌연변이가 있고 유전적으로 '깨끗한' 개체는 극히 소수라고 상상해보자. 그 다음에는 무슨 일이 벌어질까? 규모가 작은 무성생식 집단은 한 방향으로만 돌아가는 톱니바퀴처럼 적응도가 떨어지는 것을 모면할 방법이 없다. 문제는 번식 가능성이 유전적 적응도뿐 아니라 우연의 작용에 의해서도 결정된다는 것이다. 다시 말해서, 적절한 때에 적절한 장소에 있어야만 한다. 예를 들어 두 마리의 초파리가 있는데, 한 마리는 두 가지 돌연변이가 있고 한 마리는 돌연변이가 없이 '깨끗하다'고 해보자. 돌연변이 초파리는 엄청난 음식에 파묻혀 있는 반면 깨끗한 초파리는 굶주리고 있다면, 적응도는 떨어져도 돌연변이 초파리만이 자신의 유전자를 전달할 수 있을 것이다. 이제 그 굶주리던 초파리가 마지막 남은 깨끗한 초파리였다고 해보자. 곧 돌연변이가 없는 유일한 초파리였다면, 이제 개체군 내에 살아남은 다른 모든 초파리들은 적어도 한 개 이상의 돌연변이를 갖게 된다. 돌연변이 초파리에게 아주 희귀한 역逆돌연변이 현상이 일어나지 않는 한, 전체 개체군은 예전보다 적응도가 떨어진다. 이와 같은 상황이 몇 번이고 되풀이될 수 있다. 그때마다 한 방향으로만 돌아가는 톱니바퀴는 한 칸씩 더 돌아가고, 결국 개체군 전체가 퇴화되어 멸종에 이르게 될 것이다. 이 과정을 멀러의 톱니바퀴Muller's ratchet라고 한다.

멀러의 톱니바퀴는 우연에 의존한다. 개체군의 크기가 아주 크다면, 우연의 효과는 미미하고 가장 적합한 개체들이 살아남을 가능성이 클 것이다. 개체군의 크기가 크면 터무니없는 행운이라는 화살의 공격에도 별로 타격을 받지 않는다. 새로운 돌연변이가 축적되는 속도보다 번식 속도가 빠르다면, 전체 개체군은 이 톱니바퀴의 작용에서 안전하다. 반면, 개체군이 작거나 돌연변이가 축적되는 속도가 빠르다면, 톱니바퀴는 찰칵찰칵 돌아갈 것이다. 이런 상황에 처하면 무성생식 집단에서는 돌연변이가 축적되고 돌이킬 수 없는 퇴화가 시작된다.

유성생식은 이 궁지를 가까스로 벗어난다. 유성생식을 하면 한 개체 안에서 돌연변이가 일어나지 않은 유전자들을 모아 정상적인 개체를 다시 만들 수 있기 때문이다. 존 메이너드 스미스는 이를 다음과 같이 비유했다. 가령 망가진 차가 두 대 있다고 해보자. 이를테면 한 대는 기어박스에 결함이 있고 한 대는 엔진이 망가졌다면, 능력 있는 정비사는 기능이 작동하는 부품들을 조합해 멀쩡한 차를 만들 수 있다. 성은 바로 이런 정비사와 같다. 그런데 성은 능력 있는 정비사와 달리, 고장 난 부품도 끼워 넣어 움직이지 않는 고철 덩어리를 만들기도 하는 것이 문제다. 늘 그렇듯 공평하게, 성에서 개체가 얻는 이득은 언제나 개체의 손하로 상쇄된다.

이런 성의 공정성에도 예외 조항이 하나 있는데, 1983년에 이 예외 조항을 내놓은 사람은 러시아의 진화유전학자인 알렉세이 콘드라쇼프Alexey Kondrashov다. 현재 미시간 대학에서 연구교수로 재직 중인 콘드라쇼프는 모스크바에서 동물학을 전공한 뒤 푸시노 연구센터Puschino Research Centre에서 이론학자가 되었다. 그가 성에 관한 충격적인 결론에 도달하게 된 데는 컴퓨터의 도움이 컸다. 콘드라쇼프의 이론은 두 가지 대담한 가정을 토대로 하는데, 이 가정들은 지금까지도 유전학자들에게 반감을 사고 있다. 첫째는 돌연변이 속도가 사람들이 생각하는 것보다 훨씬 빠르다는 가정이다. 콘드라쇼프의 이론이 옳다면, 세대마다 모든 개체에서 해로운 돌연변이가 하나 이상 나타나야만 한다. 둘째는 대부분의 생명체는 돌연변이 하나의 효과에는 다소 내성이 있다는 가정이다. 적응도가 실제로 떨어지기 시작하는 것은 한 번에 여러 개의 돌연변이를 물려받았을 때뿐이다. 이를테면 몸이 어느 정도 돌연변이를 타고났을 때 적응도가 떨어진다는 것이다. 신장이나 폐, 심지어 눈을 하나 잃어도 (나머지 장기가 계속 기능을 하기 때문에) 살아갈 수 있는 것과 같이, 유전자 수준에서도 어느 정도 기능의 중복이 있다는 것이다. 한 개 이상의 유전자가 같은 일을 한다면 계 전체가 심각한 손상을 입지 않도록 완충작용을 할 것이다. 만약 유전자가 이와 같은 방식으로 서로를 '보호'하는 것이 정말 사실이라면, 하나의 돌연변이는 그다지 파국적이지 않고 콘드라쇼프의 이론도 들어맞았을 것이다.

이 두 가정은 어떤 도움이 될까? 첫 번째 가정, 곧 돌연변이 속도가 높다는 것은, 아무리 크기가 큰 무성생식 집단이라도 멀러의 톱니바퀴에서 결코 안전하지 못하다는 것을 의미한다. 이 집단은 쇠퇴할 수밖에 없으며, 결국에는 '돌연변이로 인한 붕괴mutational meltdown'를 겪게 된다. 두 번째 가정은 기발하다. 유성생식이 동시에 하나 이상의 돌연변이를 없앨 수 있다는 의미다. 마크 리들리Mark Ridley는 무성생식과 유성생식을 각각 구약성경과 신약성경에 빗대어 재미난 비유를 한 적이 있다. 여기서 리들리는 돌연변이를 죄악에 비유한다. 만약 돌연변이가 한 세대당 한 번꼴로 일어난다면(모든 이가 죄인이다), 무성생식을 하는 집단에서 이 죄악을 없애는 유일한 방법은 집단 전체를 쓸어버리는 것이다. 이를테면 큰 홍수나 유황불이나 역병을 일으켜 모두 없앤다는 이야기다. 이에 반해, 유성생식을 하는 유기체는 (한계에 이르기 전까지는) 여러 개의 돌연변이가 일어나도 별해를 입지 않는다면, 성은 건강한 부모 모두로부터 여러 개의 돌연변이를 축적해 그 돌연변이들을 한 명의 자녀에게 집중시킬 수 있다. 이는 신약성경의 방식이다. 그리스도가 인간의 죄 때문에 십자가에 매달렸듯이, 유성생식도 집단에 축적된 돌연변이를 모두 하나의 희생양에 집중시켜 십자가에 매달 수 있는 것이다.

콘드라쇼프가 이끌어낸 결론에 따르면, 유성생식은 크고 복잡한 생명체에서 돌연변이로 인한 붕괴를 막을 수 있는 유일한 방법이다. 어쩔 수 없이, 성이 없이는 복잡한 생명체가 존재할 수 없다는 결론을 내릴 수밖에 없다. 콘드라쇼프의 가정은 기발하지만, 일반적으로는 받아들여지지 않고 있다. 이 가정을 두고 여전히 논박이 한창이며, 돌연변이 속도나 돌연변이 사이의 상호작용은 모두 직접 측정이 쉽지 않다. 어떻게든 합의가 된 부분이 있다면, 이 이론이 일부 사례에는 들어맞을지 몰라도 전세계에서 벌어지고 있는 엄청난 양의 유성생식에 대해서는 틀리는 경우가 너무 많다는 것이다. 콘드라쇼프의 이론은 커지거나 복잡해질 걱정이 없는 단순한 단세포생물의 성의 기원을 설명하지도 않으며, 원죄에 관한 문제는 더더욱 아니다.

개체의 이득과 집단의 이득

따라서 성은 좋은 유전자의 조합을 한데 모으고 나쁜 유전자의 조합은 제거해 개체군을 이롭게 한다. 20세기 전반기 동안 이 문제는 어느 정도 면밀히 검토되었다. 그러나 로널드 피셔 경은 자신의 이론에서 일부분을 철회하기도 했다. 일반적으로 피셔도 다윈처럼 선택은 종 전체의 이득을 위해서가 아니라 개체에 작용한다고 믿었다. 그러나 피셔는 재조합을 예외로 두어야 한다고 생각했다. 재조합은 "개체보다는 종의 이득을 위해 진화한 것으로 해석될 수 있었다". 콘드라쇼프의 이론에서는 대다수 개체에게 유리하고 때때로 한 개체에게만 십자가를 안기지만, 이런 경우라도 성의 직접적인 이득은 여러 세대가 지나야 경험할 수 있다. 이 이득들은 결코 개체 수준에서는 성립하지 않는다. 적어도 전통적인 개념에서는 그렇다.

피셔가 불을 붙인 도화선은 천천히 타올라, 마침내 1960년대 중반에 시한폭탄이 터지고 말았다. 유전학자들이 이기적 유전자 개념과 이타주의의 역설에 관한 문제로 씨름하기 시작한 것이다. 조지 C. 윌리엄스George C. Williams, 존 메이너드 스미스, 빌 해밀턴Bill Hamilton, 로버트 트리버스Robert Trivers, 그레이엄 벨Graham Bell, 리처드 도킨스Richard Dawkins 같은 내로라하는 진화학자들이 이 문제에 매달렸다. 그 결과 생물학에서 진정으로 이타적인 것은 아주 드물다는 사실이 분명히 드러났다. 도킨스의 말대로, 우리 모두는 자신의 이익에 따라 행동하는 이기적 유전자의 눈먼 꼭두각시다. 이 이기적 관점에서 볼 때, 이기적 사기꾼은 왜 완전한 성공을 거두지 못했는지가 문제가 된다. 왜 개체는 미래의 어느 시점에 이르러야 종 수준에서만 얻을 수 있는 혜택(건강한 유전자)을 위해 당장 누릴 수 있는 최고의 이득(무성생식을 통한 번식)을 희생하는 것일까? 모든 전망을 총동원해도, 인간은 가까운 미래를 살아갈 후손들에게조차도 최고의 이득을 줄 수 있는 행동을 하기 어렵다. 삼림 벌채나 지구 온난화, 인구 폭발 같은 것만 봐도 그렇다. 그렇다면 이기적이고 눈먼 진화가 도대체 어떻게 개체군이 누릴 장기적인 이득을 위해 단기적인 두 배의 비용과 그에 따르는 모든 불이익을 감수하는 것일까?

한 가지 가능한 해답은 우리가 성에 붙들려 있다는 것인데, 성은 쉽사리 '진화를 포기하지' 않을 것이기 때문이다. 만약 이 해답이 옳다면 성이라는 단기 비용은 협상의 여지가 없다. 공교롭게도 이 주장에는 뭔가 이상한 점이 있다. 앞서 나는 사실상 모든 무성생식 종이 최근에 나타났다는 말을 했다. 수백만 년 전이 아니라 수천 년 전에 나타났다는 것이다. 이는 우리가 예상할 수 있는 유형과 정확히 일치한다. 만약 무성생식 종이 드물게 나타난다면 한동안 번성한 후 쇠퇴를 계속하다 수천 년 만에 멸종될 것이다. 이따금씩 무성생식 종이 '만개'를 하기도 하지만, 성이 완전히 밀려나는 일은 드물다. 어떤 순간에도 무성생식 종은 아주 적기 때문이다. 사실, 왜 유성생식을 하던 개체가 무성생식으로 바뀌기 어려운지를 잘 설명할 수 있는 '우연한' 이유들이 몇 가지 있다. 이를테면 포유동물에는 각인imprinting이라는 현상이 있다(그래서 모계와 부계 유전자가 일부 바뀐다). 각인은 어떤 자손도 양쪽 부모로부터 유래한 유전자가 유전되어야 한다는 의미로, 그렇지 않은 자손은 성장을 하지 못할 것이다. 아마 이런 양성 의존을 바꿔놓는 것은 기계론적으로 곤란할 것이다. 어떤 포유류도 성적인 습성을 포기하지 않는다. 마찬가지로 침엽수에서도 양성을 없애기 어렵다. 미토콘드리아는 밑씨를 통해 전달되는 반면, 엽록체는 꽃가루를 통해 전해지기 때문이다. 살아가기 위해서는 미토콘드리아와 엽록체가 모두 있어야 하므로 양 부모가 다 필요하다. 따라서 지금까지 알려진 모든 침엽수 역시 유성생식을 한다.

그러나 이 주장은 조금 심하다. 성이 단순히 집단에만 이익을 주는 게 아니라 개체에게도 즉각적인 이득이 되어야 한다고 생각할 만한 몇 가지 근거가 있다. 첫째로 많은 종이(단세포 원생생물에서만 본다면 거의 모든 종이) **조건부로** 유성생식을 한다. 다시 말해서 가끔씩만 유성생식을 한다. 심지어는 30세대에 한 번꼴로 아주 드물게 하기도 한다. 사실 기생생물인 지아르디아*Giardia* 같은 일부 종은 간통 현장을 한 번도 들키지 않았다. 그러나 모든 유전자에서 감수분열이 일어나는 것을 보면 연구자들이 한눈을 팔 때 몰래 짝짓기를 할지도 모르는 일이다. 이런 논리는 눈에 잘 보이지 않는 단세포생물에만 적용되는 게 아니라 달팽이, 도마뱀, 풀 같은 일부 크기가 큰 유기체에도 적용된다. 이런 유기체들은 환경에 따라 무성생식과 유성생식을 번갈아 한다. 분명 이 유기체들은 언제든지 원하면 무성생식으로 다시 돌아갈 수 있으므로, '우연한' 차단은 답이 될 수 없다.

비슷한 주장이 성의 기원에도 적용된다. 최초의 진핵생물에서 성이 '발명'되었을 때는, 유성생식을 하는 세포들은 무성생식을 하는 더 큰 세포 집단의 아주 작은 일부였을 것이다. 개체군 전체에 퍼지기 위해서는(모든 진핵생물이 이미 유성생식을 하는 조상으로부터 유래했기 때문에 이는 반드시 일어났던 사건이다) 유성생식이라는 행동 자체가 유성생식을 통해 번식한 자손에 어떤 이득이 되어야만 한다. 다시 말해서 성이 처음 퍼진 까닭은 집단 전체가 아닌 그 집단을 구성하는 개체에 이득이 되었기 때문이어야 한다는 것이다.

성은 두 배의 비용이 들지만 개체에게 이득이 된 것이 **분명하다**는 사실이 점점 더 구체화되었다. 조지 C. 윌리엄스는 1966년에 이 점을 상세히 설명했다. 문제는 해결되는 것처럼 보였지만, 가장 당황스러운 형태로 다시 등장했다. 유성생식이 무성생식 개체군 내에 퍼지려면, 유성생식 개체들의 자손은 각 세대마다 두 배 이상 더 많이 살아남아야 한다는 것이다.

그리고 아직까지는 성 역학이 아주 공정하다고 이해되고 있다. 승자가 있으면 패자가 있게 마련이고, 좋은 유전자 조합이 있으면 나쁜 유전자 조합도 있기 때문이다. 곧바로 이 해석은 우리 코앞에 있으나 보이지 않는, 미묘하고도 엄청난 것이 되어야 했다. 당연히 생물학계 최고 지성들의 관심을 끌었다.

윌리엄스는 유전자에서 눈을 돌려 환경, 좀 더 정확히 말하자면 생태에 초점을 맞췄다. 윌리엄스는 다음과 같은 질문을 던졌다. 부모랑 달라지는 것이 왜 좋을까? 그는 환경이 변하거나 생명체가 새로운 영역을 개척하고 있을 때는 중요할 수도 있을 것이라고 생각했다. 윌리엄스가 내린 결론에 따르면, 무성생식을 하는 것은 모두 똑같은 100장의 복권을 사는 것과 같다. 50장을 사더라도 제각각인 복권을 사는 편이 낫고, 이것이 유성생식이 내놓은 해법이라는 것이다.

이 착상은 그럴듯하며, 확실히 이에 맞는 예도 있다. 그러나 이 착상은 자료 비교를 통해 부족한 부분이 발견된 수많은 그럴듯한 가설들 가운데 첫 사례가 되었다. 만약 변화가 심한 환경에서 성이 해답이 된다면, 환경 변화가 심한 고산지대나 고위도 지방, 물이 흘렀다 말랐다를 반복하는 시내에서는 유성생식이 더 많이 발견되어야 할 것이다. 그러나 일반적으로 그렇지 않다. 호수나 바다, 열대지방 같은 개체수가 다단히 많은 환경에서 유성생식이 더 안정적으로 많이 일어난다. 그리고 일반적으로 환경이 변하면 식물과 동물은 그들이 좋아했던 환경을 찾아 이동을 한다. 이를테면 날씨가 따뜻해지면 물러나는 빙하를 따라 북쪽으로 이동을 하는 것이다. 따라서 환경 변화가 너무 빨라 세대마다 자손이 달라져야 하는 일은 극히 드물다. 가끔 더 나아지기 위해 유성생식이 정말 필요할 때도 있다. 대부분 무성생식으로만 번식하고 유성생식은 30세대마다 한 번꼴로 하는 종이 있다고 해보자. 이런 종은 재조합의 혜택을 놓치지 않기 위해 두 배의 유성생식 비용을 감당해야 할 것이다. 그러나 우리가 아는 대부분의 생물은 그렇지 않다. 적어도 동식물 같은 큰 생물에서는 그렇다.

다른 생태적 개념, 이를테면 공간에 대한 경쟁 같은 것도 자료와 달라 진척을 보지 못했다. 그러나 그 다음, 무대로부터 '붉은 여왕'이 달려 나왔다. 붉은 여왕은 루이스 캐롤Lewis Carroll의 환상적인 작품인 『거울 나라의 앨리스Through the Looking Glass』에 등장하는 초현실적인 인물이다. 앨리스가 붉은 여왕을 만났을 때, 여왕은 열심히 달리고 있었지만 딱히 갈 곳은 없었다. 여왕은 다음과 같이 말했다. "여기서 같은 장소에 계속 있으려면, 너는 온 힘을 다해 뛰어야 해." 그러나 생물학자들은 이 개념을 끊임없는 경쟁에 휘말려 있는 종들 사이의 군비 경쟁을 지칭하는 데 활용한다. 전력을 다해 경주를 하고 있지만 결코 앞지르지는 못한다는 것이다. 이는 성의 진화에서 가장 큰 반향을 일으켰다.●

붉은 여왕 효과는 명석한 수리유전학자이자 자연학자인 빌 해밀턴에 의해 1980년대에 강력하게 주장되었는데, 그는 "다윈 이래로 가장 두드러진 다윈주의자"로 불린다. 다윈주의 이론에서 연이어 중요한 공헌(이를테면 이타주의적 행동을 설명할 혈연 선택kin selection 같은 모형 개발)을 한 해밀턴은 이번에는 기생충의 매력에 홀렸다. 1999년, 63세의 해밀턴은 콩고에서 AIDS 바이러스에 감염된 침팬지를 찾는 조사를 거침없이 진행하던 중,

---

● 매트 리들리Matt Ridley는 1993년에 발표된 저서인 『붉은 여왕The Red Queen』에서 특유의 번뜩이는 재치로 이 개념을 설명한다.

안타깝게도 말라리아 기생충의 희생양이 되고 말았다. 그는 2000년에 세상을 떠났다. 해밀턴의 동료인 로버트 트리버스는 『네이처』에 기고한 감동적인 부고에 다음과 같이 썼다. 해밀턴은 "지금까지 내가 본 사람 중에 가장 섬세하고 복잡한 생각을 지닌 사람이었다. 그가 하는 말에는 2중, 3중의 의미가 있는 경우가 많았다. 우리가 하는 말과 생각이 하나의 음표로 되어 있다면, 그의 생각은 화음을 이룬다."

해밀턴이 열정적인 관심을 보이기 전까지 기생충은 오명을 쓰고 있었다. 빅토리아 시대의 유명한 동물학자인 레이 랑케스터Ray Lankester는 기생충을 진화과정에서 퇴화된 하찮은 생물로 치부했다(그는 서구 문명도 그런 운명을 맞게 될 것이라고 믿었다). 한 세기 후에도 여전히 동물학자들에게는 랑케스터의 음침한 그늘이 드리워 있었다. 기생충학계의 밖에서는 일부 연구자들이 기생충의 정교한 적응을 냉정하게 지켜보고자 했다. 기생충은 숙주를 옮겨 다니면서 형태와 특성을 바꾸며 놀랍도록 정확하게 목표를 찾아갔다. 기생충학자들은 이런 적응의 기반을 수십 년 동안 이해하지 못했다. 기생충은 퇴화된 것이 아니라 지구상의 어떤 종보다도 영리하게 적응을 했으며, 더 나아가 멋지게 성공을 거두었다. 어떤 추정에 따르면 기생충은 독립생활을 하는 종보다 4대 1의 비율로 더 많다. 해밀턴은 기생충과 숙주 사이의 혹독한 경쟁이야말로 성이 큰 이득이 되기 위해 필요한 변화와 정확히 같은 종류의 환경 변화를 제공했다는 사실을 곧바로 깨달았다.

왜 우리는 부모와 달라야 할까? 우리 부모는 체내에 있는 기생충에게 집단 괴롭힘을 당하고 있기 때문이다. 경우에 따라서는, 그야말로 태어나는 순간부터 기생충의 괴롭힘을 당하고 있다. 유럽이나 북아메리카처럼 깨끗이 소독된 환경에서 살아가는 운 좋은 사람들은 기생충 감염의 공포를 완전히 잊었을지 모르지만, 그 밖의 지역은 그렇게 운이 좋지 않다. 말라리아, 수면병, 사상충증 같은 질병은 기생충으로 인한 고통이 어느 정도인지를 가늠하게 해준다. 전세계에서 적어도 20억 명의 인구는 한 가지 이상의 기생충에 감염되어 있다. 인류는 약탈, 극단적인 기후 조건, 기아보다 이런 기생충에 의한 질병에 굴복당하기가 더 쉽다. 그뿐이 아니다. 열대 식물과 동물의 몸속에는 한꺼번에 무려 20가지 기생충이 사는 경우가 드물지 않다.

기생충은 빠르게 진화하기 때문에 유성생식이 도움이 된다. 기생충은 수명이 짧고 개체군의 크기 변화가 심하다. 또 가장 기본적인 분자 수준까지, 곧 단백질이나 유전자 수준까지 숙주에 적응하는 데 그리 오랜 시간이 걸리지 않는다. 적응에 실패하면 목숨을 내놓아야 하며, 성공하면 성장과 복제를 할 수 있는 자유를 얻는다. 만약 숙주 개체군이 유전적으로 동일하다면, 적응에 성공한 기생충이 숙주 개체군 전체에 퍼져 쉽게 말살시킬 수 있을 것이다. 반대로 숙주의 개체군이 유전적으로 다양하다면, 기생충에 저항성을 지닌 희귀한 유전자형을 타고난 개체도 일부 있을 가능성이 크다. 이런 개체들은 번성을 할 것이고 기생충은 멸종을 면하기 위해 이 새로운 유전자형에 주의를 기울일 수밖에 없다. 따라서 세대를 거듭할수록 유전자형은 계속 돌고 돌아, 영원히 제자리에서 뛰어야만 하는 붉은 여왕처럼 똑같은 과정이 계속 반복된다. 결국 성은 기생충을 저지하기 위해 존재하는 것이다.*

이 이론은 이 정도로 끝내자. 어쨌든 분명한 것은 기생충이 득실거리는 환락가에는 어디에나 성이 있다는 사실이다. 그리고 이런 환경에 놓인 개체의 자손에게 성이 즉각적일 수 있는 이득을 제공하는 것도 분명하다. 그렇더라도, 성이 진화하여 광범위하게 퍼지고 지속되는 상황을 설명할 수 있을 정도로 기생충의 위협이 심각했는지에 관해서는 의문의 여지가 있다. 붉은 여왕 가설을 통해 예측된 쉼 없는 유전자형의 순환은 자연 상태에서는 쉽게 목격되지 않는다. 게다가 성을 일으키는 조건을 시험하기 위해 설계된 컴퓨터 모형이 묘사한 상황은 해밀턴의 최초 개념보다는 훨씬 제한적이었다.

이를테면, 1994년에는 붉은 여왕 가설의 선구적 개척자인 커티스 라이블리Curtis Lively는 "기생충 감염 확률이 높을 때(70퍼센트 이상일 때)와 숙주 적응도에 대한 기생충의 효과가 위협적일 때(적응도의 상실이 80퍼센트 이상일 때)만 기생충이 성의 결정적인 이득을 만든다"는 사실이 컴퓨터 시뮬레이션을 통해 입증되었다는 것을 인정했다. 이 조건이 몇 가지 경우에서는 의심할 여지가 없는 사실이지만, 대부분의 기생충 감염은 성의 손을 들어줄 정도로 강력하지 않다. 무성생식 집단도 돌연변이를 통해 시간이 흐르면 유전적으로 다양성을 얻을 수 있다. 그리고 유전적으로 다양한 무성생식 집단은 유성생식을 하는 생물보다 더 잘 지내는 경향이 있다는 사실이 컴퓨터 모형을 통해 입증되었다. 다양하고 독창적인 방법으로 가다

● 어쩌면 당신은 이런 일을 하기 위해 면역 체계가 진화한 것이라고 이의를 제기할지도 모른다. 맞는 말이다. 그러나 면역 체계에도 약점이 있고, 이 약점을 바로잡는 것 역시 성이다. 면역 체계가 작동하려면 '나self'와 '침입자foreign' 사이의 차이를 감지해야 한다. 만약 '나'로 인식된 단백질이 세대가 지나도 변하지 않는다면, 분명 모든 기생충이 '나'처럼 보이는 단백질로 위장하고 면역 체계에 침입한 뒤, 교묘하게 속임수를 모두 피해 손쉬운 목표를 찾아낼 것이다. 이는 면역 체계를 가지고 있는 한 어떤 집단에서도 일어날 수 있는 일이다. 오로지 성(혹은 기생충의 결정적 표적에서 대단히 빠른 속도로 일어나는 돌연변이)만이 세대마다 면역 체계에서 '나'의 개념을 바꿀 수 있다.

들어지면서 붉은 여왕 가설은 더욱 강력해졌지만, 제한적인 상황에만 들어맞는 기미를 풍긴다. 1990년대 중반, 학계에서는 한 가지 이론만으로는 성의 진화와 지속을 설명할 수 없을 것 같다는 실망감을 감추지 않았다.

유전자 사이의 '선택적 간섭'

물론, 딱 하나의 이론만으로 성을 설명해야 한다는 의미는 아니다. 어느 것도 서로 배타적일 수 없으며, 수학적인 관점에서 보면 뒤죽박죽인 해결책이라도 자연의 천성은 그렇게 뒤죽박죽일 수 있다. 1990년대 중반부터 연구자들은 이론들이 어떤 면에서는 서로를 강화하는 데 도움이 되는지를 확인하기 위해 이론들을 접목시키기 시작했다. 그리고 그렇다는 결과가 나왔다. 이를테면 붉은 여왕이 누구와 잠자리를 같이하는지가 중요하다. 확실히 붉은 여왕에게 어떤 파트너는 별로 중요하지 않았다. 라이블리는 붉은 여왕과 멀러의 톱니바퀴가 함께 성의 등장에 대한 보상으로 여겨진다는 것을 입증해 두 개념이 더 일반적으로 응용될 수 있게 했다. 그러나 연구자들이 백지 상태로 되돌아가 새삼스럽게 다른 변수를 쳐다보는 동안, 어떤 연구자는 확실히 틀린, 실제 세계에 적용되기에는 너무나 수학적인 발상을 내놓았다. 바로 무한한 크기의 개체군에 관한 가정이다. 대부분의 개체군은 무한과는 거리가 멀뿐더러 엄청나게 큰 개체군이라도 지리적으로 분할되어 있어 확실히 유한하고 분리된 단위를 이룬다. 그리고 이는 놀라운 차이를 만든다.

아마 무엇보다 가장 놀라운 것은 정확히 무엇이 바뀌었는지일 것이다. 1930년대에 나온 피셔와 멀러의 케케묵은 집단유전학 개념은 교과서라는 무덤에서 죽은 듯이 있다가 다시 부활했다. 내가 생각하기에, 이들의 개념은 단일 이론으로서는 성의 보편성을 가장 잘 설명하는 것 같다. 수많은 연구자들이 1960년대부터 피셔의 개념을 발전시켜왔으며, 그 가운데 두드러지는 인물은 윌리엄 힐William Hill, 앨런 로버트슨Alan Robertson, 조 펠젠스타인Joe Felsenstein이다. 브리티시 컬럼비아 대학의 새라 오토Sarah Otto와 에든버러 대학의 닉 바턴Nick Barton이 내놓은 훌륭한 수학적 방법은 실제로 분위기를 바꿔놓았다. 지난 10년 동안 이들은 개체군의 이득만큼이나 개체의 이득이라는 면에서도 성을 잘 설명할 수 있는 모형을 내놓았다. 이 새로운 체계는 윌리엄스의 복권에서 붉은 여왕에 이르는 다른 이론들과도 잘 어울렸다.

이 새로운 개념에서는 유한한 개체군 안에서 선택과 우연 사이에 상호작용이 있다고 생각한다. 무한한 개체군에서는 일어날 가능성이 있는 일은 모두 일어나게 될 것이다. 유전자의 이상적인 조합이 반드시 등장할 것이고, 그리 오랜 시간이 걸리지도 않을 것이다. 그러나 유한한 개체군에서는 상황이 아주 다르다. 재조합이 일어나지 않으면, 염색체에 있는 유전자는 실에 꿰어진 구슬처럼 한 줄로 늘어서 있기 때문이다. 염색체의 운명은 유전자 하나하나의 질보다는 실 전체의 조화에 달렸다. 대부분의 돌연변이는 유해하지만, 상태가 좋은 염색체 속에 파묻혀 있으면 별로 해롭지 않다. 이는 이런 돌연변이들이 점차 적응도를 낮추고 결국에는 염색체의 기반이 약해지는 데 영향을 미칠 수 있다는 것을 의미한다. 장애를 일으키거나 죽음에 이르게 할 정도로 심각한 돌연변이는 드물어도, 천천히 조금씩 축적되는 돌연변이는 유전자의 활력을 저해하고 평균적인 수준을 미세하게 낮춘다.

공교롭게도 이렇게 수준이 낮은 주위의 유전자들과 어울리지 않으면, 이로운 돌연변이는 혼란을 일으킨다. 이를 좀 더 알아보기 위해, 500개의 유전자가 있는 염색체가 하나 있다고 해보자. 이 염색체에서 일어날 수 있는 일은 둘 중 하나다. 염색체를 차지하고 있는 이 수준 낮은 주위의 유전자들이 이로운 돌연변이가 퍼지지 못하게 방해를 하거나, 그렇지 않거나다. 방해를 받는 경우는, 한 유전자에 대한 강한 긍정적 선택이 다른 499개의 유전자에 대한 약한 선택에 의해 사라지는 것이다. 전체적인 효과가 중화되어 이로운 돌연변이를 그냥 놓치게 될 가능성이 크다. 이 이로운 돌연변이 유전자는 자연선택에서 거의 눈에 띄지 않기 때문이다. 이렇게 같은 염색체 위에 있는 유전자들 사이의 간섭을 **선택적 간섭**selective interference이라고 하는데, 이 선택적 간섭이 일어나면 유용한 돌연변이의 이득을 모호하게 하여 선택을 방해한다.

그러나 방해를 받지 않는 경우에는 대단히 끔찍한 상황이 야기될 수 있다. 이를테면, 같은 염색체의 50가지 변이가 한 개체군 내에 흩어져 있다고 상상해보자. 개체군 전체에 퍼질 수 있을 정도로 유익한 새로운 돌연변이라면 당연히 같은 유전자상에 나타나는 다른 모든 변이를 대체하게 될 것이다. 문제는 이 새로운 돌연변이가 같은 유전자의 변이들만 대체하는 것이 아니라, 경쟁자와 함께 같은 염색체상에 있는 모든 유전자의 변이들까지도 대체한다는 것이다. 만약 이 50개의 염색체 가운데 하나에서 새로운 돌연변이가 일어난다면, 나머지 49개의 염색체는 개체군에서 사라질 것이다. 이는 방해를 받는 경우보다 더 나쁜데, 이 원리가 같은 염색체 위에 물리적으로 연관된 유전자뿐 아니라 복제된 유기체 안에서 운명을 함께하는 모든 유전자에 적용되기 때문이다. 말 그대로 **모든 유전자에**

적용되는 것이다. 끔찍하게도, 사실상 모든 유전적 다양성을 잃게 되는 것이다.

따라서 정리를 하면 다음과 같다. '나쁜' 돌연변이는 '좋은' 염색체를 망치는 반면 '좋은' 돌연변이는 '나쁜' 염색체에 들러붙는데, 두 가지 경우 모두 적응도를 서서히 떨어뜨린다. 드물게 돌연변이가 큰 도움을 주는 변화를 일으키는 경우에는, 강한 선택이 작용해 유전적 다양성이 심각하게 손상된다. 그 결과를 생생하게 확인할 수 있는 예가 퇴화되고 있는 인간의 Y 염색체다. Y 염색체는 결코 재조합을 할 수 없다.● 여성의 X 염색체에 비해 눈에 띄지 않는 Y 염색체는 유전자 잔해들이 한 무더기 뒤섞인 작은 동강이에 지나지 않는다. 모든 유전자들이 이와 같은 쇠퇴의 길을 걷는다면 복잡한 생명체는 결코 등장할 수 없었을 것이다.

게다가 끔찍한 상황은 거기서 멈추지 않는다. 선택이 더 강력해질수록 유전자의 선택적 제거도 일어나기 쉽다. 기생충이든 기후든, 굶주림이든 새로운 서식지로의 분산이든, 여기에 어떤 강력한 선택압이 작용하면, 붉은 여왕 효과를 비롯한 다른 성 이론들이 연결된다. 각각의 경우에서 그 결과는 유전적 다양성의 상실로 나타나며, 유전적 다양성이 줄어들면 실제 개체군의 크기가 감소한다. 일반적으로 개체군의 크기가 크면 유전적

● 이 이야기가 다 맞는 것은 아니다. Y 염색체가 모두 사라지지 않은 한 가지 이유는, 같은 유전자의 복사본이 여러 개씩 들어 있기 때문이다. Y 염색체가 반으로 접혀 같은 염색체 위에 있는 유전자들 사이에 재조합이 일어날 수 있도록 하는 모습도 볼 수 있다. 이런 제한적인 재조합이 일어나는 것만으로도 대부분의 포유류에서 적어도 Y 염색체가 사라지지 않게 하는 것으로 추정된다. 그러나 아시아에 사는 두더지쥐 같은 종에서는 Y 염색체가 모두 사라졌다. 이 동물에서 남성이 어떻게 정해지는지는 확실치 않지만, 우리 남자들이 퇴화되고 있는 염색체와 함께 필연적으로 사라질 운명이 아니라는 사실만으로도 안심이 된다.

다양성이 풍부하며, 유전적 다양성이 풍부하면 개체군의 크기가 크다. 무성생식으로 번식하는 개체군은 정화 선택이 일어날 때마다 유전적 다양성이 줄어들 것이다. 집단유전학의 관점에서 보면, (개체수가 수백만인) 큰 개체군이 (개체수가 수천인) 작은 개체군처럼 행동하여, 다시 무작위적인 우연에 내몰리는 것이다. 그리고 대단히 가혹한 선택이 일어나 거대한 개체군은 '효과적인' 작은 개체군으로 바뀌어 퇴화와 멸종에 취약한 상태가 된다. 일련의 연구를 통해, 정확히 이런 종류의 유전적 빈곤이 무성생식 개체군뿐 아니라 가끔씩만 유성생식을 하는 종에도 널리 퍼져 있다는 사실이 입증되었다. 유성생식의 큰 장점은 유전적 배경에 존재하는 쓰레기로부터 좋은 유전자를 재조합할 수 있게 하며, 동시에 개체군의 숨어 있는 막대한 유전적 다양성을 보존하는 것이다.

바턴과 오토의 수학적 모형은 유전자들 사이의 '선택적 간섭'이 개체군뿐 아니라 개체에도 적용된다는 사실을 입증한다. 유성생식과 무성생식을 모두 할 수 있는 생물에서는 단 하나의 유전자로 유성생식의 정도를 조절할 수 있다. 이런 성 유전자의 활동 변화는 시간의 흐름에 따라 유성생식의 성공을 보여준다. 성 유전자의 활동이 증가하면 유성생식이 성공한 것이고, 감소하면 무성생식이 성공한 것이다. 만약 활동이 다음 세대에까지 증가하면, 결정적으로 성이 개체 수준에서 이득이 되고 있는 것이다. 이 장에서 다룬 모든 개념 중에서, 선택적 간섭이 가장 널리 적용될 수 있다. 유성생식은 무성생식에 비해 (두 배의 비용이 들지만) 거의 모든 환경에서 문제를 더 잘 풀어나간다. 그 차이는 개체군의 변화가 심하고 돌연변이 속도가 빠르고 선택압이 강할 때 가장 두드러진다. 이 세 가지 상황은 성 자체의 기원과 분명히 상관이 있는 이론을 만드는 성스럽지 않은 삼위일체다.

유성생식의 기원

생물학계 최고의 지성들이 성 문제와 씨름해왔지만, 그 가운데 더 심원한 기원을 깊이 탐구하고자 노력한 사람은 대단히 무모한 소수에 지나지 않는다. 성이 어떤 종류의 존재 혹은 배경에서 진화했는지에 관해서는 불확실한 점이 아주 많기 때문에, 어떤 추측은 그대로 추측으로 남아 있어야만 할 것이다. 그렇더라도, 여전히 논의가 분분한 이 분야에서 가장 합의를 이룰 수 있을 것으로 생각되는 두 가지 주장이 있다.

첫 번째 주장은 모든 진핵생물의 공통조상이 유성생식을 했다는 것이다. 말하자면, 식물과 동물과 조류와 균류와 원생생물의 공통적인 특성을 재구성할 때, 성은 우리 모두가 공통으로 지니게 될 중요한 특성 가운데 하나다. 성이 진핵생물의 대단히 근본적인 특징이라는 사실이 드러나고 있는 것이다. 만약 우리 모두가 유성생식을 했던 조상의 후손이라면, 그리고 그 조상은 무성생식을 하는 세균에서 유래했다면, 분명 유성생식을 할 수 있었던 진핵생물만 겨우 뚫고 나간 병목이 있었을 것이다. 아마 최초의 진핵생물들은 그들의 세균 조상처럼 무성생식을 했을 것이다(어떤 세균도 진정한 유성생식을 하지 않는다). 그러나 이들 무성생식을 하던 진핵생물은 모두 멸종했다.

두 번째 주장은 모든 이들이 동의할 것이라고 생각하는데, 바로 진핵세포의 '발전소'인 미토콘드리아와의 연관성이다. 미토콘드리아가 한때 독립생활을 하던 세균이었다는 데는 이제 이견이 없다. 그리고 오늘날 진핵생물의 공통조상에도 이미 미토콘드리아가 있었다는 것도 거의 확실시 되고 있다. 수천 개는 아니어도 수백 개의 유전자가 미토콘드리아에서 숙주 세포로 전이되었다는 것과 거의 모든 진핵생물의 유전체를 장식하는 '자리바꿈 유전자'가 미토콘드리아에서 유래했다는 것도 의심의 여지가 없다. 이 관측들 가운데 특별히 논란이 되는 것은 없지만, 이 관측들이 함께 모이면 성의 출현을 처음 이끌었을지도 모르는 선택압의 모습을 보여주는 충격적인 그림이 그려진다.●

최초의 진핵세포의 모습을 그려보자. 이 세포는 작은 세균이 더 큰 숙주 세포 속에 살고 있는 키메라다. 숙주 세포 속에 사는 세균이 죽을 때마다 세균의 유전자가 방출되는데, 이 유전자들은 숙주 세포의 염색체를 괴롭힌다. 유전자 조각은 세균에서 전형적으로 일어나는 유전자 이동 방법을 거쳐 숙주 세포의 염색체 속에 마구잡이로 섞여 들어간다. 이 새로운 유전자 중 어떤 것은 매우 중요하지만 어떤 것은 전혀 쓸모가 없다. 또 기존의 유전자와 똑같은 것도 있다. 어떤 것은 숙주 세포의 유전자 한가운데를 비집고 들어가 유전자를 조각조각 잘라놓는다. 자리바꿈 유전자는 혼란을 가중시킨다. 숙주 세포는 자리바꿈 유전자의 확산을 막을 길이 없기 때문에, 이 유전자들은 유전체 사이를 거침없이 넘나들며 유전자 속에 서서히 침투해 숙주 세포의 고리 모양 염색체를 오늘날 진핵생물에서 공통으로 볼 수 있는 막대 모양 염색체로 바꿔놓았다(제4장을 보라).

이는 대단히 변덕스러운 개체군으로, 빠르게 진화한다. 단순한 돌연변이로 세포벽을 잃기도 한다. 어떤 돌연변이는 세균의 세포골격을 버리고

● 이 두 주장에는 숙주 세포의 정체성이나 세포들 사이의 공생 연합의 특성에 관한 언급은 전혀 없다. 이 두 특성은 특히 논쟁의 여지가 있다. 이 시나리오에서는 숙주 세포에 핵이나 세포벽이 있었는지, 혹은 식세포작용을 했는지는 중요하지 않다. 따라서 진핵세포의 기원에는 논란이 되는 면이 많지만 여기서 대략적으로 다루는 개념은 하나의 독립된 이론이다.

더욱 역동적인 진핵생물의 세포골격에 적응하고 있다. 숙주 세포에는 세균에서 유래한 지질 합성 유전자가 뒤죽박죽 전달되는 바람에 핵과 내막체계가 형성되고 있을지도 모른다. 이 가운데 어떤 변화도 미지를 향한 희망적인 도약이 아니다. 모든 단계가 단순한 유전자 전이와 작은 돌연변이들로부터 진화될 수 있다. 그러나 이를 제외한 다른 돌연변이들은 거의 모두 해롭다. 한 번의 이득을 볼 때마다 1000여 번의 잘못된 단계를 거친다. 염색체를 만드는 유일한 방법이 우리를 죽이지는 않지만, 하나의 세포에서 최고의 혁신과 최고의 유전자를 함께 가져오는 유일한 방법은 유성생식이다. 오로지 유성생식만이 이 세포의 세포막과 저 세포의 역동적인 세포골격, 혹은 단백질이 제자리를 찾아가는 메커니즘을 하나로 합칠 수 있다. 그리고 이와 동시에 모든 손상을 제거할 수 있다. 감수분열의 마구잡이 선택 능력은 1000여 개체 가운데 단 하나의 승자(더 적절한 표현은 생존자)만을 남길지도 모르지만, 그 결과는 무성생식과는 비교도 안 될 만큼 뛰어나다. 개체군의 변화가 심하고 돌연변이 속도가 빠르고 강한 선택압을 받는 상황에서(어느 정도는 기생하는 자리바꿈 유전자의 집중 공세가 원인이다), 무성생식 개체군은 실패할 수밖에 없는 운명이다. 우리가 모두 유성생식을 하는 것은 전혀 신기할 게 없다. 유성생식이 없었다면 우리 진핵생물은 절대로 존재할 수 없었을 것이다.

문제는 이렇다. 무성생식이 실패할 운명이었다면, 성은 궁지를 벗어날 수 있을 정도로 빠르게 진화할 수 있었을까? 그 해답은 어쩌면 뜻밖일 수도 있겠지만, '그렇다!'이다. 기계론적으로 봤을 때, 성은 꽤 쉽게 진화할 수 있었다. 본질적으로 성에는 세포 융합, 염색체 분리, 염색체 재조합이라는 세 가지 측면이 있다. 이제 차례로 하나씩 간략히 살펴보자.

세균에서는 세포 융합이 일어나기 어렵다. 세포벽이 방해가 되기 때문이다. 그러나 세포벽이 소실되면서 이 문제에 반전이 일어났을지도 모른다. 점균류slime mould와 균류 같은 여러 단순한 진핵생물은 서로 융합해 여러 개의 핵이 있는 거대 세포를 형성한다. 세포들 사이의 헐렁한 네트워크인 합포체syncytia는 원시 진핵생물 한살이의 일부를 이루며 규칙적으로 형성된다. 자리바꿈 유전자 같은 기생자나 미토콘드리아 같은 경우는 세포 융합이 이득이 된다. 새로운 숙주로 들어갈 통로가 생기기 때문이다. 이렇게 세포 융합을 유도한다고 밝혀진 것들이 몇 가지 있다. 이런 맥락에서 볼 때, 세포 융합을 방해하는 방식의 진화에 관한 문제가 오히려 더 해결하기 어려운 문제가 아닐까 한다. 따라서 성의 첫 번째 전제조건인 세포 융합은 별 문제가 없다는 것이 거의 확실해 보인다.

얼핏 보았을 때, 염색체 분리가 훨씬 곤란한 문제로 보인다. 염색체의 복잡한 춤인 감수분열을 떠올려보자. 감수분열은 염색체 수가 두 배가 되면서 갑자기 시작된다. 그 다음 염색체가 분리되어 네 개의 딸세포에 각각 한 꾸러미씩 들어간다. 왜 이렇게 복잡할까? 사실 감수분열은 복잡하지 않다. 기존의 세포 분열 방식인 유사분열mitosis이 변형된 것에 지나지 않는다. 유사분열 역시 염색체 수를 두 배로 불리면서 시작된다. 유사분열은 일반적인 세균의 세포분열에서 단순한 단계를 순차적으로 밟아 진화한 것으로 추정되며, 이 가설을 내놓은 사람은 톰 캐벌리어-스미스다. 계속해서 그는 유사분열이 원시적인 형태의 감수분열로 전환되기 위해서는 한 가지 중요한 변화만 있으면 된다고 지적했다. 바로 염색체들을 고정시키는 모든 '접착제'(전문용어로는 **코헤신**cohesin 단백질)의 분해에 실패하는 것이다. 세포분열의 다음 단계로 들어가는 대신 다시 염색체를 복제하고, 세포분열이 한동안 중지된 다음, 염색체의 분리가 일어난다. 사실, 남아 있는 접착제가 세포를 뒤죽박죽으로 만드는 것은 염색체 분리의 다음 단계인 제1분열의 완결을 위한 준비라는 생각이 든다.

그 결과는 염색체 수 감소로 나타난다. 캐벌리어-스미스는 이것이 처음부터 감수분열의 중요한 이득이었다고 가정한다. 최초의 진핵세포가 (오늘날 점균류에서처럼) 서로 융합해 여러 개의 염색체로 이루어진 네트워크를 형성하는 것을 차단하지 못했다면, 한 꾸러미의 염색체를 가진 단순한 세포를 다시 만들어내기 위해 줄어드는 형태의 세포분열이 반드시 필요했을 것이다. 일반적인 방식의 세포분열을 방해함으로써, 감수분열은 각각의 세포들을 다시 만들어낼 수 있었다. 이 과정은 기존의 세포분열 메커니즘을 약간만 손보면 가능했다.

이제 우리는 성의 마지막 일면인 재조합에 이르렀다. 재조합의 진화 역시 별 문제가 없다. 재조합에 필요한 모든 장치가 세균에 존재하며 간단하게 전해질 수 있기 때문이다. 장치뿐 아니라 재조합의 정확한 방법에서도 세균과 진핵생물은 정확히 일치한다. 세균은 (수평 유전자 이동이라는 과정을 거쳐) 일상적으로 주위 환경에서 유전자를 얻고 재조합을 이용해 제 염색체에 유전자를 끼워 넣는다. 최초의 진핵생물도 똑같은 장치를 이용해 미토콘드리아에서 쏟아지는 세균의 유전자를 염색체에 끼워 넣으며 유전체의 크기를 꾸준히 키웠을 것이다. 부다페스트에 위치한 외트뵈시 롤란드 대학의 티보르 벨러이Tibor Vellai에 따르면, 최초의 진핵생물에서 재조합의 이득은 세균에서와 마찬가지로 유전자 충전이었을 것으로 추측된다. 그러나 재조합 장치를 감수분열이라는 더 일반적인 역할에 동원한 것은 확실히 의례적 절차였다.

따라서 성의 진화는 그리 어렵지 않았을 것이다. 기술적으로 볼 때, 거의 일어날 수밖에 없었다. 생물학자들에게 더 이해가 되지 않는 것은 성이 지속되었다는 사실이다. 자연선택은 '적자생존'이 아니다. '적자'가 번식에 실패하면 '생존'은 아무 의미가 없기 때문이다. 유성생식은 무성생식보다 출발은 한참 늦지만, 거의 모든 진핵생물에 보급되었다. 성이 처음 선사한 장점은 오늘날과 별 차이가 없었을 것이다. 성은 한 개체 안에서 최고의 유전자 조합을 만들어 해로운 돌연변이를 제거하고 귀중하고 혁신적인 특성을 한데 합치는 능력이 있다. 당시 유성생식은 1000번의 실패를 거듭하다가 한 번의 승자를 만들어냈을지도 모른다. 그리고 이 승자는 만신창이가 된 생존자의 모습을 하고 있었을 수도 있다. 그래도 유성생식은 무성생식보다 훨씬 뛰어났다. 결국 무성생식은 암울한 운명을 맞게 되었다. 오늘날에도 유성생식을 하면 자손의 수는 절반으로 줄지만, 결국에는 두 배 이상 더 적응을 잘한다.

공교롭게도 이 개념들은 20세기 초에 처음 나온 것들인데, 인기가 없어 사라졌다가 훨씬 세련된 옷으로 갈아입고 당당히 재등장했다. 그 사이 훨씬 인기를 끌었던 다른 이론들은 어디론가 사라져갔다. 이 개념들은 개체의 이득이라는 시각에서 성을 설명했지만, 어느 정도는 성 자체의 가치에 관한 옛 이론도 적절하게 접목시켰다. 잘못된 개념은 폐기된다. 좋은 개념은 서로 어우러져 염색체에 유전자가 재조합되듯이 하나의 이론으로 통합된다. 유성생식을 하듯 개념들도 서로 융합하면서 최고의 진화를 하며, 우리는 모두 그 후원자들이다.

제6장
운동
힘과 영광

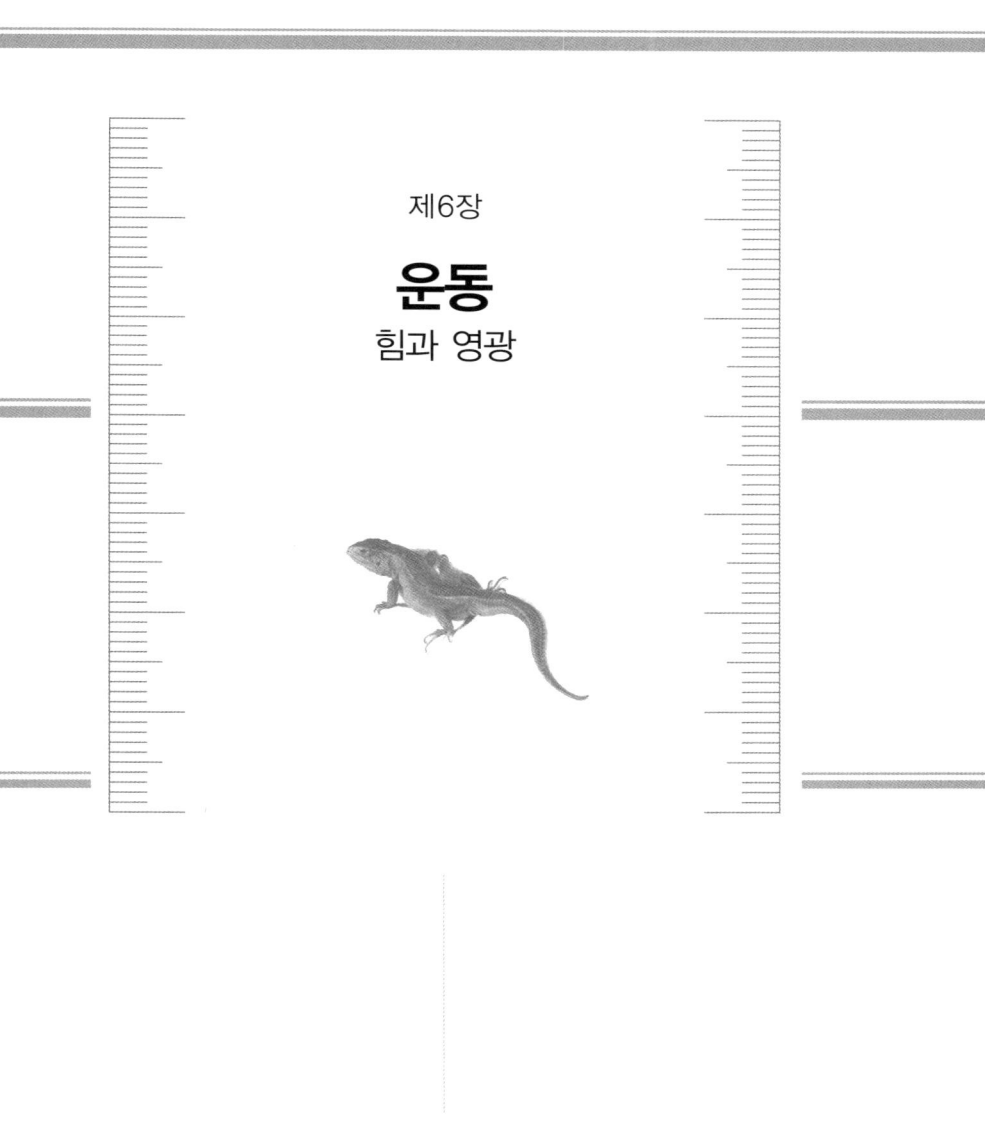

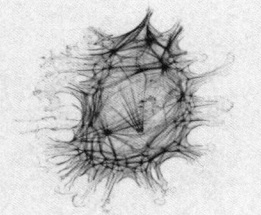

Life Ascending

"이빨과 발톱을 피로 물들인 자연"이라는 표현은 다윈과 연관해서 가장 많이 인용되는 영어 표현 중 하나일 것이다. 이 표현에는 자연선택 자체는 아니더라도 자연선택을 바라보는 대중의 인식이 잘 포착되어 있다. 이 표현은 1850년에 완성된 앨프리드 테니슨Alfred Tennyson의 장시, 「인 메모리엄In Memoriam」에 등장하는데, 그로부터 9년 후에 다윈의 『종의 기원』이 발표되었다. 이 시는 테니슨이 친구이자 시인인 아서 할램Arthur Hallam의 죽음을 애도하기 위해 쓴 것으로, "이빨과 발톱을 피로 물들인 자연"이라는 행의 직접적인 의미는 신의 사랑과 그 사랑에 철저히 무관심한 자연 사이의 충격적이고 황량한 대비를 표현한다. 테니슨의 말에 따르면, 개체들만 사라지는 것이 아니라 종 역시 사라질 수 있다. "천 가지 형태가 사라졌다: 나는 상관없다, 모두 사라질 것이다!" 우리 처지에서 볼 때, 여기서 "모두"란 분명히 우리가 소중하게 여기는 것들 모두를 의미할 것이다. 이를테면, 목표, 사랑, 진리, 정의, 신 같은 것이다. 테니슨이 신앙을 버린 적은 한 번도 없지만, 당시에는 의문을 품고 갈등을 했던 것 같다.

자연에 대한 이런 황량한 시각은 훗날 자연선택에 대한 느낌을 형성하는 데 큰 구실을 했고, 그로 인해 자연선택은 사방에서 공격을 받아왔다. 이 개념을 글자 그대로 표현하면, 초식동물, 식물, 조류, 균류, 세균 따위는 완전히 무시하고 모든 생명을 포식자와 피식자 사이의 생생한 싸움으로 단순화시킨 것이다. 그리고 비유적으로 표현하면, 마치 다윈이 일반적인 생존경쟁을 더욱 선호했다는 듯이, 개체와 종 사이의 협동, 심지어 한 개체 안의 유전자들의 협동의 중요성을 경시하는 경향이 있다. 이는 사실상 공생의 중요성을 무시한 것이다. 나는 여기서 공생에 관한 논의를 끌어들이고 싶지는 않다. 그보다는 이 표현의 의미를 문자 그대로 받아들여 포식의 중요성, 특히 포식 습성에 박차를 가하고 오래전에 우리가 살고 있는 세상을 변모시킨 운동성의 중요성에 관해 생각해보고자 한다.

"이빨과 발톱을 피로 물들였다"는 것은 이미 운동의 의미를 내포한다. 먼저 먹이를 잡는다. 이는 대개 소극적인 추적이 아니다. 그러나 그 다음 이빨로 깨물기 위해서는 힘을 들여 입을 열었다 닫아야 한다. 이때 근육이 필요하다. 발톱 역시 근육의 힘을 이용해 흉포함을 잘 다루지 않으면 아무것도 찢을 수 없다. 곰팡이 같은 소극적인 형태의 포식을 상상하는 사람도 있을 수 있다. 그러나 이런 경우조차도 균사가 천천히 죄어오는 것 같은 어떤 형태의 운동과 연관이 있다. 그렇지만 내가 말하고자 하는 진짜 핵심은, 운동성이 없다면 생활방식으로서의 포식은 상상하기 어렵다는 것이다. 따라서 운동성은 더 심오하고 더 근원적인 발명품이다. 먹이를 사냥하려면 먼저 달릴 줄 알아야 한다. 아주 작은 아메바처럼 느릿느릿 기어가 먹이를 둘러싸거나, 치타처럼 힘차고 우아하게 빠른 속도로 달려야 한다.

겉으로 드러나지는 않지만 운동성은 지구상에서 생명의 형태를 바꿔왔다. 생태계의 복잡성에서부터 식물의 진화 방향과 속도에 이르기까지, 사연도 많다. 이런 사연은 화석 기록을 통해 드러난다. 화석 기록은 종 사이의 관계망과 이런 관계망이 시간에 따라 어떻게 변해갔는지를 꿰뚫어볼 수 있는 여지를 불완전하게나마 제공한다. 흥미롭게도, 화석 기록은 복잡성에 갑작스러운 변화가 생기기에 앞서 지구 역사상 가장 대규모의 집단 멸종이 일어났었다는 것을 보여준다. 지금으로부터 2억 5000만 년 전인 페름기 말, 모든 종의 95퍼센트가 사라진 것으로 추정된다. 이 대멸종으로 싹 사라진 후에는 아무것도 그 이전과 똑같지 않았다.

물론 페름기 이전에도 세상은 충분히 복잡했다. 뭍에는 거대한 나무와 양치류와 전갈과 잠자리와 양서류와 파충류가 있었고, 바다 속에는 삼엽충과 상어와 암모나이트와 완족류와 바다나리(줄기가 있는 극피동물로 페름기 대멸종 때 거의 다 사라졌다)와 산호가 가득했다. 피상적으로 보면, 일부 '형태들'은 변했지만 생태계에는 그리 큰 변화가 없었다고 결론을 내릴 수 있을지도 모른다. 그러나 면밀한 조사 결과는 전혀 다르다.

생태계의 복잡성은 연관된 종의 수로 추정될 수 있다. 소수의 종만 우세하고 나머지 종은 겨우 자리만 차지하고 있는 정도라면, 생태계가 단순하다고 말할 수 있다. 그러나 다수의 종이 비슷한 개체수로 공존하고 있다면 생태계는 훨씬 복잡해지고 종 사이의 관계를 나타내는 그물은 훨씬 넓어질 것이다. 화석 기록에서 한 시대에 함께 살아가는 종들의 수를 계산해보면, 그 결과가 사뭇 놀랍다. 시간이 흐를수록 복잡성이 점차 증가하는 게 아니라, 페름기의 대멸종 이후 갑작스러운 기어변속이 있었던 것처럼 보이기 때문이다. 대멸종이 일어나기 전, 약 3억 년 동안은 해양 생태계에서 복잡한 생태계와 단순한 생태계의 비율이 대략 50대 50이었다. 그 후,

복잡한 생태계가 단순한 생태계에 비해 3대 1의 비율로 더 많아졌고, 다음으로 2억 5000만 년 동안 안정과 지속적인 변화가 계속되어 현재에 이르렀다. 그렇다면 점진적인 변화가 아닌 갑작스러운 변화가 일어난 까닭은 무엇일까?

시카고에 위치한 필드 자연사박물관Field Museum of Natural History의 고생물학인 피터 와그너Peter Wagner에 따르면, 그 해답은 스스로 움직일 수 있는 생물의 번성 때문이다. 바다는 (완족류나 바다나리와 같이 물속의 양분을 걸러 소박한 저에너지 생활방식으로 살아가는 생물들처럼) 한곳에 뿌리를 박고 살아가는 생물들이 주를 이루는 세상에서 (달팽이나 성게나 게처럼 느리지만) 이리저리 돌아다니는 동물들이 지배하는 세상으로 바뀌었다. 물론 멸종 이전에도 상당수의 동물들이 이리저리 돌아다닐 수 있었다. 그러나 이들이 우위를 차지하게 된 시기는 대멸종 이후다. 왜 페름기 대멸종 이후에 이런 갑작스러운 변화가 일어났는지는 정확히 알려지지 않았지만, 움직이는 생활방식과 함께하는 세상에 대한 '완충 작용' 강화와 연관이 있을 것으로 추측된다. 만약 이리저리 돌아다니는 사람이라면 급작스러운 환경 변화를 자주 겪게 될 것이고, 그로 인해 신체적인 회복력이 더 많이 필요할 것이다. 따라서 움직일 수 있는 동물은 대재앙을 동반하는 극심한 환경 변화에서 더 잘 살아남을 가능성이 있다(이 내용은 제8장에서 좀 더 다룰 것이다). 한곳에 붙박이로 살아가는 동물들은 큰 충격을 막아줄 완충 장치가 아무것도 없다.

이유가 무엇이든, 페름기 대멸종 이후 계속 증가한 움직이는 동물들은 생명의 모습을 바꿔놓았다. 이곳저곳을 돌아다닌다는 것은 실제로나 비유적으로나 동물들이 서로 더 자주 충돌을 하게 되었다는 의미였으며, 계속해서 종들 사이의 잠재적인 관계망이 더 커질 수 있다는 의미였다. 다른 동물을 잡아먹는 포식만이 아니라 초식이나 찌꺼기 처리나 은신처 만들기도 함께 증가한다는 것이다. 운동을 하는 데는 언제나 타당한 이유가 있지만, 운동성에 딸려온 새로운 생활방식은 동물이 특정 시기에는 특정 장소에 있고, 다른 시기에는 다른 장소에 있어야만 하는 특별한 이유가 되었다. 다시 말해서 목적이 생긴 것이다. 동물은 신중하게 목표를 정하고 행동을 하게 되었다.

그러나 운동성은 생활방식보다 훨씬 나은 보상을 제공했다. 운동성이 진화 속도에도 영향을 미쳤기 때문이다. 유전자 수준에서, 그리고 종 수준에서 진화 속도는 진화 기간 내내 변한다. 가장 빠르게 진화하는 것은 기생충과 병원균이지만, 이런 기생충과 병원균들은 끊임없이 독창적으로 가학적인 압박을 가하는 동물의 면역 체계와 씨름을 하야 한다. 이와 대조적으로 한곳에 몸을 고정시키고 양분을 걸러먹는 동물과 식물들은 일반적으로 이만큼 빠른 속도로 진화하지 않는다. 경쟁자와 티교했을 때 적어도 같은 장소에 머물기 위해 끊임없이 뛰어야만 하는 붉은 여왕 개념은 한곳에 붙박이로 사는 동물들에게는 딴 세상 이야기나 다름없다. 이런 붙박이 동물은 줄기가 제거되기 전에는 아주 오랜 시간에 걸쳐 본질적으로 변하지 않고 그대로 있을 것이다. 그러나 이런 주먹구구식 법칙에도 예외는 있다. 이 예외에서도 역시 운동의 중요성이 강조된다. 바로 꽃식물이 그런 예다.

페름기 대멸종 이전에는 꽃피는 식물을 찾아볼 수 없었다. 식물의 세계는 오로지 초록뿐이었고, 오늘날 침엽수 같은 식물들이 주를 이뤘다. 꽃이 만발하고 오색 열매가 맺게 된 것은 순전히 동물들 덕분이다. 물론 꽃은 꽃가루받이 매개 동물을 끌어들이고, 이 꽃에서 저 꽃으로 꽃가루를 실어나르게 하여 식물을 위해 성의 혜택을 널리 전파시킨다. 열매도 씨앗을 퍼트리기 위해 움직일 수 있는 동물의 창자를 빌린다. 그 결과 꽃식물과 동물은 서로에게 신세를 지면서 함께 진화를 해왔다. 식물은 꽃가루와 열매를 찾아다니는 동물들의 깊은 욕구를 충족시켜주고, 동물은 아무것도 모른 채 식물의 조용한 계략에 말려든 것이다. 적어도 우리 인간이 씨 없는 열매를 만들어내기 전까지는 말이다. 이렇게 뒤얽힌 운명은 꽃식물이 그들의 동물 파트너와 조화를 이룰 수 있도록 진화의 속도를 높였다.

결국 급변하는 환경에 적응하기 위해 생긴 운동성이 식물과 동물 사이의 상호작용을 더욱 긴밀하게 하고, 포식 같은 새로운 생활방식을 만들고, 더욱 복잡한 생태계를 형성한 것이다. 이 모든 요소들은 (주위 환경을 더 잘 '판단'하기 위해) 더 뛰어난 감각의 발달을 부추겼으며, 동물들 안에서뿐 아니라 수많은 식물들 사이에서도 진화 속도를 끊임없이 가속화시켰다. 이 모든 혁신의 중심에는 단순한 발명품이 하나 있다. 바로 모든 것을 가능하게 만든 근육이다. 근육은 눈 같은 기관처럼 정교한 완성도를 자랑하지는 않는다. 그러나 현미경으로 근육을 관찰할 때, 섬유가 무슨 목적이 있는 것처럼 배열되어 힘을 만들어내기 위해 일사분란하게 움직이는 모습은 경이롭기까지 하다. 화학에너지를 역학적인 힘으로 전환하는 장치인 근육은 다빈치의 발명품처럼 환상적이다. 그런데 이렇게 목적이 뚜렷한 장치가 어떻게 해서 나오게 되었을까? 근육 수축은 동물로 하여금 이 세상의 모습을 완전히 바꿔놓게 했다. 이 장에서는 이런 근육 수축을 일으키는 분자 기계의 기원과 진화를 살펴볼 것이다.

근육 수축의 수수께끼

근육만큼 인상적인 특징도 별로 없다. 그리스 신화의 아킬레스에서 캘리포니아의 모 '주지사'에 이르기까지 근육이 불끈불끈한 남성은 욕정이나 부러움을 불러일으킨다. 그러나 외모가 전부는 아니다. 위대한 사상가들과 실험가들은 근육이 정확히 어떻게 움직이는지를 알아내기 위해 오랫동안 씨름해왔다. 아리스토텔레스에서 데카르트까지는, 근육이 수축한다기보다는 오히려 자존심을 부풀리는 만큼 팽창한다는 개념을 고수했다. 보이지도 않고 무게도 없는 동물 정기animal spirit가 뇌에서 나와 속이 빈 신경을 통해 전달되어 근육을 부풀리고, 그로 인해 근육의 길이가 짧아진다고 생각했다. 육체를 기계론적 관점에서 본 데카르트는 정맥 혈관에 혈액의 역류를 방지하는 판막이 있듯이 근육에도 동물 정기의 역류를 방지하는 작은 판막이 있을 것이라고 추측했다.

그러나 그로부터 얼마 지나지 않아 1660년대에는 오랫동안 믿어왔던 이 개념을 뒤엎는 발견이 나왔다. 네덜란드의 실험가인 얀 스완메르담Jan Swammerdam은 근육 수축이 일어나는 동안 부피가 늘어나지 않고 되레 조금 줄어든다는 사실을 발견했다. 근육의 부피가 줄어들었다면, 근육은 동물 정기에 의해 풍선처럼 부푸는 게 아니었다. 곧이어 1670년대에는 역시 네덜란드인이자 현미경의 선구자인 안톤 반 레벤후크Anton van Leeuwenhoek가 자신이 고안한 확대경을 이용해 근육의 미세구조를 처음으로 관찰했다. 레벤후크는 '아주 작은 구체球體들이 연결되어' 형성된 가느다란 섬유가 사슬처럼 한 줄로 배열되어 있다고 썼다. 이런 구체의 사슬이 수천 개 모여 근육의 구조를 이룬다는 것이다. 영국의 의사인 윌리엄 크룬William

Croone은 이 구체들이 미세한 주머니 구실을 해서 전체적인 부피 변화 없이 근육의 모양을 부풀게 할지도 모른다고 상상했다.● 이 작용이 실제로 어떻게 일어나는지를 실험적으로 밝힐 수는 없을지 몰라도 상상은 얼마든지 할 수 있었다. 몇몇 과학자들은 이 구체를 채우고 있는 물질에 폭발성이 있다는 가설을 내놓았다. 이를테면, 존 메이오John Mayow는 동물 정기가 '니트로-공기nitro-aerial 입자'일 것이라고 생각했다. 메이오는 신경을 통해 운반된 동물 정기가 혈액에서 유래한 유황 입자와 섞이면 화약과 비슷한 폭발력이 생긴다고 말했다.

이런 상상들은 그리 오래가지 않았다. 최초의 관측을 하고 8년 뒤, 레벤후크는 자신이 관찰한 '구체'를 새로 개량한 렌즈를 이용해 다시 꼼꼼히 관찰하고는 사죄를 구했다. 근육 섬유는 작은 구체들이 길게 늘어선 모양이 아니라 규칙적인 '고리와 주름'이 교차하는 섬유였고, 이 섬유가 만드는 줄무늬가 구체처럼 보였다는 것이다. 그뿐이 아니었다. 이 섬유를 분쇄하여 다시 렌즈로 관찰한 레벤후크는 섬유 하나하나마다 수백, 수천 개의 더 가느다란 필라멘트filament가 가득 차 있다는 것을 알아냈다. 당시와 용어는 달라졌지만, 레벤후크가 관찰한 근육 섬유는 근원섬유myofibril고, 근원섬유 안에 있던 더 가느다란 필라멘트는 근절sarcomere이었다.

근육 속에 있는 움직이는 섬유가 어떤 식인지는 몰라도 사이사이로 '미끄러져' 들어갈 수 있다는 가설이 나왔지만, 과학자들은 어떤 힘이 이런 운동을 일으키는지는 전혀 몰랐다. 거의 100년이 흐른 뒤에야 근육 속 섬

● 윌리엄 크룬은 왕립학회의 창립 회원 중 한 사람으로, 그의 이름을 따서 왕립학회에서 열리는 최고의 생물학 강연을 크룬 강연Croonian Lecture이라고 한다.

유에 활력을 불어넣는 것으로 추측되는 새로운 힘이 등장했다. 그 힘은 바로 전기였다.

1780년대 어느 날, 볼로냐 대학의 해부학 교수인 루이지 갈바니Luigi Galvani는 소스라치게 놀랐다. 방 안 건너편에 있던 전기 장치에서 스파크가 이는 순간, 해부용 칼로 개구리 다리를 건드리자 죽은 개구리의 다리 근육이 세차게 수축을 일으켰다. 절개를 하는 동안 해부용 칼이 황동 갈고리에 살짝 닿아도 같은 반응이 일어났고, 번개를 포함해 다양한 다른 상황에서도 똑같은 반응이 나타났다. 전기를 흘리면 생기를 띠게 한다는 개념에 곧 갈바니주의(galvanism: 직류 전류라는 의미도 있다—옮긴이)라는 이름이 붙었고, 갈바니의 실험보고서를 연구하고 영감을 얻은 매리 셸리Mary Shelley는 1823년에 『프랑켄슈타인Frankenstein』이라는 괴기소설을 내놓았다. 사실 프랑켄슈타인 이야기의 원형쯤 되는 일을 벌인 사람은 갈바니의 조카인 조반니 알디니Giovanni Aldini였다. 19세기 초에 '죽은 사람을 되살리는 갈바니의 전기'를 선전하며 유럽을 돌아다니던 알디니는 한번은 왕립 외과대학에서 참수형을 당한 범죄자의 머리에 전기 감전을 시키는 특별한 시연을 했다. 관객은 의사와 귀족들이었는데, 심지어 영국 황태자도 있었다. 알디니의 말에 따르면, 입과 귀에 전극을 꽂자 "턱이 떨리기 시작하더니 주위 근육이 끔찍하게 일그러지고 왼쪽 눈이 정말로 떠졌다".

파비아 대학의 물리학자인 알렉산드로 볼타Alessandro Volta도 갈바니의 발견을 눈여겨보았지만, 갈바니의 생각에는 동의하지 않았다. 볼타는 우리 몸 자체에는 전기적인 것이 없다는 생각을 고수했다. 갈바니주의는 단순히 두 금속에서 만들어진 외부 전기에 대한 반응이라는 것이다. 개구리 다리에는 소금물과 같은 방식으로 전기가 흐를 수 있다는 주장이었다. 갈바니와 볼타는 그 후 10년 동안 논쟁을 지속했고, 열정적인 지지자들은 이 탈리아인들답게 두 파로 나뉘었다. 동물 전기 대 금속 전기, 생리학자 대 물리학자, 볼로냐 대 파비아의 싸움이었다.

갈바니는 자신의 '동물 전기'가 정말 체내에서 만들어졌다고 확신했지만, 입증하는 데 애를 먹었다. 적어도 볼타를 만족시키지는 못했다. 이 논쟁은 실험적 사고에 활력을 불어넣는 회의론의 힘을 잘 보여준다. 갈바니는 자신의 가설을 검증하기 위한 실험을 고안하면서, 근육이 본질적으로 **민감**하다는 결론에 도달했다. 갈바니의 말처럼 근육은 자극에 비례하지 않는 반응을 일으킬 수 있다. 심지어 갈바니는 근육의 안쪽 표면을 가로질러 양전하와 음전하가 축적되면 전기가 만들어질 수 있다고 제안했다. 갈바니의 말에 따르면, 전류는 이 표면에 있는 구멍 사이로 흐른다.

상상력이 풍부한 생각이었지만, 안타깝게도 갈바니 이야기도 역사 서술에서 승자의 힘을 보여준다. 과학도 다르지 않다.● 갈바니는 나폴레옹의 군대가 이탈리아를 점령했을 때 충성 맹세를 거부해 볼로냐 대학에서의 지위를 박탈당하고 그 후 몇 년 동안 가난하게 살다가 세상을 떠났다. 갈바니의 개념은 수십 년 동안 묻혀 있었고, 불가사의한 동물적인 힘을 신봉하는 사람들이나 볼타의 반대자들 사이에서만 기억되어왔다. 반면 볼타는 1810년에 나폴레옹에게 롬바르디 백작 작위를 받았고, 훗날 전압의 단위는 그의 이름을 따서 **볼트**volt가 되었다. 최초의 전지인 볼타 전지를 발명한 볼타의 명성은 과학사에서 우위를 차지하고 있지만, 동물 전기에 대

● 처칠은 다음과 같은 유명한 글을 남겼다. "역사는 내게 잘 보여야 할 것이다. 왜냐하면 내가 역사를 쓰기 때문이다." 당당한 글에 걸맞게 처칠은 1953년 노벨 문학상을 수상했다. 역사물이 마지막으로 문학상을 받은 게 언제였는지 가물가물하다.

한 그의 생각은 완전히 틀렸다.

갈바니의 개념은 19세기 후반에 들어서야 다시 진지하게 받아들여졌다. 특히 독일의 생물물리학 연구자들이 이에 앞장섰는데, 그중 가장 유명한 인물이 바로 헤르만 폰 헬름홀츠Hermann von Helmholtz였다. 이들은 근육과 신경이 정말 '동물' 전기에 의해 작동한다는 사실을 입증했다. 그뿐 아니었다. 심지어 헬름홀츠는 신경을 따라 흘러가는 전기 자극의 속도도 계산했다. 그는 날아가는 대포알의 속도를 결정하기 위해 군에서 개발한 계산법을 활용해 신경 전달 속도를 계산했다. 신경 전달 속도는 의외로 느렸다. 보통 전기의 속도는 초당 수백 킬로미터였지만 신경에서는 초당 수십 미터에 불과해, 동물 전기는 뭔가 다르다는 것을 암시했다. 얼마 지나지 않아 이 차이가 전하를 띤 원자, 곧 이온 때문이라는 것이 밝혀졌다. 일반적인 전기에서는 도깨비불 같은 전자가 잽싸게 움직이지만, 신경에서는 칼슘, 칼륨, 나트륨 이온이 어슬렁어슬렁 움직인다. 이온이 막을 통과하면 탈분극이 일어난다. 탈분극이란 일시적으로 막 바깥쪽이 음전하를 더 많이 띠는 현상을 말한다. 탈분극에 의한 급격한 변화의 효과는 근처에 있는 막에 영향을 미치면서 신경이나 근육을 따라 전달되는데, 이를 '활동 전위action potential'라고 한다.

그런데 활동 전위는 정확히 어떻게 근육을 수축시킬까? 이 의문에 답을 하기 위해서는 그 밑바탕에 있는 더 큰 의문의 답을 찾아야만 한다. 근육은 물리적으로 어떻게 수축을 하는 것일까? 이번에도 현미경의 발달이 해답을 찾는 데 도움이 되었다. 근육 섬유에는 일정한 줄무늬가 있다는 것이 알려지면서, 밀도가 다른 물질들로 이루어져 있다는 추론이 나왔다. 1830년대 말부터, 영국의 외과 의사이자 해부학자인 윌리엄 보먼William

그림 6.1 가로 세로로 줄무늬가 보이는 골격근의 구조. 검은 선(Z판Z disk)에서 그 다음 검은 선까지를 하나의 근절이라고 하며, 근절에서 가장 어두운 부분(A띠A band)에는 액틴actin과 미오신myosin이 번갈아가며 있다. 밝은 부분(I띠I band)에는 액틴이, 중간 정도의 회색을 띠는 부분에서는 미오신 필라멘트가 만나 M선M line이 생긴다. 근육이 수축할 때는, I띠에 있는 액틴이 M선 쪽으로 잡아당겨지면서 근절이 짧아지고 (I띠가 A띠 사이로 들어가는) 수축의 "어두운 파동"을 일으킨다.

Bowman은 40종이 넘는 동물 골격근의 미세구조를 자세히 연구했다. 그는 인간을 포함한 포유류와 조류, 파충류, 양서류, 어류, 갑각류, 곤충류의 근육을 관찰했다. 모든 동물에서 줄무늬로 나뉜 구간이 나타났다. 160년 전에 레벤후크가 '근절'이라고 표현한 것이었다. 그러나 보먼은 근절마다 진한 색과 밝은 색이 번갈아 나타나는 더 많은 줄무늬가 있다는 것을 새로이 발견했다. 근육 수축이 일어나는 동안에는 근절이 짧아지면서 줄무늬의 밝은 부분이 없어졌고, 보먼은 이 현상을 '근육 수축의 어두운 파동dark wave of contraction'이라고 불렀다. 그는 "수축하는 성질은 각각의 마디 속에 있다"는 정확한 결론을 내렸다(그림 6.1을 보라).

그러나 그 후 보먼은 자신의 발견에서 차츰 손을 뗐다. 그는 근육 속에 들어 있는 신경이 근절과 직접적인 작용을 전혀 하지 않기 때문에 어떤 전기적인 반응의 시작도 결국 간접적일 것이라는 점을 알 수 있었다. 게다가 그는 괄약근과 동맥에서 발견되는 민무늬근smooth muscle도 신경이 쓰였다. 민무늬근에는 골격근에서 볼 수 있는 가로무늬가 없지만, 그래도 완벽한 수축을 했다. 결국 보먼은 이 줄무늬가 근육 수축과 별로 연관이 없으며, 근육 수축의 비밀은 분자의 보이지 않는 구조에 있을 것이라고 생각했다. 보먼은 분자 구조가 "우리가 알 수 없는 저 너머에" 영원히 있을 것이라고 여겼다. 보먼은 분자 구조의 중요성에 관해서는 옳았지만, 가로무늬와 우리가 알 수 있는 영역에 대한 생각에서는 틀렸다. 그러나 근육의 구조에서 보먼이 지정한 조건은 거의 모든 사람들에게 받아들여졌다.

어떤 의미에서 보면, 빅토리아 시대의 사람들은 모든 것을 알면서도 아무것도 몰랐다. 그들은 근육이 수천 개의 섬유로 이루어지고, 각각의 섬유는 근절이라는 마디로 나뉘고, 근절이 수축의 기본 단위라는 것을 알고 있었다. 또 근절이 여러 개의 띠로 이루어지고 이 띠는 각각 밀도가 다른 물질이라는 것을 알고 있었다. 적어도 일부 과학자는 이 띠가 더 가느다란 필라멘트로 이루어져 있고 사이사이로 미끄러져 들어갈 것으로 의심했다. 이런 근육 수축은 전기 자극에 의해 일어나고, 전기 자극은 안쪽 표면을 따라 전위차를 형성한다는 것도 알고 있었다. 심지어 가장 유력한 원인 물질로 정확히 칼슘을 지목하기도 했다. 근육을 이루는 주요 단백질을 분리해 ('근육'이라는 뜻의 그리스어에서 유래한) 미오신myosin이라는 이름을 붙였다. 그러나 분자 수준의 더 심오한 비밀은 우리가 알 수 없는 저 너머에 있다는 보면의 공언처럼, 분명 빅토리아 시대 사람들로서는 알 수 없는 것이었다. 당시 사람들은 근육의 일부 구성 성분을 알았지만, 그 성분들이 어떻게 조화를 이루고 어떻게 작용하는지는 전혀 알지 못했다. 이런 통찰은 20세기 과학의 정교한 환원주의적 업적의 몫으로 남겨졌다. 근육이 실제로 얼마나 대단한지를 평가하고 그 구성 성분이 어떻게 진화했는지를 알아보기 위해, 빅토리아 시대를 뒤로하고 근육을 이루는 분자를 자세히 살펴보자.

근활주설

1950년, 케임브리지 대학의 캐번디시 연구소Cavendish Laboratory에서는 구조생물학실이 문을 열었다. 과학사에서 역사적인 순간이었다. 두 명의 물리학자와 두 명의 화학자가 20세기의 후반기 동안 생물학을 변모시킬 기술과 씨름을 할 참이었다. 이 기술은 바로 X-선 결정학이었다. X-선 결정학은 구조가 반복되는 기하학적 결정에 초점을 맞출 때도 충분히 까다로운 기술이지만, 둥그스름한 생체 분자에 적용하기에는 오늘날에도 암담한 수학적 기술이다.

구조생물학실의 실장은 맥스 퍼루츠Max Perutz였다. 퍼루츠와 부실장인 존 켄드루John Kendrew는 헤모글로빈과 미오글로빈myoglobin 같은 거대 단백질의 구조를 최초로 결정했는데, 이들이 관찰한 것은 복잡하게 얽혀 있는 거대 단백질의 원자에 X-선이 산란될 때 만들어지는 어떤 무늬에 불과했다.● 프랜시스 크릭은 DNA 구조를 밝히는 데 같은 기술을 적용했으며, 곧바로 미국 청년 제임스 왓슨이 그와 합류했다. 그러나 1950년 구조생물학실의 네 번째 연구원은 왓슨이 아니었다. 바깥세상에는 비교적 덜 알려진 휴 헉슬리Hugh Huxley는 구조생물학실의 초창기 일원 중에서 유일하게 노벨상을 받지 못한 사람이기도 하다. 그렇지만 헉슬리는 확실히 노벨상을 수상할 자격이 있었다. 그는 누구보다도 먼저 분자 수준에서 근육이 어떻게 작용하는지를 밝혔고, 그의 성과는 반세기에 걸쳐 영향을 미쳤기 때문이다. 적어도 영국 왕립학회에서는 최고 영예인 코플리 메달Copley Medal을 1997년에 헉슬리에게 수여했다. 이 글을 쓰고 있는 시점에는, 매사추세츠의 브랜다이스 대학에서 명예 교수로 재직하면서 83세의 나이에도 여전히 활발한 활동을 하고 있다.

헉슬리의 명성이 덜 알려진 데는 좀 더 유명한 인물인 노벨상 수상자 앤드루 헉슬리와 성이 같아 혼동을 일으킨다는 점도 한몫을 했을 것이다.

● 퍼루츠와 켄드루가 최초로 구조를 밝혀낸 단백질은 향유고래의 미오글로빈이었는데, 은근히 호기심을 불러일으키는 선택이다. 향유고래를 선택한 이유는 포경선의 갑판에 흥건한 피와 엉긴 피에는 결정화된 미오글로빈이 들어 있기 때문이었다(고래처럼 물에 사는 포유류의 근육은 미오글로빈의 농도가 훨씬 높다). 이렇게 결정화되는 경향은 아주 중요한 요소인데, 결정학이 효과를 보기 위해서는 결정의 일부, 아니면 적어도 반복적인 구조라도 있어야 하기 때문이다.

앤드루 헉슬리는 다윈의 '불독'이라고 불리던 열정적인 달변가, T. H. 헉슬리의 손자기도 하다. 앤드루 헉슬리는 전후 몇 년 동안 신경 전도nerve conduction 연구로 명성을 쌓은 뒤, 1950년대 전반기에 근육으로 관심을 돌렸다. 그리고 이후 수십 년 동안 신경 연구 분야에서 주요 인물이 되었다. 서로의 연구를 몰랐던 두 헉슬리는 독립적으로 연구를 해서 같은 결론에 도달했고, 1954년 『네이처』에 나란히 연구 결과를 발표했다. 두 사람은 모두 **근활주설**sliding filament theory이라고 알려질 이론을 제시했다. 특히 휴 헉슬리는 X-선 결정학과 (당시 개발된 지 20년밖에 되지 않은) 전자현미경을 효과적으로 잘 활용했다. 두 기술은 환상적인 조합을 이뤘고, 이후 수십 년 동안 근육 기능을 점점 더 세밀하게 밝히는 데 중요한 구실을 했다.

휴 헉슬리는 전쟁 중에는 레이더를 연구했다. 그 후, 학위를 마치기 위해 케임브리지로 돌아온 헉슬리는 그 세대 물리학자들이 대개 그렇듯이, 포화의 공포 때문에 물리학을 포기하고 싶은 기분이 들었다. 그는 뭔가 도덕적으로, 그리고 감정적으로 부담이 덜한 분야로 관심을 돌렸고, 결국 물리학계에는 손실이 되었지만 생물학계에는 득이 되었다. 1948년에 퍼루츠의 구조생물학실에 합류한 헉슬리는 근육의 구조와 기능에 관해 파악하고 있는 생물학자가 대단히 적다는 것을 알고 크게 놀랐다. 그러고는 이를 바로잡기 위한 평생의 여정을 시작했다. 갈바니처럼 개구리 뒷다리로 연구를 하면서 헉슬리가 가장 먼저 발견한 것은 실망이었다. 실험실 개구리에서 얻은 근육 패턴은 흐릿했다. 그러나 곧 그는 야생 개구리가 훨씬 낫다는 것을 발견했고, 그 후 오랫동안 아침 식사 전에 개구리를 잡기 위해 쌀쌀한 늪지대를 자전거를 타고 돌아다니게 되었다. 이 야생 개구리들로부터는 세부적으로 자세한 X-선 패턴을 얻었지만 그 의미는 불분명했다.

공교롭게도 헉슬리는 1952년 박사학위 심사에서 역시 결정학의 선구자였던 도로시 호지킨Dorothy Hodgkin과 만나게 되었다. 헉슬리의 논문을 읽던 호지킨은 헉슬리의 자료에서 근섬유가 미끄러져 들어간다는 것을 나타낼 수도 있다는 생각이 들었고, 계단에서 우연히 마주친 프랜시스 크릭과 바로 의논을 했다. 그러나 젊은 혈기가 넘치던 헉슬리는 호지킨이 자신의 논문에서 방법 부분을 제대로 읽지 않았으며 자신의 자료는 호지킨의 결론을 뒷받침하지 않는다며 입바른 소리를 했다. 2년 뒤 헉슬리는 전자현미경 이미지를 보강해 결국 같은 결론에 이르렀지만, 이번에는 적절한 실험 자료가 뒷받침되었다.

헉슬리가 조급한 결론을 내리기를 거부한 바람에 근활주설에 관한 그의 발견은 2년이 지연되었지만, X-선 결정학과 전자현미경 관찰을 이용해 근육 수축을 분자 수준에서 자세히 밝힐 수 있을 것이라는 그의 초기 신념은 적중했다. 두 방법에는 모두 단점이 있고, 헉슬리는 이를 다음과 같이 설명했다. "전자현미경은 진짜 확실한 하나의 영상을 보여주지만, 모두 인위적이다. X-선 회절은 하나의 진정한 자료를 내놓지만, 그 형태는 수수께끼 같다." 그의 통찰에는 X-선 결정학의 단점은 전자현미경으로 보강될 수 있고, 전자현미경의 단점은 X-선 결정학으로 극복할 수 있다는 의미가 담겨 있다.

헉슬리는 운 좋은 사나이다. 이후 반세기 동안 어느 누구도 이런 놀라운 발전을 예감할 수 없었기 때문이다. X-선 결정학 분야는 특히 그렇다. 이 분야의 어려움은 광선의 강도와 상관이 있다. 어떤 구조에서 관찰 가능한 X-선 회절(혹은 산란) 패턴을 만들려면 다량의 X-선이 필요하다. 이는 시간이 필요한 일이었다. 1950년대에는 몇 시간, 심지어 며칠이 걸리기도 했다. 헉슬리나 다른 연구자들은 미약한 X-선 광원을 식히기 위해 밤을 새곤 했다. 또 짧은 순간에 강렬한 X-선을 만들어낼 수 있는 대단히 강한 X-선 광원도 필요했다. 생물학자들은 물리학에서 나오는 새로운 발전에 의지했다. 특히 거대한 고리 모양의 아원자 입자 가속기인 싱크로트론 synchrotron의 발전에 기대를 걸었다. 싱크로트론은 전기장과 자기장을 일치시켜 양성자나 전자를 엄청난 속도로 가속한 다음 서로 충돌시키는 장치다. 생물학자들이 주목한 싱크로트론의 장점은 사실 물리학자들에게는 짜증나는 부작용이었다. 순환 고리를 돌면서 하전된 입자는 '싱크로트론 광synchrotron light'이라고 하는 전자기 복사를 방출하는데, 이 복사선이 대부분 X-선 영역이었다. 이 엄청나게 강한 광선을 이용하면, 1950년대에는 몇 시간에서 며칠이 걸려야 만들 수 있었던 회절 무늬를 1초도 안 되는 짧은 시간에 만들 수 있다. 근육 수축이 일어나는 시간은 수백 분의 1초에 불과하므로 이는 아주 중요했다. 따라서 근육 수축이 일어나는 동안의 분자 구조 변화를 실시간으로 연구하는 데 싱크로트론 광만큼 적절한 것은 없다.

헉슬리가 근활주설을 처음 내놓았을 때는 상당히 불충분한 자료를 기초로 할 수밖에 없었다. 그러나 그 후 헉슬리와 다른 연구자들은 더욱 정교해진 같은 기술을 활용해 수많은 세부적인 메커니즘에 대한 예측을 입증하고, 극히 짧은 시간 동안에 일어나는 변화를 원자 수준까지 자세하게 측정했다. 빅토리아 시대의 과학자들이 현미경으로 관찰할 수 있었던 상대적으로 거대한 구조에서, 헉슬리는 분자의 자세한 구조와 대단히 근본적인 메커니즘을 밝혀냈다. 오늘날에도 불확실한 부분이 아주 없는 것은 아니지만, 그래도 우리는 근육 수축이 어떻게 일어나는지를 거의 원자 수준까지 알고 있다.

흔들거리는 연결 다리

근육 수축은 액틴과 미오신이라는 두 물질의 특성에 의해 일어난다. 액틴과 미오신은 모두 단백질 단위가 반복되면서 기다란 필라멘트(중합체)를 형성한다. 가는 필라멘트는 액틴, 굵은 필라멘트는 미오신으로 이루어져 있는데, 미오신이라는 이름은 이미 빅토리아 시대에 붙여진 것이다. 가늘고 굵은 두 필라멘트가 번갈아 배열되며 다발을 이루고 있고, 아주 작은 다리가 이 필라멘트 다발을 가로지르며 연결되어 있다(이 구조는 1950년대에 헉슬리가 전자현미경으로 처음 관찰했다). 이 다리는 단단히 고정되어 있는 것이 아니라 마구 흔들렸고, 한 번 흔들릴 때마다 액틴 필라멘트를 조금씩 나아가게 한다. 다리의 움직임은 마치 물살을 가르며 빠르게 나아가는 바이킹 장선長船의 노련한 선원들 같지만, 사실 바이킹 장선과 비교하기에는 조금 차이가 있다. 노젓기가 제멋대로 아무렇게나 일어나기 때문에 명령에 따라 일사분란하게 움직이지는 않는다. 전자현미경으로 보면, 수천 개의 연결 다리 중에서 함께 움직이는 것은 절반이 채 되지 않는다. 대부분은 항상 노를 제멋대로 잡고 있다. 비록 조화를 이루지는 않지만, 이런 작은 움직임이 모이면 근육 수축을 일으키는 강력한 힘이 된다는 것이 계산을 통해 입증되었다.

흔들거리는 연결 다리는 모두 굵은 필라멘트에서 나온 것이다. 다시 말해서 미오신 구성 단위의 일부다. 분자 수준에서 볼 때, 미오신은 헤모글로빈 같은 보통 단백질에 비해 8배 정도 더 크다. 전체적으로 미오신 단위

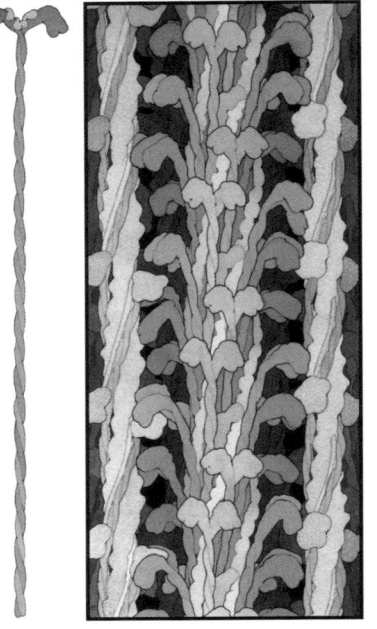

그림 6.2 데이비드 굿셀David Goodsell이 멋진 수채화로 표현한 미오신. 왼쪽: 미오신 한 분자. 맨 위에 두 개의 머리가 있으며 꼬리는 서로 얽혀 있다. 오른쪽: 두꺼운 미오신 필라멘트. 액틴과 작용을 하는 머리는 양쪽으로 튀어 나와 있고, 꼬리는 밧줄처럼 얽혀 두꺼운 필라멘트를 형성한다.

의 모습은 정자와 비슷하다. 정확히 말하면 정자 2개가 서로 머리가 맞닿은 채 꼬리끼리 얽혀 있는 형상이다. 미오신의 꼬리는 다른 미오신의 꼬리와 꼬여서 밧줄 가닥처럼 단단한 필라멘트를 만든다. 이 밧줄에서 머리가 연달아 튀어나오고, 이것이 액틴 필라멘트에 영향을 미치는 흔들리는 연결 다리를 형성한다(그림 6.2).

이 흔들리는 연결 다리의 작동은 다음과 같다. 먼저 흔들리는 다리가 액틴 필라멘트에 달라붙고, 그 다음 ATP와 결합한다. 이 ATP는 전체 과정에서 필요한 동력을 공급한다. ATP와 결합을 하자마자 흔들리는 다리는 액틴 필라멘트에서 분리된다. 이제 자유로워진 다리는 (구부러지기 쉬운 '목' 부분이) 약 70도 각도로 흔들리다가 다시 액틴 필라멘트에 달라붙는다. 그 사이 사용되고 남은 ATP 조각이 방출되고, 연결 다리는 처음 위치로 되돌아가면서 액틴 필라멘트 전체를 끌어올린다. 분리되고, 흔들리고, 달라붙고, 끌려가는 주기적 운동이 노젓기처럼 반복될 때마다 액틴 필라멘트는 수백만 분의 1밀리미터씩 움직인다. 여기서 ATP는 아주 중요한 작용을 한다. ATP가 없으면 머리는 액틴과 분리될 수도 없고, 흔들릴 수도 없다. 이렇게 되면 근육은 사후강직이 일어난 것처럼 굳어버린다(사후강직은 하루 정도 지나면 사라지는데, 그 이유는 근육 조직에서 부패가 시작되기 때문이다).

흔들리는 연결 다리는 여러 종류가 있다. 모두 대체로 비슷하지만 속도에서 차이가 난다. 통틀어 수천 가지가 넘는 '초거대 집단'을 이루며, 인간에서 볼 수 있는 것만 해도 약 40가지다. 수축의 강도와 속도는 미오신의 속도로 결정된다. 빠른 미오신은 ATP를 빨리 분해해 수축 주기가 빠르게 돌아간다. 모든 개체에는 수많은 종류의 근육이 있으며, 각각의 근육은 저마다 수축 속도가 다른 고유의 미오신을 갖고 있다.● 비슷한 차이가 종 사이에도 존재한다. 초파리의 일종인 드로소필라 *Drosophila* 같은 곤충의 비행 근육에서 발견되는 가장 빠른 미오신은 1초당 수백 번의 속도로 수축 주기가 반복되는데, 이는 대부분의 포유류보다 10배 가까이 빠른 속도다. 일

● 근육마다 서로 다른 섬유들로 이루어져 있다. 빠르게 반응하는 섬유는 혐기성 호흡으로 에너지를 얻는다. 혐기성 호흡은 빠르기는 하지만 비효율적이다. 이런 근육은 (빠른 미오신을 이용해) 빠르게 수축하지만 쉽게 지친다. 또 촘촘한 모세혈관 망이나 미토콘드리아, 키오글로빈 같은 산소 호흡을 위한 장치가 별로 필요 없기 때문에 주로 흰 살코기에서 보는 것처럼 흰색을 띤다. 느리게 반응하는 섬유는 주로 붉은 살코기에서 발견되며, (느린 미오신을 이용해) 산소 호흡을 한다. 이런 근육은 느리게 수축하지만 쉽게 지치지 않는다.

반적으로 몸집이 작은 동물일수록 빠른 미오신을 갖고 있다. 따라서 인간 근육의 수축 속도와 비교할 때, 동등한 생쥐 근육의 수축 속도는 세 배 정도 빠르고, 쥐는 두 배가 빠르다. 가장 느린 미오신은 나무늘보와 거북의 심하게 느린 근육에서 발견된다. 이들 동물의 미오신에서 ATP가 분해되는 속도는 인간보다 약 20배가량 더 느리다.

   미오신이 ATP를 분해하는 속도가 근육 수축 속도에 영향을 미치기는 하지만, ATP가 고갈되었다고 근육 수축이 멈추는 것은 결코 아니다. 만약 그렇다면, 우리 모두 체육 수업을 할 때마다 사후강직과 비슷한 경직 상태가 되어 들것에 실려 집에 와야 할 것이다. 대신 근육이 피로해지는데, 강직을 막기 위한 적응으로 추측된다. 근육 수축의 시작과 끝은 세포 내 칼슘 농도에 의해 결정되며, 이것으로 근육 수축과 갈바니의 동물 전기가 연결된다. 어떤 자극이 도달하면, 이 자극은 세포 안으로 칼슘 이온을 분비하는 가느다란 관의 연결망을 통해 빠르게 전달된다. 여기서는 자세히 다룰 필요가 없는 복잡한 단계를 거쳐, 칼슘은 결국 흔들리는 연결 다리가 결합할 액틴 필라멘트 위의 결합 부위를 알려주어, 근육 수축이 일어날 수 있게 한다. 그러나 근육세포에 칼슘이 가득해지자마자 칼슘 배출은 중단되고 펌프가 작동하기 시작해 다음 번 근육 세포의 작동을 준비하기 위해 신속하게 칼슘을 모두 빨아들인다. 칼슘 농도가 떨어지면 액틴 필라멘트 위에 있는 결합 부위는 다시 드러나지 않게 되고 근육 수축은 중지된다. 자연적인 탄성이 뛰어난 근절은 원래의 이완 상태로 빠르게 되돌아간다.

근육의 진화

당연한 얘기지만, 이는 불합리한 부분을 최소한으로 줄이고 대단히 단순화시킨 설명이다. 교재를 보면 단백질의 미묘한 구조나 조절 작용 따위가 여러 쪽에 걸쳐 자세히 설명되어 있을 것이다. 근육 생화학은 끔찍스러울 정도로 복잡하다. 그래도 그 저변에 깔린 단순성은 빛을 발한다. 이 단순성은 단순히 탐구를 돕는 장치가 아니라 복잡한 체계의 진화에서 중심을 차지한다. 미오신과 액틴의 결합을 조절하는 방식은 조직이나 종에 따라 모두 다르다. 이 모든 다양한 생화학적 세부 사항은 바로크 양식 교회를 장식하는 로코코 장식품에 비길 수 있다. 각각의 장식은 그것만으로도 걸작이지만, 여전히 전체적으로는 바로크 양식 교회인 것이다. 마찬가지로 근육 기능에도 로코코 장식품 같은 다양한 차이가 있다. 그러나 미오신은 언제나 액틴의 같은 자리에 결합하고, 언제나 ATP는 근육섬유를 움직이는 동력이 된다.

민무늬근을 생각해보자. 괄약근이나 정맥 같은 민무늬근의 수축 능력은 보면과 빅토리아 시대의 과학자들을 당혹스럽게 했다. 민무늬근에는 골격근에서 볼 수 있는 가로무늬가 전혀 없지만, 똑같이 액틴과 미오신에 의해 수축이 일어난다. 민무늬근에서는 필라멘트가 훨씬 더 헐렁한 방식으로 배열되어 있다. 마치 현미경적 질서는 대수롭지 않게 여기는 것 같다. 액틴과 미오신의 상호작용도 단순하다. 이리저리 복잡한 과정을 거치는 골격근과 달리, 민무늬근에서는 칼슘이 유입되면 미오신의 머리가 곧바로 활성화된다. 그러나 다른 면에서는 민무늬근의 수축도 골격근의 수축과 비슷하다. 둘 다 미오신과 액틴의 결합에 의해 수축이 일어나며, 똑같이 ATP에서 동력을 얻어 주기가 반복된다.

이렇게 단순하면서도 뚜렷한 연관성이 있다는 사실에서, 민무늬근이 골격근의 진화로 나아가는 중간 단계일지도 모른다는 생각을 해볼 수 있다. 민무늬근에는 정교한 현미경적 구조가 없지만 수축하는 조직의 기능을 충분히 잘해낸다. 일본 시즈오카현 미시마에 위치한 국립 유전학 연구소의 유전학자인 오타 사토시Satoshi Oota와 사이토 나루야Naruya Saitou는 포유류의 골격근에 선택된 단백질들이 가로무늬근인 곤충의 비행 근육과 대단히 유사하다는 사실을 꼼꼼한 연구로 밝혀냈다. 둘 다 약 6억 년 전에 살던 척추동물과 무척추동물의 공통조상으로부터 진화했을 것이다. 이 공통조상은 골격은 없을지 몰라도 가로무늬근은 분명히 있었을 것이다. 동일한 방법을 민무늬근에 적용하면, 비슷한 공통조상을 추적할 수 있다. 민무늬근은 더 복잡한 가로무늬근으로 가는 중간 단계가 전혀 아니었다. 민무늬근은 독자적인 진화 계보를 갖고 있었다.

이는 놀라운 사실이다. 우리의 골격근을 구성하는 미오신은 우리의 괄약근을 구성하는 미오신보다, 성가시게 눈앞에서 알짱거리는 집파리의 비행 근육에 있는 미오신과 더 유연관계가 가까웠다. 조금 역겹다. 놀랍게도 가로무늬근이 있는 공통조상이 갈라져 나온 시기는 훨씬 더 오래전으로 거슬러 올라간다. 그 시기는 곤충과 척추동물의 공통적인 특징인 좌우대칭보다도 확실히 그 기원이 빠르다. 해파리도 가로무늬근이 있는데, 사람의 가로무늬근과 세밀한 부분까지 비슷하다. 따라서 민무늬근과 가로무늬근은 둘 다 액틴과 미오신으로 이루어진 비슷한 체계를 이용해 수축을 하지만, 각각의 체계는 두 종류의 세포를 모두 가지고 있던 공통조상으로부터 독립적으로 진화한 것이 확실하다. 이 공통조상은 해파리가 창조의 정점에 있던 시기에 살던 최초의 동물들 중 하나였다.

예상과 달리 가로무늬근과 민무늬근은 오래전에 독립된 진화의 길을 걷게 되었지만, 온갖 형태의 미오신이 공통조상에서 진화한 것은 분명하다. 모두 공통의 기본 구조를 갖고 있다. 모두 액틴에 달라붙고, ATP와 결합하는 위치가 같고, 똑같은 주기로 수축이 된다. 만약 가로무늬근과 민무늬근이 같은 공통조상에게서 유래했다면, 그 공통조상은 해파리보다 더 원시적인 동물임이 분명하다. 이 동물은 가로무늬근도 민무늬근도 없었겠지만, 그래도 액틴과 미오신을 어떤 식으로든 활용했을 것이다. 이 동물의 몸에서 액틴과 미오신은 무슨 작용을 했을까? 그 해답은 꽤 오래전에 나왔다. 1960년대로 거슬러 올라가면, 생각지도 못한 발견 하나를 찾아낼 수 있다. 오래되긴 했지만, 근육의 진화에 극적인 눈을 활짝 열면서 이렇게 시각적인 힘도 발휘하는 발견은 생물학에서는 거의 없었다. 휴 헉슬리는 액틴이 미오신 머리로 '장식'될 수 있다는 것을 발견하고, 전자현미경으로 관찰했다. 이제 그 이야기를 해보자.

근육에서는 온갖 다양한 필라멘트를 추출해 구성 성분으로 분해할 수 있다. 이를테면 미오신 머리를 꼬리 부분과 분리해 시험관 속에서 액틴과 함께 재구성을 할 수 있다. 액틴은 곧바로 긴 필라멘트로 재조립된다. 적당한 조건만 주어지면 중합polymerisation이 되는 것은 액틴 고유의 특성이다. 그 다음 미오신 머리가 액틴 필라멘트에 부착된다. 마치 손상되지 않은 근육에서 하듯, 작은 화살촉 같은 것이 액틴 필라멘트를 따라 일정하게 늘어선다. 이 화살촉들이 모두 한 방향을 가리키는 것을 보면, 액틴 필라멘트에 극성이 있다는 것을 알 수 있다. 액틴 필라멘트는 언제나 딱 한 가지 배열로만 재조립되고 미오신은 언제나 똑같은 방향으로 결합되어 힘이

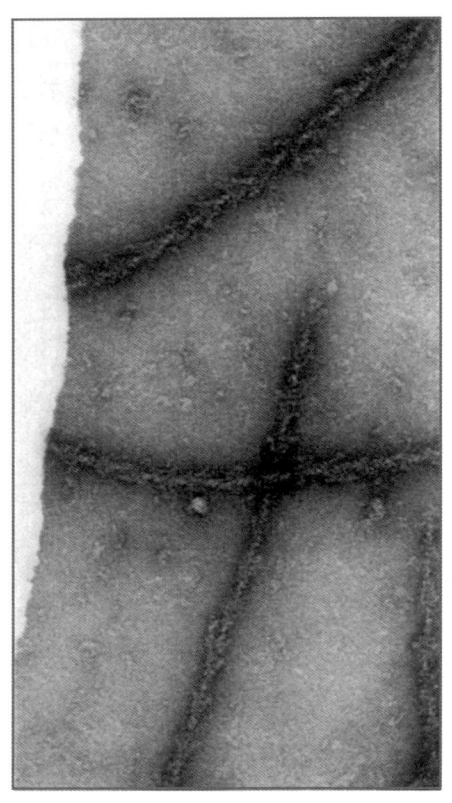

그림 6.3 점균류인 황색망사먼지*Physarum polycephalum*에서 나온 액틴 필라멘트에 토끼의 근육에서 나온 미오신의 '화살촉'이 장식된 모습.

만들어지는 것이다. (근절에서는 중간 지점에서 이 극성이 역전된다. 양 끝이 중간 지점을 향해 당겨지므로, 각각의 근절 단위로 수축이 일어난다. 인접한 근절의 수축은 전체적으로 근육을 짧아지게 한다.)

이 작은 화살촉은 액틴과 결합을 하면 그뿐이다. 그래서 다른 세포 유형에 미오신 머리를 첨가하면 액틴 필라멘트가 있는지를 확인할 수 있다. 1960년대까지 액틴은 다양한 종의 근육에서만 발견되고 다른 유형의 세포에는 들어 있지 않은, 특화된 근육 단백질로 여겨졌다. 그런데 근육과 가장 상관이 없는 유기체인 맥주 효모 속에서 액틴의 존재를 추측할 수 있는 생화학 자료가 나오면서, 이런 상식이 위협을 받게 되었다. 액틴을 미오신 화살촉으로 장식하는 단순한 방법이 뜻밖의 사실을 밝혀줄 판도라의 상자가 된 것이다. 이 판도라의 상자를 처음 연 사람은 휴 헉슬리다. 그는 대단히 원시적인 유기체인 점균류에서 추출한 액틴 필라멘트에 토끼의 미오신을 첨가하면 정확히 결합한다는 사실을 발견했다(그림 6.3).

액틴은 어디에나 있다. 모든 복잡한 세포에는 액틴과 (다른) 필라멘트로 만들어진 내부 골격이 있는데, 이를 **세포골격**cytoskeleton이라고 한다(그림 6.4). 우리 몸속에 있는 모든 세포는 물론, 다른 모든 동물, 식물, 균류, 조류, 원생동물의 세포 속에도 액틴 세포골격이 있다. 게다가 토끼의 미오신이 점균류의 액틴과 결합한다는 사실에는, 종류가 완전히 다른 세포 속에 들어 있는 액틴 필라멘트의 세부 구조가 상당히 비슷하다는 의미가 함축되어 있다. 이 놀라운 추측은 전적으로 옳다. 이를테면, 이제 우리는 효모와 인간의 액틴 유전자 서열이 95퍼센트 일치한다는 사실을 알고 있다.●
이런 관점에서 보면, 근육의 진화는 상당히 다르게 보인다. 우리 근육을

● 사실 이는 살짝 단순화시킨 것이다. 유전자 서열은 80퍼센트가 같지만, 단백질에서 아미노산 서열은 95퍼센트가 같다. 이런 차이가 나는 까닭은 같은 아미노산이 여러 방식으로 암호화되기 때문이다(제2장을 보라). 이런 차이를 통해 알 수 있는 점은, 유전자 서열에서는 규칙적으로 돌연변이가 일어나지만 원래 단백질 서열을 유지하기 위한 강한 선택이 작용한다는 사실이다. 자연선택이 단백질을 이루는 아미노산 서열을 변화시키지 않는 선에서만 유전자 서열의 변화를 허용한 것이다. 이는 선택의 작용을 보여주는 또 다른 작은 증거일 뿐이다.

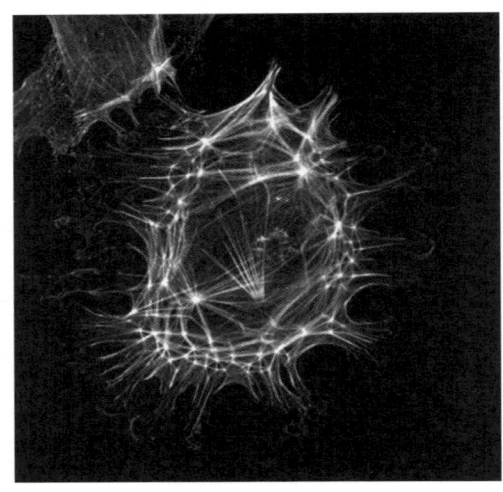

그림 6.4 젖소의 연골 세포 속에 들어 있는 액틴 세포골격. 팔로이 딘-FITCphalloidin-FITC로 형광 염색을 했다.

움직이는 필라멘트와 똑같은 필라멘트가 모든 진핵세포가 살아가는 미세한 세상을 움직이는 것이다. 단 한 가지 진정한 차이는 그 구성에 있다.

모터 단백질

내가 특별히 좋아하는 음악 형식이 있는데, 바로 변주곡이다. 베토벤은 젊은 시절에 모차르트 앞에서 연주를 한 적이 있다고 한다. 전해지는 이야기에 따르면, 모차르트는 베토벤의 연주에서 특별한 감동을 받지 못했지만 즉흥 연주 실력만큼은 그렇지 않았다. 베토벤은 단순한 주제에서 무궁무진한 리듬과 멜로디의 변주를 이끌어내는 능력이 있었다. 이런 베토벤의 실력은 말년의 걸작,「디아벨리 변주곡」에서 진수를 확인할 수 있다. 바흐의 걸작인「골드베르크 변주곡」처럼 베토벤의 디아벨리 변주곡도 엄격한 형식을 따른다. 기본적인 화성의 뼈대를 계속 유지하므로 작품의 전체적인 통일성을 곧바로 감지할 수 있다. 베토벤 이후에는 이런 엄격함이 종종 느슨해져서 작곡가들의 기분이나 감상이 잘 드러날 수 있게 되었지만, 수학적인 장엄함은 결여되어 있다. 이는 모든 숨겨진 미묘한 차이를 느끼게 해주고, 모든 비밀스러운 세계를 현실로 만들어주며, 모든 가능성을 충족시켜주는 감정이 결여되는 것이다.

어떤 주제를 정하고 상상할 수 있는 모든 변주를 연주할 수 있지만 뼈대를 이루는 기본 구성 요소의 원형은 엄격하게 지키는 이런 능력은 생물학에서도 볼 수 있다. 이를테면, 미오신과 액틴 사이의 운동 상호관계라는 주제는 자연선택의 무궁한 상상력에 따라 변하다가 숨이 막힐 정도로 놀라운 형태와 기능의 배치에 도달한다. 복잡한 세포의 내부 세계는 모두 이 예사롭지 않은 수단의 엄격한 변주를 보여준다.

세포골격을 이루는 필라멘트와 구동 단백질 사이의 상호작용은 복잡한 세포 안팎의 모든 운동을 책임진다. 대개의 세포들은 아무 힘도 들이지 않고 단단한 표면을 미끄러지듯 움직이는 것처럼 보인다. 버둥거리는 팔다리도 없고, 몸통을 뒤틀지도 않는다. 위족pseucopodia이라고 하는 것이 튀어나오는 경우도 있다. 위족은 세포의 일부를 쭉 뻗어 몸을 끌어당기거나 원형질로 먹이를 둘러싸 잡아먹는 것이다. 섬모cilium나 편모flagellum를 가지고 있는 것도 있다. 세포는 섬모나 편모를 활기차게 움직이며 여기저기를 돌아다닌다. 세포 안에서는 세포질이 끊임없이 소용돌이치면서 만들어지는 일렁이는 파도 속에서 내용물이 순환한다. 대단히 작은 세포의 세계에서 미토콘드리아 같은 큰 기관은 앞뒤로 바쁘게 움직이고, 염색체는 기품 있는 가보트를 추다가 수줍게 양쪽으로 나뉜다. 그러다 무자비한 코르

셋이 세포의 한가운데를 조이면 세포는 이내 둘로 갈라진다. 이런 운동은 모두 분자 공구들에 의해 일어나는데, 그중 가장 중요한 공구가 액틴과 미오신이다. 그리고 이 모든 것은 하나의 주제에 의한 엄격한 변주에 의해 결정된다.

우리 몸이 ATP 분자만 하게 줄어들었다고 상상해보자. 그러면 세포가 거대한 미래 도시처럼 보일 것이다. 눈을 크게 뜨고 사방을 둘러보면, 어지러이 케이블이 널려 있고 이를 떠받치고 있는 더 많은 케이블이 보인다. 어떤 것은 납작하고, 어떤 것은 지름이 엄청나게 크다. 세포라는 메트로폴리스에는 중력이 없고 점성만 있으며, 모든 것이 불규칙한 원자의 진동과 연관이 있다. 몸을 움직이려고 하면 꿀통에 빠진 것처럼 잘 움직여지지 않을 것이다. 그러나 한번 몸을 흔들면 사방이 다 흔들린다. 그러다 갑자기 이 정신없는 도시를 뚫고 엄청난 속도로 움직이는 괴상한 기계장치 하나가 케이블을 궤도삼아 한 발 한 발 다가온다. 이 빠르게 움직이는 기계장치에는 거대한 물체가 결합 장비에 부착되어 끌려가고 있다. 이 기계장치가 지나는 길에 있다가는 날아가는 발전소에 부딪히는 격이 될 것이다. 사실 부딪히는 격이 아니라 정확히 부딪치는 것인데, 끌려가는 거대한 물체가 바로 세포의 발전소인 미토콘드리아이기 때문이다. 이 미토콘드리아는 주요 업무인 동력 공급을 하기 위해 도시의 다른 곳으로 가는 길이다. 이제 우리는 모두 같은 방향으로 이동하고 있는 다양한 물체들을 보게 된다. 어떤 것은 빨리, 어떤 것은 느리게 움직이지만, 모두 비슷한 장치에 의해 하늘에 있는 궤도에 매달려 간다. 그러다 갑작스러운 충격이 온다! 미토콘드리아가 지나는 동안, 강한 소용돌이에 휘말린 것이다. 우리는 복잡한 세포의 내용물을 통째로 휘젓는 세포질 흐름 cytoplasmic stream이라는 끊임없는 순환의 일부가 된다.

이는 이제 막 상상하기 시작한 정교한 나노 기술nanotechnology의 모습이다. 이런 미래적인 도시 풍경이 모두 낯설겠지만, 동시에 친근할 수도 있다. 내가 묘사한 풍경은 우리 몸을 이루는 세포일 수도 있고, 식물 세포나 곰팡이 세포나 우리 동네 물웅덩이에 살고 있는 단세포 원생생물의 모습일 수도 있다. 세포의 세계에는 경이로운 통일성이 있다. 모두 하나로 연결되어 있다는 느낌이 진하게 든다. 세포의 관점에서 보면, 우리 인간은 그저 하나의 변주에 불과하다. 비슷한 벽돌을 쌓아 만든 또 하나의 경이로운 건축물일 뿐이다. 그런데 이 벽돌이 정말 놀랍다. 모든 진핵생물(핵이 있는 복잡한 세포로 이루어진 유기체. 제4장을 보라) 속에 있는 각각의 떠들썩한 메트로폴리스 사이의 공통점은 훨씬 단순한 세균의 내부 세상과는 판이하게 다르다. 이 차이의 대부분은 쉴 새 없이 세포의 내용물을 이곳저곳으로 운반하는 풍부한 세포골격과 그 운송 능력에서 비롯된다고 할 수 있다. 세포라는 메트로폴리스에 끊임없는 물류의 흐름이 없다면, 대도시에 사람과 차가 북적일 도로가 없는 것과 다를 게 없다.

세포의 모든 운송은 모터 단백질motor protein에 의해 일어나며, 모터 단백질이 작동하는 방식은 대개 비슷하다. 먼저 미오신이 근육에서 하듯이 액틴 필라멘트를 위아래로 움직인다. 그러나 여기서 변주가 시작된다. 근육에서는 미오신의 머리가 액틴 필라멘트에서 떨어져 나오는 데 대부분의 시간을 쓴다. 만약 그렇게 하지 않고 결합을 유지한다면, 다른 머리가 흔들리는 것을 물리적으로 차단하게 될 것이다. 이는 뱃사공이 노를 젓지 않으려고 하는 것과 비슷하다. 근육에서는 이런 배열이 효과가 좋은데, 액틴 필라멘트에 아주 가깝게 매여 있는 미오신의 머리가 서로 얽혀 두꺼운 미세섬유를 이루고 있기 때문이다. 그러나 액틴 필라멘트가 세포 안에 거미줄처럼 얽혀 있는 위태로운 상황에서는 이런 배열이 더 문제를 일으킬 수도 있다. 모터 단백질은 액틴 필라멘트에서 한 번 떨어져 나오면, 여기저기에 부딪치다가 다시 결합하기 위해 안간힘을 쓸 것이다(그러나 일부 경우에는 전기적 상호 작용이 모터 단백질을 계속 액틴 필라멘트 가까이에 매어두는 작용을 한다).

여기서 최선의 해결책은 '전진하는processive' 모터다. 모터 단백질이 액틴 필라멘트에 부착된 채로 그 길을 따라 어떻게든 간신히 움직이는('전진하는') 것이다. 그리고 우리는 정확히 이런 것을 갖고 있다. 미오신의 구조에 몇 가지 작은 변화가 일어나, 떨어지지 않고도 액틴 필라멘트를 따라 움직일 수 있는 전진하는 모터로 바뀐 것이다. 무엇이 바뀌었을까? 먼저 목의 길이를 늘였다. 근육에 있는 미오신을 떠올려보자. 두 개의 미오신 머리가 정확히 마주하면서 꼬리와 목이 단단히 결합하고 있다. 이렇게 단단히 결합하지 않으면 조화롭게 움직이지 못할 게 분명하다. 그러나 목의 길이를 조금만 늘이면, 머리는 어느 정도 자율성을 얻는다. 한쪽 머리가 결합을 하고 있는 동안에도 다른 머리가 흔들리면서 액틴을 따라 '한 걸음 한 걸음' 전진하는 모터가 될 수 있다.● 어떤 변종들은 두 개가 아니라 세 개, 심지어 네 개의 머리를 가진 것도 있다. 당연히 꼬리는 없어야 한다. 미오신 머리는 이제 두꺼운 필라멘트에 감겨 있기보다는 자유롭게 방랑을 한다. 마침내 이 방랑하는 머리에 다른 것들이 달라붙는데, 이를 중재하는

● 물론, 이 변화는 사실 반대로 일어났다. 전진하는 모터가 결국 근육을 이루는 두꺼운 미세섬유가 된 것이다. 그러나 사실 서로 조화롭게 움직이는 것도 아니면서 각각의 미오신 분자에 여전히 두 개씩의 머리가 있는 이유를 이 설명을 통해서 짐작해볼 수 있다.

'짝짓기' 단백질coupling protein은 무엇을 운반하느냐에 따라 각각 달라진다. 이렇게 해서, 전진하는 모터 단백질 일족은 액틴의 궤도를 따라 세포 안 구석구석까지 물질을 운반할 수 있게 되었다.

모터 단백질의 기원

이 웅장한 모터 단백질의 행진은 어떻게 나타나게 되었을까? 세균의 세계에는 여기에 비길 만한 것이 전혀 없다. 게다가 액틴과 미오신은 진핵 세포에서도 유일하게 짝을 지어 운동을 한다. 키네신kinesin이라고 하는 다른 모터 단백질 무리도 미오신과 상당히 비슷한 방식으로 작동한다. 키네신 역시 아찔한 외줄 같은 세포골격을 따라 한 발 한 발 나아간다. 그러나 키네신의 경우에는 문제의 아찔한 외줄이 가느다란 액틴 미세섬유가 아니라, 미세소관microtubule이라는 더 지름이 큰 판이다. 미세소관은 튜블린tubulin이라는 단백질이 모여 만들어졌다. 키네신은 여러 가지 일을 하는데, 그중에는 세포 분열이 일어나는 동안 미세소관의 방추사 위에 있는 염색체를 분리하는 일도 있다. 다른 종류의 모터 단백질도 있지만, 우리는 더 깊이 파고들 필요가 없을 것 같다.

아찔한 외줄 궤도를 따라 움직이는 이 모터 단백질들은 모두 세균에서 유래했다. 그러나 세균에서는 상당히 다른 일을 하기 때문에 그 조상이 항상 명확하지는 않다.● 여기서 다시 X-선 결정학 기술이 유전자 서열만으로는 명확히 식별할 수 없는 유연관계를 밝히는 데 활용된다.

유전자 서열을 자세히 살펴보면, 두 가지 주요 모터 단백질인 미오신과 키네신 사이에는 사실상 아무 공통점이 없다. 여기저기 비슷한 점이 있기는 하지만 오랜 기간에 걸친 우연이나 수렴 진화의 결과로 여겨지고 있다. 사실 키네신과 미오신은 수렴 진화의 전형적인 예로 꼽힌다. 연관성이 없는 두 종류의 단백질이 비슷한 일을 하도록 분화되고 그 결과 구조적인 유사성이 나타났다는 것이다. 박쥐의 날개와 새의 날개가 비행이라는 같은 과제를 놓고 서로 독립적으로 비슷한 해결책을 수렴하는 방향으로 진화한 것과 같은 이치다.

그러나 그 후, X-선 결정학에 의해 미오신과 키네신의 3차원 구조가 원자 수준까지 자세하게 밝혀졌다. 2차원적인 문자의 순서만을 알려주는 유전자 서열을 노랫말 없는 오페라라고 한다면, 단백질의 3차원 구조를 알려주는 X-선 결정학은 화려하고 완벽한 오페라라고 할 수 있다. 일찍이 바그너는 오페라의 음악이 노랫말에서 나온다는 것을 알고 가사를 먼저 썼다. 그러나 바그너에게서 치밀한 게르만 정서만 떠올릴 사람은 아무도 없다. 후대까지 남아 기쁨을 준 것은 그의 음악이다. 마찬가지로 유전자 서열은 자연의 노랫말이다. 다만 단백질이라는 진짜 음악은 형태 뒤에 감추어져 있고, 형태만이 자연선택을 통해 남는다. 자연선택은 유전자 서열에

● 세균도 운동을 한다. 세균의 운동 기관인 편모는 진핵세포에서는 전혀 찾아볼 수 없는 독특한 기관이다. 기본적으로 단단한 타래송곳같이 생긴 편모는 단백질 모터에 의해 중심축을 따라 회전한다. 세균의 편모는 '환원 불가능한 복잡성irreducible complexity'의 예로 자주 거론된다. 그러나 이 주장은 다른 곳에서 광범위하게 다뤄왔기 때문에 여기서는 딴죽을 걸지 않겠다. 세균의 편모에 관해 좀 더 알고 싶다면, 켄 밀러Ken Miller의 『만들어지지 않은 편모The Flagellum Unspun』를 읽어보길 권한다. 저명한 생화학자인 밀러는 이 책에서 지적설계 운동과 가톨릭 관습에 일침을 놓는다. 그는 생명을 분자 수준에서 자세하게 진화를 통해 설명하는 것이 신에 대한 믿음에 전혀 어긋나는 것이 아니라고 믿는다. 그러나 지적설계론의 옹호는 2중의 실패라고 말한다. "사실에 부합하지 않으므로 과학으로 받아들여질 수 없고, 신에 대한 생각을 거의 하지 않으므로 믿음은 뒷전"이라는 것이다.

는 눈곱만큼도 신경을 쓰지 않는다. 오로지 기능만 따진다. 유전자에 기능이 명시되어 있기는 하지만, 기능은 단백질 형태의 영향을 받는 경우가 많다. 단백질이 접히는 규칙에 관해서는 아직도 모르는 것이 많다. 결국 이런 이야기다. 유전자 서열은 점점 더 딴 방향으로 흘러 더 이상 어떤 유사점도 남지 않게 될 수도 있는데, 미오신과 키네신이 그런 경우다. 그러나 단백질의 형태라는 더 심오한 음악은 여전히 거기에 있다는 것을 X-선 결정학을 통해 알 수 있다.

따라서 유전자 서열에는 공통점이 거의 없는 두 단백질, 미오신과 키네신이 정말 공통조상에서 유래했는지를 X-선 결정학을 이용하면 알 수 있다는 것이다. 두 단백질의 3차원 형태는 접히는 위치와 구조가 여러 면에서 같고 결정적인 아미노산의 공간적 위치가 같은 것으로 나타났다. 자연선택의 재주가 놀랍기만 하다. 똑같은 형식, 똑같은 형태, 똑같은 위치, 그 밖의 모든 것이 수억 년 동안 분자 수준에서 똑같이 보존된 것이다. 물질의 구조, 심지어 유전자 서열까지 시간의 흐름에 따라 서서히 침식되었는데도 말이다. 따라서 형태를 통해 보면, 미오신과 키네신은 모두 더 큰 단백질군과 연관이 있으며, 이 단백질군은 세균 조상에서 유래한 것이 분명하다.* 이 조상 단백질은 어떤 형태의 운동이나 힘의 발휘, 이를테면 한 형태에서 다른 형태로 바꾸는 것 따위와 연관이 있는 일을 수행했다(사실 지금도 수행하고 있다). 그러나 이 단백질들 중에서 진정한 운동 능력을 수행할 수 있는 것은 하나도 없었다. X-선 결정학은 단백질 구조의 뼈대를

● 이 단백질군을 특별히 C-단백질이라고 한다. C-단백질은 세포에서 신호 전달에 관여하는 분자 '스위치' 집단이다. 이와 연관된 세균의 단백질군은 GTP효소 단백질GTFase protein이라는 규모가 큰 단백질군이다. 명칭은 중요하지 않다. 이 단백질들이 어디서 유래했는지를 알게 된 것으로 만족하자.

그대로 보여준다. 새의 날개를 X-선으로 촬영하면 뼈대의 구조가 고스란히 보이는 것과 같은 이치다. 뼈대의 구조와 관절의 위치에서 새의 날개가 날지 못하는 파충류의 앞다리에서 유래했다는 것이 드러나듯이, 모터 단백질의 구조가 진정한 운동성은 없지만 형태를 바꿀 수 있는 세균의 단백질에서 유래했다는 것이 분명해진다.

액틴과 미오신의 연결망인 세포골격의 진화에 관해 X-선 결정학이 내놓은 통찰도 알 듯 모를 듯하다. 누군가는 이런 질문을 던질 수도 있다. 왜 모터 단백질도 없는 세포가 모터 단백질을 위한 고속궤도인 미세섬유의 망을 발달시켰을까? 순서가 뒤바뀐 꼴은 아닐까? 만약 세포골격이 그 자체만으로 가치가 있다면 그렇지 않다. 세포골격의 가치는 그 구조적 특성에 있다. 길쭉한 뉴런에서 납작한 내피세포에 이르기까지, 진핵세포의 형태는 세포골격을 이루는 섬유에 의해 유지된다. 그리고 세균도 마찬가지라는 사실이 밝혀졌다. 오랫동안 생물학자들은 세균이 (막대 모양, 나선 모양, 초승달 모양 같은) 다양한 형태인 까닭은 세균을 둘러싸고 있는 딱딱한 세포벽 때문이라고 생각했다. 그러다 1990년대 중반에 세균에도 세포골격이 있다는 것이 밝혀져 모두를 깜짝 놀라게 했다. 세균의 세포골격은 액틴, 튜블린과 상당히 비슷한 가느다란 섬유로 이루어져 있으며, 이제는 이런 섬유가 세균에서 더욱 정교한 형태를 유지하는 일을 담당한다는 것을 알고 있다. (세포골격에 돌연변이가 일어나면 복잡한 형태의 세균은 둥그스름하게 단순한 구형의 세균으로 바뀐다.)

모터 단백질처럼, 세균과 진핵세포의 단백질 사이에는 유전적 유사성이 거의 없다. 그러나 2000년에 들어와서 X-선 결정학에 의해 밝혀진 사실에 따르면, 3차원 구조는 모터 단백질보다 더 충격적이다. 세균과 진핵세포의 단백질 구조는 사실상 포개진다. 형태가 같고, 공간이 같고, 몇몇 같은 결정적인 아미노산은 같은 위치에 있었다. 진핵세포의 세포골격은 세균에 있는 비슷한 골격에서 진화한 것이 분명하다. 형태와 함께 기능도 보존되었다. 진핵세포와 세균의 세포골격은 둘 다 대체로 구조적인 역할을 수행한다. 그러나 각각의 경우에서, 단순히 세포를 가만히 지탱하는 것 이상의 구실을 할 수 있다. 우리의 단단한 골격과 달리, 세포골격은 역동적이고 끊임없이 변하며 스스로를 개조한다. 폭풍우 치는 날의 구름처럼 변덕스러우며 사방을 둘러싸고 있기 때문이다. 힘을 발휘해 염색체를 옮길 수도 있고, 복제를 하는 동안 세포를 둘로 갈라지게 할 수도 있다. 그리고 진핵세포의 경우에는 모터 단백질의 도움이 전혀 없이 세포질을 잡아늘려 뻗어나갈 수 있다. 간단히 말해서 세포골격이 혼자 힘으로 움직일 수 있는 것이다. 이런 일이 어떻게 가능해진 것일까?

역동적인 세포골격

액틴과 튜블린 필라멘트는 둘 다 단백질 구성 단위가 모여 만들어진 긴 사슬로, 중합체polymer라고도 한다. 중합체를 이루는 능력은 별로 특별하지 않다. 플라스틱도 기본 단위가 무한히 반복되어 기다란 사슬을 이루는 중합체다. 세포골격에서 특별한 점은 이 구조가 동적 평형을 이룬다는 점이다. 곧, 중합polymerization과 해중합depolymerization, 들락날락하는 단위 사이에 변화무쌍한 균형이 잡혀 있다는 것이다. 그 결과, 세포골격은 끊임없이 분해와 구축이 일어나면서 모양이 바뀐다. 그러나 여기에는 마술이 있다. 이 구성 단위는 오로지 한 방향으로만 첨가될 수 있으며(마치 레고 블록처럼, 좀 더 정확히 말하자면 배드민턴의 셔틀콕처럼 들어맞는다), 제거는 그 반대쪽 끝에서만 이루어진다. 이 작용으로 세포골격은 힘을 만들 수 있다. 그 이유는 다음과 같다.

만약 사슬의 한 끝에서 구성 단위가 첨가되는 속도와 반대쪽 끝에서 제거되는 속도가 같다면, 중합체의 전체 길이는 일정하게 유지될 것이다. 이 경우 사슬은 구성 단위가 첨가되는 방향으로 나아가는 것처럼 보이게 된다. 이렇게 사슬이 나아가는 경로에 어떤 물체가 있다면, 이 물체는 물리적으로 떠밀려 움직이게 될 것이다. 사실 물체가 사슬 자체에 의해 움직이는 것은 아니다. 정확히 말하면, 분자들 사이의 힘 때문에 생긴 불규칙한 진동에 의해 움직인다. 그러나 이 물체와 사슬이 진행하는 방향의 끝 사이에 작은 틈이라도 생기면, 곧바로 다른 구성 단위가 비집고 들어와 결합한다. 이런 방식으로 사슬이 늘어나면서 물체가 반대 방향으로 움직이는 것을 방해하고, 불규칙한 진동은 물체를 계속 앞으로 떠미는 경향이 있다.

이 작용의 가장 뚜렷한 예는 일부 세균 감염에서 볼 수 있다. 어떤 세균에 감염되면 세포골격이 조립되지 못한다. 이를테면 신생아에게 뇌수막염을 일으키는 리스테리아균*Listeria*이 분비하는 두세 가지의 단백질은 함께 숙주 세포의 세포골격을 탈취한다. 그로 인해 리스테리아균은 첨가와 제거가 일어나는 액틴을 '혜성 꼬리'처럼 달고 세포 안을 돌아다닌다. 리스테리아균의 몸속에서는 세포 복제를 하는 동안 염색체와 플라스미드 plasmid(작은 고리 모양 DNA)가 분리될 때도 이와 비슷한 작용이 일어나는 것으로 추측된다. 세포가 삐죽 튀어나오는 위족도 액틴 필라멘트의 역동적인 첨가와 제거에 의해 만들어진다. 이 과정에는 정교한 모터 단백질이 전혀 필요치 않다.

역동적인 세포골격 이야기가 마법처럼 들릴지도 모르겠다. 그러나 하버드 대학의 생화학자인 팀 미치슨Tim Mitchison에 따르면, 이는 마법이 아니다. 모두 기본적으로 자연스럽게 일어나는 물리적 과정으로 어떤 고등한 진화는 아무것도 필요 없다. 아무런 구조적 기능도 하지 않는 단백질은 어떤 것이든 예고도 없이 갑자기 중합을 하고 더 큰 세포골격을 형성해 힘을 만들 수 있다. 그러고는 똑같이 빠른 속도로 해체되어 이전 상태로 되돌아갈 수 있다. 이런 행동은 놀랍기도 하지만, 대체로 달갑지 않은 경우가 많다. 이를테면 겸상적혈구빈혈증의 경우에는, 산소 농도가 낮으면 갑자기 변종 헤모글로빈에서 중합이 일어나 일종의 내부 골격을 만든다. 이 변화가 일어나면 적혈구의 모양이 낫 모양으로 바뀌어서 겸상적혈구빈혈증이라는 병명이 나왔다. 산소 농도가 다시 증가하면, 이 비상적인 골격은 처음 만들어졌을 때와 똑같이 저절로 해체되어 세포는 정상적인 원반 모양으로 되돌아간다. 대단히 해롭기는 하지만, 이것 역시 힘을 만들어내는 역동적인 세포골격이다.●

아주 오래전에 이와 비슷한 뭔가가 제대로 된 세포골격에서 일어난 것이 분명하다. 액틴과 튜블린 섬유의 단위체는 세포에서 다른 기능을 하는 보통 단백질에서 유래한다. 겸상적혈구빈혈증의 변형된 헤모글로빈처럼, 액틴과 튜블린에서 몇 가지 사소한 변화가 일어나면 자연스럽게 필라멘트

● 훨씬 더 끔찍한 예는 우해면양뇌증bovine spongiform encephaloathy(BSE)이다. 광우병이라고도 알려진 BSE는 프리온prion이라는 단백질에 의해 감염된다. 프리온은 인접한 단백질의 구조를 변형시키는데, 프리온에 의해 변형된 단백질은 기다란 섬유 모양의 중합체를 이룬다. 다시 말해서 일종의 세포골격을 형성한다. 단순히 병리학적인 추측이지만, 최근 연구에서는 프리온과 비슷한 단백질이 뇌 속에서 신경세포 사이의 연접부인 시냅스synapse에서 장기 기억을 형성하는 구실을 할지도 모른다는 추측이 나왔다.

로 조합될 수 있다. 그러나 겸상적혈구빈혈증과 달리, 이 변화는 즉각적인 이득이 있어, 자연선택의 선호를 받았다. 이 즉각적인 이득은 운동과 직접적인 연관은 없었을 것이다. 어쩌면 간접적으로도 연관이 없었을지도 모른다. 사실 말라리아가 만연한 지역에서는 겸상적혈구 유전자가 선택되는 경우가 많은데, 이 유전자를 하나만 갖고 있으면 말라리아로부터 안전하기 때문이다. 끈질기고 고통스러운 병을 일으키지만(낫 모양 적혈구는 구부러지지 않아 모세혈관을 막는다), 원치 않는 세포골격의 우연한 조합은 자연선택에 의해 보존되었다. 말라리아 해충으로부터의 보호라는 중요한 간접적 이득 때문이다.

따라서 가장 단순한 첫걸음에서부터 골격근의 화려한 능력에 이르는 운동성이라는 장관은 끊임없이 변화하는 한 줌 단백질의 작용에 달렸다. 오늘날 남아 있는 문제는 원래의 주제, 맨 처음 부르기 시작한 단순한 곡조를 밝히기 위해 이 모든 놀라운 변주들을 끈질기게 조사하는 것이다. 이 분야는 현재 가장 흥미롭고 의견이 분분한 분야 중 하나다. 모든 진핵세포의 조상이 이 노래의 곡조를 처음 부른 때가 약 20억 년 전쯤이기 때문에, 모든 화음을 재구성하기에는 너무 오랜 시간이 흘렀다. 이 진핵생물의 조상에서 어떻게 운동성이 진화했는지는 확실하게 알지 못한다. 린 마굴리스가 오랫동안 주장해온 것처럼 세포들 사이의 협력(공생)이 결정적인 구실을 했는지, 숙주 세포 안에 이미 존재하고 있던 유전자로부터 세포골격이 진화했는지도 확실히 알 수 없다. 일부 흥미로운 수수께끼의 답을 찾게 되면 서광이 비칠지도 모른다. 이를테면 세균은, 염색체를 끌어당길 때는 액틴 필라멘트를 활용하고 복제를 하는 동안 세포를 분할하기 위해 조일 때는 튜블린 미세소관을 활용한다. 진핵세포에서는 이와 반대다. 세포분열이 일어나는 동안 염색체를 분리하는 일을 하는 방추사의 뼈대는 미세소관으로 구성되어 있는 반면, 세포가 분리될 때 코르셋을 조이는 구실을 하는 것은 액틴이다. 이런 기능의 역전이 일어난 방식과 이유를 알게 되면, 우리는 분명 지구 생명 역사를 더 세밀하게 이해할 수 있게 될 것이다.

그러나 연구자들의 이 장대한 도전은 사실 세부적인 것이며, 전체적인 그림은 이제 대체로 분명해졌다. 우리는 세포골격과 모터 단백질이 어떤 단백질에서 진화했는지를 알고 있으며, 이런 단백질이 공생하는 세균에서 유래했는지 숙주 세포에서 유래했는지는 전체적인 큰 그림에서는 그다지 중요하지 않다. 둘 다 그럴듯한 후보이기 때문에 답을 알게 된다고 해서 현대 생물학의 토대가 무너지지는 않을 것이다. 한 가지 사실만은 분명하다. 설령 역동적인 세포골격과 모터 단백질로 힘을 발휘하며 돌아다닐 수 있는 능력이 없는 진핵생물이 존재했는지는 몰라도 이제는 발견되지 않는다는 것이다. 이런 진핵생물과 그 후손은 오래전에 멸종했다. 현존하는 모든 진핵생물의 조상은 움직일 수 있었다. 아마 운동성은 진핵생물의 조상에게 큰 이점으로 작용했을 것이다. 그렇기 때문에 운동성의 출현은 생태계를 영원히 복잡하게 바꾸는 것 이상의 일을 해냈다. 세균이 지배하는 단순한 세상에서 오늘날 우리가 바라보는 화려하고 경이로운 세상으로 지구의 겉모습이 바뀌는 데 일조를 했을 것이다.

제7장

시각
눈 먼 동물들의 세상을 벗어나

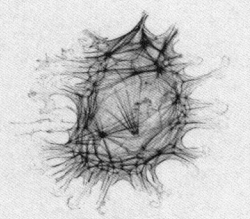

Life Ascending

시각은 비교적 진귀한 특성이다. 적어도 전통적 시각에서 볼 때, 식물과 균류와 조류藻類와 세균에는 눈이 없다. 동물계에서도 눈이 공통적인 속성은 전혀 아니다. 동물계는 기본적인 체제body plan의 차이에 따라 38개의 문phylum으로 나뉘지만, 단 여섯 개의 문에서만 진짜 눈이 발명되었다. 그 나머지 동물들은 시각의 혜택을 전혀 누리지 못하고 수천만 년, 수억 년을 견뎌왔다. 자연선택은 시각이 없다는 이유로 이 생물들을 괴롭히지는 않았다.

이런 혹독한 배경과 비교할 때, 눈의 진화론적 이득은 실로 어마어마하게 다가온다. 모든 문이 동등하지 않으며, 일부 문은 다른 문에 비해 훨씬 우월한 상태에 놓인다. 이를테면, 우리 인간을 포함해 모든 척추동물이 속한 척색동물Chordata에는 4만 종 이상의 동물이 있다. 민달팽이와 달팽이, 문어 따위를 포함하는 연체동물Mollusca에는 10단 종의 동물이 속한다. 갑각류와 거미류, 곤충류가 들어가는 절지동물Arthropoda에는 100만 종 이상의 동물이 있어, 기재된 모든 종의 80퍼센트를 이룬다. 이와 달리 덜 알려진 대부분의 문에는 육방해면류glass sponges, 윤충류rotifers, 새예동물priapulid worms, 빗해파리류comb jellies 같은 동물학자들이나 아는 특이한 동물들이 속하는데, 대개 수십에서 수백 종이라는 비교적 적은 수의 종으로 이루어져 있다. 특히 판형동물Placozoa 문에는 단 한 종이 기재되어 있다. 이 모든 것을 종합하면 전체 동물종의 95퍼센트가 눈을 갖고 있다는 것을 알 수 있다. 눈을 **발명한** 동물문은 아주 적지만 오늘날 동물의 생활을 철저하게 지배하고 있다.

당연히 이는 단순한 우연이 아닐 것이다. 이들 특별한 동물문의 체제에는 눈 말고도 우리가 미처 눈치 채지 못한 다른 미묘한 장점도 있을 수 있다. 그 장점이 눈과 전혀 상관없는 것일 수도 있겠지만, 그럴 가능성은 아주 희박하다. 단순히 빛의 유무를 감지하는 수준이 아니라 공간 시각spatial vision을 갖춘 제대로 된 눈이 진화하면서 진화의 방향이 변해왔다는 느낌이 강하게 든다. 화석 기록에 따르면 최초의 진정한 눈은 5억 4000만 년 전에 갑자기 나타났다. 캄브리아기 대폭발이라는 진화의 '빅뱅'이 시작되려고 하는 시점과 아주 가깝다. 당시의 화석 기록에는 놀라울 정도로 다양한 동물이 갑자기 쏟아져 나온다. 오랜 세월 동안 사실상 잠잠하던 바위 속에서 오늘날의 거의 모든 동물문이 아무 예고도 없이 튀어나온 것이다.

화석 기록에서 동물의 대폭발과 눈의 발명이 시간적으로 일치하는 현상은 확실히 단순한 우연은 아닐 것이다. 공간 시각으로 인해 포식자와 피식자가 완전히 다른 토대 위에 놓이게 되었기 때문이다. 이 사실만 가지고도 캄브리아기의 동물들이 단단한 갑옷을 선호한 이유가 설명되고, 그 덕분에 화석화 작용의 가능성이 훨씬 높아졌다. 런던 자연사박물관의 생물학자인 앤드루 파커Andrew Parker는 눈의 진화가 캄브리아기의 대폭발을 이끌었다는 그럴듯한 주장을 내놓았다. 눈이 정말 이렇게 갑자기 진화할 수 있는지(혹은 이와 관련해서 화석 기록을 잘못 해석한 것은 아닌지)에 관한 의문은 나중에 다룰 것이다. 지금은, 세상은 빛에 흠뻑 젖어 있기 때문에 시각이 후각, 청각, 촉각보다 더 많은 정보를 주고, 우리는 필연적으로 시각을 가질 수밖에 없다는 점을 지적하고자 한다. 생명이 이룬 가장 경이로운 적응에는 시각과 상관이 있는 것이 많다. 번식을 위해 자태를 뽐내는 공작이나 꽃, 거대한 골판이 줄지어 늘어서 있는 스테고사우루스, 신중하게 몸을 위장하는 대벌레의 예가 다 여기에 속한다. 우리 인간 사회도 보이는 것을 대단히 의식한다는 것은 말할 나위도 없다.

시각의 진화는 효용성뿐 아니라 문화적 상징성도 지닌다. 눈은 지나치게 완벽해 보이기 때문이다. 다윈 이후, 눈은 자연선택이라는 개념에 도전하는 전형으로 인식되었다. 방향성이 없는 수단을 이용해, 이렇게 복잡하고 이렇게 완벽한 것이 정말 진화할 수 있을까? 회의론자들은 절반의 눈이 무슨 일을 하겠느냐고 묻는다. 수백만 단계에 걸친 점진적 변화가 필요한 자연선택에서는, 각각의 단계가 이전 단계에 비해 나아져야만 한다. 그렇지 않으면 절반만 만들어진 구조는 가차없이 세상에서 제거될 것이다. 그러나 회의론자들의 말에 따르면, 눈은 완벽하기가 가치 시계와 같다. 다시 말해서, 간단한 모습으로 환원시킬 수 없다. 조금만 제거해도 더 이상 작동하지 않는다. 시계 바늘이 없는 시계는 가치가 없으며, 수정체나 망막이 없는 눈도 마찬가지라고들 말한다. 만약 절반의 눈이 쓸모가 없다면 눈은 자연선택이나 현대 생물학에서 알려진 다른 수단에 의해 진화할 수 없을 것이다. 따라서 천상의 설계를 보여주는 증거임이 틀림없다.

생물학에서는 완벽을 두고 신랄한 논쟁이 벌어지지만 이미 확고한 자리를 차지하고 있어 더 달라질 것은 거의 없다. 다윈을 옹호하는 사람들은 눈은 완벽과는 거리가 멀다고 주장한다. 어떤 사람은 안경이나 콘택트렌즈를 착용하고, 어떤 사람은 시력을 잃기도 하는 것을 보면 그렇다는 것을 잘 알 수 있다는 것이다. 확실히 옳은 말이다. 그러나 이런 종류의 이론적인 주장에는 위험한 요소가 있다. 이 주장은 틀림없이 존재하는 여러 가지 정교함을 호도한다. 이를테면, 인간의 눈을 보자. 눈의 설계는 단점이 너무 많아서 사실상 진화가 무계획적으로 무능하게 대충 일어나며 멀리 내다보지 못해 점점 무력해진다는 좋은 증거라는 것이 일반적인 주장이다. 우리는 인간 기술자가 훨씬 더 잘해낼 것이라고 말한다. 사실은 문어가 더 잘한다. 이 그럴듯한 주장은 레슬리 오겔Leslie Orgel의 제2법칙이라고 알려진 재미난 법칙을 간과하고 있다. 바로 진화가 우리보다 더 영리하다는 것이다.

이 예를 간단히 살펴보자. 문어의 눈은 우리와 비슷한 '카메라' 눈이다. 앞쪽에는 수정체가 하나 있고, 뒤쪽에는 빛을 감지하는 막인 망막이 있다(망막은 사진기의 필름과 같은 구실을 한다). 문어와 인간의 가장 최근 공통 조상은 아마 제대로 된 눈이 없는 벌레의 일종이었을 것이다. 따라서 문어의 눈과 우리 눈은 독립적으로 진화해, 본질적으로 같은 해결책을 수렴했을 것이다. 두 종류의 눈을 자세히 비교하면, 이 추측이 더욱 힘을 얻는다. 인간과 문어의 눈은 각각 배의 다른 조직에서 발생을 하며, 현미경으로 관찰하면 확연히 다른 구조를 나타낸다. 문어의 눈이 훨씬 그럴듯하게 배열되어 있는 것처럼 보인다. 빛을 감지하는 망막세포는 빛을 향하고 있으며, 뉴런은 뒤쪽을 향하고 있어 곧바로 뇌와 연결된다. 이와 달리 인간의 망막은 거꾸로 박혀 있다는 말을 자주 한다. 아주 바보 같은 배열임이 분명하다. 빛을 감지하는 세포가 앞쪽에 있지 않고 뒤로 물러나 있고, 그 위에는 한 바퀴 돌아서 뇌로 향하는 뉴런이 뒤덮고 있다. 빛은 이 뉴런의 숲을 뚫고 지나야 빛 감지세포에 닿을 수 있다. 설상가상으로 뉴런이 시신경의 다발을 이뤄 망막을 뚫고 지나가므로 그 자리는 맹점이 된다.●

그러나 우리 눈의 배열에 관해 너무 성급한 결론을 내려서는 안 된다. 생물학에서 흔히 있는 일처럼, 상황은 훨씬 복잡하다. 뉴런은 색이 없으므로, 빛의 경로를 그다지 방해하지 않는다. 설사 방해를 한다 해도, 빛이 감지세포에 수직으로 도달해 광자photon를 가장 효율적으로 사용할 수 있게 하는 '도파로導波路waveguide' 구실을 하기도 한다. 게다가 더욱 중요한 사실은, 인간의 빛 감지세포는 지지세포(망막색소상피retinal pigment epithelium)에 바로 박혀 있어 혈액 공급이 아주 원활하게 이루어진다는 장점이 있다는 것이다. 이런 배치 덕분에 감광색소photosensitive pigment가 끊임없이 바뀐다. 인간의 망막은 뇌보다 1그램당 산소 소비량이 더 많은, 인체에서 가장 활발한 활동을 하는 기관이다. 따라서 이런 배치가 아주 중요하다. 문어의 눈은 틀림없이 이렇게 높은 대사율을 지탱할 수 없을 것이다. 그러나 어쩌면 그럴 필요도 없을 것이다. 빛의 세기가 약한 바다 속에서 살아가는 문어는 감광색소를 그렇게 자주 바꿀 필요가 없기 때문이다.

내 요지는, 생물학에서는 어떤 배치에도 장단점이 다 있다는 것이다. 그 결과는 선택압의 균형으로 나타나는데, 우리는 언제나 이 균형을 제대

● 내가 학교 다닐 때 유명했던 이야기가 하나 있다. 케임브리지와 옥스퍼드의 오랜 전통인 보트 경주에서 한 학생이 케임브리지의 키잡이를 맡았다. 이 키잡이가 모는 케임브리지의 보트는 곧장 바지선을 들이받고 낙심한 팀원과 함께 물에 가라앉았다. 훗날 이 키잡이는 바지선이 자신의 맹점에 있었다고 해명했다.

로 평가하지 못한다. 이것이 '그래서 그렇게 된' 이야기의 문제점이다. 우리는 전체적인 그림의 절반밖에 보지 못하는 일이 허다하다. 너무 개념적인 주장은 강한 반론에 늘 취약할 수밖에 없다. 여느 과학자들과 마찬가지로, 나도 자료의 흐름을 따라가는 것을 좋아한다. 지난 수십 년 동안 성장을 거듭해온 분자유전학에서 나온 자세하고 풍부한 자료들은 대단히 특별한 문제에 대단히 특별한 해답을 내놓을 수 있게 해주었다. 이 해답들을 한데 엮으면, 눈이 어디서 어떻게 진화했는지를 보여주는 시각이 분명하게 드러난다. 놀랍게도 눈은 아득히 먼 옛날에 녹색을 띠는 조상으로부터 시작되었다. 이 장에서 우리는 이 실마리들을 따라가면서, 절반의 눈에는 정확히 어떤 쓰임새가 있고, 수정체는 어떻게 진화했고, 망막의 빛 감지세포는 어디서 유래했는지를 알아볼 것이다. 이야기의 단편들을 짜맞추는 동안, 눈의 발명이 정말 진화의 속도와 흐름을 바꿔놓았다는 것을 알게 될 것이다.

절반의 눈

"절반의 눈이 무슨 소용이 있는가?"라는 질문을 농담으로 받아치기는 쉽다. 어느 쪽 절반을 말하는가? 왼쪽 눈? 아니면 오른쪽 눈? 나는 "절반의 눈은 49퍼센트의 눈보다 1퍼센트 나은 것"이라는 리처드 도킨스의 날카로운 응수에 공감한다. 그러나 절반의 눈이 정확히 어떤 모습인지 떠올리기도 벅찬 사람들에게 49퍼센트의 눈은 더 어리둥절하기만 하다. 사실, 문자 그대로의 '절반의 눈'은 이 문제를 접근하는 데 아주 좋은 방법이다. 눈은 깔끔하게 두 조각으로 나눌 수 있다. 바로 앞부분과 뒷부분이다. 안과 의사들의 학회를 보면 이들이 크게 두 무리로 나뉜다는 것을 확인할 수 있다. 눈의 앞부분을 연구하는 사람들(수정체와 각막을 다루는 백내장과 굴절 수술 학회)과, 황반 변성macular degeneration을 실명의 주요 원인으로 보고 눈의 뒷부분(망막)을 연구하는 사람들이다. 이 두 무리는 서로 마지 못해 교류를 하고 있으며, 때로는 완전히 다른 나라 말을 하는 사람들처럼 보이기도 한다. 그러나 이들의 구별은 타당하다. 부속물을 모두 해체하면, 눈은 망막만 남는다. 위에는 아무것도 없는 빛 감지 막만 남는 것이다. 그리고 바로 이 노출된 망막이 진화의 받침점을 이루고 있다.

노출된 망막이라는 개념이 괴상하다는 생각이 들 수도 있다. 그러나 이 개념은 똑같이 괴상한 환경과 기분 좋게 맞아 떨어진다. 이 괴상한 환경이란 제1장에서 만났던 심해의 열수분출공이다. 이런 열수분출공은 놀라운 생명이 용솟음치는 곳이며, 이곳의 모든 생명은 열수분출공에서 뿜어져 나오는 황화수소 기체로 살아가는 세균에 직간접적으로 의존해 살아간다. 아마 이곳에 사는 생명체 가운데 가장 특이하고 가장 유명한 것은, 길이가 3미터에 달하는 거대한 관벌레일 것이다. 관벌레는 보통 지렁이의 아주 먼 친척이지만, 글자 그대로 알맹이가 없는 놀라운 생명체다. 입도 없고 장도 없는 관벌레는 자신의 조직 속에서 살아가는 황세균에 의존해 양분을 얻는다. 그 외에도 열수분출공에서는 거대한 대합과 홍합 같은 거대 생명체들이 발견된다.

이 거대 생명체들은 태평양에서만 발견되지만, 대서양의 열수분출공에도 독특한 경이로움이 있다. 가장 눈에 띄는 것은 연기가 솟아오르는 굴뚝 바로 아래 떼 지어 살고 있는 리미카리스 엑소쿨라타*Rimicaris exoculata*라는 새우 무리다. 이 이름은 문자 그대로 '눈 없는 열수분출공 새우'라는 뜻인

그림 7.1 눈 없는 새우인 리미카리스 엑소쿨라타. 등 위로 노출된 망막 두 개가 흐릿하게 보인다.

데, 안타깝게도 명명자들이 쥐구멍이라도 찾아야 할 정도로 잘못 붙여진 이름이다. 이름과 캄캄한 심해라는 서식지에서 추측할 수 있듯이, 확실히 이 새우에는 우리가 알고 있는 눈은 없다. 이 새우들은 해수면 근처에 살고 있는 사촌들처럼 눈자루를 갖고 있지는 않지만, 등 위에 두 개의 커다랗고 납작한 조각이 있다. 이 조각은 마치 고양이의 안광처럼, 심해 잠수정이 내뿜는 빛을 반사한다.

이 조각을 처음 주목한 사람은 신디 반 도버Cindy Van Dover였다. 반 도버의 발견은 우리 시대의 과학이 더욱 놀라운 발걸음을 내딛는 계기가 되었다. 그녀는 쥘 베른Jules Verne의 책에 등장하곤 하던 일종의 과학 탐험가로, 그녀가 연구하는 종들과 마찬가지로 오늘날에는 아주 희귀한 존재다. 현재 듀크 대학 해양연구소의 소장을 맡고 있는 반 도버는 지금까지 알려진 열수분출공을 거의 모두 탐사했으며, 여성으로서는 처음으로 심해 잠수정인 앨빈 호를 조종했다. 훗날 반 도버는 거대 조개와 관벌레가 똑같이 지구 내부에서 메탄이 스며 나오는 차가운 바다 밑바닥에 살고 있다는 것을 발견했다. 확실히 바다 밑바닥에서 생명이 번성하는 데는 열보다는 화학적 조건이 중요한 요소였다. 화려한 경력을 자랑하는 반 도버라도 1980년대 후반에 이 눈 없는 새우의 조직 표본을 무척추동물 시각 전문가에게 보낼 때의 심정은 무척 긴장되었을 것이다. 당시 그녀가 품었던 의문은 조금 시시하게도, "이것이 과연 눈일까?" 하는 것이었다. 간단히 말해서 그 조직 표본의 모습은 망막을 짓이겨 놓은 것처럼 생겼다. 수정체나 홍채 같은 일반적인 눈의 부속물은 없지만, 캄캄한 심해에서 살아가는 이 눈 없는 새우의 등에는 노출된 망막이라고 할 만한 것이 있었다(그림 7.1).

연구가 좀 더 진행되자, 반 도버가 품었던 의문은 더 확실한 발견으로 이어졌다. 이 새우의 노출된 망막에 들어 있는 색소의 특성은 인간의 망막에서 빛을 감지하는 일을 담당하는 **로돕신**rhocopsin이라는 색소와 대단히 유사했다. 더 나아가 전체적인 망막의 모양은 상당히 다르지만, 일반적인 새우 특유의 빛 감지세포 속에도 들어 있는 색소와도 같았다. 따라서 아마 이 눈 없는 새우는 바다 밑바닥에서 빛을 볼 수 있었을 수 있다. 반 도버는 열수분출공 자체에서 희미한 빛이 나올지도 모른다고 생각했다. 어쨌든 고열의 필라멘트는 빛을 낸다. 열수분출공은 확실히 뜨겁고 용해된 금속이 가득하다.

그 전까지 앨빈 호의 불을 끈 사람은 아무도 없었다. 칠흑 같은 어둠 속에서, 이런 계획을 세우는 것은 아무 계획도 없는 것보다 더 나쁘다. 잠수정이 열수분출공에 휩쓸리면 승무원들의 목숨이 위험해질 수도 있고, 적어도 장비의 손상을 입을 수 있기 때문이다. 그때까지 반 도버는 직접 열수분출공에 내려간 적이 없지만, 지리학자인 존 델레이니John Delaney를 설득해 불을 끄고 디지털 카메라로 열수분출공을 촬영하는 모험을 감행하게 했다. 맨눈으로는 아무것도 보이지 않았지만, 델레이니의 카메라에는 열수분출공을 감싸고 있는 희미한 빛이 잡혔다. 이 빛은 "체셔 고양이의 능글능글한 웃음처럼 어둠 속을 감돌았다". 그러나 최초의 사진들에서는 어떤 종류의 빛을 발하는지 알 길이 없었다. 무슨 색인지, 밝기는 어느 정도인지도 알 수 없었다. 우리에게는 아무것도 보이지 않는 곳에서, 이 새우들은 정말 열수분출공에서 나오는 빛을 '보는' 걸까?

블랙 스모커는 고열의 필라멘트처럼 온도가 높은 (근적외선) 영역에 속하는 파장의 붉은 빛을 발할 것으로 예측되었다. 이론적으로는 파장이 짧아질수록 노랑, 초록, 파랑 부분의 스펙트럼에서는 전혀 빛을 발하면 안 된다. 이런 예측은 렌즈 바깥쪽에 색 필터를 놓고 실시한 조악한 일부 초기 측정을 통해 굳어지게 되었다. 만약 열수분출공이 발하는 빛을 볼 수 있다면, 새우의 눈은 붉은색이나 근적외선을 볼 수 있도록 '조절'되어야 할 것이다. 그러나 새우의 눈을 처음 조사했을 때는 정반대의 결과가 나왔다. 로돕신 색소는 대부분 파장이 500나노미터 근처인 초록빛에 반응했다. 이 결과를 일시적인 착오로 치부할 수 있을지도 모르지만, 아주 까다로운 조작을 통해서 새우의 망막을 전기적으로 해독을 했을 때도 초록빛만 볼 수 있다는 것을 암시하는 결과가 나왔다. 기이한 일이었다. 만약 열수분출공이 붉은빛을 낸다면, 초록빛만 볼 수 있는 새우는 아무것도 보이지 않는 것과 같다. 그렇다면 이 특이하게 노출된 망막은 전혀 작용을 하지 않는 것일까? 어쩌면 동굴에 사는 장님 물고기처럼 눈이 퇴화된 것일지도 모른다. 새우의 노출된 망막이 머리가 아닌 등에 있다는 사실에서 이 망막이 퇴화된 것은 아니라는 점을 의심하게 하지만, 이 의심을 입증하기란 쉬운 일이 아니다.

이를 입증할 증거는 유생이 발견되면서 나왔다. 열수분출공 세계는 보기와 달리 영원하지 않다. 열수분출공은 분출물에 닥혀 수명이 다하며, 그 수명은 대개 인간의 수명과 비슷하다. 새로운 열수분출공이 대양의 밑바닥 어딘가에서 분출을 시작할 때는 다른 열수분출공에서 몇 킬로미터씩 떨어진 곳에 위치하는 경우가 많다. 열수분출공을 터전으로 살아가는 생물들이 살아남기 위해서는 죽은 열수분출공을 떠나 새로운 열수분출공까지 텅 빈 공간을 건너가야만 한다. 열수분출공의 조건에 잘 적응한 대부분의 성체에게 운동성은 방해가 된다(입과 장이 없는 거대한 관벌레를 생각해보라). 반면, 엄청난 수의 유생들은 대양 멀리까지 퍼져나갈 수 있다. 이 유생이 새로운 열수분출공에 우연히 부딪히는지, 집으로 돌아오는 새로운 방법(이를테면 화학적 기울기를 따라오는 것 따위)을 찾아내는지는 아직 모른다. 그러나 유생의 형태는 열수분출공 세계에 전혀 적응하지 않았다. 대부분 이 유생들은 수면에 훨씬 가까운 곳에서 발견된다. 그래도 여전히 깊은 바다이기는 하지만 희미하게나마 태양빛이 투과되는 곳이다. 다시 말해서, 이 유생들은 눈이 쓸모 있는 세상에서 산다.

최초로 확인된 유생은 비토그라에아 테르디드론*Bythograea thermydron*이라는 게의 유생이었다. 흥미롭게도, 새우와 마찬가지로 이 게의 성체도 제대로 된 눈 대신 노출된 망막 한 쌍을 달고 보란듯이 돌아다닌다. 그러나 새우와 달리 이 망막은 머리 위, 눈이 있을 법한 자리에 달려 있다. 그러나 가장 놀라운 것은 이 게의 유생이 완벽한 보통 게의 눈을 가지고 있다는 것이다. 따라서 이 게는 눈이 필요할 때 눈을 갖고 있는 것이다.

유생은 계속해서 발견되었다. 열수분출공에는 리미카리스 엑소쿨라타와 함께 몇 종의 새우가 살고 있지만, 떼를 이루지 않고 고독한 늑대처럼 살아가기 때문에 눈에 잘 띄지 않았다. 이런 고독한 늑대 같은 새우들 역시 노출된 망막이 있는 것으로 밝혀졌는데, 등이 아닌 머리에 있었고 게처럼 유생에는 완벽한 보통 눈이 있었다. 사실 가장 최근에 확인된 유생은 다름 아닌 리미카리스의 유생이다. 이렇게 발견이 늦은 까닭은 다른 새우의 유생과 비슷하게 생겨서 혼동을 일으키기도 했고, 이 유생의 머리에 상당히 정상적인 눈이 있었기 때문이기도 했다.

유생의 머리에서 정상적인 눈이 발견되었다는 사실은 상당히 중요하다. 노출된 망막이 단순히 퇴화된 눈이 아니라는 의미이기 때문이다. 상실의 세대가 다다른 종착점, 다시 말해서 칠흑 같은 어둠 속에서 살아가는 데 걸맞은 기능만 남은 것이다. 유생들은 완벽하게 훌륭한 눈을 갖추고 있다. 만약 성체가 되는 동안 눈을 잃는 쪽을 선호한다면, 이는 돌이킬 수 없는 진화적 상실의 세대와는 상관이 없다. 대가와 이득이 무엇인지는 몰라도 훨씬 계획적인 뭔가가 있는 것이다. 마찬가지로, 노출된 망막은 이 캄캄한 환경에서 진짜 상像을 만드는 눈이 대적할 수 없는 기능을 수행하기 위해 무에서 진화하여 '올라온' 것이 아니다. 오히려 유생이 성체로 성숙되는 과정에서, 열수분출공 아래로 내려가면서 눈이 퇴화되어 거의 사라진 것이다. 유생의 근사한 광학적 장치는 세심한 단계를 하나씩 거치면서 다시 합병되고 노출된 망막만 남는다. R. 엑소쿨라타의 경우만 보면, 눈은 모두 사라지고 아무것도 없는 등에서 노출된 망막이 만들어진다. 무엇보다도 이 노출된 망막은 다른 동물들에서 완전한 눈이 하는 것과는 다른 용도가 있는 것 같다. 이는 어쩌다 우연히 1회성으로 나타난 게 아니었다. 도대체 무슨 이유에서 나온 것일까?

 노출된 망막의 가치는 해상도와 감광도 사이의 균형에 있다. 해상도란 상을 자세하게 보는(분해하는) 능력을 말한다. 해상도를 향상시키는 장치에는 수정체, 각막 따위가 있는데, 모두 망막에 초점이 잘 잡혀 상이 만들어질 수 있게 돕는다. 감광도란 이와 반대로 광자를 감지하는 능력을 말한다. 감광도가 낮으면 있는 빛을 잘 활용할 수 없다. 우리 인간의 경우에는 감광도를 높이기 위해 눈동자 속의 구멍(동공)을 넓히거나 빛을 감지하는 세포(막대세포)의 수를 더 늘릴 수 있다. 그러나 이런 평가도 절대적인 것이 아니다. 상을 분해하는 데 필요한 기계적 장치들은 결국 감광도를 제한한다. 감광도를 더 높이는 유일한 방법은 수정체를 없애고 동공을 최대한 넓혀, 눈에 빛이 들어올 수 있는 각도를 커지게 하는 것이다. 동공의 크기를 가장 크게 하려면 동공을 없애면 된다. 곧, 망막을 노출시키는 것이다. 이런 요소들을 충분히 고려하면, 간단한 계산을 통해서 열수분출공에 사는 성체 새우의 노출된 망막은 유생 시절의 완전한 눈에 비해 감광도가 적어도 700만 배 이상 높다는 것이 입증된다.

 따라서 희생적인 결단에 의해, 이 새우는 극히 적은 양의 빛도 감지할 수 있는 능력을 얻었고, 빛이 비치는 방향이 앞인지 뒤인지, 위인지 아래인지까지 어느 정도 알 수 있게 되었다. 빛을 감지할 수 있는 능력은 생사의 갈림길에 놓인 새우에게 절대적으로 중요할 수 있다. 순식간에 새우가 익어버릴 수도 있는 뜨거운 곳과 열수분출공에서 너무 멀리 떨어진 추운 곳 사이의 중간 지점에 있는 새우의 모습에서, 나는 우주선과 교신이 끊긴 채 우주 공간을 떠돌고 있는 우주인의 모습이 상상된다. R. 엑소쿨라타의 눈이 등에 달린 까닭도 이것으로 설명될지 모른다. 이 새우들은 열수분출공 바로 아래 있는 바위 턱에 떼를 지어 살아간다. 틀림없이 가장 편안함을 느끼는 순간은 우글우글한 무리 속에 머리를 파묻고 등 위로 적당량의 빛이 닿을 때일 것이다. 이들보다 좀 더 고독한 사촌들은 노출된 망막이 머리에 달려 있는 것을 보면, 이들은 약간 다른 거래를 한 것이 분명하다.

왜 이 새우들이 붉은 세상에서 초록빛을 보는지에 관한 의문은 잠시 접어둘 것이다(이 새우들이 색맹은 아니다). 지금은 절반의 눈, 곧 노출된 망막이 특정 환경에서는 완전한 눈보다 낫다는 것만 짚고 넘어가자. 눈이 없는 것보다 절반의 눈이 있는 편이 더 낫다는 것은 굳이 설명할 필요가 없을 것이다.

눈은 급격히 진화할 수 있었는가

단순하고 노출된 망막, 커다란 감광점은 눈의 진화에 관한 논의에서 출발점인 경우가 많다. 다윈도 감광점에서 시작되는 변화과정을 상상했다. 눈을 주제로 한 다윈의 말은 맥락을 벗어나 자주 인용된다. 자연선택의 현실을 받아들이기를 거부하는 사람들뿐 아니라 심지어 어떨 때는 위대한 존재를 피해 문제를 '해결'하고자 애쓰는 과학자들까지도 그의 말을 인용한다. 다윈의 말은 정확히 다음과 같다.

눈을 생각해보자. 다양한 거리의 초점을 맞추고, 다양한 세기의 빛을 받아들이고, 색수차와 구면수차를 보정하는 따위의 흉내 낼 수 없는 기능을 모두 볼 때, 눈이 자연선택을 통해 만들어질 수 있다는 것은 어처구니없는 일인 듯 보인다는 말을 고백하고 싶다.

그 다음 자주 생략되곤 하는 다음 단락에서는 다윈이 눈을 전혀 걸림돌로 생각하지 않는다는 점이 분명히 드러난다.

그러나 이성은 내게 이렇게 말한다. 만약 완벽하고 복잡한 눈과 대단히 불완전하고 단순한 눈 사이에 수많은 단계가 있고, 단계마다 그 눈을 갖고 있는 동물에게 쓸모 있다는 것이 입증될 수 있다면, 더 나아가 눈이 대단히 다양하게 변화하고 그 변이가 유전된다면(이는 확실히 옳다), 마지막으로 어떤 변이나 변형이 생존 조건의 변화를 겪고 있는 동물에게 유용하다면, 완벽하고 복잡한 눈이 자연선택에 의해 형성되었을 수 있다는 것은 우리의 부족한 상상력으로는 받아들이기 힘들지라도 사실이 아니라고 여기기는 어려울 것 같다.

간단히 말해서, 만약 어떤 눈이 다른 눈에 비해 더 복잡하고, 시력의 차이가 유전될 수 있고, 나쁜 시력이 불리하다면, 눈이 진화할 수 있다는 말이다. 이 조건들은 모두 충분히 충족된다. 세상에는 단순하고 불완전한 눈이 수두룩하다. 안점眼點과 수정체가 없는 눈에서 훨씬 복잡한 눈까지, 다윈이 말한 '흉내 낼 수 없는 장치'의 일부, 아니 전부가 나란히 늘어선다. 확실히 시력은 다양하다. 어떤 사람은 안경을 쓰고, 어떤 사람은 괴롭게도 앞이 보이지 않는다는 것은 누구나 잘 알고 있다. 앞이 보이지 않는다면 호랑이에게 잡아먹히거나 버스에 치일 확률이 훨씬 높을 것이다. 게다가 '완벽'이라는 것도 상대적이다. 독수리의 눈은 인간의 눈보다 해상도가 4배 더 뛰어나, 1킬로미터 밖도 샅샅이 살필 수 있다. 반면 우리는 세상이 모자이크 그림처럼 보이는 대부분의 곤충에 비해 시력이 약 80배가량 뛰어나다.

나는 대부분의 사람들이 다윈의 조건을 주저 없이 받아들일 거라고 상상했지만, 모든 중간 단계를 생각해내기란 여전히 어렵다. 영국의 유명 작가 P. G. 우드하우스Wodehouse의 말을 살짝 빌리면, 모든 연속적인 변화를 상상하는 것이 불가능한 일은 아니더라도, 쉬 가능한 일과는 거리가 멀다.● 그러나 사실 이런 연속적인 변화는 쉽게 해결되었다. 스웨덴의 과학자인 단-에릭 닐손Dan-Eric Nilsson과 수산네 펠거Susanne Pelger는 눈의 변화과정을 그림 7.2와 같이 단순한 단계의 연속으로 모형화했다. 이어지는 각 단계는 노출된 망막에서 시작해 점점 더 개선되어 인간의 눈이 아닌 어류의 눈과 비슷한 눈에서 끝난다. 당연히 이 단계는 훨씬 더 진행될 수 있다(실제로도 더 진행되었다). 여기에 홍채를 첨가할 수도 있다. 홍채는 동공을 확장시키거나 수축시켜, 눈부신 햇빛에서 저녁나절의 어스름까지 눈으로 들어오는 빛의 양을 조절한다. 또 수정체에 근육을 부착해 잡아당기거나 밀어서 수정체의 형태가 바뀌게 할 수도 있다. 그러면 가까운 거리에서 먼 거리까지 초점을 변화시킬 수 있다(원근 조절). 그러나 이는 부족한 눈에 솜씨를 부리는 것이다. 따라서 이미 존재하는 눈에 첨가만 될 수 있는 것이다. 그래서 이 장에서는 상을 형성하는 기능을 다하는 눈이 진화하기

● "나는 알 수 있었다. 그는 진짜로 불만족스러워하지는 않았더라도 만족스러워한 것과는 거리가 멀었다."

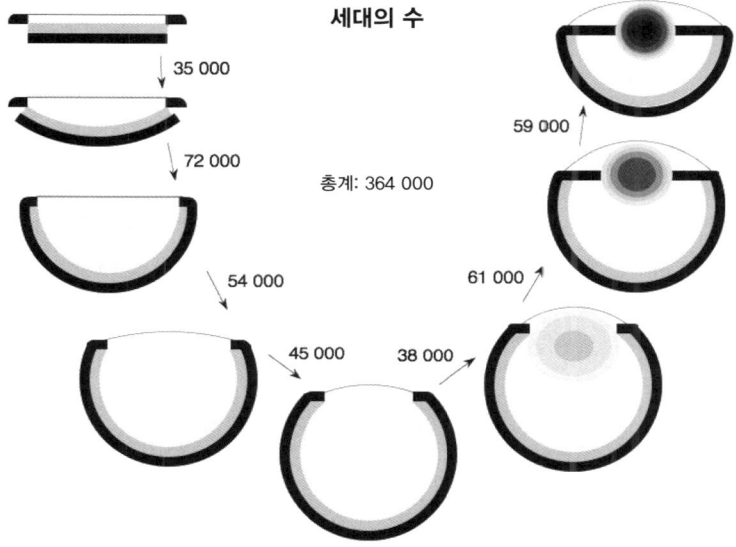

그림 7.2 단-에릭 닐손과 수산네 펠거가 추측한, 눈이 진화하는 데 필요한 연속적인 단계. 각각의 변화가 일어나는 데 필요한 세대의 수도 함께 나타냈다. 한 세대가 1년이라고 가정할 때, 전체 과정이 일어나는 데 50만 년이 채 걸리지 않는다.

까지의 과정과 비슷한 변화과정을 얻은 것으로 만족할 것이다. 아직 선택 사양은 조금 부담스럽지만 말이다.●

이 연속적인 변화에서 중요한 점은, 가장 단순한 수정체라도 있는 편이 수정체가 아예 없는 것보다는 낫다는 것이다(열수분출공이 아닌 다른 장소에서라는 것은 말할 것도 없다). 흐릿한 상이라도 상이 전혀 맺히지 않는 것보

● 이를테면, (영장류를 제외한) 대부분의 포유류는 원근 조절을 할 능력이 없다. 다시 말해서 먼 거리에서 가까운 거리까지 초점을 조절할 수 없다. 이런 것이 선택 사양이다.

다는 낫다. 다시 해상도와 감광도 사이의 조화라는 문제가 나온다. 이를테면, 바늘구멍 사진기를 이용하면 렌즈가 없어도 완벽하게 또렷한 상을 얻을 수 있다. 실제로 일부 동물에서는 바늘구멍 사진기 같은 눈이 발견된다. 그중 가장 유명한 동물은 암모나이트의 현존하는 친척인 앵무조개다.● 앵무조개의 문제는 감광도. 또렷한 상을 얻기 위해서는 노출부가 작아야만 하기 때문에, 눈으로 들어올 수 있는 빛의 양이 줄어든다. 빛이 적을 때는 상이 너무 흐릿해서 사실상 알아볼 수 없을 정도다. 그리고 깊고 어두운 바다 속에 사는 앵무조개는 정확히 이런 문제를 안고 있다. 동물의 눈에 관한 최고 권위자로 꼽히는 서식스 대학의 마이클 랜드Michael Land는 같은 크기의 눈에 수정체를 첨가하면 감광도는 400배가 더 좋아지고 해상도는 100배가 더 좋아진다는 계산을 내놓았다. 따라서 종류에 관계없이 수정체를 만드는 단계로 나아가는 것은 큰 보상이 되며, 이 보상은 즉각 더 나은 생존으로 나타난다.

최초로 '제대로 된' 상을 만드는 수정체가 진화된 생명체는 아마 삼엽충이었을 것이다. 중세 기사의 갑옷을 연상시키는 딱딱한 껍질로 둘러싸인 삼엽충의 다양한 종들은 3억 년 전의 바다를 지배했다. 가장 오래된 삼엽충이 세상을 바라보던 가장 오래된 눈은 약 5억 4000만 년 전으로 거슬러 올라가는데, 이 장을 처음 시작할 때 지적한 것처럼 캄브리아기 '대폭발'이 시작되는 시기와 가깝다. 3억 년 뒤에 도달한 화려한 눈과 비교하면 보잘것없는 눈이지만, 삼엽충의 눈이 화석 기록에서 갑자기 등장한 일은

● 공룡과 함께 멸종한 암모나이트는 나선 모양이 화려한 껍데기를 중생대 쥐라기의 암석층에 남겼다. 내가 좋아하는 화석 표본은 도싯Dorset 주 스와네지Swanage에 있는 바닷가 절벽의 아찔한 돌출부에 있는데, 노쇠한 암벽 등반가는 감히 다가갈 수 없는 곳이다.

하나의 의문을 불러일으킨다. 눈이 정말 이렇게 빨리 진화할 수 있을까? 만약 그렇다면, 앤드루 파커의 주장처럼 시력이 캄브리아기 대폭발을 이끌었을 가능성이 크다. 만약 그렇지 않다면, 눈은 그 전부터 존재했던 것이 분명하며, 어떤 이유에서 화석화가 전혀 일어나지 않은 것이다. 만약 후자가 옳다면 눈이 진화의 빅뱅을 이끌었을 가능성은 희박해진다.

대부분의 증거를 통해 봤을 때, 캄브리아기 대폭발이 **당시**에 일어날 수 있었던 까닭은 환경 조건의 변화로 몸집의 크기라는 구속에서 벗어날 수 있었기 때문이다. 캄브리아기 동물의 조상들은 작고 단단한 부분이 적어 화석으로 남지 않았을 것이다. 이런 점은 제대로 된 눈의 진화에도 방해가 되었을 것이다. 공간 시각이 발달하려면 큰 수정체와 넓은 망막이 있어야 하며, 들어온 정보를 해석할 수 있는 뇌가 있어야 한다. 따라서 이런 요구를 충족할 수 있을 만큼 충분히 큰 동물에서만 눈이 진화할 수 있다. 노출된 망막이나 간단한 신경계 같은 기초적인 단계는 대체로 캄브리아기 이전에 살던 작은 동물들에게도 나타나지만, 작은 크기에 가로막혀 더 이상의 발달은 하지 못했을 것이다. 몸집이 큰 동물의 진화가 일어날 수 있었던 즉각적인 원동력은 대기와 해양의 산소 농도였을 가능성이 크다. 몸집의 대형화와 포식은 산소 농도가 높을 때만 가능하며(산소 외에는 이에 필요한 에너지를 공급할 수 있는 것이 없다. 제3장을 보라). 지구의 산소량은 '눈덩어리 지구'라고 불리는 연이은 빙하 작용의 여파로 캄브리아기 바로 직전에 오늘날의 수준까지 급격히 올라갔다. 산소가 충만한 이 짜릿한 새로운 환경 속에서, 포식 작용으로 살아가는 몸집이 큰 동물들이 최초로 지구 역사에 모습을 드러내게 되었다.

지금까지는 아주 좋다. 그러나 제대로 된 눈이 캄브리아기 이전에 없었다면 더 큰 문제가 다시 생긴다. 정말 눈이 자연선택을 통해서 이렇게 빨리 진화할 수 있을까? 5억 4000만 년 전에는 눈이 전혀 없었고, 잘 발달된 눈은 400만 년 후에 나타났다. 얼핏 보기에는, 화석 기록이 다윈주의의 요구 조건과 모순되는 것 같다. 다윈주의에는 수많은 세밀한 단계가 필요하며, 각 단계는 저마다 살아가는 데 이득이 되어야 한다. 그러나 이 문제는 시간 개념의 차이를 생각하면 대체로 설명이 된다. 우리는 한 사람의 수명이나 한 세대 같은 비교적 짧은 시간에는 익숙하지만 지질학적 시대 같이 엄청나게 긴 시간에는 감각이 무디다. 수억 년이라는 고고한 시간의 흐름에서 수백만 년 만에 일어난 변화는 경박스럽고 조급하게 느껴질지 모르지만, 생명체의 수명에 비하면 이 역시 엄청나게 긴 시간이다. 이를테면, 늑대에서 오늘날 모든 품종의 개가 진화하는 데는 이 기간의 100분의 1밖에 걸리지 않았다. 물론 이 과정에는 우리 인간의 개입이 있었다.

    지질학적 시간으로 보면, 캄브리아기 대폭발은 눈 깜짝할 사이에 일어났다. 몇 백만 년도 채 걸리지 않았다. 그러나 진화론적 시간으로 보면, 이는 긴 시간이다. 심지어 50만 년만 있어도 눈은 충분히 진화할 수 있다. 닐슨과 펠거가 제안한 눈의 진화 단계에는(그림 7.2) 이에 필요한 시간도 계산되어 있다. 이들은 단계마다 특정 구조에서 1퍼센트 이상 변하지 않는다는 소심한 가정을 했다. 안구가 약간 깊어지고 수정체가 살짝 더 생기고 하는 식이다. 이 단계를 모두 합산했을 때, 닐슨과 펠거는 노출된 망막에서 완전한 눈에 이르는 모든 과정에 필요한 각각의 변화가 겨우 40만 단계라는 것을 발견하고 깜짝 놀랐다(내가 아무것도 아니란 듯이 내뱉은 100만이라는 수에 훨씬 못 미친다). 그 다음 이들은 세대마다 한 번씩만 변화가 일어난다고 가정했다(여러 가지 변화가 동시에 일어날 수도 있지만, 이들은 또 소심하게 추측을 했다). 마지막으로 이 '평균적인' 해양 동물이 변화가 일어나는 동안 1년에 한 번씩 번식을 했다고 가정했다. 이를 토대로, 완전한 눈이 진화하기까지 50만 년이 채 걸리지 않았을 것이라고 결론을 내렸다.●

이 고찰이 모두 옳다면, 눈의 등장이 정말로 캄브리아기 대폭발에 불을 붙였을 수 있다. 만약 이것이 사실이라면, 눈의 진화는 지구 생명 역사 전체에서 가장 극적이고 중요한 사건임이 분명하다.

수정체의 형성

닐손과 펠거의 변화 과정에서 하나 거슬리는 단계가 있다. 바로 수정체가 형성되는 첫 번째 단계다. 원시적인 수정체가 있기만 하면, 수정체는 자연선택에 의해 쉽게 변형되고 개선될 수 있을 것이다. 그런데 이 필수 구성 요소들은 어떻게 처음 조합되었을까? 수정체가 만들어지는 데 필요한 잡다한 조각들이 그 자체로는 아무 쓸모가 없다면, 수정체가 만들어지기도 전에 자연선택에 의해 버려져야 옳지 않을까? 이 곤란한 문제가 앵무조개를 통해 설명될 수 있을지도 모른다. 앵무조개는 수정체가 없다. 수정체가 있으면 분명 이득이 되었을 텐데, 왜 수정체가 발달하지 않은 것일까?

사실 이는 질문답지 않은 질문이다. 현재는 앵무조개만이 알려지지 않은 이유에서 괴상한 모습으로 남아 있는 것으로 분명하기 때문이다. 그동

● 삼엽충 눈의 진화에서 마지막 단계는 이미 만들어져 있는 낱눈을 복제해 겹눈을 형성하는 것이다. 이 단계는 그림 7.2에 포함되지 않았다. 그러나 문제될 것은 없다. 이미 존재하는 부분을 복제하는 것은 생명의 특기이기 때문이다.

안 (앵무조개의 가까운 친척인 문어와 오징어를 포함해) 대부분의 종은 나름의 길을 찾았고, 어떤 종은 대단히 독창적인 길을 찾기도 했다. 수정체가 대단히 특수한 조직인 것은 분명하다. 그러나 그 구성 성분은 주위에서 쉽게 얻을 수 있는 것으로, 무기염류와 결정, 효소, 심지어 세포 조각도 조금 들어간다.●

삼엽충은 이런 기회주의의 훌륭한 예다. 삼엽충의 돌처럼 단단한 눈은 정말 놀랍다. 독특하게도 삼엽충의 수정체는 방해석이라는 광물의 결정으로 만들어졌다. 방해석은 탄산칼슘의 다른 이름이다. 석회석은 탄산칼슘에 다른 것이 섞인 형태고, 백묵은 좀 더 순수한 형태다. 도버 해안의 흰 절벽은 거의 순수한 방해석으로, 무질서한 작은 방해석 결정들이 아무렇게나 흩어져 형성되어 백묵처럼 흰색을 띤다. 이와 달리, 결정이 천천히 자란다면(광맥에서 흔히 있는 일이다) 방해석은 능면체라고 하는 약간 찌그러진 정육면체 모양의 뚜렷한 결정을 이룬다. 능면체에는 구성 원소들의 기하학적 구조에 의해 자연적으로 나타나는 흥미로운 광학적 성질이 있다. 어떤 각도에서 빛이 들어와도 모두 굴절되지만, 한가운데를 지나는 특별한 축만은 예외다. 이 축을 c-축이라고 하자. 만약 빛이 c-축을 지난다면, 마치 레드카펫으로 안내를 받은 것처럼 꺾이지 않고 똑바로 통과한다. 이러한 특성을 삼엽충은 특유의 장점으로 변모시켰다. 삼엽충의 수많은

● 내가 특히 좋아하는 수정체는 편형동물에 속하는 작은 기생충인 엔토브델라 솔레아*Entobdella soleae*의 것이다. 이 기생충의 수정체는 미토콘드리아가 융합되어 만들어졌다. 대개 복잡한 세포가 살아가는 데 필요한 에너지를 생산하는 '발전소' 구실을 하는 미토콘드리아에는 특별한 광학적 성질이 없다. 사실 다른 편형동물은 융합하는 것조차 귀찮아 미토콘드리아 다발로 이루어진 수정체를 갖고 있다. 아무래도 보통 세포 구성 성분으로 이루어진 다발에는 빛의 굴절이 잘 일어나는 어떤 장점이 있는 것 같다.

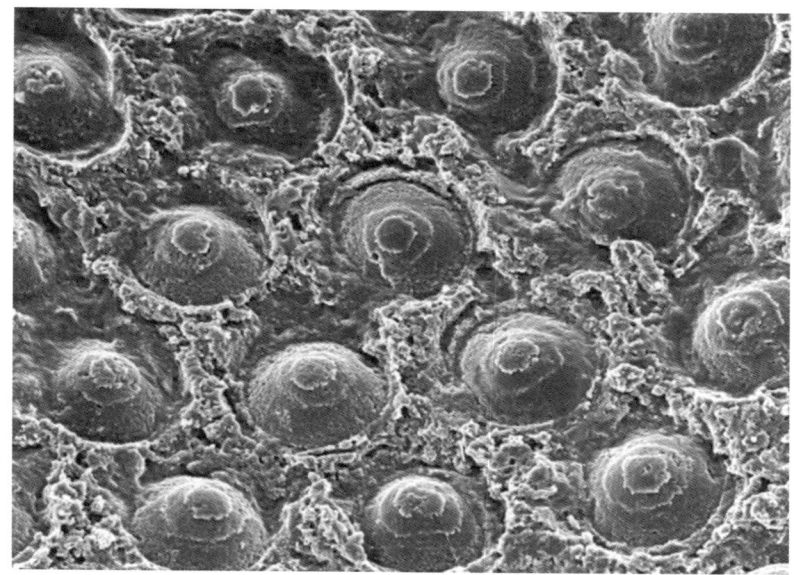

그림 7.3 체코 공화국 보헤미아의 오르도비스기 지층에서 발견된 삼엽충 달마니티나 소시알리스 *Dalmanitina socialis*의 방해석 수정체. 수정체의 내부 표면을 자세히 볼 수 있다. 가로 길이는 약 0.5 밀리미터다.

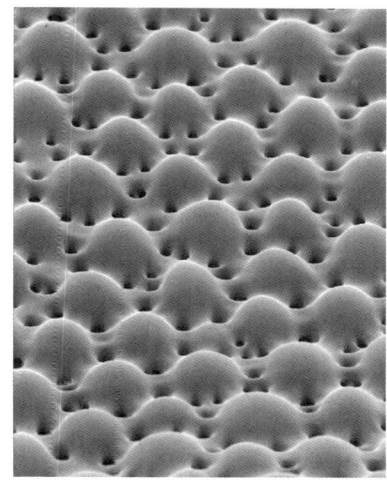

그림 7.4 거미불가사리 오피오코마 웬티이의 방해석 수정체. 이 수정체는 팔의 위쪽 접합부를 보호하는 골판骨板에서 발견된다.

제7장 시각 305

그림 7.5 능면체 모양의 방해석 결정. 조개껍데기의 산성 단백질을 도포한 종이를 진한 염화칼슘 용액 속에 담가두자 종이 위에 자란 것이다. 빛이 산란하지 않고 결정을 곧바로 통과하는 광축光軸인 c-축이 위를 향하고 있다.

낱눈 하나하나는 이 특별한 c-축 방향을 따라 조그만 방해석 수정체를 교묘하게 배열했다(그림 7.3). 어떤 수정체에서나 오로지 한 방향의 빛만 통과해 망막에 닿을 수 있었다.

사실, 삼엽충이 정확한 방향으로 정렬한 방해석 수정체를 어떻게 발전시켰는지는 알지 못하며, 앞으로도 모른 채로 남아 있을 가능성이 크다. 2억 5000만 년 전, 페름기 대멸종을 마지막으로 삼엽충이 자취를 감췄기 때문이다. 그러나 삼엽충이 이 광대한 시간 동안 침묵을 지켜왔다고 해서, 어떻게 생기게 되었는지를 추측할 길이 없다는 뜻은 아니다. 그러다 2001년에 생각지도 못한 곳에서 결정적 실마리가 하나 튀어나왔다. 삼엽충의 수정체는 지금까지 생각했던 것처럼 독특하지는 않은 것 같다. 현존하는 동물인 거미불가사리brittlestar도 방해석 수정체를 이용해 앞을 보고 있었다.

약 2000종에 달하는 거미불가사리는 사촌인 불가사리처럼 다섯 개의 팔이 있다. 그러나 불가사리와 달리 거미불가사리의 팔은 길고 가늘어 위로 잡아당기면 끊어진다(그래서 영어 이름이 약한 불가사리라는 뜻인 brittlestar가 된 것이다). 거미불가사리의 골격은 모두 서로 맞물리는 방해석 판으로 이루어져 있는데, 먹이를 움켜잡는 데 이용하는 가시spike도 방해석으로 만들어졌다. 대부분의 거미불가사리는 빛에 둔감하지만, 오피오코마 웬티이*Ophiocoma wendtii*라는 종은 1미터 밖에서 포식자가 다가오면 캄캄한 틈새에 몸을 숨겨 관찰자들을 어리둥절하게 한다. 오' 거미불가사리는 눈이 없다. 아니, 모두 그렇게 생각했다. 그러다 벨 연구소Bell Labs의 연구진이 이 불가사리의 팔에 삼엽충의 수정체와 비슷하게 생긴 방해석 돌기가 늘어서 있는 것을 눈여겨보게 되었다(그림 7.4). 계속해서 이 연구진은 이 돌기들이 정말 수정체와 같은 구실을 한다는 것을 밝혀냈다. 다시 말해서, 수정체 아래에 위치한 감광세포에 빛이 모이게 한 것이다.● 뇌로 생각되는 것은 없지만, 이 거미불가사리는 기능적인 눈이 있었다. 당시『내셔널 지오그래픽National Geographic』은 이를 다음과 같이 표현했다. "자연의 예기치 못한 반전, 바다에는 별처럼 반짝이는 눈이 있다."

● 사실 벨 연구소의 연구진은 전자 광학 장치에 활용하기 위한 마이크로렌즈 배열microlens arrays 상품의 생산에 더 관심이 있었다. 널리 쓰이지만 단점이 있는 접근법인 레이저를 이용한 마이크로렌즈 배열을 시도하기보다는, 이 연구진은 생물학의 고훈을 따랐다. 이를 전문용어로 생체 모방 기술 biomimetics이라고 한다. 이들의 시도는 성공을 거두었고, 그 성과는 2003년『사이언스Science』에 발표되었다.

이 거미불가사리는 수정체를 어떻게 형성할까? 자세한 부분은 여전히 알지 못하지만, 대체로 무기물을 함유한 다른 생물학적 구조와 같은 방식으로 형성된다. 이런 생물학적 구조에는 (역시 방해석으로 만들어진) 성게의 가시가 있다. 이 과정은 세포 안에서 시작된다. 고농도의 칼슘 이온과 단백질 사이에 상호작용이 일어나 결합된 것이 한곳에 고정되면, 결정이 형성될 '핵'으로 작용한다. 마치 구소련에서 빈 식료품 가게 앞을 서성이는 낙천주의자 뒤로 길게 줄이 생기는 것과 같은 식이다.

환원주의를 잘 보여주는 실험이 있는데, 만약 방해석 결정의 핵 구실을 하는 단백질을 정제하여 종이 위에 펴 바르고 진한 염화칼슘 용액 속에 두면, 종이 위 정확히 그 자리에 방해석 결정이 자란다. 이 방해석 결정은 완벽한 능면체 모양이며, 삼엽충의 수정체처럼 c-축이 위를 가리킨다(그림 7.5). 심지어 이 수정체가 처음 어떻게 생겼는지에 관한 실마리도 있다. 단백질의 종류는 그리 중요하지 않다. 다만 그 단백질에 산성 곁사슬acid side-chain이 많아야 한다. 거미불가사리의 수정체가 발견되기 10년 전인 1992년으로 거슬러 올라가면, 생체광물학자biomineralogist인 리아 아다디Lia Addadi와 스티븐 웨이너Stephen Weiner는 조개껍데기에서 분리한 산성 단백질을 이용해 수정체 모양의 근사한 방해석 결정을 종이 위에 만들었다. 당연히 볼 수는 없었지만, 전체 과정이 흔한 광물과 흔한 단백질을 섞어놓아도 우연히 일어날 수 있다는 놀라운 사실을 확인할 수 있다. 확실히 놀라운 일이다. 그러나 멕시코 수정동굴Cave of the Swords 같은 자연동굴에서 발견되는 환상적인 결정이 빽빽이 늘어서 있는 모습에 비하면 아무것도 아니다.

시력이 뛰어났지만, 방해석 결정 눈은 막다른 골목에 이르렀다. 삼엽충 눈의 진정한 가치는 최초의 진짜 눈이라는 역사적 중요성에 있으며, 진화의 영원한 기념물로 남지는 못했다. 다른 종류의 자연적 결정은 다른 생명체에 의해 활용되어왔다. 특히 (DNA의 구성 성분인) 구아닌은 얇은 막 모양의 결정이 되면 빛을 모을 수 있다. 구아닌 결정은 물고기 비늘이 화려하게 반짝일 수 있게 하며, 같은 이유에서 화장품 첨가물로 활용되어 왔다. 구아닌이 발견되는 다른 물질로는 새와 박쥐의 배설물 마른 것인 구아노guano가 있다(구아닌이라는 이름은 여기서 유래했다). 이와 비슷한 유기 결정들은 생물체에서 거울과 같은 구실을 한다. 그중 우리에게 가장 친숙한 예가 고양이 눈의 '안광'일 것이다. 이런 유기 결정 거울은 빛을 되튀게 만들어 망막의 수용체가 부족한 광자를 다시 받아들일 기회를 주어 한밤중에도 더 잘 볼 수 있게 한다. 어떤 유기 결정 거울은 망막에 빛을 집중시켜 상을 형성하기도 한다. 여기에는 가리비의 눈이 들어간다. 가리비의 껍데기 가장자리 사이로 보이는 외투막에는 예쁜 눈이 아주 많이 달려 있다. 가리비의 눈은 망막 아래에 있는 오목거울을 이용해 빛을 모은다. 새우, 갯가재, 게 따위를 비롯해 수많은 갑각류의 겹눈도 구아닌에서 유래한 천연의 결정을 활용한 거울로 빛을 모은다.

그러나 일반적으로 진화의 중심에 있으며 가장 번성한 눈은 우리 인간의 눈처럼 특화된 단백질로 만들어진 수정체가 있는 눈이다. 이런 눈도 어떻게 하다가 우연히 몸의 다른 부분에 쓰인 기존의 재료들을 대충 그러모아 만든 것일까? 진화는 역사를 다루는 과학이므로 어떤 식으로든 입증이 될 수 없다는 주장도 있지만, 사실 검증이 가능한 아주 특별한 예측을 내놓는다. 이 경우, 수정체 단백질은 몸의 다른 부분에서 쓰이던 기존의 단백질 중에서 모아야만 한다는 예측이 나온다. 이런 예측을 하는 근거는,

수정체 자체가 진화하기 이전에는 특화된 수정체 단백질이 진화할 수 없기 때문이다.

인간의 수정체는 분명 대단히 분화된 조직이다. 투명하고 혈관이 지나지 않는다. 세포의 정상적인 특징은 거의 사라지고, 대신 단백질이 액체 상태의 결정 형태로 농축되어 망막 위에 깨끗한 상이 형성될 수 있게 빛이 굴절한다. 그리고 당연히 수정체는 형태를 바꿔 시야의 거리를 조절한다. 게다가 수정체를 통과해 빛이 굴절하는 범위를 다양하게 변화시켜 구면수차(빛이 렌즈의 중심을 통과할 때와 가장자리를 통과할 때 초점이 잡히는 위치의 차이) 같은 오차를 줄인다. 이 모든 것을 종합할 때, 이렇게 정밀한 배치를 하는 데 필요한 단백질은 독특하며 평범한 단백질에서는 흔히 볼 수 없는 광학적 특성이 있을 것이라고 추측할 수 있다. 그러나 우리는 완전히 틀렸다.

인간의 수정체에서 발견되는 단백질을 크리스탈린crystallin이라고 한다. 이름에서 알 수 있듯이 사람들은 이 단백질에 독특한 특성이 있을 것으로 기대했다. 크리스탈린은 수정체 속 단백질의 약 90퍼센트를 구성하고 있다. 수정체는 종이 달라도 기능과 형태가 대단히 비슷하므로, 모두 비슷한 단백질로 구성되었다고 가정하는 것이 타당해 보인다. 그러나 1980년대 초반에 단백질 구성 성분의 서열을 비교할 수 있는 기술이 널리 보급되자, 놀라운 사실이 밝혀졌다. 크리스탈린은 구조 단백질structural protein이 아니고, 수정체에만 특별히 들어 있는 단백질도 아니었다. 모두 몸 어딘가에서 다른 일을 하고 있었다. 더욱 놀라운 사실은, 많은 크리스탈린이 효소(생체 촉매)로 밝혀졌다는 것이다. 효소는 우리 몸 구석구석에서 통상적인 '살림살이' 기능을 하는 단백질이다. 이를테면, 인간의 눈에 가장 풍부하게 들어 있는 크리스탈린인 α-크리스탈린은 스트레스 단백질과 연관이 있었다. 이 스트레스 단백질은 초파리에서 처음 발견되었고 오늘날에는 동물의 몸속에 널리 들어 있다고 알려졌다. 인간에게는 이 단백질이 일종의 '보호자'인 샤페론chaperone이다. 다시 말해서, 샤페론은 다른 단백질을 손상으로부터 보호하는 구실을 한다. 이와 같이, α-크리스탈린은 눈에서만 발견되는 게 아니라 뇌, 간, 폐, 비장, 피부, 소장에서도 발견된다.

지금까지 모두 11가지의 크리스탈린이 발견되었는데, 모든 척추동물의 눈에서 공통적으로 발견된 것은 단 3종류뿐이다. 나머지는 이리저리 바뀌므로, 상당히 독립적으로 '차출'되어 수정체에서 작용한다는 것을 의미한다. 자연선택의 임시변통식 접근에 대한 예측이 또다시 적중한 것이다. 이 효소들의 이름이나 기능을 짚고 넘어가지는 않겠지만, 세포에서 저마다의 소임이 있는 이런 대사 단백질metabolic protein을 차출해 완전히 다른 일을 시킨다는 것은 대단히 놀랍다. 이는 상인들의 조합원들만 뽑아 상비군을 만든 것과 비슷하다. 그러나 이유가 무엇이든, 이 별난 정책을 통해서 우리는 수정체 단백질을 차출하기가 특별히 어렵다는 것을 짐작할 수 있다.

무엇보다 중요한 것은, 수정체 단백질이 전혀 특별하지 않다는 점이다. 이 단백질들은 몸 어딘가에서 차출되어 억지로 복무를 하고 있는 것이다. 사실 단백질은 다 투명하므로, 색깔은 아무 문제가 되지 않는다(헤모글로빈처럼 색소와 결합한 단백질만 색이 진하다). 수정체를 통과하는 빛이 꺾이는 정도(굴절률) 같은 광학적 성질은 단백질의 농도를 변화시키면 쉽게 바꿀 수 있다. 확실히 적응이 필요하지만 큰 걸림돌이 될 것 같지는 않다. 수정체 단백질에 효소가 특히 많은 데는 무슨 다른 까닭이 있는지 아직은 모른다. 그러나 그 까닭이 무엇이든, 완벽하게 형성된 수정체 단백질이 갑자기 튀어나온 것이 아니라는 사실은 분명하다.

이 모든 것이 어떻게 생기게 되었는지를 엿볼 수 있는 동물은 흔히 멍게라고 하는 하등한 무척추동물인 우렁쉥이다(학명은 키오나 인테스티날리스 *Ciona intestinalis*[대서양산으로 우리나라 국명은 유령멍게―옮긴이]이며, '창자 기둥'이라는 뜻이다. 린네도 이 생물을 별로 좋아하지 않았나 보다). 성체 우렁쉥이는 사는 곳을 벗어나는 일이 거의 없다. 반투명한 자루를 이용해 바위에 달라붙어, 이리저리 흔들리는 노란 입수공과 출수공을 하나씩 내놓고 있다. 영국 해안에는 우렁쉥이의 수가 너무 많아 골칫거리로 여겨지고 있다. 그러나 우렁쉥이의 유생에 숨어 있는 깊은 비밀이 밝혀지면서 이 동물이 단순한 골칫거리가 아니라는 것이 입증되었다. 우렁쉥이의 유생은 올챙이와 조금 비슷하게 생겨 이리저리 헤엄을 칠 수 있으며, 간단한 신경계와 수정체가 없는 한 쌍의 눈을 갖고 있다. 성체가 되면 우렁쉥이는 적당한 자리를 찾아 그곳에 스스로를 단단히 부착하고, 더 이상 필요가 없는 자신의 뇌를 재흡수한다(스티브 존스Steve Jones는 이를 두고 대학교수들이 감탄할 만한 재주라고 비꼬았다).

성체 우렁쉥이는 우리와 아무 연관도 없어 보이지만, 올챙이같이 생긴 유생에서는 비밀이 드러난다. 우렁쉥이는 원시적인 척색동물이다. 다시 말해서 척추spinal chord의 선발주자인 척색notochord을 가지고 있는 동물이다. 우렁쉥이는 계통수에서 가장 밑동에 있는 척색동물 가지 사이에 위치하고 있다. 사실 이 동물은 수정체가 진화하기 이전에 척추동물에서 갈라져 나왔다. 이는 우렁쉥이의 단순한 눈에서 척추동물의 수정체가 처음 어떻게 생겼는지를 꿰뚫어볼 수 있는 통찰을 얻을 수 있을지도 모른다는 뜻이다.

그리고 실제로도 그랬다. 2005년, 옥스퍼드의 서배스천 시멜드Sebastian Shimeld와 그의 연구진이 발견한 사실에 따르면, C. 인테스티날리스에는 수정체가 없지만 완벽한 크리스탈린 단백질이 있었다. 이 단백질은 눈에 들어 있는 게 아니라 뇌 속에 숨겨져 있었다. 이 단백질이 뇌에서 무엇을 하는지는 모르지만, 여기서는 중요하지 않다. 중요한 것은 척추동물에서 수정체 형성을 유도하는 유전자와 같은 유전자가 이 단백질의 활성도 조절한다는 점이다. 오징어에서는 같은 유전자가 뇌뿐 아니라 눈에서도 잘 작동을 한다. 따라서 수정체를 만드는 장비 일체는 척추동물의 공통조상과 우렁쉥이가 각자의 길을 가기 전에 이미 몸속에 있었다. 척추동물에서 조절 작용을 하는 작은 스위치 하나가 이 단백질을 뇌에서 눈으로 보낸 것이다. 아마 몸속 다른 곳에서도 이와 비슷한 정발이 일어나 다른 종류의 크리스탈린도 차출되었을 것이다. 어떤 것은 척추동물 공통조상의 몸속에 있었을 것이고, 어떤 것은 더 최근의 특정 두리 속에 있었을 것이다. 우렁쉥이의 계통에서는 있는 자원을 활용하는 간단한 변화가 왜 일어나지 않았는지는 수수께끼다. 수정체가 없어도 바위를 찾는 데는 아무 어려움이 없기 때문인지도 모른다. 그렇다 해도 우렁쉥이는 독특한 생명체다. 대부분의 척추동물은 눈의 진화에 성공했다. 눈의 진화는 적어도 11차례나 일어났다. 게다가 눈을 만드는 과정에는 특별히 까다로운 단계가 없다.

놀라운 유사성

　수정체는 다양한 종에서 단백질과 결정과 광물을 도용해 야단스럽게 만드는 반면, 망막은 이와 완전히 대조적이다. 특히 한 가지 단백질이 돋보이는데, 바로 빛을 감지하는 일을 담당하는 로돕신이다. 노출된 망막이 있는 열수분출공 새우, 리미카리스 엑소쿨라타를 떠올려보자. 이 새우는 심해의 열수분출공이라는 완전히 색다른 세상에 살고 있다. 머리도 아닌 등에 달려 있는 노출된 망막이라는 기이한 눈으로, 우리는 볼 수 없는 희미한 빛을 감지한다. 황세균에 의지해 살아가며, 파란 피가 흐르고 등뼈는 없다. 캄브리아기 대폭발이 일어나기 훨씬 전인 약 6억 년 전에 공통 조상으로부터 갈라져 나왔다. 이 모든 차이가 무색하게도, 이 새우와 우리는 똑같은 단백질을 이용해 빛을 감지한다. 시간과 공간을 관통하는 이 깊은 연관성은 단순히 절묘한 우연일까? 아니면 다른 중요한 뭔가가 있는 것일까?

　이 새우의 로돕신과 우리 인간의 로돕신이 완전히 같지는 않다. 그러나 대단히 비슷하기 때문에, 만약 법정에서 인간의 로돕신이 표절이 아니라고 판사를 설득해야 할 일이 생긴다면 우리가 이길 가능성은 거의 없을 것이다. 사실 이랬다가는 웃음거리가 되기 십상인데, 로돕신은 열수분출공 새우와 우리 인간만 가지고 있는 게 아니라 동물계 어디서나 흔히 볼 수 있기 때문이다. 이를테면 삼엽충의 경우는 다른 부분이 방해석 수정체만큼 보존되지 않았기 때문에 눈의 내부 작용에 관해서 별로 밝혀진 것이 없지만, 삼엽충의 친척들을 면밀히 조사한 결과, 삼엽충의 눈에도 로돕신이 있었을 것이라는 확신을 어느 정도 얻게 되었다. 아주 소수의 예외를 제외한 거의 모든 동물이 로돕신에 의존한다. 로돕신이 표절이 아니라고 판사를 설득하는 것은 당신의 텔레비전이 더 크거나 화면이 평면이기 때문에 다른 텔레비전과는 근본적으로 다르다고 주장하는 것과 비슷할 것이다.

이렇게 놀라울 정도로 똑같을 수 있는 가능성을 몇 가지 상상할 수 있다. 첫째로는, 모두 공통조상으로부터 똑같은 단백질을 물려받았을 가능성이 있다. 당연히 지난 6억 년 동안 소소한 변화가 많이 있었겠지만, 여전히 같은 단백질인 것은 분명하다. 두 번째 가능성은 빛을 감지할 수 있는 분자의 설계가 대단히 제한적이어서 모두 기본적으로 같은 결론에 이를 수밖에 없었다는 것이다. 이는 컴퓨터 화면으로 텔레비전을 보는 것처럼, 서로 다른 기술이 비슷한 해결책으로 수렴되는 경우다. 세 번째로는 이 단백질이 이 종에서 저 종으로 자유롭게 전달되는, 유전보다는 도둑질이 만연했을 가능성이 있다.

세 번째 가능성의 경우는 쉽게 배제할 수 있다. 종 사이에서 (바이러스 감염에 의한 유전자 이동 같은) 유전자 도둑질이 일어나기는 하지만, 세균 외에는 흔한 현상이 아니다. 만약 그런 일이 일어난다면 아주 두드러져 보일 것이다. 여러 종에 공통으로 들어 있는 단백질 사이의 사소한 차이를 구분하면 이미 알려진 종 사이의 관계에 첨가만 되는 수준이 될 것이다. 만약 우연히 인간의 단백질이 도둑질을 당해 열수분출공 새우의 몸속에 들어가게 된 것이라면, 불법 체류자처럼 우리를 응시하는 이 새우는 다른 새우들보다는 인간과 유연관계가 확실히 더 가까울 것이다. 반면, 차이가 새우의 조상에서부터 시간이 흐를수록 점점 축적되어왔다면, 이 새우의 단백질은 다른 새우나 갯가재 같은 가까운 친척들과 비슷하고 우리처럼 유연관계가 가장 먼 종과는 가장 차이가 클 것이다. 그리고 과연 그랬다.

훔친 게 아니라면, 로돕신은 기술적인 필요성 때문에 다시 발명된 것일까? 이는 확신을 갖고 말하기가 더 어렵다. 단 한 번이지만, 재발명의 낌새가 정말 있었기 때문이다. 재발명이 가능할 정도로 열수분출공 새우의 로돕신과 우리의 로돕신은 대단히 유사하다. 두 로돕신 사이에는 다채로운 중간 단계들이 있지만, 이 단계들은 그다지 연속적이지 않다. 오히려 두 무리로 나뉘는데, 대강 척추동물과 (새우가 속한) 무척추동물로 나뉜다. 이 차이는 서로 완전히 반대 방향에 있다는 면에서 가장 두드러진다. 두 가지 경우 모두, 빛 감지세포는 신경세포로 변형되지만 목적은 비슷하다. 새우와 다른 무척추동물에서는 로돕신이 막에 박혀 있는데, 세포의 꼭대기에서 뻣뻣한 털(미세융모microvillus)처럼 돋아난다. 척추동물에서는 길게 뻗어 있는 한 가닥(섬모cilia)이 마치 송신탑처럼 세포 위에 튀어나와 있다. 이 송신탑은 가로로 길게 늘어선 주름 속으로 얽혀 들어가서 세포 위에 쌓여 있는 원반 더미와 비슷하게 보인다.

 시세포photoreceptor cell 내에서는, 이런 차이가 정반대의 생화학적 성질을 만든다. 척추동물에서는 빛이 흡수되면 연속적인 신호에 의해 세포막을 따라 강한 전하를 띠게 된다. 무척추동물에서는 이와 정반대 현상이 일어난다. 빛이 흡수되면 정반대의 신호가 연속적으로 전달되어 막의 전하가 모두 사라진다. 그리고 이런 현상이 신경을 자극해 뇌에 '빛이다!' 하는 전갈을 보낸다. 무엇보다 중요한 것은, 상당히 비슷한 두 로돕신이 완전히 대조적인 세포 유형에서 발견된다는 사실이다. 이 모든 것이, 시세포가 무척추동물과 척추동물에서 각각 독립적으로 한 번씩, 두 번 진화했다는 의미가 아닐까?

 확실히 그럴싸한 해답이고, 대체로 학계에서도 그렇게 믿고 있었다. 그러나 1990년대 중반, 모든 것이 갑자기 변했다. 사실이 틀린 것은 아무것도 없었다. 다만 학계에서 그동안 절반만 알고 있었다는 것이 밝혀진 것이다. 현재는 모든 동물이 로돕신을 이용하는 까닭이 모두 공통조상으로부터 물려받았기 때문이라고 추측되고 있다. 최초의 눈이 단 한 번만 진화했다고 보게 된 것이다.

스위스 바젤 대학의 발생학자인 발터 게링Walter Gehring은 이 새로운 관점을 가장 인상적으로 발표했다. (체제의 배치를 담당하는) 혹스hox 유전자의 최초 발견자 중 한 사람이기도 한 게링은 1995년에 생물학에서 가장 놀라운 실험을 통해서 두 번째 기념비적인 발견을 했다. 게링의 연구진은 생쥐에서 추출한 유전자를 초파리인 드로소필라Drosophila에 삽입했다. 이 유전자는 사소한 조화를 방해하는 평범한 유전자가 아니었다. 이 유해한 유전자가 삽입되자, 초파리에서는 갑자기 다리, 날개, 심지어 더듬이에서까지 완전한 눈이 돋아나기 시작했다(그림 7.6). 엉뚱한 자리에 모습을 드러낸 이 기이한 초소형 눈은 인간이나 생쥐의 눈인 카메라눈이 아닌 겹눈이었다. 낱눈이 늘어서 있는 겹눈은 곤충과 갑각류의 특징적인 눈이다. 이 소름끼치는 실험을 통해 직감적으로 알 수 있는 사실은, 눈이 생기는 데 필요한 유전자가 초파리와 생쥐에서 똑같다는 것이다. 척추동물과 무척추동물의 공통조상으로부터 6억 년이라는 진화의 시간을 거치면서, 이 유전자는 지금까지도 서로 교환이 가능할 정도로 놀랍도록 충실하게 보존되어 왔다. 생쥐의 유전자가 파리의 체계 속으로 들어가면, 위치가 어디가 되었든지 바로 그 자리에 눈을 만들라는 명령이 파리 유전자의 하위 체계에 내려지는 것이다.

한때 니체가 교편을 잡았던 바젤 대학의 게링은 이 생쥐의 유전자를

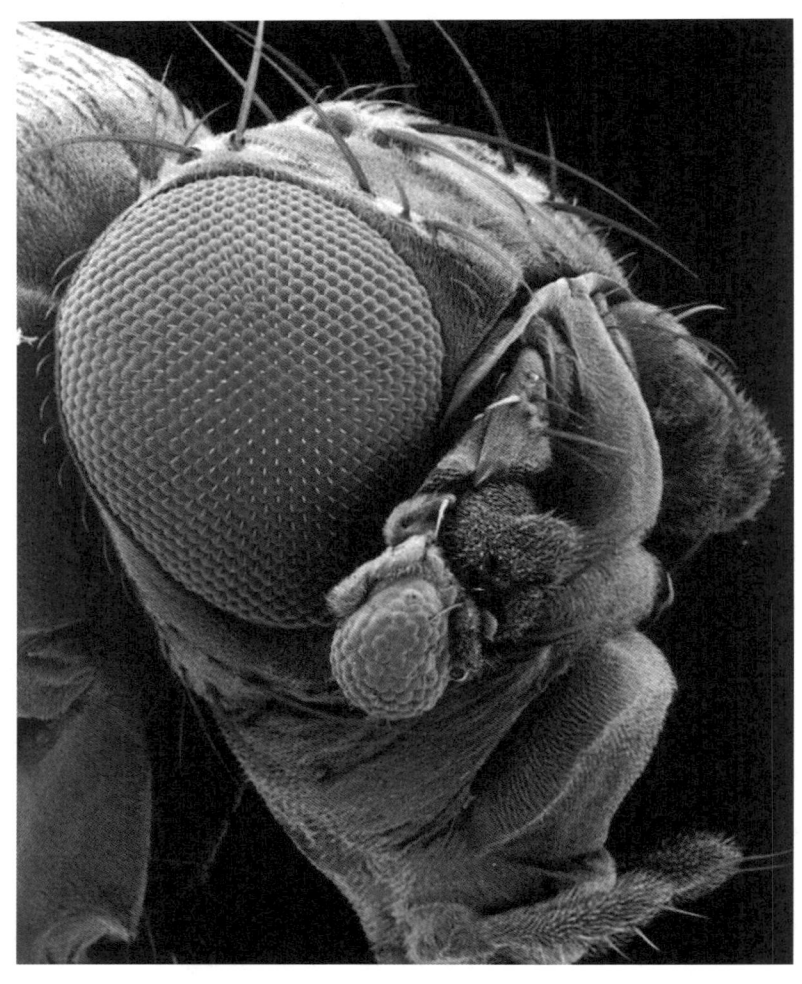

그림 7.6 초파리(드로소필라) 머리의 주사 전자현미경 사진. 더듬이 끝에 보이는 초소형 눈은 생쥐의 Pax6 유전자를 유전공학적인 방법으로 삽입해서 생긴 것이다. 같은 유전자가 척추동물과 무척추동물 모두에서 눈의 발생을 조절하므로, 약 6억 년 전에 살았던 두 무리의 공통조상에서도 분명히 같은 작용이 일어났을 것이다.

'마스터 유전자master gene'라고 불렸다. 내 생각에는 '마에스트로 유전자 maestro gene'가 더 적절한 이름이 아닐까 한다. 확실히 덜 과장되면서 더 중의적인 이름일 것 같다. 자신은 한 마디 소리도 내지 않으면서 가장 아름다운 음악을 이끌어내는 교향악단의 지휘자처럼, 이 유전자는 각각의 연주자가 저마다 자신의 파트를 연주하도록 안내함으로써 눈의 구조를 만들어낸다. 같은 유전자의 다른 형태는 파리와 생쥐와 인간에게서 나타난 돌연변이를 통해 이미 알려져 있다. 생쥐와 파리의 경우에는 이 유전자를 각각 '작은 눈Small eye', '없는 눈Eyeless'이라고 부르는데, 유전자가 없을 때 나타나는 결손의 정도를 활용해 유전학자들이 거꾸로 표현한 것이다. 우리 인간의 경우에는 같은 유전자에 돌연변이가 일어나면, 홍채가 발생하지 않는 무홍채증aniridia이라는 병에 걸리게 된다. 무홍채증은 시력을 잃게 하는 일이 빈번한 불쾌한 병이지만, 마스터 유전자가 눈 전체를 만드는 일을 담당한다는 것을 생각할 때 이런 제한적인 결과가 나온다는 것은 신기하다. 그러나 이는 유전자 복사본이 하나만 손상되었을 때의 결과다. 만약 두 개의 복사본이 모두 손상을 입거나 소실되면, 머리 전체의 발생이 제대로 되지 않는다.

게링의 독창적인 실험을 시작으로 점점 더 복잡한 전체적인 그림이 그려져갔다. 게링의 '마스터 유전자'는 현재 Pax6라고 불린다. 이 유전자는 보기보다 더 강력하면서 덜 고독했다. Pax6가 사실상 모든 척추동물과 무척추동물에 들어 있는 것으로 밝혀졌기 때문이다. 무척추동물에는 새우도 포함되며, 심지어는 대단히 가까운 유전자가 해파리에서 발견되기도 했다. 또 Pax6이 눈의 형성뿐 아니라 뇌의 상당 부분이 형성되는 데도 연관이 있는 것으로 드러났다. 이 유전자의 복사본 두 개가 모두 없으면 머리가 발생하지 않는 것도 이런 이유에서였다. 게다가 Pax6은 혼자가 아니었다. 다른 유전자들도 초파리에서 눈 전체를 만들어낼 수 있었다. 사실 이는 이상할 정도로 쉬운 일처럼 보였다. 이 유전자들은 모두 서로 분명한 연관성이 있고, 대단히 오래되었다. 이들은 대부분 무척추동물과 척추동물에서 공통으로 발견되지만, 규칙과 배경은 살짝 다르다. 안타깝지만, 아름다운 생명의 음악은 한 지휘자에 의해 만들어진 게 아니라 작은 위원회를 통해 나왔다고 할 수 있다.

결국, 같은 유전자 위원회가 척추동물과 무척추동물 모두에서 눈의 형성을 조절하는 것이다. 로돕신과 달리, 눈의 형성이 같은 유전자에 의해 조절되어야 할 실질적인 '기술적' 이유는 없다. 이들은 모두 얼굴 없는 관료들이며, 다른 무리의 얼굴 없는 관료들로 바뀌어도 별 상관이 없을 것이다. 이 유전자들이 (수정체 단백질과 달리) 언제나 똑같은 무리였다는 사실에서, 필연의 힘보다는 우연의 장난이라는 역사의 손길이 드러난다. 그리고 이 역사가 제시하는 바에 따르면, 시세포는 척추동물과 무척추동물의 공통조상에서 작은 유전자 집단의 조절을 받으면서 단 한 번 진화했다.

시세포가 단 한 번 진화했다고 믿을 만한 또 다른 이유가 있다. 살아 있는 화석 생물을 통한 직접적 증거다. 이 생존자는 갯가에 사는 작은 다모류多毛類인 플라티네레이스*Platynereis*로, 몇 밀리미터 길이의 몸은 온통 강모로 덮여 있다. 갯벌에 서식하면서 낚시꾼들이 미끼로 애용하는 이 생물이 캄브리아기 이래로 모습이 거의 변하지 않았다는 것을 아는 사람이 얼마나 될지 궁금하다. 척추동물과 무척추동물의 공통조상은 바로 이렇게 생긴 동물이었다. 이 다모류의 몸은 좌우대칭이다. 불가사리와 달리, 하나의 축을 중심으로 양쪽이 같은 형태를 이룬다. 이런 대칭성을 물려받아 곤충뿐 아니라 우리 인간까지, 모두 **좌우대칭 동물**bilaterian이 되었다. 결정적으로, 이 다모류는 오늘날 우리가 볼 수 있는 모든 놀라운 생명체들이 만개할 수 있는 가능성을 담은 설계가 나오기 이전에 진화했다. 이 동물은 원시적인 좌우대칭 동물의 살아 있는 화석이며, 그런 이유에서 하이델베르크의 유럽 분자생물학 연구소European Molecular Biology Lab의 데틀레프 아렌트Detlev Arendt와 그의 동료 연구진은 이 다모류의 시세포에 흥미를 느꼈다.

그들은 이 다모류의 눈이 척추동물보다는 무척추동물의 눈과 비슷하다는 것을 알고 있었다. 특히 로돕신의 종류는 완전히 똑같았다. 그러나 2004년, 아렌트의 연구진은 새로운 광수용체 집단이 이 다모류의 뇌 속에 파묻혀 있는 것을 발견했다. 이 광수용체는 시각 작용은 전혀 하지 않고 생체 시계circadian clock로 쓰였다. 이런 체내 리듬은 잘 때와 깨어 있을 때를 결정하고 낮과 밤을 구별하는데, 심지어 세균에도 이런 리듬이 있다. 이 생체 시계 세포는 로돕신을 활용할 뿐 아니라 한눈에 보기에도 **척추동물**의 광수용체와 같았으며(적어도 아렌트 같은 전문가가 볼 때 그렇다는 이야기다), 나중에 더 상세한 생화학적·유전적 실험을 거쳐 확실하게 인정을 받았다. 아렌트는 이 원시 좌우대칭 동물이 두 종류의 시세포를 모두 가지고 있었다고 결론을 내렸다. 이 결론이 의미하는 것은, 두 종류의 시세포가 완전히 다른 길을 거쳐 독립적으로 진화한 것이 아니라 한 동물의 체내에서 함께 진화해온 일종의 '자매' 세포이며, 이 자매 세포를 갖고 있는 동물이 바로 원시 좌우대칭 동물의 조상이라는 것이다.

만약 척추동물과 무척추동물의 공통조상에 두 종류의 시세포가 모두 있었다면, 당연히 우리는 두 시세포를 모두 물려받았을 것이다. 그리고 실제로도 그렇게 추측되고 있다. 화석 생물인 다모류의 비밀이 밝혀진 그 다음 해에 캘리포니아 주 샌디에이고에 위치한 살크 연구소Salk Institute의 사트친 판다Satchin Panda와 동료 연구진들은 직감적으로 인간의 눈에서 생체리듬에 영향을 주는 망막 신경절 세포retinal ganglion cell를 추적했다. 빛 감지를 위해 분화된 세포는 아니지만, 이 세포들도 로돕신을 갖고 있다. 이 로돕신은 멜라놉신melanopsin이라는 특이한 형태의 로돕신인데, **무척추동물** 시세포와 특징이 같은 것으로 밝혀졌다. 놀랍게도, 우리 눈에서 생체 주기 작용을 하는 이 로돕신의 구조는 인간의 망막에 들어 있는 다른 종류의 로돕신보다 열수분출공 새우의 노출된 망막에 들어 있는 로돕신과 더 비슷했다.

이 모든 것이 척추동물과 무척추동물 시세포가 같은 기원에서 나왔다는 것을 나타낸다. 이 시세포는 독립된 발명품이 아니라 같은 모세포에서 나온 딸세포다. 그리고 이 모세포는 최초의 시세포이며 모든 동물 눈의 조상으로, 단 한 번만 진화했다.

이어 등장한 더 큰 그림은 다음과 같다. 시각 색소인 로돕신이 들어 있는 한 종류의 빛 감지 세포가 척추동물과 무척추동물의 공통조상의 몸속에서 진화했고, 한 작은 유전자 무리가 이 과정을 조절했다. 훗날 이 빛 감지 세포가 복제를 하고, 두 개의 딸세포는 눈이나 생체 시계 속에서 저마다 기능을 하도록 분화되었다. 단순히 우연만은 아니었을 몇 가지 이유에서, 척추동물과 무척추동물은 이 일을 하는 데 서로 반대 유형의 세포를 선택했다. 그 결과, 눈은 두 개의 세포주에서 서로 다른 조직을 발달시켜 비슷한 눈 사이에서도 중요한 근본적 차이가 나타났다. 이를테면 문어와 인간의 눈처럼 말이다. 완전한 눈으로 가는 첫 번째 정거장은 노출된 망막이다. 노출된 망막은 계통에 따라 서로 다른 빛 감지 세포로 구성된 얇은 막으로 이루어져 있다. 일부 동물은 지금까지도 단순하고 납작한 노출된 망막을 유지하고 있는 반면, 그 외 동물에서는 망막의 평평한 막이 그림자가 지는 우묵한 구멍이 되어 빛이 어디서 들어오는지를 감지할 수 있게 되었다. 이 구멍이 깊어지자, 어떤 형태의 수정체든 수정체가 있는 편이 감광성과 해상도 사이의 조화를 이루는 데 도움이 되었다. 그래서 무기물에서 효소까지, 온갖 예기치 못한 물질들이 수정체로 쓰이게 되었다. 비슷한 과정이 여러 다른 계통에서 제각각 따로 일어나면서 수정체의 종류에는 불협화음이 생겼다. 그러나 제 기능을 하는 눈을 만드는 데 광학적 제약이 따르면서, 우리의 카메라눈에서 곤충의 겹눈에 이르기까지, 다양성의 범위는 분자 수준의 아주 좁은 범위로 제한되었다.

당연히 여기에는 무수히 많은 자세한 사항이 더 채워진다. 그러나 눈이 어떻게 진화했는지에 대한 대략적인 그림은 이렇다. 우리가 열수분출공에 사는 새우와 같은 로돕신을 지닌 것은 의심의 여지가 없다. 우리 모두 이 로돕신을 아주 오래전에 살던 똑같은 조상에게서 물려받았다. 그러나 이 장을 마무리하기에 앞서 아직 큰 의문이 하나 남아 있다. 이 조상이 과연 누구인가 하는 것이다. 그 해답 역시 유전자 속에 있다.

옵신의 조상

깊은 바다 속 열수분출공에 내려간 신디 반 도버의 고민은 빛이었다. 그녀가 연구하던 열수분출공 새우는 분명히 초록빛을 감지할 수 있었다. 그것도 우리 눈에 들어 있는 것과 비슷한 로돕신을 활용해 극도로 민감하게 감지할 수 있었다. 그러나 초기 측정 결과에 따르면 열수분출공에서는 초록빛이 나오지 않았다. 어떻게 된 것일까?

한 저명한 학자가 퇴임사를 하면서 젊은 과학자들에게 무슨 일이 있어도 성공적인 실험을 결코 반복하지 말라는 조금 비꼬는 듯한 충고를 했다. 실험이 성공적이었다면 실망감은 더 클 게 분명하다는 것이다.● 그 반대로, 실패한 실험을 반복하는 것을 절대 주저하지 말라는 말은 그렇게 잘 들어맞지는 않는다. 그러나 반 도버는 시도를 할 이유가 충분했다. 죽은 사람과 마찬가지로, 로돕신도 거짓말을 하지 않는다. 로돕신이 초록빛을 흡수한다면, 그곳에는 분명히 로돕신이 흡수할 초록빛이 있을 것이라고 반 도버는 추론했다. 어쩌면 초기 연구에서 쓰인 기본적인 장비가 새우의 노출된 망막만큼 민감하지 않았을 수도 있다.

캄캄한 우주 공간에서 오는 빛을 감지하는 방법을 아주 잘 알고 있는 NASA의 우주과학자들에게 훨씬 정교한 새 광도계photometer를 의뢰했다. 환경광 화상화 및 스펙스럼 장치Ambient Light Imaging and Spectral System, ALISS 라는 이름의 이 장치는 과연 다른 파장의 빛을 감지했다. 열수분출공 세상이라는 이상한 나라로 내려가자, ALISS는 스펙트럼의 초록색 부분에서 작은 피크를 나타냈는데, 이론적으로 예측한 것보다 수십 배 강한 빛이었다. 새로운 측정 결과는 곧 다른 열수분출공을 통해서도 확인되었다. 이 으스스한 초록빛이 어디서 나오는 것인지는 아직 모르지만, 재미난 가설들이 많다. 이를테면, 열수분출공에서 나오는 작은 기체 방울들이 대양의 고압

● 플리머스에 위치한 해양생물학회 연구소장이었던 고故 에릭 덴튼Eric Denton 경도 이와 비슷한 이야기를 했다. "좋은 결과가 나왔다면, 실험을 반복하기 전에 멋진 만찬을 즐겨라. 그러면 적어도 멋진 만찬은 즐긴 것이 된다."

에 터지면, 가시광선이 나올 수 있다는 가설이 있다. 고온·고압 속에서 결정이 형성되고 충격 파괴가 일어날 수 있다는 것이다.

반 도버가 로돕신에 강한 확신을 갖고 있다 해도, 그녀의 판단은 도박과 다름없었다. 로돕신은 주어진 상황을 따르는 인상적인 능력이 있다. 보통 파란 바다라고 하는데, 바다가 파란 이유는 파란빛이 다른 파장의 빛보다 물을 더 멀리까지 통과하기 때문이다. 그 다음으로 멀리까지 가는 빛은 노란색과 주황색이다. 그러나 물속으로 약 20미터를 내려가면, 대부분의 빛이 초록색과 파란색이다. 파란색은 주위에 산란되어 바다 속에는 모든 것에 푸른 그림자가 드리운다. 어류의 로돕신 색소는 스펙트럼 조정spectral tuning이라는 방법을 활용해 이 파란색의 변화를 감지한다. 따라서 심해 80미터 근방에 사는 물고기의 로돕신은 (파장이 약 520나노미터인) 초록빛을 가장 잘 흡수하지만, 희미한 빛이 마지막으로 비치는 깊이인 수심 200미터에 사는 물고기의 로돕신은 (파장이 약 450나노미터인) 파란빛을 흡수한다. 흥미롭게도, 앞서 나왔던 열수분출공에 사는 게인 B. 테르미드론은 열수분출공으로 이동하는 동안 이 변화가 반대로 일어난다. 깊고 푸른 바다 속에 살고 있는 이 게의 유생은 파장이 450나노미터인 파란빛을 가장 잘 흡수하는 로돕신을 갖고 있다. 이와 대조적으로, 성체의 노출된 망막 속에 들어 있는 로돕신은 초록색에 가까운 490나노미터 파장의 빛을 가장 잘 흡수한다. 작은 변화지만, 치밀하게 계획된 것이다. 열수분출공 새우의 로돕신도 500나노미터 파장의 초록빛을 흡수하는 상황에서, 반 도버의 촉수는 움직일 수밖에 없었다.

우리도 파장을 바꾸는 로돕신의 능력 덕분에 색을 볼 수 있다. 우리의 망막에는 막대세포rod와 원뿔세포cone라는 두 종류의 광수용체가 있다.

엄밀하게 말하면 로돕신은 막대세포에만 들어 있고, 원뿔세포에는 세 종류의 '원뿔세포 옵신cone opsin' 중 하나가 들어 있다. 그러나 실제로는 이런 구별이 별로 도움이 되지는 않는다. 이 시각 색소들은 모두 기본적으로 구조가 같기 때문이다. 시각 색소는 모두 '옵신'이라는 특별한 단백질로 이루어져 있다. 옵신은 지그재그로 7번 접혀 있는 막을 관통해 박혀 있는데, 레티날retinal이라고 하는 비타민 A 유도체와 결합을 한다. 색소인 레티날은 빛의 흡수에서 아주 작은 작용을 담당한다. 레티날은 광자를 흡수하면 꼬인 모양에서 직선 모양으로 형태가 바뀐다. 그리고 이 작용만으로 연쇄적인 생화학 반응이 시작되어 결국 뇌에 '빛이다!' 하는 신호를 보낸다.

빛을 흡수하는 것은 레티날이지만, '스펙트럼 조절'을 위해 훨씬 중요한 요소는 옵신 단백질의 구조다. 작은 구조 변화로 인해, 흡수할 수 있는 빛의 범위가 곤충과 조류의 자외선(약 350나노미터)에서 카멜레온의 붉은 빛(약 625나노미터)까지 변화할 수 있다. 따라서 서로 다른 파장의 빛을 흡수하는 조금씩 다른 옵신 몇 가지를 함께 이용해, 색을 볼 수 있게 되었다. 우리 인간의 원뿔세포 옵신은 스펙트럼에서 파란색(433나노미터)과 초록색(535나노미터)과 붉은색(564나노미터) 영역의 빛을 흡수할 수 있다. 그 결과 우리에게 익숙한 가시 영역이 나오게 되었다.●

옵신들은 전체적인 구조가 대체로 비슷하지만, 그 미묘한 차이에서 환상적인 생명 역사의 비밀이 드러난다. 모두 갈라져 나온 뒤 복제되어 만들어졌기 때문에, 결국 조상 옵신 유전자를 역추적할 수 있다. 확실히 일부 옵신은 다른 것에 비해 훨씬 최근에 복제되었다. 이를테면 우리 인간의 '붉은색'과 '초록색' 옵신은 대단히 가깝다. 이 유전자들은 영장류의 공통조상에게서 복제된 것이다. 이 복제로 영장류는 두 종류가 아닌 세 종류의 원뿔세포 옵신을 갖게 되었다(또는 영장류가 갈라져 나오고 조금 뒤에 복제가 일어났을 수도 있다). 그래서 우리 인간은 대부분 3색성 색각色覺trichromacy을 갖고 있다. 적록 색맹을 앓는 소수의 불운한 사람들은 이 유전자를 다시 잃어 대부분의 다른 포유류처럼 2색성 색각을 갖는 것이다. 포유류가 2색성 색각을 갖고 시력이 나쁜 이유는 아마 비교적 최근에 공룡을 피해 숨어 다니며 보냈던 야행성 과거에서 유래했을 것이다. 영장류가 왜 3색성 색각을 다시 얻게 되었는지에 관해서는 논쟁이 분분하다. 가장 인기 있는 이론은 초록색 나뭇잎 사이에서 빨간 열매를 찾는 데 도움이 된다는 설이다. 더 사회적인 면에 기반을 둔 다른 개념으로는 맨 얼굴이 붉어지는 것을 보고 감정, 위협, 성적 신호를 구별하는 데 도움이 된다는 주장이 있다(흥미롭게도 3색성 색각을 갖고 있는 모든 영장류의 얼굴은 털이 없이 맨살이 드러난다).

나는 영장류가 3색성 색각을 '다시 얻었다'고 말했다. 그러나 사실 우리는 지금도 다른 척추동물과는 연관성이 적다. 파충류, 조류, 양서류와 상어 같은 연골어류는 모두 4색성 색각tetrachromacy을 갖고 있다. 따라서 척추동물의 공통조상은 자외선을 볼 수 있는 4색성 색각을 갖고 있었을 가

● 눈치가 빠르거나 주의가 깊은 독자라면 '붉은' 원뿔세포가 가장 잘 흡수하는 564나노미터의 파장이 전혀 붉은색이 아니라 스펙트럼에서 황록색 부분이라는 것을 알았을 것이다. 붉은색은 너무나 선명하지만 완전히 상상의 산물이다. 우리가 붉은색을 '보는' 것은 두 개의 다른 원뿔세포에서 들어온 정보를 뇌에서 받아들이는 것이다. 곧, 초록색 원뿔세포에서는 아무 신호도 없고 황록색 원뿔세포에서 약한 신호가 들어올 때 붉은색이 보인다. 이는 상상의 힘을 보여준다. 다음에 서로 다른 두 붉은색의 색조가 어울리는지에 관해 입씨름을 할 일이 있다면, 상대방에게 '정답'이 없다는 것을 일깨워주자. 상대방은 틀림없이 잘못 생각했을 테니까.

능성이 크다.● 근사한 실험 하나가 이 가능성에 확신을 더했다. 뉴욕 시러큐스 대학의 시 영솅Yongsheng Shi과 요코야마 쇼조Shozo Yokoyama는 척추동물 조상의 유전자 서열을 예측했다. 지금까지의 기본적인 원칙만으로는 이 조상의 로돕신이 정확히 어떤 파장의 빛을 흡수할지 예측할 방법이 없었다. 시와 요코야마는 이에 아랑곳하지 않고, 유전공학 기술을 활용해 이 단백질을 만든 다음 어떤 파장의 빛을 흡수하는지를 직접 측정했다. 그 결과, 예상대로 자외선 영역(360나노미터)에 속한 빛을 흡수하는 것으로 밝혀졌다.

앞서 확인한 것처럼 척추동물과 무척추동물의 옵신은 가장 오래전에 갈라져 나왔다. 그러나 원시 다모류인 플라티네레이스 같은 화석 생물조차 여전히 두 종류의 옵신을 가지고 있고, 이 옵신은 척추동물과 무척추동물의 옵신과 똑같다. 그렇다면 이렇게 같은 옵신을 갖고 있는 동물들을 모두 아우르는 조상은 무엇이며, 어디서 왔을까? 그 답은 아직까지 확실치 않고 몇 가지 가설만 난무하고 있다. 그러나 우리를 안내한 것은 유전자 자체였고, 유전자를 활용해 6억 년을 거슬러 올라가며 추적해왔다. 우리는 얼마나 더 오래전까지 거슬러 올라갈 수 있을까? 독일 레겐스부르크

● 파파라치라면 다 아는 사실처럼, 렌즈가 크면 더 잘 보인다. 이는 눈의 렌즈, 곧 수정체도 마찬가지다. 반대로 렌즈가 작으면 잘 안 보이는 것도 분명한 사실이어서, 수정체의 최소 한계는 곤충의 겹눈을 이루는 각각의 낱눈 크기 정도일 것이다. 시각의 문제는 수정체의 크기뿐 아니라 빛의 파장에 의해서도 결정된다. 파장이 짧을수록 해상도는 높다. 이마 그런 이유에서 곤충과 초기의 (소형) 포유류가 자외선을 볼 수 있었을 것이다. 자외선은 수정체가 작은 눈의 해상도를 개선시킨다. 우리 인간은 수정체가 크기 때문에 굳이 위험한 자외선을 볼 필요가 없었고, 스펙트럼에서 제외할 수 있었다. 흥미롭게도 자외선을 볼 수 있는 곤충은 우리 눈에는 단순히 흰색으로 보이는 꽃에서 다른 색과 무늬를 감지할 수 있는 능력이 있다. 세상에 흰 꽃이 그렇게 많은 이유도 이로써 설명이 된다. 꽃가루받이 매개 동물의 눈에는 흰 꽃에 화려한 무늬가 있는 것이다.

대학의 페터 헤게만Peter Hegemann과 그의 연구진은 유전자가 정말로 어떤 해답을 내놓았다고 말한다. 게다가 그 해답은 전혀 예상치 못했던 해답이다. 그들은 가장 오랜 눈의 조상이 조류藻類에서 진화했다고 말한다.

조류는 식물처럼 광합성에 능하며, 온갖 종류의 정교한 빛 감지 색소를 활용할 수 있다. 많은 조류들이 단순한 안점에 들어 있는 이런 색소를 이용해 빛의 세기를 감지하고, 필요하다면 무슨 조치를 취한다. 이를테면 빛을 발하는 아름다운 조류인 볼복스Volvox를 보자. 볼복스는 수백 개의 세포가 합쳐져 지름이 1밀리미터에 달하는 속이 빈 공 모양의 군체를 형성한다. 세포마다 두 개의 편모가 튀어나와 있는데, 마치 노처럼 생긴 이 편모는 어두울 때는 물을 젓고 밝을 때는 멈춘다. 공 모양 군체 전체를 태양을 향해 나아가게 해, 광합성을 하기에 가장 좋은 조건을 찾는 것이다. 정지 명령은 안점에 의해 조절된다. 볼복스의 안점에 있는 빛 감지 색소는 놀랍게도 로돕신이었다.

더욱 놀라운 사실은, 이 볼복스의 로돕신이 모든 동물 옵신의 조상처럼 보인다는 점이다. 레티날이 옵신 단백질과 결합하는 위치에는 척추동물과 무척추동물의 옵신 모두 정확히 똑같은 부분이 있다. 사실 두 옵신을 섞어 놓은 거나 다름없다. 암호화되어 있는 서열과 암호화되어 있지 않은 서열 (전문용어로는 엑손exon과 인트론)이 섞여 있는 유전자의 전체적인 구조에서도 척추동물과 무척추동물 옵신 사이의 오랜 연관성이 드러난다. 입증된 것은 아니지만, 두 무리의 조상으로 확실히 예측할 만하다. 결국 모든 동물 눈의 조상은 광합성을 하는 한갓 녹색말일 가능성이 크다는 의미다.

의문이 이는 것은 당연하다. 도대체 어떻게 조류의 로돕신이 동물의 몸속으로 들어갔을까? 아름다운 볼복스가 동물의 계통과 직접적인 연관성이 없는 것은 확실하다. 그러나 안점의 구조를 얼핏만 살펴봐도 곧바로 실마리가 하나 나온다. 바로 로돕신이 **엽록체**의 막에 박혀 있다는 사실이다. 알다시피 엽록체는 조류와 식물 세포에서 광합성을 담당하는 세포소기관이다. 10억 년 전, 엽록체의 조상은 독립생활을 하면서 광합성을 하던 세균이었다. 남조세균이라고 하는 이 세균은 더 큰 세포에 잡아먹히게 된다(제3장을 보라). 이는 곧, 안점이 볼복스가 아니라 엽록체의 독특한 구조라는 뜻이다. 어쩌면 엽록체의 선조인 남조세균의 특징이었을지도 모른다.●
또 엽록체는 다른 여러 종류의 세포에서도 발견된다. 여기에는 몇몇 원생동물도 들어가는데, 이 가운데 일부는 동물의 직접적인 조상이기도 하다.

단세포 유기체인 원생동물 가운데 가장 널리 알려진 것은 아메바다. 현미경 발전을 선도했던 17세기 네덜란드의 과학자, 안톤 반 레벤후크는 자신의 정자와 아메바를 최초로 관찰했다. 그는 아메바를 기억하기 쉽게 '극미동물'이라고 하고, 단세포 조류는 식물로 분류했다. 그러나 이 단순한 분류는 겉보기에는 괜찮았다. 이 작은 극미동물이 우리만 하게 커진다면, 아마 아르침볼도Arcimboldo의 그림 속 인물처럼 절반은 짐승 같고 절반은 식물 같은 무시무시한 모습의 괴물이었을 것이기 때문이다. 좀 더 엄밀하게 말해서, 헤엄을 치면서 먹이를 추적할 수 있는 운동성이 있는 원생동물 중에도 조류의 특징인 엽록체를 가지고 있는 것이 있는데, 사실 이들도 조류와 똑같은 방식으로 엽록체를 얻었다. 다른 세포를 둘러싸 집어삼킨 것이다. 때로는 이 엽록체의 기능이 남아 숙주 세포의 식사에 보탬이 되기도

● 세균은 로돕신이 흔하다. 세균의 로돕신은 조류와 동물 로돕신 모두와 구조가 비슷하며, 유전자 서열은 조류 로돕신과 연관이 있다. 세균은 로돕신을 빛을 감지하거나 광합성의 한 형태로 이용한다.

한다. 그러나 퇴화해서 특색 있는 막과 유전자만 남기는 경우도 있다. 이런 흔적은 한때는 찬란했던 과거의 빛바랜 기억일 수도 있고, 수리공의 작업실에 있는 온갖 잡동사니처럼 새로운 발명품의 재료일 수도 있다. 어쩌면 눈도 이런 발명품일지 모른다. 일부 연구자들(특히 앞서 나왔던 발터 게링)은 볼복스보다는 정확히 이런 현미경적 크기의 키메라가 모든 동물 눈의 시조일 것으로 추측하고 있다.

    이 키메라는 어떤 키메라일까? 그 누구도 알 수 없다. 그러나 매혹적인 실마리들이 있고, 연구해야 할 것도 많다. 일부 익생동물(와편모조류 dinoflagellate)은 놀랍게도 복잡한 초소형 눈을 갖고 있다. 이 눈은 한 세포 안에 망막과 수정체와 각막을 모두 갖추고 있다. 이 눈은 퇴화된 엽록체에서 발달한 것으로 추측되며, 역시 로돕신을 이용한다. 동물의 눈이 별로 알려지지도 않은 미생물에서 직접적으로 발달했는지, 혹은 (공생을 통해) 간접적으로 발달했는지는 아직 모른다. 그 발달이 예측할 수 있는 단계를 밟아 일어났는지, 터무니없이 기이한 행운이었는지도 아직 말할 수 없다. 그러나 한때는 특별하고 아무도 몰랐던 이런 종류의 의문이 바로 과학의 밥이다. 그리고 이런 의문이 자라나는 세대의 눈을 반짝이게 할 것이라고 믿는다.

제8장

온혈성
에너지 장벽 허물기

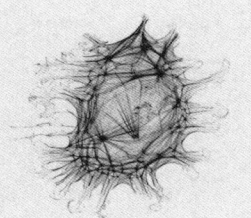

Life Ascending

"열차 기관사라면 시간이 쏜살같이 갈 텐데" 하고 나가는 아이들 노래 가사가 있다. 어렸을 때 이와 다른 기억을 가진 사람은 없을 것이다. 어릴 적에는 자동차 뒷좌석에 앉아 언제 끝날지 모르는 지루하고 따분한 시간을 못 이겨 "아직 멀었어요, 아빠?" 하고 자꾸 묻는다. 대부분의 독자들도 조부모나 부모가 나이가 들면서 달팽이처럼 느려지다가 결국에는 몇 시간이 몇 분인 양 하염없이 앉아 있는 모습을 보며 마음이 아팠던 기억이 있을 것이라고 생각한다. 이 두 가지 극단적인 속도와는 달리, 우리가 사는 세상은 어른들의 속도인 안단테로 돌아간다.

시간이 상대적이라는 이야기를 하기 위해 아인슈타인을 들먹일 필요는 없다. 그러나 아인슈타인이 시간과 공간에 관해 엄격하게 정립한 이론은 언제나 그렇듯, 생물학에서 훨씬 인상적이다. 게으르기로 유명한 클레멘트 프로이트Clement Freud는 다음과 같은 말을 했다. "오래 살려고 술, 담배, 연애를 포기하기로 결심해도 실제로 수명이 더 길어지는 것은 아니고, 단지 더 길게 느껴지는 것이다."● 그러나 어릴 적에는 시간이 쏜살같이 흐르고 나이가 들면 시간이 천천히 흐른다는 느낌은 실제 감각이다. 이 감각은 우리 체내의 장치인 대사율에서 나온다. 대사율이란 심장이 뛰는 속도, 세포에서 산소로 영양분을 태우는 속도다. 성인이라도 활동적인 사람과 게으른 사람의 대사율은 엄청난 차이가 난다. 대부분의 사람들은 대사율이 조금씩 변해간다. 기력이 쇠하거나 체중이 불어나는 속도는 대체로 대사율에 의해 결정되며, 개인마다 다양한 대사율을 타고난다. 만약 두 사람이 똑같이 먹고 똑같이 운동을 하더라도, 휴식을 취할 때 태우는 열량이 다른 경우가 종종 있다.

온혈동물과 냉혈동물 사이의 차이에서 대사율보다 중요한 것은 어디에도 없다. 온혈동물, 냉혈동물이라는 용어에 생물학자들은 기겁을 하지만, 항온성homeothermy이니 변온성poikilothermy이니 하는 알 수 없는 전문용어들보다는 대부분의 사람들에게 생생한 의미로 다가온다. 이상한 일이지만, 내가 깨달은 바에 따르면 우리가 온혈동물이라는 것을 대단히 우월하게 생각하는 몇 가지 생물학적 특성이 있다. 이를테면 공룡이 온혈동물이었는지, 냉혈동물이었는지를 두고 잡지와 온라인에서 서로를 잡아먹을 듯이 논쟁을 벌이는 현상은 이성적으로는 잘 이해가 되지 않는다. 아마 우리는 우리를 잡아먹는 것이 거대한 도마뱀인지, 아니면 영리하고 교활하며 잽싼 야수인지를 본능적으로 구분하는 모양이다. 다시 말해서 우리가 생존을 걸고 지혜를 겨뤄야 할 상대가 누구냐에 관한 문제다. 우리 포유류는

● 지그문트 프로이트의 손자이자 한때 자유당 정치인이었던 클레멘트 프로이트는 업무차 중국에 간 적이 있다. 그곳에서 그는 어이없는 일을 겪었다. 자신의 후배에게 더 좋은 방이 배정된 것이다. 알고 보니 그 후배는 윈스턴 처칠의 손자였다. 프로이트는 이 사건을 다음과 같이 회상했다. "할아버지에서 밀린 적은 그때밖에 없었다!"

지금도 원한을 품고 있다. 아마도 먹이사슬의 정점에 위치한 포식자를 피해 땅속에서 몸을 웅크리고 있던 작은 털북숭이 동물로 지낸 과거 때문인 것 같다. 그러나 이는 1억 2000만 년 전 이야기다. 어떻게 계산을 해도 긴 시간이다.

체온은 모두 대사율, 곧 생명의 속도와 연관이 있다. 온혈성은 스스로를 돕는다. 모든 화학반응이 온도가 올라가면 속도가 빨라지기 때문이다. 생명을 지탱하는 생화학반응도 예외가 아니다. 동물에서 생화학적으로 의미 있는 온도 범위인 섭씨 0~40도 사이에서 나타나는 효율 차이는 충격적이다. 이를테면 이 범위 안에서 체온이 섭씨 10도씩 올라갈 때마다 산소 소비는 2배씩 증가하며, 이에 맞춰 체력도 좋아진다. 따라서 체온이 섭씨 37도인 동물은 체온이 섭씨 27도인 동물에 비하면 체력이 두 배 향상되며, 체온이 섭씨 17도인 동물에 비해서는 네 배가 향상된다.

그러나 대체로 체온은 중요하지 않다. 온혈동물은 냉혈동물보다 체온이 더 높을 필요가 없다. 대부분의 파충류는 태양에너지를 흡수해 심부 체온을 포유류나 조류와 비슷한 수준까지 올릴 수 있기 때문이다. 확실히 어두울 때는 이렇게 높은 체온을 유지할 수 없지만, 포유류와 조류도 밤에는 활동을 하지 않는 경우가 많다. 포유류나 조류도 밤에는 심부 체온을 낮춰 에너지를 아끼는 편이 낫겠지만, 그렇게 하는 경우는 대단히 드물다(벌새는 에너지를 보존하기 위해 혼수상태에 빠지기도 한다). 에너지를 중시하는 우리 시대의 시각으로 볼 때, 포유류는 환경론자들을 비탄에 빠트린다. 우리의 자동 온도 조절 장치는 섭씨 37도에 단단히 고정되어 움직일 줄 모른다. 하루 24시간, 일주일 내내 수요는 전혀 상관없다. 대체 에너지도 잊어라. 도마뱀과 같은 태양 발전은 없다. 체내에 있는 발전소에서 탄소를 태위 막대한 에너지를 생산하는 우리 역시 엄청난 양의 온실 기체를 배출한다. 포유류야말로 원조 환경 파괴범인 셈이다.

어쩌면 이런 생각이 들지도 모르겠다. 밤에도 쉬지 않고 에너지를 생산하는 포유류는 아침이면 유리한 출발점에 놓이지만, 도마뱀은 움직일 수 있는 수준까지 체온을 올리느라고 시간을 허비할 거라고. 귀가 없는 도마뱀은 정수리에 혈동blood sinus이 있는데, 이 혈동을 통해 빠른 속도로 몸 전체를 덥힐 수 있다. 아침이면 은신처에서 머리를 내밀고 천적이 오는지 살피면서 필요하면 언제라도 머리를 쏙 집어넣을 준비를 한다. 이렇게 30분 정도 지나면 돌아다닐 수 있을 정도로 충분히 몸이 데워진다. 쾌적한 하루의 시작이다. 게다가 자연선택답게, 한 가지 기능만으로는 만족하지 않는다. 만약 포식자에게 잡히면, 일부 도마뱀은 이 혈동에 연결된 눈꺼풀을 통해 포식자를 향해 피를 분사할 수 있다. 이 피는 개와 같은 포식자가 불쾌하게 여기는 맛을 낸다.

크기는 체온을 높게 유지하는 또 다른 방법이다. 깔개처럼 바닥에 펼쳐져 있는 두 장의 동물 가죽이 있다고 상상해보자. 하나는 다른 것보다 가로와 세로가 각각 2배씩 크다. 이는 큰 동물 가죽이 작은 동물 가죽에 비해 4배 더 크다는 뜻이다($2 \times 2 = 4$). 그러나 높이도 2배가 되므로 몸무게는 8배 더 무거워진다($2 \times 2 \times 2 = 8$). 따라서 각각의 길이가 2배씩 증가할 때마다 겉넓이 대 몸무게의 비율은 절반으로 줄어든다($4 \div 8 = 0.5$). 몸무게 1킬로그램당 생산하는 열량이 같다면, 몸집이 커질수록 몸무게가 많이 나가기 때문에 더 많은 열을 만들어낼 것이다.* 동시에 (체내에서 열을 생산하는 동물에 비해) 상대적으로 표면적이 작기 때문에 열손실이 느리다. 따라서 몸집이 큰 동물일수록 체온이 더 높아진다. 어떤 면에서는, 냉온동물도 온혈동물이 된다. 이를테면 거대한 악어는 냉혈동물이지만 온혈동물이라고 해도 될 정도로 충분히 오랫동안 체온을 유지한다. 심지어 한밤중에도, 체내에서 생산하는 열은 아주 적지만 심부 체온은 몇 도밖에 떨어지지 않는다.

분명히 많은 공룡이 이런 크기의 문턱을 쉽게 넘은 사실상 온혈동물이었을 것이다. 특히 공룡이 번성하던 시절에는 기온이 온화한 곳이 많았다. 이를테면 산꼭대기의 만년설도 없었고, 대기 중의 이산화탄소 농도도 오늘날에 비해 10배쯤 더 높았다. 다시 말해서, 단순한 물리적 원칙에 의해 대사 상태에 관계없이 많은 공룡이 온혈동물이었다는 것이다. 아마 거대한 초식공룡은 열을 얻기보다는 잃는 게 훨씬 어려웠을 것이다. 스테고사우르스stegosaurus의 거대한 골판같이 호기심을 자아내는 일부 해부학적 구조는 코끼리의 귀처럼 열을 발산하는 부차적인 구실을 했을 것이다.

그러나 만약 이렇게 간단했다면, 공룡이 온혈동둘인지 아닌지에 관한 논쟁은 없었을 것이다. 제한적인 의미에서 보면 공룡은 확실히 온혈동물이었거나, 적어도 많은 공룡이 온혈동물이었다. 장황한 용어를 좋아하는 사람들은 이를 '관성적 내온성inertial endothermy'이라그 한다. 이 공룡들은 높은 체온을 유지할 뿐 아니라 오늘날 포유류와 같은 방식으로 탄소를 태워 체내에서 열을 생산하기도 했다. 그렇다면 넓은 의미의 어떤 면에서 볼

● 이는 엄밀히 말하면 사실이 아니다. 몸집이 큰 동물일수록 돈무게 1킬로그램당 생산하는 열량이 적어진다. 다시 말해서 몸집이 커질수록 대사율이 낮아진다. 그 이유에 관해서는 논쟁의 여지가 있으므로, 여기서는 다루지 않을 생각이다. 이 내용에 관한 전체적인 논의에 관심이 있다면 내 전작, 『미토콘드리아』를 보기 바란다. 여기서는 몸집이 큰 동물은 몸무게 1킬토그램당 생산하는 열량이 적더라도 작은 동물에 비해 보온성이 좋다는 것을 말하는 것으로 충분하다.

때, 공룡이 온혈동물이 아닌 것일까? 앞으로 확인하게 될 것처럼, 일부 공룡은 온혈동물이었을 것이다. 그러나 포유류와 조류의 온혈성에서 진짜 기묘한 점을 이해하기 위해서는, 눈을 낮춰 '온혈성의 문턱' 아래에 있던 작은 생물들에게 무슨 일이 일어났었는지를 확인해야 한다.

도마뱀을 생각해보자. 정의에 의하면 도마뱀은 냉혈동물이다. 다시 말해서 밤 동안 체온을 유지할 수 없다. 커다란 악어는 체온을 유지할 수 있을지 모르지만, 몸집이 작은 동물일수록 그렇게 되기 어렵다. 털이나 깃털 같은 단열재는 조금 도움이 되지만, 주위로부터의 열 흡수를 방해할 수 있다. 도마뱀에 모피 코트를 입히자(말할 것도 없이, 진지한 연구자들이 정확히 이런 실험을 했다), 도마뱀의 체온은 계속 내려갔다. 태양열을 잘 흡수할 수 없거나 체내에서 충분한 열을 생산할 수 없었기 때문이다. 포유류나 조류의 경우와는 큰 차이가 나는 결과다. 이런 결과를 통해 우리는 온혈성의 진짜 정의를 도출할 수 있다.

포유류와 조류는 비슷한 크기의 도마뱀에 비해 체내에서 약 10~15배 더 많이 열을 생산한다. 이런 열 생산은 상황에 관계없이 일어난다. 도마뱀과 포유류를 숨이 막힐 정도로 더운 곳에 두면, 포유류는 도마뱀에 비해 10배 많은 열을 계속 생산하다 결국 몸이 손상될 것이다. 포유류는 몸을 식힐 방법을 찾아야만 한다. 물을 마시거나, 욕조에 몸을 담그거나, 헐떡거리거나, 부채질을 하거나, 칵테일을 마시거나, 에어컨의 전원을 켜야 한다. 도마뱀은 그냥 열기를 즐길 것이다. 도마뱀, 일반적으로 파충류가 사막에서 훨씬 더 잘 지내는 것은 놀라운 일이 아니다.

이제 도마뱀과 포유류를 추운 곳에 두어보자. 꽁꽁 얼 정도로 추운 곳이라면 도마뱀은 나뭇잎 속에 몸을 파묻고 휴면에 들어갈 것이다. 공정하게 말해서, 몸집이 작은 포유류 중에는 동면을 하는 종류가 많지만, 이는 우리 포유류에게 맞춰진 처음 상태가 아니다. 원래는 완전히 반대 작용이 일어난다. 이런 조건에 놓이면 더 많은 양분을 태우게 될 것이다. 추운 지방의 포유류가 살아가는 데 드는 비용은 도마뱀보다 100배나 더 많다. 심지어 기분 좋은 봄날에 해당하는 섭씨 20도 전후의 온화한 조건에서도 약 30배라는 큰 격차가 난다. 이런 막대한 대사율을 지탱하기 위해, 포유류는 파충류보다 30배나 많은 양분을 연소시켜야 한다. 날마다 하루도 빠짐없이, 도마뱀이 한 달 동안 먹는 양을 먹어야 하는 것이다. 공짜 밥이란 없다는 것을 생각할 때, 꽤나 부담스러운 비용이다.

그래서 상황은 이렇다. 포유류나 조류가 되기 위한 비용은 도마뱀이 되기 위한 비용보다 약 10배 정도 더 많지만, 종종 이를 훨씬 초과한다. 이런 값비싼 생활방식으로 우리가 얻는 것은 무엇일까? 가장 명백한 해답은 생태적 지위의 확장이다. 사막에서는 온혈성이 적당하지 않을지 모르지만, 야간에 먹이 사냥을 하거나 온대 지방에서 겨울 동안 활동을 하는 데는 아주 유용하다. 두 가지 모두 도마뱀은 할 수 없는 것이다. 또 다른 장점으로는 지능을 들 수 있지만, 온혈성과 지능 사이에 필연적인 연관성이 있는 이유는 정확하게 규명되지 않았다. 확실히 포유류는 파충류보다 몸집에 비해 뇌가 크다. 뇌가 크다고 해서 반드시 머리가 좋다거나, 하다못해 임기응변에 능한 것은 아니지만, 대사율이 높으면 특별히 자원을 필요로 하지 않고도 더 큰 뇌를 유지할 수 있는 것으로 보인다. 만약 도마뱀과 포유류에서 각각 3퍼센트씩의 자원이 뇌에 책정되었다고 해보자. 포유류는 10배 더 많은 자원을 활용할 수 있어 뇌에 10배 더 노력을 기울일 수 있으며, 대개 정확히 이런 작용이 일어난다. 영장류, 특히 인간은 지능에 훨씬 더 많은 자원을 할당한다. 이를테면 인간은 약 20퍼센트의 자원을 뇌에 이용한다. 몸에서 뇌가 차지하는 비율은 10퍼센트 미만에 불과한데 말이다. 나는 지능이 온혈동물의 생활방식에서 별도의 비용을 들이지 않고 그냥 부수적으로 생긴 것에 지나지 않는다고 생각한다. 훨씬 적은 경비로 더 큰 뇌를 만들 수 있는 방법이 있다.

간단히 말해서 생태적 지위의 확대, 야간 활동, 지능의 추가라는 보상은 온혈성의 막대한 대사 비용에 대해 그다지 좋아 보이지 않는다. 뭔가 빠트린 것이 분명하다. 먹고 먹고 또 먹는 데 드는 비용에 따르는 문제점은 단순한 복통 정도가 아니다. 사냥을 하거나 작물을 수확하려면 시간과 노력이라는 막대한 비용이 들고, 경쟁자나 포식자의 공격을 당하기 쉽다. 식량은 고갈되거나 부족해진다. 분명히, 빨리 먹을수록 식량은 빨리 떨어질 것이다. 그러면 개체군의 크기가 줄어든다. 대충 따져보면 대사율은 개체군의 크기에 영향을 준다. 그 결과 파충류가 약 10대 1의 비율로 더 많아지게 된다. 게다가 포유류는 새끼의 수가 적다(그러나 적은 수의 자손에게 더 많은 자원을 집중시킬 수 있다). 수명까지도 대사율의 영향을 받는다. 클레멘트 프로이트가 사람에 관해서는 옳을지 모르지만, 파충류에 관해서는 틀렸다. 파충류는 느리고 지루하게 살지 몰라도, 우리보다 훨씬 오래 산다. 큰 거북의 경우에는 수백 년을 산다.

따라서 온혈성은 가혹한 희생을 강요한다. 수명이 짧아지게 하고, 먹는 데 위험할 정도로 오랜 시간을 쓰게 한다. 또한 개체군의 크기와 자손의 수를 제한하는데, 이 두 가지 요소는 자연선택에서 대단히 불리하게 작용한다. 이에 대한 보상으로, 우리는 한밤중에 깨어 있을 수 있고 추운 곳에서 살 수 있게 되었다. 이는 밑지는 장사처럼 보인다. 특히 밤에 잠을 자버린다면 더욱 그렇다. 그러나 수많은 생명체들 속에서, 우리는 포유류와 조류를 늘 맨 앞자리에 놓는다. 우리는 갖고 있지만 파충류는 갖지 못한 것은 정확히 무엇일까? 그것은 기대 이상이었다.

'호기성 용량'설

가장 설득력 있는 답은 '지구력stamina'이다. 도마뱀은 속도나 근력에서는 포유류에 뒤지지 않으며, 짧은 시간 동안은 포유류를 능가하는 것도 사실이다. 그러나 도마뱀은 대단히 빨리 지친다. 도마뱀을 잡으려고 하면 순식간에 사라진다. 도마뱀은 우리 눈을 피해 가장 가까운 숨을 곳을 향해 최대한 빨리 도망간다. 그러나 그 다음에는 휴식을 취한다. 죽을힘을 쓰고 난 뒤 회복되기까지의 시간은 안쓰러울 정도로 느려서 몇 시간이 걸리는 경우도 많다. 문제는 도마뱀이 잽싸게 생겼지, 편안하게 생겨먹지는 않았다는 것이다.● 단거리 육상 선수의 경우는 무산소 호흡anaerobic respiration에 의존한다. 다시 말해서, 호흡을 하느라 애쓸 필요가 없지만 체력을 오래 유지할 수는 없다. 무산소 호흡을 하면 에너지(ATP)를 대단히 빠르게 생산할 수 있지만, 곧 젖산이 가득 차서 근육 경련을 일으키게 된다.

이 차이는 근육의 구조에서 나타난다. 제6장에서 확인한 것처럼, 근육의 종류는 다양하다. 이런 다양성은 세 가지 중요한 구성 성분, 곧 근섬유

● 노랫말을 무단으로 인용한 점에 대해 블루스의 전설, 하울린 울프Howlin' Wolf에게 양해를 구한다. "어떤 사람은 이렇게 생겼고, 어떤 사람은 저렇게 생겼지. 하지만 내 모습을 뚱뚱하다고 하지는 마오. 난 편안하게 생겼지, 잽싸게 생겨먹지는 않았다오."(하울린 울프의 「Built for Comfort」의 노랫말— 옮긴이)

와 모세혈관과 미토콘드리아의 균형에 의해 나타난다. 근섬유는 수축하면서 힘을 만들고, 모세혈관은 산소 공급과 노폐물 제거를 담당하고, 미토콘드리아는 산소를 이용해 영양분을 태워 근육 수축에 필요한 에너지를 공급한다. 문제는 저마다 자리를 차지하고 있다는 것이다. 따라서 근섬유를 더 많이 채우면 모세혈관이나 미토콘드리아에 돌아갈 공간이 줄어든다. 근육이 섬유로 촘촘하게 채워지면 강력한 힘을 발휘할 수 있지만, 수축에 필요한 에너지는 금방 동나게 된다. 가장 보편적인 결론에 따르면, 높은 근력과 낮은 지구력, 낮은 근력과 높은 지구력을 놓고 선택을 하는 것이다. 근육질의 단거리 육상 선수와 호리호리한 장거리 육상 선수를 비교해보면, 차이를 알 수 있을 것이다.

우리 모두 여러 유형의 근육이 섞여 있으며, 이런 배합은 상황에 따라 변한다. 이를테면 평지에 사는지 고산지대에 사는지에 따라 달라진다. 생활방식에서도 큰 차이가 날 수 있다. 단거리 육상 선수가 되기 위한 훈련을 하는 사람이라면, '빠르게 수축하는' 두툼한 근육이 발달할 것이다. 이런 근육은 힘은 세지만 지구력이 약하다. 장거리 육상 선수가 되기 위한 훈련을 하는 사람이라면, 모습이 달라질 것이다. 이런 차이도 개인과 인종에 따라 본질적으로 다양하기 때문에 환경의 영향이 있을 때는 자연선택의 대상이 된다. 그런 이유에서 네팔, 중앙아프리카, 안데스 산맥에 사는 사람들은 공통적으로 고산지대에서 살아가는 데 적당한 형질을 갖고 있는 반면, 지대가 낮은 곳에서 사는 사람들은 체중이 더 많이 나가고 근육이 더 많다.

1979년 당시 어바인 캘리포니아 대학에 있던 앨버트 베넷Albert Bennett과 존 루벤John Ruben이 쓴 훌륭한 논문에 따르면, 이런 차이는 온혈성에 뿌리를 두고 있다. 이들은 체온은 잊으라고 말한다. 온혈동물과 냉혈동물 사이의 차이는 오로지 지구력이다. '호기성 용량aerobic capacity' 가설로 알려져 있는 이들의 개념이 다 옳지는 않지만 학계 전체에서 생명을 생각하는 방식을 바꿔놓았다.

호기성 용량 가설에서 내놓은 주장은 두 가지다. 첫째, 선택을 받은 것은 체온이 아니라 활동성 증가다. 활동성 증가는 여러 환경에서 직접적으로 효용성이 있다. 베넷과 루벤은 이를 다음과 같이 설명했다.

자연선택에서 활동성 증가의 장점은 확인하기 어렵지 않으며, 오히려 생존과 번식의 중심에 있다. 체력이 더 좋은 동물일수록 자연선택의 측면에서 그 장점이 두드러진다. 먹이를 얻거나, 혹은 먹이가 되지 않기 위해 훨씬 더 오래 추격을 하거나 도망을 칠 수 있다. 영역을 지키거나 침범하는 데도 훨씬 우월한 능력을 발휘할 것이다. 구애와 짝짓기의 성공률도 더 높아질 것이다.

이는 대체로 논란의 여지가 없어 보인다. 폴란드의 동물학자인 파벨 코테야Pawel Koteja는 이 개념을 흥미롭게 다듬었다. 그는 몇 개월, 혹은 몇 년 동안 지속되는 부모의 집중적인 보호에 중점을 두고, 이런 집중적인 보호가 포유류와 조류를 냉혈동물과 구별짓는다고 주장했다. 그러나 정확한 이유에 관계없이, 호기성 용량 가설의 두 번째 주장은 더욱 의문스럽고도 흥미롭다. 바로 지구력과 휴식의 연관성이다. 베넷과 루벤에 따르면, 최대 대사율과 안정시 대사율 사이에는 반드시 연관성이 있다. 이에 관해 살펴보자.

최대 대사율은 우리가 전력을 다해 밀어붙일 때 소비하는 산소량으로 정의된다. 최대 대사율은 여러 요소에 의해 좌우되는데, 당연히 유전자와 적응도가 여기에 포함된다. 궁극적으로 최대 대사율은 최종 사용자인 근육 속 미토콘드리아의 산소 소비율로 결정된다. 미토콘드리아에서 산소 소비가 빨라질수록, 최대 대사율도 높아진다. 그러나 대충만 살펴보아도, 서로 밀접한 관계가 있는 많은 요소들과 분명히 연관이 있다. 이런 요소에는 미토콘드리아의 수, 그 미토콘드리아에 양분을 공급하는 모세혈관의 수, 혈압, 심장의 구조와 크기, 적혈구의 수, 산소를 전달하는 색소(헤모글로빈)의 정확한 분자 구조, 폐의 크기와 구조, 기관의 지름, 횡격막의 세기 따위가 있다. 이 가운데 하나라도 부족하면 최대 대사율은 낮아질 것이다.

따라서 체력에 대한 선택은 최대 대사율에 대한 선택과 같으며, 결국 호흡 연쇄 장치 전체에 대한 선택으로 요약될 수 있다.* 베넷과 루벤에 따르면, 최대 대사율이 높으면 어떤 식으로든 안정시 대사율을 '끌어올린다.' 다시 말해서 체력이 좋고 활동적인 포유류는 처음부터 **안정시 대사율**이 높다. 심지어 가만히 누워서 아무것도 하지 않을 때도 엄청난 양의 산소를 계속 호흡하는 것이다. 이들은 경험에 입각한 주장을 펼쳤다. 이유가 무엇인지 몰라도, 포유류, 조류, 파충류에 관계없이 모든 동물의 최대 대사율은 안정시 대사율보다 약 10배 정도 높은 경향이 있다. 따라서 높은 최대 대사율이 선택되면서 안정시 대사율도 함께 끌어올려진 것이다. 최

● 이 모든 형질들이 어떻게 단번에 선택될 수 있는지 상상하기 어렵다면, 주위를 한번 둘러보자. 올림픽에 출전할 정도의 축복을 받은 소수의 사람들은 확실히 다른 사람에 비해 체력이 월등히 뛰어나다. 이런 일은 하고 싶지 않을 수도 있겠지만, 운동선수와 운동선수를 계획적으로 교배해 가장 적합한 사람을 선택하면 '초운동선수superathletes'를 만드는 데 성공하리라는 것은 거의 확실하다. 쥐를 이용한 이와 같은 실험이 당뇨병 연구를 위해 시행된 적이 있는데, 단 10세대 만에 (당뇨병의 위험을 낮추고) '호기성 용량'이 350퍼센트 개선되었다. 또 이 쥐들은 수명이 약 20퍼센트 연장되어 6개월을 더 살았다.

대 대사율이 포유류와 도마뱀의 차이인 10배만큼 증가하면, 안정시 대사율도 10배 증가한다. 이 단계에 이르면, 동물의 체내에서는 엄청난 열이 만들어지고, 그 결과 '온혈' 동물이 되는 것이다.

이 개념은 편안하고 직관적이지만, 면밀한 연구를 통해서 왜 최대 대사율이 안정시 대사율과 반드시 연관이 되어야 하는지를 밝히기는 대단히 어렵다. 최대 대사율은 근육으로 들어오는 산소가 전부지만, 휴식을 취하고 있을 때 근육에서 소비하는 산소의 양은 아주 적다. 대신 간, 이자, 콩팥, 장 따위의 내장 기관과 뇌 같은 곳에서 주로 산소가 소비된다. 간에서 많은 양의 산소를 소비해야 하는 정확한 이유는 근육에서와 마찬가지로 분명하지 않다. 호기성 용량은 대단히 높고 안정시 대사율은 대단히 낮은 동물, 그러니까 두 세계에서 최고의 조건을 조합한 슈퍼도마뱀은 상상하기가 쉽지 않다. 이는 공룡에도 그대로 적용되었을 것이다. 솔직히 조금 의아하지만, 오늘날의 포유류와 조류와 파충류에서 최대 대사율과 안정시 대사율 사이에 연관성이 있는 까닭이 무엇인지는 아직 잘 모른다. 경우에 따라서 일부 동물에서는 이런 연관성이 없을 수도 있다.● 확실히 가지뿔영

● 오스트리아 울런공 대학의 폴 엘스Paul Else와 토니 헐버트Tony Hulbert는 한 가지 흥미로운 가능성을 강력하게 주장했는데, 이들의 주장은 세포막의 지질脂質 구성과 연관이 있다. 대사율이 높으면 막을 통해 물질의 이동이 빠르게 일어나야만 한다. 그러려면 일반적으로 고도 불포화 지방산 polyunsaturated fatty acid의 비율이 상대적으로 높아야 한다. 고도 불포화 지방산은 유동성이 더 큰데, 돼지기름과 식물성 기름의 차이를 생각하면 쉽게 이해가 될 것이다. 만약 동물에서 높은 호기성 용량이 선택된다면 고도 불포화 지방산이 더 많은 경향이 있으며, 내장 기관에 고도 불포화 지방산이 있으면 안정시 대사도 더 높아질 수 있을 것이다. 그 단점은 조직에 따라 막을 구성하는 지방산이 달라질 수 있다는 것인데, 확실히 어느 정도는 이런 일이 벌어지고 있다. 따라서 나는 이 문제가 깔끔하게 해결되었다고 생각하지 않는다. 또 온혈동물의 내장 기관에 미토콘드리아가 더 많은 이유도 설명하지 않는다. 이는 지질 구성이 우연이 아니라 대사율이 높으면 내장 기관에서 의도적으로 이런 기관을 선택한다는 것을 의미할 뿐이다.

양처럼 대단히 활동적인 포유류는 호기성 용량이 안정시 대사율보다 무려 56배 정도나 높아서, 두 대사율 사이에 연관성이 없을 가능성도 있다. 몇 가지 파충류에도 같은 예가 적용된다. 미국악어American alligator의 경우도 호기성 용량이 안정시 대사율보다 적어도 40배 이상 높다.

그렇다 해도, 베넷과 루벤은 몇 가지 이유에서 충분히 옳다고 생각할 수 있다. 대부분의 온혈동물에서 가장 힘이 센 동물은 열 급원과 연관이 있을 것이다. 직접적으로 열을 생산하는 방법은 많지만, 대부분의 온혈동물은 걱정이 없다. 이들은 대사 작용의 결과, 간접적으로 열이 생긴다. 쥐처럼 열 손실이 빠른 작은 포유류만이 열을 직접 생산한다. 쥐와 다양한 포유류의 새끼들은 미토콘드리아가 가득 들어 있는 특별한 조직을 활용해 열을 생산하는데, 이 조직을 갈색지방brown fat이라고 한다. 이들의 계략은 단순하기 그지없다. 일반적으로 미토콘드리아에서는 막을 사이에 두고 양성자를 이용한 전위차가 형성되고, 이 전위차를 이용해 세포에서 쓰이는 에너지 통화인 ATP가 만들어진다(제1장을 보라). 전체 메커니즘이 일어나려면 절연체 구실을 하는 손상되지 않은 막이 필요하다. 막이 조금이라도 손상되면 양성자의 흐름에 단락이 생겨 에너지는 열로 흩어진다. 갈색지방에서 벌어지는 현상이 정확히 이와 똑같다. 막에 의도적으로 단백질 막공을 삽입해 양성자가 누출되도록 하는 것이다. 그 결과 갈색지방 속의 미토콘드리아는 ATP 대신 열을 생산한다.

따라서 만약 열이 주된 목표라면, 구멍 난 미토콘드리아가 그 해결책이다. 만약 갈색지방에서처럼 미토콘드리아가 모두 누출이 잘 일어난다면, 음식물 속에 있는 모든 에너지가 곧바로 열로 전환된다. 이는 단순하고 빠르며, 공간을 많이 차지하지도 않는 방법이다. 적은 양의 조직에서 효과적으로 열을 만들 수 있기 때문이다. 그러나 이는 일반적으로 일어나는 현상을 아니다. 미토콘드리아에서 일어나는 누출의 정도는 도마뱀이나 포유류나 조류나 크게 차이가 없다. 대신 온혈동물과 냉혈동물은 기관의 크기와 미토콘드리아 수에서 대체로 큰 차이가 난다. 이를테면, 쥐는 비슷한 크기의 도마뱀보다 간이 훨씬 크며 들어 있는 미토콘드리아 수도 훨씬 많다. 다시 말해서, 온혈동물의 내장 기관은 효과적인 터보 엔진을 장착하고 있는 것이다. 온혈동물은 엄청난 양의 산소를 소비하는데, 열을 생산하기 위해서가 아니라 기능을 향상시키기 위해서다. 열은 부산물이다. 나중에 털이나 깃털 같은 외부 단열재를 개발하면서 유용하게 활용했을 뿐이다.

오늘날에는 동물의 발생에서 온혈성의 시작이 열 생산보다는 내장 기관의 기능 향상과 더 연관성이 있다는 가설 쪽에 힘이 실리고 있다. 시드니 대학의 진화생리학자인 프랭크 제바허Frank Seebacher는 조류의 배에서 어떤 유전자가 온혈성의 시작을 일으키는지를 알아보는 연구에 착수했다. 그 결과 그는 (PGC1α라는 단백질이 암호화된) 하나의 '마스터 유전자'가 미토콘드리아가 풍부해지게 함으로써 내장 기관을 강화한다는 사실을 발견했다. 내장 기관의 크기도 비교적 쉽게 조절될 수 있는데, 비슷한 '마스터 유전자'를 통해 세포의 복제와 죽음 사이의 균형을 조정하면 된다. 간단히 말해서, 기관에 터보 엔진을 장착하는 것이 유전적으로 어려운 일이 아니라는 것이다. 아주 적은 유전자만 있으면 조절할 수 있다. 그러나 이는 에너지의 측면에서 볼 때 극단적으로 비용이 많이 들기 때문에 그만큼 가치 있는 보상이 있을 때에만 선택될 수 있다.

따라서 호기성 용량의 전반적인 시나리오는 설득력이 있어 보인다. 온혈동물이 냉혈동물보다 훨씬 지구력 좋고, 대체로 10배 정도 호기성 용량이 더 크다는 것은 의심할 여지가 없는 사실이다. 포유류와 조류에서는, 내장 기관의 크기가 커지고 미토콘드리아 수가 증가하면서 높아진 호기성 용량과 함께 안정시 대사율도 따라서 높아졌지만, 고의적으로 열을 생산하려는 시도와는 연관성이 적다. 적어도 내가 보기에는, 높은 호기성 용량은 이를 뒷받침하는 기관계의 강화와 짝을 이루는 게 맞을 것 같다. 그리고 이 개념은 쉽게 검증이 가능하다. 높은 호기성 용량을 기르면 안정시 대사율도 따라서 올라가야 한다. 인과관계를 입증하기는 어렵지만, 적어도 둘 사이에는 상관관계가 있다.

문제점은 있다. 이 가설은 약 30년 전에 제시된 이래, 실험적으로 검증하기 위한 시도가 여러 번 있었지만 성공했다고 말하기에는 복잡한 상황이다. 일반적으로 안정시 대사율과 최대 대사율 사이에 연관성이 나타나지만, 예외도 많다. 진화과정에서는 둘 사이에 연관성이 **있지만**, 이런 연관성이 생리학적인 면에서 꼭 필요한 것은 아니다. 진화 역사에 대한 더 획기적인 생각이 없는 한, 확신을 갖고 말하기는 어렵다. 그러나 이번에는 화석 기록에서 그 실마리를 찾을 수 있는 가능성이 있다. 어쩌면 빠진 연결고리는 생리학이 아닌 역사의 변천 속에 있는지도 모른다.

온혈성의 기원

온혈성은 전적으로 간 같은 내장 기관의 능력과 연관성이 있다. 부드러운 조직은 오랜 세월을 견디지 못하며, 털 같은 것도 암석 속에 남는 경우가 드물다. 따라서 오랫동안 화석 기록을 통해서는 온혈성의 기원을 밝히기 어려웠고, 심지어 오늘날에도 격한 논쟁이 심심치 않게 벌어진다. 그런데 호기성 용량을 고려해 화석 기록을 재검토하는 작업이 훨씬 있음직한 일이 되었다. 골격 구조에서도 온혈성의 증거를 수집할 수 있게 되었기 때문이다.

포유류와 조류의 조상을 추적하려면 지금으로부터 2억 5000만 년 전에 시작된 트라이아스기로 거슬러 올라가야 한다. 트라이아스기가 시작되기 직전에는 모든 생물종의 95퍼센트가 사라진, 지구 역사에서 가장 대규모 멸종인 페름기 대멸종이 일어났다. 이 대학살에서 살아남은 소수의 생물 중에는 두 종류의 파충류가 있었는데, 오늘날 포유류의 조상인 **수궁류** therapsid('포유류처럼 생긴 파충류')와, 조류와 악어류의 조상이자 공룡과 익룡의 조상인 **조룡류** archosaur(그리스어로 '지배하는 도마뱀')가 있었다.

훗날 공룡이 번성하게 되는 상황에서 조금 의외일 수도 있겠지만, 트라이아스기 초기에 가장 성공적인 무리는 수궁류였다. 수궁류의 후손인 포유류는 크기가 작아져서 공룡의 맹공격이 있기 전에 땅굴로 숨어들었다. 그러나 트라이아스기 초기에 가장 번성한 종은 수궁류의 일종인 리스트로사우루스 *lystrosaurus*('삽도마뱀')였다. 리스트로사우루스는 돼지만 한 크기의 초식동물로, 두 개의 뭉툭한 엄니가 있고 몸통이 둥글고 땅딸막했다. 이 리스트로사우루스의 생활방식이 어땠는지는 분명치 않다. 한동안 이 동물은 땅과 육지를 오가며 생활하는 작은 하마 같은 파충류였을 것이라고 상상했다. 그러나 현재는 훨씬 건조한 기후에서 살았으며 일반적인 수궁류의 특징인 굴을 팠을 것으로 추측되고 있다. 이것이 왜 중요한지는 나중에 살펴볼 것이다. 다만 분명한 것은, 리스트로사우루스가 다시는 볼 수 없을 방식으로 초기 트라이아스기를 지배했다는 사실이다.● 한동안 모든 육상 척추동물의 95퍼센트가 리스트로사우루스였다는 말이 있었다. 미국의 시인이자 자연학자인 크리스토퍼 코키노스Christopher Cokinos는 다음과 같이 썼다. "한번 상상해보자. 내일 잠에서 깨어나 대륙을 횡단하는 데 보이는 것이라고는 이를테면 다람쥐밖에 없는 것이다."

리스트로사우루스 자체는 초식이었다. 아마 당시로서는 유일한 초식동물이었을 것이고, 천적에 대한 두려움도 없었을 것이다. 트라이아스기 후기에는 수궁류의 친척뻘인 키노돈트cynodont('개 이빨'이라는 뜻)라는 무리가 리스트로사우루스의 자리를 차지하기 시작했고, 결국 리스트로사우루스는 2억 년 전인 트라이아스기 말기에 멸종했다. 초식동물도 있고 육식동물도 있던 키노돈트는 트라이아스기 말기에 막 등장한 포유류의 직접적인 선조였다. 키노돈트에는 호기성 용량이 높았다는 것을 암시하는 여러 흔적이 나타난다. 이런 흔적으로는 뼈입천장bony palate(입과 공기의 통로를 분리해 숨을 쉬면서 동시에 씹을 수 있게 한다), 흉곽이 변형된 넓은 가슴통, 근육으로 되었을 것으로 추정되는 횡격막 따위가 들어간다. 그뿐이 아니다. 콧속 통로는 넓어지고 '호흡 코선반respiratory turbinate'이라고 알려진 섬세한 격자 모양 뼈가 둘러싸고 있었다. 키노돈트는 심지어 털로 뒤덮여 있었을 가능성도 있지만, 그때까지는 파충류처럼 알을 낳았다.

따라서 키노돈트는 이미 높은 호기성 용량을 갖고 있었을 것으로 보이며, 이런 높은 호기성 용량 덕에 체력이 대단히 좋았을 것이다. 그런데 안정시 대사율은 어땠을까? 키노돈트도 온혈동물이었을까? 존 루벤에 따르

● 1969년, 에드윈 콜버트Edwin Colbert가 남극 대륙에서 리스트로사우루스의 화석을 발견하면서 판구조론에 대한 논란이 조금 수그러들었다. 리스트로사우루스는 이미 아프리카와 중국과 인도에서 발견되었기 때문이다. 작달막한 리스트로사우루스가 남극 대륙까지 헤엄쳐갔다는 것보다는 남극 대륙이 떠내려갔다는 것을 믿는 편이 훨씬 쉬웠다.

면, 호흡 코선반은 안정시 대사율의 향상을 나타내는 믿을 만한 지표 가운데 하나로 꼽힌다. 호흡 코선반은 수분 손실을 막는 구실을 한다. 짧은 시간 동안 폭발적인 활동을 하는 데 반해, 계속적으로 깊은 호흡을 하면 엄청난 수분 손실이 일어날 수 있다. 안정시 대사율이 낮은 파충류는 휴식을 취할 때 아주 얕은 호흡을 하기 때문에 수분 손실을 제한할 필요가 없다. 따라서 파충류 중에는 호흡 코선반이 있다고 알려진 종류가 없다. 이와 대조적으로 거의 모든 진정한 온혈동물은 코선반을 갖고 있으며, 몇 가지 조류와 영장류만 예외일 뿐이다. 절대적인 필요조건은 아니어도, 화석에 나타난 코선반이 온혈성의 기원에 관해 어떤 실마리를 찾는 데 큰 도움이 되는 것은 분명하다. 털의 존재 가능성(화석에서 관찰된 것이 아닌 추론)까지 결부시키면, 정말로 온혈성이 키노돈트의 한 계통을 따라 포유류까지 진화해온 것처럼 추측된다.

그러나 키노돈트는 곧 후기 '트라이아스기의 지배자'인 조룡류에 압도되어 결국 몸을 웅크리고 야행성 동물이 되었다. 만약 키노돈트가 이미 온혈동물로 진화했다면, 키노돈트를 몰아내고 곧바로 최초의 공룡으로 진화한 정복자 무리는 어땠을까? 조룡류 시대의 마지막 생존자는 각각 냉혈동물과 온혈동물인 악어류와 조류가 되었다. 최초의 조류를 향해 나아가던 길의 한 시점에서 조룡류는 온혈동물로 진화했다. 그런데 어떤 종류가, 그리고 왜 온혈동물이 되었을까? 이 종류에는 공룡도 포함될까?

여기서 상황은 더욱 복잡해지며, 때로는 열띤 논쟁을 불러일으킨다. 공룡처럼 조류도 사람들의 시선을 강하게 사로잡으며, 심지어 이런 관심이 과학과 상관이 없는 경우도 허다하다. 조류는 오랫동안 공룡, 특히 티라노사우루스 렉스*Tyrannosaurus rex*가 포함된 수각류theropod라고 불리는 무리와 어떤 식으로든 연관성이 있다고 여겨졌다. 1980년대 중반에 계통해부학적(분기학적) 연구가 이어지면서 조류는 수각류의 한 계통으로 다시 분류되었다. 대략의 결론은 이렇다. 조류는 단지 공룡과 연관성이 있을 뿐 아니라, 바로 하늘을 나는 수각류avian theropod라는 공룡이었다는 것이다. 대부분의 전문가들은 이 결론을 받아들였지만, 노스캐롤라이나 대학의 저명한 고조류학자인 앨런 페두차Alan Fedducia가 이끄는 소수의 반대자들만이 조류가 수각류 진화 초기에 갈라져 나온, 확실히 밝혀지지 않은 무리에서 유래했다는 태도를 고수하고 있다. 이들의 관점에 따르면 조류는 공룡이 아니라 독특한 그들만의 무리를 형성한다.

내가 글을 쓰는 시점에는, 이 오랜 연구가 가장 다채로워졌고 형태적인 특징보다는 단백질과 연관성이 있었다. 2007년에는 존 아사라John Asara가 이끄는 하버드 의대의 연구진이 대단히 보존이 잘된 6800만 년 된 T. 렉스의 뼈에서 놀랍게도 지금까지 남아 있는 콜라겐 조각을 발견했다. 콜라겐은 뼈에서 중요한 유기물 구성 성분이다. 이 연구진은 몇몇 조각에서 아미노산 서열을 밝히는 데 성공했고, 그 다음에는 이 서열들을 짜맞춰 T. 렉스 단백질의 서열을 일부 내놓았다. 2008년에 이 연구진은 이 아미노산 서열을 포유류와 조류와 악어류의 동등한 서열과 비교했다. 이 서열은 짧기 때문에 오해의 소지가 있지만 이것만으로 볼 때, 살아 있는 종 가운데 T. 렉스와 가장 유연관계가 깊은 종은 닭이고, 그 다음은 타조였다. 당연히 신문들은 마침내 T. 렉스의 스테이크가 어떤 맛일지 알았다며 호들갑스럽게 이 연구 결과를 보도했다. 이 콜라겐 연구에서 더욱 중요한 점은, 조류가 수각류 공룡의 한 가지라는 계통학적인 묘사를 대체로 뒷받침한다는 점이다.

조류 세계에서 또 다른 논란을 불러일으키는 주요 원인은 깃털이다. 페두차와 다른 학자들은 깃털이 날기 위해 진화했다는 태도를 오랫동안 고수했다. 이는 깃털에 걱정스러울 정도로 기적에 가까운 완벽을 부여했다. 그러나 만약 깃털이 날기 위해 진화했다면, T. 렉스처럼 조류가 아닌 수각류에서는 확실히 발견되어서는 안 될 것이다. 페두차는 발견되지 않는다고 말했지만, 지난 10년 동안 중국에서는 깃털 달린 공룡이 줄줄이 발견되었다. 이중 일부는 조금 불분명하지만, 이번에도 대다수의 전문가들은 날 수 없는 수각류에 정말 날개가 있었다고 확신했다. 이런 수각류에는 몸집이 작은 T. 렉스의 조상도 포함되어 있다.

이 '깃털'이 눈에 보이는 것과 달리 실은 짓눌린 콜라겐 섬유라는 다른 관점도 있지만, 아무래도 억지스러운 변명처럼 느껴진다. 만약 그것이 단순히 콜라겐 섬유라면 왜 랍토르raptor라고 알려진 한 수각류에서만 주로 발견되는지를 설명하기 어렵다. 이런 랍토르에는 영화 「주라기 공원Jurassic Park」으로 유명해진 벨로키랍토르Velociraptor도 들어간다. 또 이 깃털이 같은 지층에 보존된 완전한 깃털을 갖춘 조류의 깃털과 같아 보이는 이유도 설명하기 어렵다. 이 깃털은 진짜 깃털과 같아 보일 뿐 아니라, 미크로랍토르Microraptor 같은 일부 랍토르는 이런 깃털이 풍성하게 돋은 사지(더 나은 말을 찾는다면 날개)를 이용해 나무 사이를 활강할 수 있었다. 이렇게 아름답게 보존된 깃털을 보고 깃털이 아니라고 믿기는 어려울 것 같다. 게다가 페두차도 조금씩 마음이 약해지고 있다. 나무 위에서 활강을 하는 미크로랍토르의 비행이 제대로 된 조류의 비행의 기원과 연관이 있는지, 아니면 가장 가까운 친척으로 시조새라고도 불리는 아르케오프테릭스Archaeopteryx의 비행과 연관성이 있는지는 아직도 쟁점이 되고 있다.

깃털이 비행이 시작되기 전에 수각류 공룡에서 진화했다는 결론은 새의 배胚에서 깃털이 발생하는 과정의 연구, 특히 악어의 배엽에서 피부가 되는 부분과의 관계 연구를 통해 뒷받침되었다. 악어가 살아 있는 조룡류라는 것을 기억하자. 조룡류가 처음 나타난 시기는 트라이아스기다. 악어와 (조류를 포함한) 공룡은 트라이아스기 중반인 약 2억 3000만 년 전에 갈라지기 시작했다. 이렇게 오래전에 갈라져 나왔지만, 이미 악어의 몸속에는 깃털의 '씨앗'이 들어가 있었다. 그래서 오늘날까지도 조류의 배에서 깃털이 발생하는 피부층과 똑같은 피부층을 간직하고 있을 뿐 아니라, '깃털 케라틴feather keratin'이라고 불리는 가볍고 유연하면서 단단한 단백질도 똑같이 갖고 있다.

깃털 케라틴은 대부분 악어의 피부층을 이루는 일부 배엽에서 발견되는데, 이 피부층은 악어가 알을 까고 나와 비늘이 드러날 때 허물처럼 벗겨진다(다 큰 악어의 비늘에서 자취가 발견되기도 한다). 조류에도 악어와 비슷한 비늘이 다리와 발에 남아 있으며, 악어와 마찬가지로 태어난 직후에 가장 바깥쪽 피부층이 벗겨진다. 진화발생학에서 깃털 분야의 전문가인 볼로냐 대학의 로렌초 알리바르디Lorenzo Alibardi에 따르면, 깃털은 배에서 비늘이 형성될 때 허물로 벗겨지는 똑같은 피부층에서 자란다. 배에서 비늘은 깃가지barb라고 하는 관모양의 섬유로 길게 자란다. 깃가지는 속이 빈 머리카락처럼 생긴 구조로, 배의 피부층으로부터 형성된 살아 있는 벽을 가지며, 어느 방향으로나 가지가 뻗어갈 수 있다.• 가장 단순한 깃털인 솜털은 기본적으로 같은 지점에 부착된 깃가지가 작은 뭉치를 이룬 것이다. 반면 날개깃은 깃가지들이 융합되어 깃대라고 하는 중심 자루를 형성하여 만들어진다. 깃가지의 살아 있는 벽이 케라틴을 내놓고 퇴화되면서 케라틴으로 이루어진 가지 구조가 드러나는데, 이것이 바로 깃털이다. 악어류에서 깃털을 만들 수 있는 피부층과 단백질뿐 아니라 이에 필요한 유전자까지도 발견되는 것을 보면, 이들의 공통조상인 조룡류도 똑같이 존재했을 것으로 추정할 수 있다. 다만 발생 프로그램이 바뀐 것이다. 깃털과 비늘이 발생학적으로 가까운 관계라는 사실은 새의 다리에 있는 비늘에서 깃털이 돋아나는 (대단히) 특이한 돌연변이를 통해 드러난다. 그러나 아직까지 그 누구도 깃털이 돋아난 악어를 발견하지는 못했다.

이런 관점에서 보면, 깃털의 원형은 사실상 가장 초기 조룡류의 피부에서 갑자기 나타난 것이다. 따라서 수각류에서 '표피 부속물epidermal appendage'이 돋아나기 시작한 것은 조금 놀랍다. 이런 표피 부속물은 (익룡에 있는 것과 같은) 센털에서부터 솜털과 비슷한 단순한 가지 모양 구조까지 다양하다. 그런데 비행을 하지 않았다면 이런 것들이 무슨 필요가 있었을까? 여기에는 서로 배타적이지 않은 그럴듯한 해답이 많이 나와 있다. 성적인 과시, 감각 기능, 보호 기능(깃가지는 몸집이 커 보이게 할 뿐 아니라 호저의 바늘과 같은 구실을 할 가능성도 있다), 그리고 마지막으로 당연히 단열 작용도 포함된다. 깃털 달린 수각류의 반란은 이들이 현존하는 친척인 조류처럼 온혈동물일 것이라는 의심을 단단히 불러일으킨다.

● 예일 대학의 리처드 프럼Richard Prum은 깃털이 기본적으로 관 모양이라는 것이 중요하다고 말한다. 관은 발생학인 관점에서 중요한데, 위/아래, 횡단, 안/밖이라는 여러 개의 축이 있기 때문이다. 이런 축은 신호를 전달하는 분자가 확산되는 동안 생화학적 기울기를 만들 수 있다. 계속해서 이 생화학적 기울기는 축을 따라 다른 유전자를 활성화시켜 배 발생을 조절한다. 발생학자들이 보기에는 우리 몸도 본질적으로 '관'이다.

심장과 폐의 진화

다른 증거들도 수각류가 활동적인 공룡이었다는 개념과 잘 들어맞으며, 적어도 이 공룡들이 지구력이 뛰어났다는 뜻을 내포하고 있다. 두드러지는 특징 하나를 살펴보면 심장이 있다. 도마뱀이나 다른 대부분의 파충류와 달리, 악어류와 조류는 모두 네 개의 격실로 이루어진 강력한 심장을 갖고 있다. 네 개의 격실로 이루어진 심장은 모두 조룡류에게서 물려받은 형질일 것이며, 따라서 공룡 역시도 이런 심장을 갖고 있었을 것이다. 네 개의 격실로 이루어진 심장이 중요한 까닭은 순환계를 둘로 구분하기 때문이다. 한 순환계는 폐에 피를 공급하고, 나머지 한 순환계는 몸 전체에 피를 공급한다. 이렇게 순환계가 구분되면 두 가지 중요한 장점을 얻게 된다. 첫째, 피를 높은 압력으로 펌프질해서 근육과 뇌와 그 외 다른 장소로 보내더라도 섬세한 폐 조직이 손상되지 않는다(폐 조직이 손상되면 폐부종이나 죽음에 이를 수 있다). 확실히 혈압이 높으면 활동성이 더 좋아질 수 있으며, 동시에 크기도 훨씬 커질 수 있다. 네 개의 격실로 이루어진 심장 없이, 거대한 공룡이 뇌까지 피를 보낼 방법은 결코 없었을 것이다. 둘째, 순환계를 둘로 나누면 산소와 결합된 피와 산소와 결합되지 않은 피가 섞이지 않는다. 폐에서 산소와 결합된 피는 심장으로 돌아오자마자 산소가 필요한 몸의 다른 부분으로 세차게 펌프질된다. 네 개의 격실로 이루어진 심장이 반드시 온혈성을 의미하지는 않지만(어쨌든 악어는 냉혈동물이니까), 이런 심장이 없으면 높은 호기성 용량을 얻는 것이 거의 불가능하다.

수각류 공룡의 호흡계도 조류의 호흡계와 비슷했던 것으로 보이며, 따라서 높은 활동성을 지탱할 수 있었을 것이다. 조류의 폐는 우리 폐와는 다르게 작동되는데, 낮은 고도에서도 우리 것보다 더 효율적이다. 고도가 높아지면 차이는 놀랄 정도로 벌어진다. 조류는 포유류와 비교했을 때, 희박한 공기 속에서 정확히 두세 배 많은 산소를 추출할 수 있다. 그렇기 때문에, 기러기는 높이 8000미터가 넘는 에베레스트 산 정상을 훌쩍 뛰어넘는 높은 창공을 날 수 있지만, 우리 인간은 훨씬 낮은 고도에서도 숨을 헐떡거리는 것이다.

우리 폐는 속이 빈 나무처럼 생겼는데, 이 속이 빈 나무줄기(기관trachea) 속으로 공기가 지난다. 그 다음 작은 가지(기관지tracheole)를 지나 끝이 막힌 가느다란 가지에 이른다. 이 가느다란 가지의 막다른 끝은 뾰족하지 않고 반 정도 부푼 풍선처럼 생겼다. 폐포alveoli라고 하는 이 풍선의 벽에는 아주 가는 모세혈관이 촘촘하게 얽혀 있어 기체 교환이 일어난다. 이곳에서 적혈구에 있는 헤모글로빈은 이산화탄소를 내보내고 산소와 결합한 다음, 심장으로 되돌아간다. 폐포는 호흡을 하는 동안 풍선처럼 부풀었다 쭈그러드는데, 호흡은 흉곽과 횡격막에 있는 근육에 의해 일어난다. 우리 폐에는 피할 수 없는 단점이 있는데, 모든 가지가 이렇게 막다른 공간에서 끝난다는 것이다. 이런 막다른 공간은 신선한 공기가 가장 필요한 공간이지만 신선한 공기가 거의 들어오지 않는다. 심지어 신선한 공기가 도착하더라도 밖으로 나가려는 더러운 공기와 섞이게 된다.

이와 대조적으로 조류는 근사하게 변형된 파충류의 폐를 가지고 있다. 전형적인 파충류의 폐는 생김새가 단순하다. 그냥 커다란 주머니처럼 생겼고, 격막septum이라고 하는 잎사귀처럼 생긴 막으로 중심강central cavity이 나뉘어 있다. 포유류의 폐와 마찬가지로 파충류의 폐도 주름상자처럼 흉곽을 따라 팽창한다. 악어의 경우에는 간에 붙어 있는 횡격막이 치골과 연

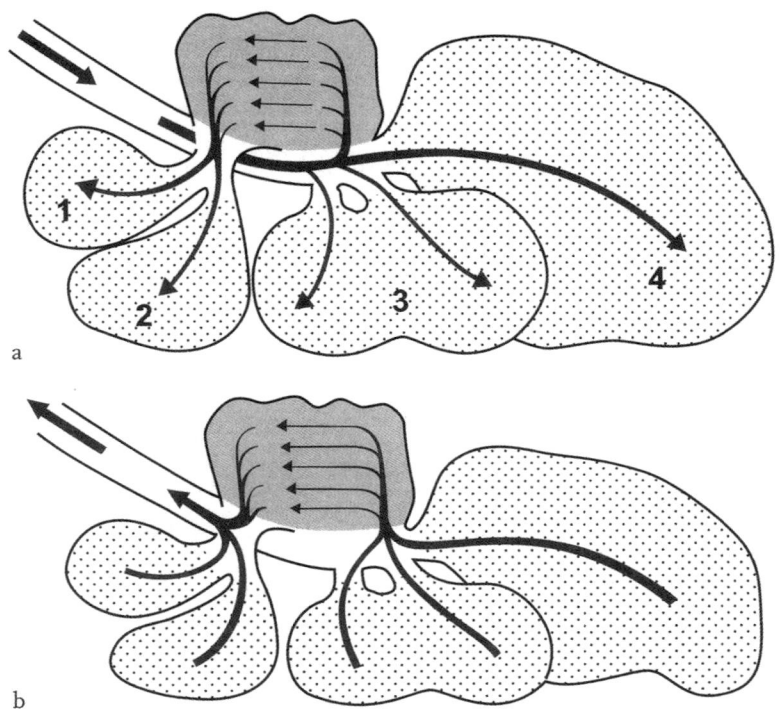

그림 8.1 들숨(a)과 날숨(b) 때 조류의 폐에서 일어나는 공기의 흐름. 1: 쇄골 기낭clavicular air sac, 2: 앞가슴 기낭cranial thoracic air sac, 3: 뒷가슴 기낭caudal thoracic air sac, 4: 배 기낭abdominal air sac. 공기는 폐를 통과해 계속 같은 방향으로 흐른다. 반면 혈액은 반대 방향으로 흐르는데, 이런 역방향 흐름은 기체 교환의 효율을 대단히 높인다.

결된 근육에 의해 피스톤처럼 작용한다. 그래서 악어의 폐는 주사기와 비슷하며, 여기서 횡격막은 공기가 잘 차단되는 피스톤 구실을 한다. 곧 횡격막이 뒤로 잡아당겨지면 공기가 채워진다. 이것도 꽤 강력한 호흡 방식이지만, 조류는 훨씬 더 나아가 몸의 절반을 한 방향으로 정교하게 연결된 기낭air-sac 체계로 바꿔놓았다. 공기가 폐로 직접 들어오기보다는 먼저 기낭 체계를 타고 흐르다 마지막으로 폐에 이르게 하면, 지속적인 공기의 흐름이 생겨 우리처럼 폐포가 막다른 곳에 있어서 생기는 문제를 제거할 수 있다. 들숨을 쉴 때나 날숨을 쉴 때나 공기는 (역시 조류에서 더 정교해진) 격벽을 지나 흐른다. 이때 아래쪽에 있는 갈비뼈와 뒤쪽에 있는 기낭 체계의 운동이 일어나며, 결정적으로 조류에는 횡격막이 없다. 게다가 공기는 한 방향으로 흐르고, 혈액은 그 반대 방향으로 흘러, 기체 교환의 효율을 최대화시킨다(그림 8.1).●

수십 년 동안 학계에서는 수각류가 어떤 종류의 폐를 가지고 있었는지에 관한 문제를 놓고 첨예하게 의견이 대립했다. 악어와 같은 피스톤 폐였을까, 아니면 조류와 같은 기낭 폐였을까? 조류의 기낭 체계는 가슴과 배의 부드러운 조직뿐 아니라 갈비뼈와 척추를 포함한 뼈까지도 침입해 있다. 수각류의 뼈도 새의 뼈와 같은 위치에 속이 비어 있다는 사실은 오래전부터 알려져 있었다. 1970년대에는 고생물학자인 로버트 바커Robert Bakker가 이러한 발견을 이용해 공룡을 활동적인 온혈동물로 재구성한 자극적인 가설을 내놓았다. 이 파격적인 관점에서 영감을 얻은 마이클 크라이튼Michael Crichton은 『주라기 공원Jurassic Park』을 썼고, 이 소설은 같은 제목의 영화로 만들어졌다. 그러나 존 루벤과 그의 동료 연구진은 이와 달리 한두 개의 화석에서만 확인되어 논란의 여지가 있는 피스톤 횡격막을 활용해 악어의 폐와 훨씬 비슷한 모습으로 수각류의 폐를 재구성했다. 루벤

● 이제는 담배를 끊고 등반을 좋아하는 나는 고도가 높건 낮건 숨을 헐떡이곤 한다. 어느 날 문득 새가 담배를 피우면 어떨까 하는 상상을 했다. 쉬지 않고 공기가 흐르면서 대단히 효율적인 흡수가 일어난다고 생각하면 그 여파는 상상만 해도 끔찍하다.

은 수각류의 뼈 속에 기낭이 있다는 사실을 부정하지는 않았지만 그 목적에 관해서는 회의적이었다. 그는 이 기낭에 공기의 순환이 아닌 다른 목적이 있을 것이라고 말했다. 이를테면, 몸무게를 줄이거나 두발 동물에서 균형을 잡는 역할 따위를 했을 것이라고 추측했다. 새로운 자료에서 나온 적절한 해답이 없는 상황에서 불평 섞인 논쟁을 주고받던 차에, 오하이오 대학의 패트릭 오코너Patrick O'Connor와 하버드 대학의 레온 클라젠Leon Claessens이 2005년 『네이처』에 기념비적 논문을 발표했다.

오코너와 클라젠은 살아 있는 조류 수백 종의 기낭을 철저하게 조사하기 시작했다(그들의 말을 빌려 좀 더 정확하게 말하면, 야생동물 복원회와 박물관에서 '약탈한 표본'을 이용한 조사였다고 한다). 이들은 새의 기낭에 라텍스를 주입해 폐의 해부학적 구조를 더 잘 이해하려고 했다. 우선 이들은 기낭이 생각했던 것보다 훨씬 넓은 범위까지 침투해 있다는 사실을 깨달았다. 기낭은 목과 가슴에만 있는 게 아니라 복부 체강의 대부분을 차지하고 있었고, 아래쪽에 있는 척추까지 침투했다. 이런 자세한 해부학적 구조는 수각류의 골격을 해석하는 데 결정적 구실을 했다. 이런 몸 뒷부분에 있는 기낭이야말로 조류의 폐기관계 전체를 지탱하는 진짜 추진력이었다. 숨을 내쉬는 동안에는 기낭이 압축되면서 몸 뒤쪽으로부터 폐로 공기를 짜낸다. 숨을 들이쉴 때 기낭이 다시 팽창하면, 뒤쪽의 기낭은 가슴과 목에 있는 기낭을 통해 공기를 빨아들인다. 이를 전문용어로 **흡인 펌프**aspiration pump라고 한다. 이 흡인 펌프가 작동하는 방식은, 공기를 불어넣어주면 지관을 따라 공기가 계속 흐르는 백파이프와 조금 비슷하다.

계속해서 오코너와 클라젠은 자신들이 발견한 사실을 수각류 화석의 골격 구조에 적용했다. 이런 화석 중에는 보존이 잘된 마중가톨루스 아토

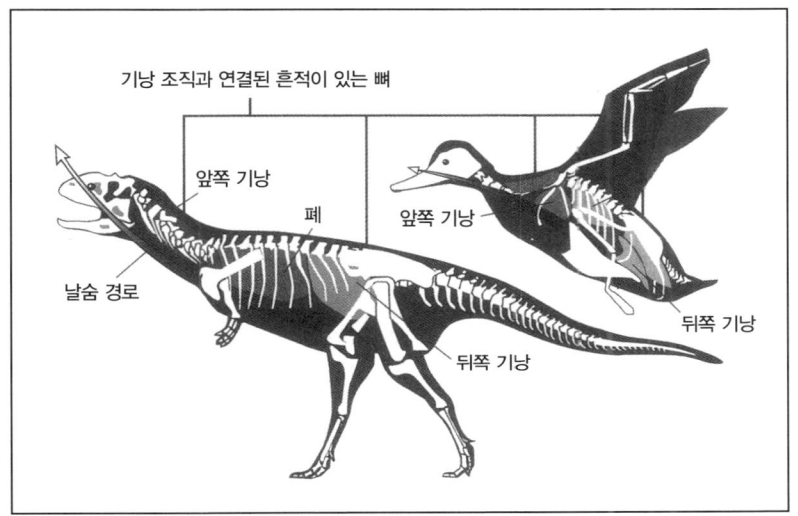

그림 8.2 재구성한 마중가톨루스 아토푸스 같은 공룡의 기낭을 오늘날 조류의 기낭과 비교한 것. 둘 다 앞쪽과 뒤쪽의 기낭이 폐를 보조하는데, 공룡의 뼈에 있는 기낭의 흔적이 조류의 것과 대단히 비슷하다. 기낭은 주름상자 같은 구실을 해서 움직이지 않는 폐로 공기가 이동하게 한다.

푸스 Majungatholus atopus의 골격도 있다. 수각류의 일종인 이 동물은 조류의 먼 친척이다. 대부분의 연구가 상부 척추와 갈비뼈의 골격 구조에 초점을 맞추는 반면, 오코너와 클라젠은 하부 척추에서 구멍을 찾아 수각류에 배 기낭이 있었다는 증거로 삼고자 했다. 그리고 마침내 새와 정확히 같은 자리에서 그런 구조를 찾아냈다. 그뿐이 아니었다. 척추, 흉곽, 흉골의 해부학적 구조가 흡인 펌프의 특징과 들어맞았다. 하부 늑골과 흉골이 대단히 유연하기 때문에 뒷가슴 기낭이 압축되어 조류에서처럼 몸 뒤쪽에서부터 폐로 신선한 공기가 유입될 수 있다. 이 모든 것을 종합할 때, 모든 포유류의 호흡 체계 중에서 가장 효율적인 조류의 흡입 펌프와 같은 체계가 정말로 수각류 공룡에게 있었다는 사실은 거의 의심의 여지가 없다(그림 8.2).

따라서 수각류에는 깃털과 네 개의 격실로 나뉜 심장과 폐와 연결된 기낭이 있었다. 이 모두 수각류 공룡이 강한 체력이 요구되는 활발한 생활을 했다는 사실을 암시한다. 그러나 호기성 용량 가설에서 주장하는 것처럼, 공룡의 체력 증대가 반드시 온혈성으로 이어졌을까? 아니면 이들은 오늘날의 악어와 조류의 중간에 해당하는 지점에 있었을까? 단열 작용을 암시하는 깃털 때문에 온혈동물이었을 수도 있지만, 깃털은 다른 목적을 수행할 수도 있다. 호흡 코선반을 포함해 더 많은 증거가 나오면서 상황은 더욱 모호해졌다.●

조류는 포유류처럼 대체로 호흡 코선반을 갖고 있다. 그러나 포유류처럼 단단한 뼈가 아니라 연골로 이루어져 있어, 잘 보존이 되지 않는다. 지금까지 수각류에는 코선반의 흔적이 없었지만, 그래도 몇몇 화석은 이를 판단할 수 있을 정도로 잘 보존되었다. 그러나 존 루벤은 조류의 코선반에서 언제나 비도nasal passage가 넓어진다는 사실을 분명히 지적했다. 아마 코선반에 있는 정교한 소용돌이 무늬가 공기의 흐름을 어느 정도 방해하고, 이를 상쇄하기 위해 통로가 넓어졌을 가능성이 있다. 그러나 수각류는 비도가 특별히 넓지 않다. 따라서 수각류의 코선반은 단순히 보존이 되지 않은 게 아니라 정말로 없었을지도 모른다. 만약 코선반이 없었다면, 수각류

● 수각류의 두개골 크기를 보면, 이 공룡은 커다란 뇌를 가지고 있었다는 것을 알 수 있다. 아마 대사율도 높았을지 모른다. 그러나 뇌의 크기는 해석하기가 대단히 까다롭다. 많은 파충류의 두개골에 뇌만 들어 있는 게 아니기 때문이다. 수각류 두개골에 남아 있는 흔적을 보면, 뇌에 혈액을 공급하는 혈관이 두개골에 닿아 있어 뇌가 두개골 속을 채우고 있었다는 것을 암시하지만 결론을 내리기는 어렵다. 게다가 온혈동물이 되는 것보다는 뇌가 커지는 편이 더 값싼 방법이며, 둘 사이에는 필연적인 연관성이 없다.

가 온혈동물이 될 수 있었을까? 우리 자신이 쇄선반은 없지만 온혈동물이기 때문에, 이 질문의 해답은 기술적으로는 '가능하다'가 된다. 다만 몇 가지 의문을 불러일으킨다.

루벤의 호기성 용량 가설에서는 높은 호기성 용량과 온혈성은 반드시 짝을 이뤄야 하지만, 그는 수각류가 높은 호기성 용량을 갖고 있어도 온혈동물은 아니라고 생각했다. 아직까지는 확실치 않지만, 수각류는 안정시 대사율이 높아졌지만 진정한 온혈동물은 아니었을 것이라는 쪽으로 의견이 모아지고 있다. 여기까지가 화석으로 알아낸 이야기다. 그러나 암석 속에는 화석 이상의 것이 있다. 바로 오래전의 기후와 대기 조성에 관한 기록이다. 그리고 트라이아스기의 대기에 관한 정보는 화석 기록과는 상당히 다른 방향으로 돌아간다. 이 정보는 키노돈트와 수각류의 높은 호기성 용량뿐 아니라 공룡이 갑자기 지구의 지배자로 부상한 이유를 알 수 있는 실마리도 제공한다.

대멸종의 영향

대부분의 생리학 논의는 역사적으로 허전한 곳에서 일어난다. 이런 곳에서는 과거가 언제나 현재와 똑같고 선택압은 중력처럼 변함이 없다는 암묵의 가정이 있다. 그러나 대멸종에서 확인된 것처럼 이는 사실이 아니다. 약 2억 5000만 년 전인 페름기 말에는 가장 대규모의 멸종이 일어났는데, 곧바로 조룡류가 계속 증가하면서 뒤이어 공룡의 시대가 열렸다.

페름기 대멸종은 생명 역사에서 가장 큰 불가사의로 여겨지곤 한다. 연구 보조금을 따내는 데 도움이 된다는 점에서 불가사의라는 것이 아니라,

지금까지 밝혀진 환경적 배경의 전반적인 모습을 볼 때 그렇다는 것이다. 사실 대멸종은 한 번에 일어난 사건이 아니라 약 1000만 년을 사이에 두고 두 번에 걸쳐 일어났다. 절망적인 쇠락의 시기였다. 두 번의 대멸종은 모두 화산 활동이 활발했던 시기와 일치하는데, 당시는 지구 역사에서 가장 광범위한 지역에 걸쳐 화산 분출이 일어나서, 거의 대륙 넓이의 방대한 지역이 두터운 현무암으로 뒤덮이게 되었다. 용암으로 뒤덮인 지역에서 침식이 일어나면 '트랩trap'이라고 하는 계단식 지형이 형성된다. 약 2억 6000만 년 전에 중국에서 일어난 첫 번째 화산 활동으로 에메이샨 트랩Emeishan trap이 만들어졌고, 그로부터 약 800만 년 뒤에는 더욱 규모가 큰 두 번째 화산 활동으로 시베리아 트랩Siberian trap이 형성되었다. 중요한 것은, 에메이샨과 시베리아에서 분출된 화산은 탄산염 암석과 석탄이 들어 있는 지층을 뚫고 나왔다는 점이다. 이 사실이 중요한 까닭은, 대단히 뜨거운 용암이 탄소와 반응하면 엄청난 양의 이산화탄소와 메탄이 발생했기 때문이다.● 이런 현상이 수천 년에 걸쳐 일어났고, 그 결과 기후 변화가 일어났다.

페름기 대멸종을 일으킨 살인자의 정체를 밝히기 위해 수많은 시도가 있었다. 오존층 파괴, 메탄 방출, 이산화탄소 질식, 산소 결핍, 황화수소의 독성 따위가 모두 충분히 지구 온난화를 일으킬 수 있었다. 여기서 어느 정도 배재할 수 있는 한 가지 가능성으로는 운석 충돌이 있다. 오랜 공룡 시대의 막을 내리게 한, 약 2억 년 뒤에 일어난 것과 비슷한 규모의 충

● 이 모든 증거는 바위 속에 '동위원소 지문isotopic signature'의 형태로 보존되어 있다. 좀 더 알고 싶은 사람에게는 감히 내가 쓴 글을 추천하려고 한다. 2007년 7월 『네이처』에 발표된 「죽음의 책 읽기Reading the Book of Death」라는 내 기사를 읽어보기 바란다.

돌이 있었다는 증거는 거의 없다. 그러나 최근 몇 년 사이에 밝혀진 굵직한 증거들에 따르면, 운석 충돌 이외의 가능성들은 단순한 가능성을 훨씬 뛰어넘어 모두 서로 밀접한 연관성이 있었다. 에메이샨 트랩에서 일어났던 규모의 화산 폭발이라면, 이런 끔찍한 상황이 연속적으로 벌어지게 하기에 충분했다. 아직까지는 이와 비교할 수 있을 정도로 상관된 사건의 연속이 오늘날 우리가 사는 세상을 위협한 예는 없었다.

당시, 화산에서는 다른 유독기체와 함께 메탄과 이산화탄소를 성층권까지 뿜어냈다. 이런 기체들은 오존층에 손상을 입혔고, 결국에는 건조하고 기온이 높아지게 했다. 건조한 지역이 초대륙인 판게아Pangaea를 따라 퍼져나갔다. 바로 전 시대인 석탄기와 페름기에 조성된 거대한 석탄 습지 coal swamp는 물이 마르면서 바람에 흩날리기 시작했고, 그 속의 탄소가 산소에 의해 연소되면서 공기의 생명력까지도 졸아들었다. 1000만 년에 걸쳐, 산소 농도는 30퍼센트에서 15퍼센트 이하로 떨어졌다. 수온 상승(산소의 용해도 감소), 대기의 산소 농도 감소, 이산화탄소 농도 증가가 결합되어 바다 속 생명도 질식시켰다. 바다 속에서 유일하게 번성을 한 생물은 세균이었다. 지구에 동물과 식물이 나타나기 전에 지구를 지배했던 이 세균은 황화수소라는 독성 기체를 바다에 다량으로 뿜어냈다. 바다는 검은색으로 변하고 생명력이 사라졌다. 죽음의 바다에서는 오랫동안 독성 기체를 뿜어냈고 숨을 쉴 수 없었던 동물들의 사체가 해안가에 즐비했다. 그리고 그 후, 최후의 일격이 가해졌다. 거대한 시베리아 트랩에서 화산폭발이 일어난 것이다. 500만 년에 걸쳐 죽음의 종이 몇 차례 울렸다. 그 500만 년 동안에는 육지든 바다든 움직이는 것을 찾아보기 어려웠다. 그리고 마침내 희미한 회복의 기미가 처음으로 보이기 시작했다.

어떤 동물이 살아남았을까? 신기하게도, 그 해답은 바다나 육지나 거의 같다. 산소 농도는 낮고 이산화탄소 농도는 높고 독성 기체도 섞여 있는 위험한 상황에서 숨을 가장 잘 쉴 수 있는 동물이었다. 숨이 가빠 헐떡이면서도 여전히 활동적인 동물, 굴이나 흙 둔덕이나 늪지에 사는 동물, 있고 싶은 장소에서 어슬렁거리며 먹이를 구할 수 있는 동물이었다. 이들은 숱하게 진흙탕을 뒹굴며 살았고, 우리도 마찬가지다. 그런 이유에서 대멸종 이후 다시 나타난 최초의 육상 동물이 리스트로사우루스였다는 점은 중요하다. 굴을 파고 사는 리스트로사우루스는 가슴이 불룩하고 근육으로 된 횡격막과 뼈입천장과 넓어진 공기 통로와 호흡 코선반이 있다. 이들은 가쁜 숨을 몰아쉬며 냄새가 고약한 굴을 나와 텅 빈 대륙을 차지했다.

암석의 화학적 연구를 통해 밝혀진 이 놀라운 이야기는 수백만 년 동안 계속 이어졌다. 트라이아스기는 이런 특징이 있던 시대였다. 독성 기체는 사라졌지만, 이산화탄소 농도는 치솟아 오늘날보다 10배나 더 높았다. 산소 농도는 끈질기게 15퍼센트 이하를 유지했고 기후는 계속 건조했다. 해수면과 고도가 같은 낮은 지대에서도 오늘날 고지대처럼 공기가 희박해 동물들은 숨을 헐떡였다. 이것이 최초의 공룡이 살던 세상이었다. 최초의 공룡은 뒷다리로 몸을 지탱함으로써, 걸으면서 동시에 숨을 쉴 수 없었던 기어 다니는 도마뱀의 한계를 벗어나 자유로운 폐를 갖게 되었다. 여기에 기낭과 흡인 펌프가 결합되면서 공룡의 출현이 필연적인 것으로 보이기 시작한다. 이 이야기는 워싱턴 대학의 고생물학자인 피터 워드Peter Ward의 중요한 책, 『공기 속에서 갑자기Out of Thin Air』에서 설득력 있고 자세하게 재구성되었다. 워드의 말에 따르면(나는 그의 말을 믿는다), 아르코사우루스는 키노돈트를 밀어내고 그 자리를 차지했는데, 아르코사우루스의 성공

비결은 격벽으로 나뉜 폐가 생겼기 때문이었다. 이 알 수 없는 잠재적 능력은 공기가 잘 흐르는 근사한 새의 폐로 변화했다. 수각류는 언제나 숨을 헐떡일 필요가 없는 동물 중에서 유일하게 살아남은 동물이었다. 이들은 코선반이 별로 필요가 없었다.

그래서 지구력에는 별도로 추가되는 것이 없어도 곤경에서 구해준다. 힘겨운 시기에 살아남을 수 있는 당첨 번호가 적혀 있는 표나 다름없다. 그러나 이 부분에서 나는 마지못해 워드를 따라간다 높은 호기성 용량이 생존에 결정적인 요소였을 것이라는 추측에는 동의한다. 그러나 이것이 안정시 대사율도 정말 끌어올렸을까? 워드는 (호기성 용량 가설을 인용하면서) 이런 뜻을 넌지시 비치지만, 오늘날 고지대에 사는 동물들에게서 나타나는 현상은 이와 다르다. 오히려 근육량은 줄어드는 경향이 있어, 마른 체격이 우세하다. 호기성 용량은 높을지 모르지만, 안정시 대사율이 같이 올라가지는 않는다. 굳이 따지자면 떨어진다. 일반적으로 생리 기능은 힘겨운 시기에는 지나칠 정도로 검소해진다. 결코 헤프지 않다.

다시 트라이아스기로 돌아가서, 어렵게 살아남은 동물들이 정말 필요도 없는 안정시 대사율을 올렸을지 생각해보자. 아무래도 그럴 것 같지는 않다. 수각류는 완전히 온혈동물이 되지 않고 호기성 용량을 높였을 것으로 추측된다. 적어도 처음에는 그랬을 것이다. 그러나 패자인 키노돈트는 확실히 온혈동물이 되었을 것이다. 그렇다면 무시무시한 아르코사우루스에 대항해 성공을 거둘 작은 희망을 품고 경쟁을 하기 위해 그렇게 했을까? 아니면 몸집이 줄어들고 야행성이 되는 데 활동적인 편이 도움이 되어서 그랬을까? 두 가지 모두 정말 그럴듯하지만, 내가 더 나은 해답이라고 생각한 것은 따로 있다. 그 해답은 거꾸로 공룡이 왜 이 세상에서 다시 볼 수 없는 거대한 동물이 되었는지에 관한 실마리가 될지도 모른다.

초식성과 질소

내 경험상, 채식주의자는 나보다 더 고고해 보이는 바람직하지 못한 경향이 있다. 어쩌면 육식에 관해 내가 갖고 있는 단순한 죄책감일 수도 있다. 그러나 2008년에 『생태 편지Ecology Letters』라는 모호한 잡지에 들어 있던 은근히 중요한 한 논문을 보면, 채식주의자는 내가 그들을 인정해주는 것보다 스스로에 대해 훨씬 더 자부심을 갖고 있을 가능성이 있다. 채식주의자나 그 조상인 초식 동물이 아니었다면, 우리는 결코 온혈동물이 되지 못하고 그에 따른 빠른 속도의 생활방식도 갖지 못했을지 모른다. 네덜란드 생태 연구소의 마르셀 클라선Marcel Klaassen과 바르트 놀럿Bart Nolet이 쓴 이 논문은 채소와 고기 사이의 차이를 근사한 수학적(전문용어로는 '화학량론적stoichiometric') 방식을 통해 밝혔다.

'단백질'이라고 하면 대부분의 사람들은 군침이 도는 스테이크를 생각한다. 정말 우리 인식 속에는 단백질과 고기 사이에 강한 연관성이 있는데, 무궁무진한 요리 프로그램과 다이어트 안내서의 탓이 크다. 단백질을 얻기 위해 우리는 고기를 먹지만, 만약 당신이 채식주의자라면 견과류나 씨앗이나 콩을 반드시 많이 먹어야 할 것이다. 대체로 채식주의자들은 고기를 먹는 사람들에 비해 식품의 영양 성분을 더 잘 인식하고 있다. 우리는 충분한 질소를 얻기 위해 단백질을 섭취해야 한다. 질소는 우리 몸에서 새로운 단백질과 DNA를 만드는 데 꼭 필요하다. 단백질과 DNA에는 질소가 풍부하다. 사실 영양의 균형을 유지하는 데 더 문제가 되는 쪽은 채식주의자보다는 온혈동물이다. 우리는 분명 너무 많이 먹는다. 클라선과 놀럿의 지적에 따르면, 냉혈동물은 전혀 그렇지 않다. 냉혈동물은 전혀 과식을 하지 않으며 여기서 흥미로운 문제가 비롯된다.

오늘날에는 초식인 도마뱀이 아주 드물다. 또 2700종의 뱀 중에는 초식동물이 하나도 없다. 물론 일부 도마뱀은 초식동물이지만, 이구아나 같은 이런 초식 도마뱀은 육식 도마뱀에 비해 상대적으로 몸집이 더 크거나, 더 활동적이거나, 체온이 더 높다. 체온이 급격히 낮아지고 필요하면 휴면 상태에 빠지는 육식 도마뱀과 달리, 초식 도마뱀은 덜 우연하고 꾸준히 움직여야 한다. 오랫동안 그 까닭은 식물이 소화가 잘 안 되기 때문이라고 설명되었다. 장 내 세균의 도움을 받아 질긴 식둘질에서 발효가 일어나려면 온도가 높을수록 좋다는 것이다. 그러나 클라선과 놀럿은 전형적인 식물질의 질소 함량과 연관성이 있는 다른 이유가 있을지도 모른다고 생각했다. 이들은 식이 질소를 상세히 조사했고, 정말 초식 도마뱀에 심각한 문제가 있다고 확신했다.

만약 우리가 질소가 부족한 푸성귀만 먹는다고 상상해보자. 우리 몸에 필요한 충분한 질소를 어떻게 얻을 수 있을까? 하기야 온 천지를 뒤져서 더 많이 먹으려고 하다 보면 씨앗 따위를 조금 먹을 수도 있겠지만, 그렇게 하더라도 필요한 질소량에는 미치지 못할 것이다. 이를테면 한 양동이의 풀을 먹으면 하루 질소 필요량의 5분의 1을 섭취할 수 있다고 해보자. 그렇다면 풀 다섯 양동이를 먹으면 된다. 만약 이렇게 하면 식물에 풍부하게 들어 있는 탄소가 엄청나게 많이 남을 것이고, 어떻게든 몸 밖으로 내보내야만 할 것이다. 어떻게 내보낼까? 클라선과 놀럿은 그냥 태워버렸다고 말한다. 엄격한 초식을 하면 완벽하게 온혈동물이 될 수 있다.

엄청난 양의 탄소를 항상 태우기 때문이다. 그러나 냉혈동물에서는 언제나 의문의 여지가 있다. 이런 맥락에서, 초식동물이었던 리스트로사우루스와 초식과 육식을 겸했던 키노돈트를 다시 자세히 살펴볼 수 있을 것이다. 키노돈트에서 온혈성이 진화하지는 않았을까? 키노돈트는 풍부한 초식성 식이와 연관성이 있는 높은 호기성 용량을 갖고 있었는데, 이는 어려운 시기에 살아남는 데 필수 조건이기 때문이다. 한때 온혈성은 이런 초기 초식동물에서 진화했으며, 이 동물들은 여분의 에너지로 빠르게 회복하는 장점을 이용해 건조한 트라이아스기의 땅을 수 킬로미터씩 돌아다니며 먹을 것을 찾거나 포식자를 피해 도망을 다녔다. 아마 포식자의 식성은 온혈동물이 되기에 부족했겠지만, 터보 엔진을 장착한 초식동물 피식자와 동등하게 경쟁을 할 수밖에 없었을 것이다. 아마 이 포식자들은 도망가는 채식주의자 붉은 여왕을 따라잡기 위해 온혈동물이 되어야 했을 것이다.

그러나 역사상 가장 유명한 초식동물은 거대한 공룡이었다. 이들은 같은 목표에 도달하기 위해 다른 전략을 따랐을까? 만약 다섯 양동이의 풀을 먹지만 꾸준히 태울 수 없다면, 그냥 어딘가에 저장하면 될 것이다. 점점 몸집이 커져서 아주 거대해지는 것이다! 몸집이 거대해지면 '저장 용량'이 더 커질 뿐 아니라, 언제나 대사율을 더 낮게 유지할 수 있다. 대사율이 낮다는 것은 단백질과 DNA의 교환이 더 느려져 음식을 통한 질소의 요구량이 적어진다는 것과 같다. 따라서 풀을 주로 먹는 식생활을 잘 해나가는 방식에는 두 가지 가능성이 있다. 더 큰 몸집과 낮은 대사율을 결합시키거나, 작은 몸집에 높은 대사율을 결합시키는 것이다. 이는 정확히 오늘날 초식 도마뱀이 적용한 전략에서도 드러나지만, 오늘날의 초식 도마뱀은 본질적으로 호기성 용량이 낮아 진정한 온혈 상태로 가는 길이 차단되었을 가능성이 있다. (이 도마뱀들이 어떻게 페름기 대멸종에서 살아남았는지는 다른 곳에서 다뤄야 할 별개의 문제다.)

그렇다면 왜 공룡은 그렇게 커졌을까? 그 이유를 설명하려는 시도는 많았지만, 산뜻한 해답은 지금까지 하나도 없었다. 제레드 다이아몬드와 그의 연구진이 2001년에 발표한 논문에서 지나가는 말로 밝힌 내용에 따르면, 그 해답은 당시의 높은 이산화탄소 농도와 연관성이 있을지도 모른다. 이산화탄소 농도가 높으면 1차적인 생산성을 더 높일 가능성이 있다. 다시 말해서 식물이 빨리 자라는 것이다. 그러나 다이아몬드가 내다본 관점에는 클라선과 놀럿이 예측한 질소에 대한 개념이 빠져 있다. 이산화탄소 농도가 높아지면 생산성이 높아지는 것은 맞지만, 식물질의 질소 함량은 낮아진다. 어쩌면 오늘날이라면 지구를 먹여 살리기 위해 이산화탄소 농도 증가에 관한 효과를 염려하는 연구 분야가 자리 잡았을지도 모른다. 그리고 그 뒤로 키노돈트와 공룡이 직면한 문제는 오늘날보다 훨씬 심각했다. 충분한 질소를 얻기 위해 풀을 더 많이 먹어야만 했다. 철저한 채식주의자는 엄청난 양의 풀을 먹어치워야만 했을 것이다.

그리고 수각류가 온혈동물이 될 필요가 없는 까닭도 이것으로 설명될지 모른다. 수각류는 육식동물이었기 때문에 질소-균형 문제를 겪지 않았다. 그러나 터보 엔진을 장착한 초식동물과 숨을 헐떡이면서 동등하게 경쟁을 해야 하는 키노톤트와 달리, 수각류는 그 위에 군림했다. 수각류는 대단히 효율적인 흡입 펌프가 있는 폐를 갖고 있었기 때문에, 움직이는 것은 무엇이든 잡을 수 있었다.

이는 오래가지 않았다. 백악기에는 뜻밖에도 랍토르가 채식주의자로 변모했다. 최초의 채식주의자 랍토르는 마니랍토란maniraptoran의 한 종류로, 유타 대학 연구진이 2005년 『네이처』를 통해 붙인 공식적인 이름은 팔카리우스 유타헨시스*Falcarius utahensis*이고, 이 논문의 저자 중 한 사람인 린제이 자노Lindsay Zanno가 비공식적으로 묘사한 내용에 따르면 '타조와 고릴라와 에드워드 가위손을 섞어놓은 기괴함의 결정판'이다. 그러나 이들은 반은 랍토르이고 반은 초식동물인, **진정한** 빠진 연결고리였다. 게다가 초식동물에게는 전례 없는 유혹의 시기였던, 맛있는 꽃식물이 처음 나타날 무렵에 살았다. 그러나 이 장에서 우리의 관점으로 볼 때 가장 중요한 사실은, 팔카리우스가 조류로 진화했다고 추측되는 마니랍토란의 한 종류라는 점일 것이다. 조류에서 일어난 온혈성의 진화 역시 채식으로의 변화와 연관성이 있을까? 따라서 질소 섭취를 위한 과식과도 연관성이 있을까? 완전히 불가능한 이야기는 아니다.

이 장은 이렇게 추측으로 마무리하고자 한다. 그러나 추측은 쉽게 가설로 옷을 갈아입는다. 한때 피터 메더워는 추측을 미지 속으로 뛰어드는 상상의 도약이라고 표현했다. 그리고 추측은 모든 훌륭한 과학의 토대가 된다. 실험되거나 검증되어야 할 것은 많다. 그러나 만약 우리가 빠른 속도의 삶을 살아야 하는 이유를 밝히고자 한다면, 우리는 생리학의 원리 너머를 바라보고 삶 자체의 이야기 속으로 들어가야 한다. 다시 말해서, 우리 지구가 극단적인 환경에 처하고 가혹한 규칙이 지배하던 역사 속 시간을 살펴야 할 것이다. 어쩌면 이는 과학이라기보다는 역사일 것이다. 사건은 필연적이지 않았고, 그 속에서 그들은 그냥 그렇게 제 갈 길을 갔다. 페름기 대멸종이 일어나지 않았거나 낮은 산소 농도의 여파가 그렇게 오래가지 않았다면, 높은 호기성 용량이 생사가 걸린 문제가 되었을까? 생명은 원시적인 파충류의 폐를 극복하려는 수고를 감당했을까? 그리고 이런 호기성 능력을 가진 동물 중 일부가 초식동물로 바뀌지 않았다면, 과연 온혈동물은 존재할 수 있었을까? 아마 이는 역사일 것이다. 그러나 오래전 과거를 해석하는 것은 과학의 몫이다. 그렇게 과학은 생명에 대한 우리의 이해를 더 풍성하게 한다.

제9장

의식
마음의 뿌리

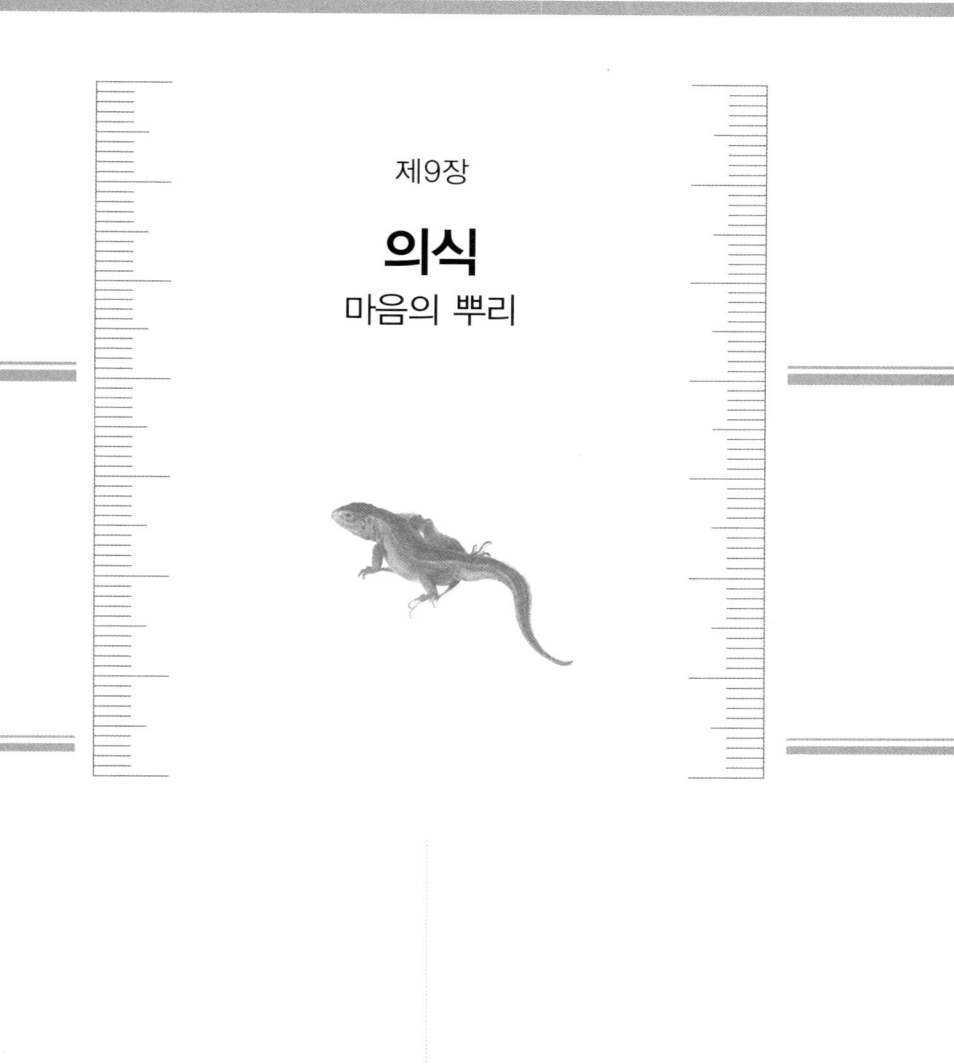

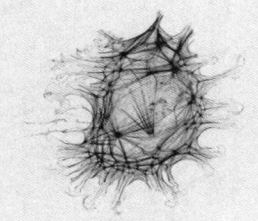

Life Ascending

1996년에 교황 요한바오로 2세가 교황청 과학원 총회Pontifical Academy of Sciences에 보낸 유명한 글을 보면, 교황은 진화가 한낱 가설이 아니라는 것을 알고 있었다. "실로 주목할 만한 사실은 여러 학문 분야의 잇따른 발견으로 연구자들이 점차 이 이론을 받아들이고 있다는 것입니다. 어떤 고의적인 노력이나 조작도 없이 각기 독자적으로 이루어진 연구 결과들이 하나로 모이는 수렴 그 자체가 이 이론을 위한 중요한 논거가 되고 있습니다."("오경환 신부의 과학과 종교" 사이트의 '1996년 10월 22일 발표된 진화론에 대한 교황 요한바오로 2세의 메시지'에서 인용http://www.ohkh.net/bbs/view.php?id=scnrel_cat01&no=11—옮긴이)

놀라운 이야기가 아닐 수도 있겠지만, 교황 요한바오로 2세는 작은 것을 버리려다 중요한 것까지 함께 버린 것은 아니다. 교황의 말에 따르면 인간의 마음은 영원히 과학의 영역 너머에 있다. "따라서 진화의 이론들에 영감을 준 철학들에 따라, 인간 정신을 생물체의 힘에서 나타났다거나 생물체의 단순한 부수 현상으로 여기는 진화 이론은 인간에 대한 진리와 양립할 수 없습니다. 또 인간 존엄성의 근거도 될 수 없습니다." 교황의 말에 따르면, 우리는 내적 경험과 자기 인식이라는 형이상학적 도구를 통해 신과 교감을 하는데, 이런 도구들은 모두 과학의 측정 대상이 될 수 없고 대신 철학과 신학의 테두리에 들어간다. 간단히 말해서, 마지못해 진화의 실체는 인정하지만 교회의 권위는 진화의 너머에 있다는 점도 세심하게 강조한 것이다.●

이 책이 종교에 관한 내용을 다루는 책도 아니고, 나는 다른 이의 경건한 신앙을 공격하고 싶은 마음도 없다. 그럼에도 진화에 관한 교황의 글("교회의 교도권이 진화의 문제에 직접적인 관심을 기울이는 까닭은 진화가 인간의 개념과 연관성이 있기 때문입니다")과 정확히 같은 이유에서 과학자들도 마음에 관심을 기울인다. 마음이 진화 개념과 연관성이 있기 때문이다. 마음이 진화의 산물이 아니라면, 정확히 무엇일까? 뇌와는 어떻게 상호작용을 하는 것일까? 인간의 뇌는 확실히 물질적이다. 따라서 전부는 아니라도 많은 부분에서 구조가 비슷한 여느 동물의 뇌처럼 진화의 산물일 것이다. 만약 그렇더라도, 뇌가 진화하듯이 마음도 진화할까? 이를테면 지난 수백만 년 동안 유인원의 뇌의 크기가 커지면서(확실히 과학적으로는 논쟁의 대상이 아니다) 마음이 진화했을까? 말이 나온 김에, 물질과 정신은 어떻게 분자 수준에서 상호작용을 하는 것일까? 또 약물이나 뇌손상은 어떻게 마음에 영향을 미칠 수 있을까?

● 마이클 가자니가Michael Gazzaniga가 자신의 책 『사회적 뇌The Social Brain』에서 밝힌 내용에 따르면, 그의 스승인 로저 스페리Roger Sperry는 바티칸에서 한 회의에 참석하고 돌아와 교황의 말을 전했다. 정확한 인용은 아니지만 대략의 요지는 다음과 같다. "과학자들은 두뇌를 차지할 수 있지만 교회는 마음을 차지할 것이다."

스티븐 제이 굴드는 과학과 종교라는 두 겹치지 않는 교도권non-overlapping Magisteria에 관해 긍정적으로 썼지만, 어떤 부분에서는 이 두 가지가 어쩔 수 없이 만나고 겹칠 수밖에 없다. 그 가장 대표적인 예가 바로 의식이다. 이 문제는 역사가 깊다. 정신과 물질의 분리를 주장한 데카르트의 이론은 사실 고대에 뿌리를 두고 있는 개념을 형식화한 것에 지나지 않으며, 그로 인해 그는 독실한 가톨릭교도로 교회의 인정을 받았다. 데카르트는 갈릴레이가 교회로부터 받은 비난을 감당할 자신이 없었다. 데카르트는 정신을 형식화함으로써 육체를, 심지어 두뇌까지도 해방시켜 과학 연구를 했다. 교황과 달리, 오늘날에는 물질과 정신 사이의 분리를 믿는 차원에서 철저하게 이원론을 고수하는 과학자는 별로 없다. 그러나 이원론의 개념은 웃음거리가 아니며, 내가 위에서 제기한 문제는 과학적 탐구가 가능하다. 이를테면 양자역학은 마음이라는 세계의 더 심오한 비밀을 밝힐 문을 열기 위해 여전히 애쓰고 있다.

　내가 교황의 글을 인용한 까닭은 그의 말이 종교를 넘어 인간에 대해 그가 갖고 있는 개념 속으로 들어가고 있다고 생각하기 때문이다. 종교적이지 않은 사람이라도 자신의 정신이 어느 정도는 물질적이지 않은 인간만의 독특한 현상이며 '과학 저편'에 있는 것이라고 느낄 수 있다. 이 책을 여기까지 읽은 사람 중에는 과학이 의식을 두고 이렇다 저렇다 말할 권리가 없다고 느낄 사람은 별로 없겠지만, 이 문제에 대해 진화론자가 다른 분야에 비해 더 특별한 주장을 할 권리가 있다고 생각하는 사람도 별로 없을 것이다. 이 문제에 관해 통찰력 있는 주장을 내놓을 수 있는 분야로는 로봇 공학, 인공 지능, 언어학, 신경학, 약학, 양자역학, 철학, 신학, 명상, 선禪, 문학, 사회학, 심리학, 정신의학, 인류학, 동물행동학 따위가 있다.

이 장은 이 책의 다른 장과는 차이가 있다는 것을 먼저 밝혀두어야겠다. 이 장에서 다룰 문제에 관해 과학에서는 (아직) 해답을 알지 못할 뿐 아니라 현재로서는 그 해답이 우리가 알고 있는 물리 법칙이나 생물학이나 정보의 관점에서 볼 때 어떤 모습일지도 잘 상상이 되지 않는다. 마음을 연구하는 학자들 사이에도 뉴런의 신호가 정확히 어떻게 강렬한 느낌을 불러일으킬 수 있는지에 관해 합의가 이루어지지 않았다.

그러나 그렇기 때문에 인간의 마음이 어떻게 작용하는지에 관해 과학이 무엇을 말할 수 있고, 또 어디서 미지의 장벽과 마주치는지를 더 알아보아야 할 이유가 된다. '단순한 물질'에서 어떻게 무형의 마음이 생겨났는지를 정확히 알지 못하는 한, 나는 교황의 태도가 정당하다고 느꼈다. 사실 우리는 이 단순한 물질이 정확히 무엇인지, 또는 왜 물질이 존재하는지조차도 알지 못한다(어떤 면에서 이는 왜 非의식적인 정보 처리를 하지 않고 의식이 존재하느냐와 비슷한 의문이다). 그러나 나는 마음의 가장 영묘한 업적이 진화로 설명이 될 수 있다고 생각한다. 어쩌면, 그렇게 믿는 것일 수도 있다.● 게다가, 지금까지 알려진 인간의 마음에서 일어나는 작용은 하등동물의 단순한 마음에서 일어나는 작용에 비해 훨씬 더 경이롭다. 우리는 하등동물의 단순한 마음이 생물학적 마음의 장관 속에서 충분히

● 나는 이원론적 형식을 적용해 마음과 뇌 사이의 차이를 가정하고 있다. 비록 나는 둘 사이에 차이가 있다고는 생각하지 않지만, 그럼에도 이런 가정을 하는 까닭은 이원론이 언어 속에 얼마나 뿌리 깊게 박혀 있는지 강조하기 위해서이기도 하고, 이 이원론이 설명에 도움이 되는 문제를 반영하기 때문이기도 하다. 만약 마음과 뇌가 같은 것이라면, 우리는 그렇게 보이지 않는 까닭을 설명해야만 한다. "모두 다 환상이야!"라는 간단한 말로는 충분치 않다. 분자 수준에서 이 환상의 토대는 무엇일까?

인간 존엄성의 토대가 될 수 있다는 것을 이제 막 상상하기 시작했다.

과학이 이 문제에 도전할 수밖에 없는 다른 이유가 있다. 인간의 마음이 언제나 소중히 간직될 만한 값비싼 보물인 것은 아니다. 뇌 질환은 마음의 작용을 발가벗긴다. 알츠하이머병Alzheimer's disease은 인간의 한 꺼풀을 잔인하게 벗겨내고 가장 깊숙한 치부가 드러나게 한다. 심각한 우울증도 너무나 흔하다. 지독한 슬픔은 마음을 안으로부터 좀먹는다. 정신분열증Schizophrenia은 간질성 발작이 의식을 모두 사라지게 하는 동안 내면의 좀비를 드러내 가장 생생하고 지독한 환상을 불러일으킨다. 이런 질병들을 보면 인간의 마음은 아주 약할 것 같다는 암울한 느낌이 든다. 프랜시스 크릭은 "우리는 단지 뉴런 뭉치에 지나지 않는다"는 유명한 말을 했다. 아마 이 뉴런이 무너지기 쉬운 카드로 지은 집이라는 말도 덧붙였던 것 같다. 사회와 의학에서 이런 질병을 이해하려고 노력하지 않고, 치료법을 찾기 위해 노력하지 않는다면 교회가 그렇게 높이 떠받드는 그 신의 사랑을 거부하는 것이 될 것이다.

의식을 과학적으로 설명하려고 할 때 처음 다주치는 문제는 바로 정의다. 의식은 사람마다 다 제각각의 뜻을 지닌다. 의식의 정의가 세상에 둘러싸인 자아self를 인식하는 것이라고 해보자. 이 인식은 사회와 문화와 역사적 맥락에서 개인을 정의한 풍부한 자전적 인식에 미래에 대한 희망과 두려움이 한데 어우러져 풍성하고 사색적인 언어라는 상징으로 감싸여 있다. 만약 이것이 의식이라면, 인류가 독특한 것은 당연하다. 인간과 동물 사이에는 넘을 수 없는 틈이 있다. 어떤 동물도 언어라는 축복을 받을 수 없으며, 우리 조상이나 어린 아기도 마찬가지다.

아마 이런 관점의 진수를 보여주는 책은 미국의 심리학자인 줄리언 제인스Julian Jaynes가 쓴 『의식의 기원The Origin of Consciousness in the Breakdown of the Bicameral Mind』일 것이다. 그는 이 관점을 다음과 같이 멋지게 요약했다. "한때 인간의 본성은 둘로 나뉘었다. 하나는 신이라고 부르는 관리자 부분이고, 하나는 인간이라고 부르는 추종자 부분이었다. 두 부분 모두 의식적으로 감지하지 못했다." 놀라운 것은 제인스가 그 한때를 언제까지로 상정했는지다. 그는 『일리아스』와 『오디세이아』가 쓰인 시기 사이의 어느 때로 잡았다. (당연히 제인스는 대단히 다른 이 두 서사시가 서로 다른 '호메로스'에 의해 수백 년이라는 시간차를 두고 쓰인 것이라고 생각했다.) 제인스의 요점은 의식이란 순전히 사회적이고 언어적인 개념이며 그나마도 최근에 나왔다는 것이다. 마음은 의식이 있다고 인식될 때만 의식이 된다. 다시 말해서, 자판기에 동전이 들어가야 물건이 나오는 것과 같은 이치다. 하나의 주장으로서는 좋지만, 『일리아스』의 저자를 배제할 정도로 최근으로 잡은 것은 확실히 너무 기준이 높다. 만약 『일리아스』를 쓴 호메로스가 의식이 없었다면, 그는 무슨 좀비였을까? 좀비가 아니라면 분명히 다채로운 의식이 존재했을 것이고, 그 의식 속에서 자유롭게 글을 쓸 수 있는 사회 구성원으로 자신을 인식했을 것이다.

대부분의 신경과학자들은 뇌의 구조를 기초로 의식을 두 가지 형태로 구분한다. 용어와 정의는 다양하지만, 본질적으로 '확장 의식extended consciousness'은 언어와 사회 따위가 없이는 온전하게 도달할 수 없는 인간 마음의 모든 장관을 말한다. 반면 '1차 의식primary consciousness', 또는 '핵심 의식core consciousness'은 더 동물적인 것으로, 감정, 욕구, 고통, 자서전적 시각이나 죽음에 대한 감각이 부족한 기초적인 자아의식, 세상 사물의 인식 따위를 말한다. 여우는 덫에 걸리면 자신의 다리를 잘라내고 도망을 간다.

오스트레일리아의 뛰어난 과학자인 데릭 덴튼Derek Denton이 동물의 의식을 다룬 명저, 『원시적 감정The Primordial Emotions』에서 관측한 내용에 따르면, 확실히 덫에 걸린 동물은 덫에 걸렸다는 사실을 인식하고 덫에서 벗어나고자 한다. 자아에 대한 어떤 인식을 하고 계획을 세우는 것이다.

확장 의식은 비교적 설명하기 쉽지만, '쉽다'라는 단어의 의미가 부여되어야만 하는 문제가 있다. 낮은 수준의 '인식'이 주어진 상태에서는 세상에 대한 물리적 이해를 벗어나는 확장 의식은 전혀 없다. 뇌에는 사회의 복잡한 장치가 새겨진 위축된 평행 회로가 있을 뿐이다. 사회 자체에는 아무것도 놀라운 것이 없다. 동굴에서 격리되어 홀로 자란 아이는 분명히 원시적인 의식만 가지고 있을 것이다. 마찬가지로 오늘날의 파리에서 자란 크로마뇽인 아이는 프랑스인과 다르지 않을 것이라고 생각할 수 있다. 언어와 마찬가지다. 대부분의 사람들은 말을 할 줄 모르는 사람이나 동물에서 어떤 형태의 잘 발달된 의식을 생각하는 것이 불가능하다고 느끼며, 이 또한 거의 확실한 사실이다. 그러나 언어에 마법은 없다. 언어는 로봇에 충분히 잘 입력될 수 있고, 튜링 테스트Turing test(1950년에 앨런 튜링이 제안한 기계가 인간과 얼마나 비슷하게 대화할 수 있는지를 기준으로 기계에 지능이 있는지를 판별하는 시험—옮긴이) 같은 시험을 통과할 수 있다. 심지어 로봇에 '의식'이 전혀 없거나 기본적인 인식 과정이 없어도 가능하다. 기억도 아주 잘 입력될 수 있다. 다행히도 내 컴퓨터는 내가 입력하는 단어를 모두 기억할 수 있다. '사고思考'마저도 입력될 수 있다. 체스 게임을 하는 컴퓨터 '딥 소트Deep Thought'만 봐도 그렇다('딥 소트'라는 이름은 『은하수를 여행하는 히치하이커를 위한 안내서』에서 딴 것이다). 딥 소트의 후속작인 '딥 블루Deep Blue'는 1997년에 전설적인 체스 챔피언, 개리 카스파로프

Gary Kasparov를 상대로 승리를 거두었다.● 만약 인간이 이런 것들을 입력할 수 있다면, 자연선택도 그렇게 할 수 있다는 것은 의심의 여지가 없다.

인간의 의식에서 사회와 기억과 언어와 생각의 중요성을 과소평가하고자 하는 것은 아니다. 분명 의식은 이 모두를 먹고 산다. 중요한 점은, 이 모든 것이 더 심오한 형태의 의식, 곧 감정에 의존한다는 것이다. 어떤 로봇이 딥 블루의 지능을 가지고, 말을 하고, 외부 세계를 감지하고, 거의 무한한 기억력을 가지고 있다고 상상하기는 어렵지 않다. 그러나 의식은 다르다. 로봇에는 기쁨도, 슬픔도, 사랑도, 이별의 아픔도, 깨달음의 환희도, 희망이나 믿음이나 박애도, 그윽한 향기와 살이 살짝 닿는 느낌의 짜릿함도, 따뜻한 햇살이 목덜미에 닿는 기분도, 집을 떠나 처음 맞는 크리스마스의 뭉클한 느낌도 없다. 아마 언젠가는 이 모든 것이 내장된 기계장치를 통해 로봇도 이런 감정을 느낄 날이 올 수도 있겠지만, 현재로서는 감동을 프로그램 하는 법을 알지 못한다.

이는 교황이 정신 활동의 테두리로 정한 교회의 교도권 안에 들어간다. 비슷한 시기에 오스트레일리아의 철학자인 데이비드 차머스David Chalmers는 이를 의식의 '어려운 문제hard problem'로 묘사했다. 그 후, 의식의 문제를 설명하려는 다양한 시도가 있었고, 일부는 무척 성공적이었다. 그러나 그 어느 것도 차머스의 '어려운 문제'를 완벽하게 설명하지는 못했다. 파격적인 철학자인 대니얼 데닛Daniel Dennett조차도 이 문제를 모두 부

● 초기의 딥 블루는 1996년에 카스파로프에게 계속 지다가 단 한 번 승리를 거두었다. 디퍼 블루 Deeper Blue라는 비공식적인 이름으로 알려진 최신판은 1997년에 카스파로프를 연달아 이겼다. 그러나 카스파로프는 컴퓨터의 말 움직임이 '대단히 지적이고 창의적'이라는 느낌을 자주 받았다고 말하면서, IBM을 사기 혐의로 고발했다. 한편, 만약 컴퓨터 프로그래머 집단이 체스 천재를 이겼다 해도 별로 나아질 게 없다. 이 체스 천재는 어쨌든 집단에게 진 것이다.

정한다는 비난을 받았으며, 1991년에 발표된 유명한 작품인 『설명된 의식Consciousness Explained』에서 이 문제를 사실상 회피했다. 데닛은 감각질qualia(주관적 감각)을 다룬 장을 맺으면서 왜 뉴런 흥분이 뭔가를 느끼면 안 되는지 질문을 던진다. 정말 왜 안 될까? 그런데 이 질문은 논점을 교묘히 회피하는 것은 아닐까?

나는 생화학자이고, 생화학의 한계를 안다. 만일 의식의 작용 속에서 언어의 구실을 탐색하고 싶다면 스티븐 핑커Steven Pinker를 읽어보길 권한다. 나는 의식에 관한 학술 연구라고 주장할 수 있는 학문 목록에 생화학을 포함시키지 않았다. 아주 소수의 생화학자만이 의식을 진지하게 연구하려는 시도를 하는 상황에서, 크리스티앙 드 뒤브는 예외적인 존재다. 그러나 사실 차머스의 어려운 문제는 확실히 생화학 문제다. 뉴런의 흥분이 어떻게 무엇의 '감정'을 만드는 것일까? 갑자기 막을 통과하는 칼슘 이온이 어떻게 부끄러움이나 공포나 노여움이나 사랑의 감정을 만들어낼까? 이런 의문을 마음에 품고, 핵심 의식의 특성을 탐구해보자. 왜 핵심 의식을 기초로 확장 의식이 만들어지고, 그 방법은 무엇인지, 핵심 의식이 감정으로 바뀌는 이유는 무엇인지를 알아보자. 문제의 답을 찾지는 못할지라도, 해답을 찾으려면 어디를 살펴야 하는지는 충분히 확실하게 밝히고 싶다. 나는 그 해답이 천국이 아닌 여기 지상에, 새들과 벌들 속에 있다고 생각한다.

의식이라는 현상

가장 먼저 해야 할 일은 의식이 무엇처럼 보이는지에 관한 개념들을 정리하는 것이다. 이를테면, 의식이 하나로 통일되어야 할 것처럼 보인다면 조각조각 잘라놓으면 안 될 것이다. 우리는 우리의 머릿속을 흐르는 의식의 흐름을 분리하지 않는다. 그러나 지각perception은 하나로 통합되어 있어도 끊임없이 변화하면서 시시각각 무궁무진하게 다양한 상태로 옮겨간다. 의식은 머릿속 영화와도 같다. 소리뿐 아니라 냄새, 촉감, 맛, 감정, 느낌까지 통합된 이 영화는 모두 자아의식이 되어 우리의 전체적인 본성과 그 경험을 우리 몸에 단단히 매어둔다.

우리에게는 매끈하게 하나로 통합된 지각만이 존재한다. 이런 상태에서 뇌가 어떤 식으로든 감각 정보와 결합을 하고 있는 게 분명하다는 것을 깨닫기 위해 오랫동안 생각할 필요는 없다. 눈과 귀와 코와 촉감, 그리고 기억이나 몸속에서부터 온 정보는 각기 다른 뇌의 부분으로 들어가, 그곳에서 독립적으로 처리된다. 그리고 마지막으로 색이나 향이나 촉감이나 배고픔 같은 독특한 지각이 생긴다. 이들 중 어느 것도 '진짜'가 아니다. 모두 신경의 흥분이다. 그러나 우리에게는 향이나 소리도 있기 때문에 우리가 '보는' 대상을 잘못 짚는 일은 드물다. 망막 위에 뒤집힌 상으로 맺힌 세상의 모습은 영화 스크린에 비치는 것처럼 보이는 게 아니다. 대신 뉴런 신호로 바뀌어 시신경을 따라 흥분이 전달되기 때문에 오히려 팩스와 더 비슷하다. 우리가 듣거나 냄새를 맡을 때도 이와 비슷한 과정이 일어난다. 바깥 세계의 그 어떤 것도 우리 머릿속으로는 곧바로 들어오지 않고, 뉴런을 흥분시킬 뿐이다. 실체는 없이 신경만 곤두세우는 것이 불평과 비슷하다고 할 수 있겠다.

매순간 이 모든 것을 일종의 머릿속 멀티미디어 영화처럼 의식적으로 경험하려면, 디지털 전신 부호를 모두 전환해서 냄새와 풍경이 있는 '진짜 세계'에 대한 지각으로 바꿔야 한다. 그 다음, 이 재구성된 세계를 우리 머릿속에 있는 것으로 인식하지 않고, 원래 속한 곳으로 다시 되돌려 투사한다. 물론 이것은 신화 속 외눈박이 괴물이 이마에 달린 하나의 눈으로 보는 세상처럼 환상이다. 분명 이 모든 것은 신경의 속임수와 상당한 연관성이 있을 것이다. 신경의 배선도 중요하다. 시신경을 절단하면 앞이 보이지 않게 될 것이다. 반대로 맹인의 뇌에 미세 전극을 삽입해 시각 중추를 자극하면, 뇌에서 직접 만들어진 상을 보게 될 것이다. 물론 이 상은 완전한 형체와 거리가 먼 단순하고 반복적인 문양일 수도 있다. 이것은 인공 시력의 원리로, 아직 걸음마 단계에 있지만 가능성은 있다. 마찬가지로 영화 「매트릭스The Matrix」에서도 모든 경험이 인공 자궁 속에서 받은 자극을 통해 생긴다.

이런 신경의 속임수가 얼마나 많이 진행되고 있는지는 신경학 역사에서 나온 신기하고 기묘하고 불가사의한 수백 가지의 증세를 통해 잘 드러난다. 대부분의 사람들에게 이런 증세는 '신의 은총을 받지 못해 일어나는' 신기한 화젯거리가 된다. 올리버 색스Oliver Sacks와 그 밖의 학자들은 이런 증세의 기록을 효과적으로 세밀하게 발굴했다. 색스의 가장 유명한 사례는 아마 '아내를 모자로 착각한 남자'일 것이다. 심지어 마이클 니만Michael Nyman은 이 사례를 실내 오페라의 소재로 활용했고, 나중에는 영화화되기도 했다. 'P 박사'라고만 알려진 이 의문의 남자는 뛰어난 음악가로, 시각실인증visual agnosia이라는 병을 앓고 있었다. 그는 시각에는 전혀 문제가 없지만, 대상, 특히 얼굴을 정확히 인식하고 구별하는 능력이 안쓰러울 정도로 부족했다. 색스와 상담을 하던 중에는 자신의 발을 신발로 착각했고, 나중에는 모자를 집기 위해 아내의 머리를 향해 손을 뻗었다. 그가 바라보는 세상은 (특이한 형태의 알츠하이머병 때문에) 뇌에서 시각 처리를 담당하는 영역이 퇴화되어 추상적인 형태와 색깔과 운동만이 무의미하게 반복되는 세상으로 변한 것이다. 그러나 교양 있는 마음과 훌륭한 연주 솜씨는 그대로 남았다.

다행히도 이런 종류의 퇴행성 질환은 흔치 않지만, 신경학의 견지에서 보면 이는 여러 질환 중 하나에 불과하다. 뇌의 특정 부위가 손상되어 일어나는 비슷한 질환으로는 카프그라 증후군Capgras syndrome이 있다. 카프그라 증후군을 앓는 사람은 사람을 완벽하게 인식하지만, 특이하게도 자신의 배우자나 부모가 보이는 모습과 달리 그들을 사칭한 가짜라고 믿는다. 일반적인 사람이 아닌 감정적으로 아주 가까운 친구나 가족하고만 말썽을 일으키는 이 병은 뇌의 시각 중추와 감정 중추를 연결하는 신경(이를테면 편도체amygdala 같은 것)에 문제가 생겨 발생한다. 뇌졸중이나 (종양 같은) 다른 국지적 손상으로 인해 시각 중추와 감정 중추의 연결이 끊어지면서, 사랑하는 사람을 볼 때 일어나는 통상적인 감정 반응이 일어나지 않는다. 이런 감정 반응은 거짓말 탐지기를 이용해 탐지할 수 있다. 신경학자인 V. S. 라마찬드란V. S. Ramachandran이 재치 있게 표현한 말처럼, 착한 유대인 소년이 아니라도 누구나 자기 어머니를 보면 손에 땀이 난다. 땀은 피부의 전기 저항을 변화시키고 이 변화가 거짓말 탐지기에 나타난다. 그러나 카프그라 증후군을 앓는 사람은 사랑하는 사람을 보아도 땀이 나지 않는다. 눈은 그의 어머니라고 말하지만, 감정 중추는 그 느낌을 표현하지 못한다. 이런 감정적 공허 때문에 카프그라 증후군이 나타난다. 감정 중추와 시각 중추가 조화를 이루지 않으면 뇌는 그 사람이 어머니가 아니라 사기꾼이라는, 부조리하지만 논리적인 결론을 내린다. 감정은 지성보다 더 강력하다. 아니, 더 나아가 지성의 토대를 이룬다.

코타드 증후군Cotard's syndrome은 더 기이하다. 이 증후군에서는 장애가 더욱 근원적이다. 모든 감각이 뇌의 감정 중추와 연결이 되지 않아 감정이 전혀 일지 않는다. 감각 기관을 통해 감지된 모든 것의 감정값이 0을 가리키면, 그 사람은 자신이 죽은 게 분명하다는 특이하지만 역시 '논리적'인 결론을 내린다. 코타드 증후군을 앓는 환자는 실제로 자신이 죽었다고 믿고, 심지어는 살이 썩는 냄새가 난다고 주장하기도 한다. 이 환자에게 물어보면, 죽은 사람은 피를 흘리지 않을 것이라는 데 동의한다. 그러나 자신을 바늘로 찌르고 피가 흐르는 놀라운 광경을 본 뒤에는 마지못해 죽은 사람도 어쨌든 피를 흘린다고 시인한다.●

내가 하고 싶은 말은, 특이한 뇌 손상(병변lesions)은 특이한 장애를 만드는데, 이 장애가 **재현 가능**하다는 것이다. 놀랄 일도 아니지만, 병변이 일어난 장소가 같으면 다른 사람이나 동물에 같은 장애가 나타난다. 경우에 따라서는 이런 병변이 감각을 처리하는 과정에 영향을 미쳐, 움직임을 알아보지 못하는 특이한 증후군의 원인이 되기도 한다. 이 증후군을 앓는 사람은 움직이는 물체를 감지하지 못해서 세상이 마치 나이트클럽의 현란한 조명이 비치는 것처럼 보인다. 따라서 움직이는 차의 속도를 가늠하지 못하고, 심지어는 와인 잔을 채울 수도 없다. 또 어떤 경우에는 비슷한 병변이 의식 자체를 변화시키기도 한다. 일과성 구상 기억상실증transient global amnesia 환자는 계획을 세우거나 기억을 할 수 없고 오로지 현재 있는 곳만

● 이 특이한 병에 관해 더 알고 싶은 사람에게는 진화론과 신경학에 기반을 둔 V. S. 라마찬드란의 주옥같은 책들을 추천한다.

인식한다. 안톤 증후군Anton's syndrome 환자는 앞이 보이지 않지만 그 사실을 부정한다. 질병 인식 불능증anosognosia 환자는 자신이 건강상 아무 문제가 없다면서 "그냥 쉬고 있는 겁니다, 선생님" 하고 말하지만, 사실은 마비 같은 심각한 장애가 있다. 통각 마비pain asymbolia 환자는 아픔을 느껴도 불쾌한 속성은 경험하지 못한다. 다시 말해서, 고통스럽지는 않다. 맹시blindsight인 사람은 볼 수 있는 사물을 인식하지 못하지만(이들은 진짜로 보지 못한다), 물체가 어디 있는지 물으면 정확히 가리킬 수 있다. 맹시는 어떤 대상을 볼 때(또는 보지 못할 때) 반응을 하도록 훈련시킨 짧은꼬리원숭이macaque monkey를 통해 입증되었다. 이는 동물을 통해 의식을 연구하는 젊은 실험심리학자 세대에서 명쾌하게 밝힌 많은 사례들 가운데 하나다.

정말 기이한 장애들이다! 그러나 한 세기가 넘도록 신경학자들이 면밀한 연구를 통해, 이런 장애들의 실체와 재현 가능성과 원인(뇌의 특정 부분에서 일어난 병변에 의해 감각이 제한된 원인)이 철저하게 조사되고 있다. 뇌의 특정 부분을 전극으로 자극하면 똑같이 특이한 연결 차단이 일어난다. 이 연구는 치료가 불가능한 중증 간질로 고통을 받고 있는 수백만 명의 환자를 대상으로 수십 년 전부터 시행되어왔다. 일반적으로 간질은 발작을 일으켜 의식 상실을 초래하며 최악의 경우에는 치매나 부분적 마비가 일어나기도 한다. 신경외과 시술을 받는 동안, 많은 간질 환자들은 기꺼이 실험 대상이 되어 의식이 완전한 상태에서 자신이 느낀 감각을 의사에게 말로 설명한다. 이런 실험을 통해 우리는 뇌의 특정 부위를 자극하면 극도로 우울한 기분이 들고, 자극을 중지하면 우울감이 금방 사라진다는 것도 알아냈다. 또 뇌의 다른 부분을 자극하면 환상이 나타나거나 어떤 노래 한 구절이 떠오를 수도 있다. 어떤 지점을 자극하면 영혼이 천장 가까운 곳에서 떠다니는 것 같은 유체이탈 경험을 일으키기도 한다.

더 최근에는, 정교한 장치를 이용해 비슷한 목표에 도전하기도 했다. 헬멧처럼 생긴 이 장치를 머리에 쓰면 미세한 자기장이 흘러 수술을 하지 않고도 뇌의 특정 부위에 전기적 변화가 일어난다. 이 장치는 1990년대 중반에 유명세를 탔는데, 당시 캐나다 로렌시아 대학의 마이클 퍼싱어 Michael Persinger가 이 장치를 이용해 (관자놀이 바로 밑에 있는) 측두엽temporal lobe을 자극하는 실험을 시작하고 방 안에 신이나 악마가 있다는 느낌과 같은 신비스러운 환상이 일어난다는 신뢰할 만한 발견을 했다(80퍼센트의 사람에게서 이런 결과가 나타났다). 스웨덴의 한 연구팀이 이 발견에 의문을 제기했지만, 결국 이 장치는 신의 헬멧God helmet이라는 이름으로 알려졌다. 영국의 TV 과학 다큐멘터리 프로그램인 「지평horizon」은 재미삼아 무신론자로 유명한 리처드 도킨스를 2003년에 캐나다로 보내 신의 헬멧을 써보게 했다. 실망스럽게도 확실히 도킨스에게는 유체이탈 경험이 일어나지 않았다. 퍼싱어의 설명에 따르면, 도킨스는 측두엽 민감도에 관한 심리학적 측정치가 상당히 낮게 나타났기 때문에 신비로운 경험을 하지 않은 것이다. 다시 말해서 도킨스의 뇌는 종교적 부분에 전혀 흥미를 느끼지 않는다는 것이다. 그러나 작가로도 잘 알려진 실험심리학자 수전 블랙모어 Susan Blackmore는 훨씬 깊은 인상을 받고, 다음과 같이 말했다. "퍼싱어의 실험실에서 실험을 진행하는 동안, 나는 한 번도 느껴보지 못한 가장 특이한 경험을 했다. ……만약 이것이 위약 효과placebo effect 같은 것으로 밝혀진다면 나는 깜짝 놀랄 것이다." 한편, 퍼싱어는 신비한 경험을 물리적으로 유발시키는 것이 신의 존재에 대한 반론은 아니라고 애써 강조했다. '초자연적인 경험을 전송하기 위한 물리적 메커니즘' 같은 것은 여전히 필요할지도 모른다.

중요한 것은 뇌, 그리고 마음이 상당히 세밀하게 특화된 구역으로 나뉜다는 것이다. 우리는 이 내부적인 작용을 전혀 의식하지 못한다. 이런 상황은 환각성 약물의 효과를 통해 입증되었다. 환각성 약물은 절묘하게 정확한 표적에 작용한다. 이를테면, LSD, 사일로사이빈psilocybin(버섯의 성분), 메스칼린mescaline(일부 선인장에서 발견되는 화합물) 같은 환각제는 모두 특별한 종류의 수용체(세로토닌serotonin 수용체)로 작용한다. 이 수용체는 뇌의 특별한 부위(피질 제5층)에 있는 특별한 뉴런(피라미드 뉴런pyramidal neuron)에서 발견된다. 캘리포니아 공과대학의 신경과학자인 크리스토프 코흐Christof Koch가 알아낸 바에 따르면, 환각제는 뇌의 회로 전체를 엉망으로 만들지 않는다. 마찬가지로, 여러 우울증 치료제나 향정신성 의약품도 특정 표적에만 작용한다. 이런 사실들을 통해, 의식 역시 뇌의 일반적인 작용에서 일종의 '장field'처럼 전체적으로 나타나는 게 아니라 뇌의 특정 해부 구조의 특성이라고 짐작할 수 있다. 물론 많은 부위가 어느 한순간에 조화롭게 협동하면서 작용할 것이다. 신경과학자들 사이에서도 이런 문제에 관한 합의가 아직 많이 이루어지지 않았다고 말하는 게 옳겠지만, 이제 나는 몇 쪽을 할애해 이 관점을 설명하고자 한다.

신경 지도

시각은 보기보다 더 복잡하지만, 우리가 어떻게, 그리고 무엇을 보는지를 '생각'하는 내적 성찰로는 이런 복잡성을 느낄 수 없다. 또 논리적인 추론을 이끌어내는 철학자도 전혀 예측할 수 없었다. 의식이 있는 우리 마음은 시각의 토대를 이루는 신경 메커니즘에 접근할 방법이 없다. 정보가 어느 정도 범위까지 그 구성 요소로 분해되는지 거의 상상도 못 하던 중, 1950년대부터 하버드의 데이비드 허블David Hubel과 토르스튼 위즐Torsten Wiesel의 선구적인 연구가 시작되었다. 이들은 이 연구로 1981년에 (로저 스페리Roger Sperry와 함께) 노벨상을 수상했다. 허블과 위즐은 마취된 고양이의 뇌에 미세전극을 삽입해, 시각적 장면의 특성에 따라 활성화되는 뉴런 집단이 다르다는 사실을 입증했다. 지금까지 알려진 바에 따르면, 모든 상은 30개 이상의 경로로 분해된다. 따라서 각각의 뉴런이 인지하는 것은 수직선, 수평선, 대각선 같은 특정 방향의 말단이다. 어떤 뉴런들은 농도나 명암의 세기, 특정 색, 움직임이나 특정 방향 따위에 반응해 흥분하며, 이런 특징들의 공간적 위치도 시야와 비교해 표시된다. 시야의 왼쪽 꼭대기에 있는 어두운 수평선 같은 것이 어떤 뉴런 집단의 흥분을 유발한다면, 오른쪽 아래 구석에 있는 비슷한 선은 다른 집단의 뉴런을 흥분시키는 것이다.

각 단계마다 뇌의 시각 영역은 그 세계를 지도로 나타내지만, 지도의 의미는 나중에야 생긴다. 불쌍한 P 박사가 이해할 수 없었던 것이 바로 그 의미였다. 그런 의미가 생기려면, 말하자면 "아! 호랑이구나!" 하고 이해하려면, 시각 정보는 여러 단계에 걸쳐 각각의 단편들이 하나로 통합되어야만 한다. 선과 색이 결합해 줄무늬가 되고, 끊어진 외곽선들이 이어져 웅크린 형태가 되고, 마지막으로 경험을 끌어내어 덤불숲 속에 있는 호랑이를 완전히 인식하는 것이다. 이 과정의 마지막 단계에 이르러야만 비로소 알고 있는 표현을 얻을 수 있다. 시각 처리 과정의 대부분은 결코 마음의 빛을 보지 않는다.

이렇게 잘게 쪼개진 풍경의 조각들이 어떻게 모두 다시 결합해 통일된 상을 만들까? 이 의문은 신경학에서 가장 흥미로운 문제로 꼽히지만, 아직까지 모든 사람을 만족시킬 만한 답이 나오지는 않았다. 그러나 뉴런들이 동시에 흥분한다는 데서 대략적인 답을 찾을 수 있다. 같이 흥분하는 뉴런들은 함께 묶여 있다. 정확히 동시에 작용하는 것은 무엇보다도 중요하다. 1980년대로 거슬러 올라가, 프랑크푸르트에 위치한 막스 플랑크 두뇌 연구소Max Planck Institute for Brain Research의 볼프 징어Wolf Singer와 그의 연구진은 새로운 종류의 뇌파를 최초로 보고했다. 뇌파도 electroencephalogram(EEG)를 통해 확인할 수 있는 이 뇌파는 오늘날에는 감마 진동gamma oscillation이라고 알려져 있다.* 이들은 대규모의 뉴런 집단이 동시에 25밀리초 정도마다 한 번씩 흥분하는 똑같은 패턴을 나타낸다는 것을 발견했다. 다시 말해서 평균적으로 1초에 약 40회, 곧 40헤르츠의 진동을 하는 것이다. (사실 이 진동은 약 30~70헤르츠 사이에 있는데, 이것의 중요성에 관해서는 나중에 다시 살펴볼 것이다.)

이런 동시적인 흥분 패턴은 프랜시스 크릭이 찾고 있던 바로 그것이었다. DNA 암호를 밝히는 업적을 달성한 뒤, 크릭은 의식의 문제로 관심을 돌렸다. 크리스토프 코흐와의 공동 연구를 통해, 크릭은 의식 자체와 연

● 진동이란 단일 뉴런의 전기적 활동에서 나타나는 주기적 변화를 말한다. 이런 진동이 일제히 함께 작용하면 EEG에 나타난다. 뉴런 하나가 흥분해 탈분극이 되면, 다시 말해서 막에서 부분적으로 전기가 사라지면, 칼슘이나 나트륨 같은 이온이 세포 안으로 밀려들어온다. 만약 뉴런의 흥분이 마구잡이로 산발적으로 일어난다면, EEG에 어떤 피크도 나타나지 않는다. 그러나 뇌를 이리저리 지나는 수많은 뉴런에서 주기적인 탈분극과 재분극이 일어나면, 그 효과가 EEG에 뇌파로 나타날 수 있다. 40헤르츠 영역에서 진동이 나타난다는 것은 수많은 뉴런에서 대략 25밀리초마다 동시에 흥분이 일어나고 있다는 뜻이다.

관성이 있는 일종의 흥분 패턴을 찾고 있었다. 그는 이런 흥분 패턴에 '의식의 신경 상관자neural correlates of consciousness'라는 이름을 붙이고, 줄여서 NCC라고 불렀다.

크릭과 코흐는 시각이 일어나는 과정에서 상당 부분을 모른다는 사실을 정확히 인식했다. 이런 사실이 의식의 문제에 관한 호기심을 더 돋운다. 모든 감각은 뉴런 흥분의 형태로 뇌에 입력되지만, 그중 일부 뉴런 흥분만 의식적으로 감지된다. 그래서 우리는 색이나 얼굴은 알아보지만, 다른 유형의 정보(선, 명암의 대비, 거리 따위의 모든 무의식적인 시각 처리 과정)는 그렇지 않다. 두 유형의 뉴런 흥분 사이에는 어떤 차이가 있는 것일까?

크릭과 코흐는 만약 어떤 뉴런이 의식적인 지각과 연관성이 있고 어떤 뉴런이 연관성이 없는지조차 모른다면 그 차이를 설명할 방법이 없을 것이라고 추측했다. 따라서 이들은 대상이 뭔가로 인식되는 바로 그 순간에 (이를테면 개를 본 순간에) 흥분하기 시작하고 관심이 다른 데로 옮아가자마자 곧바로 흥분이 사라지는 뉴런 집단을 찾고 싶었다. 아마 크릭과 코흐는 의식적인 지각을 실제로 일으키는 뉴런의 흥분은 뭔가 다를 것이라고 가정했던 것 같다. 이들이 찾고자 했던 의식의 신경 상관자는 신경학에서 일종의 성배가 되었다. 40헤르츠의 진동은 그들의 상상력을 사로잡았는데, 이 진동이 어떤 실체가 있는 해답을 내놓았고 현재도 그렇기 때문이다. 함께 흥분을 일으키는 신경들은 거대한 띠가 되어 어느 한순간에 뇌속을 연결한다. 모든 평행한 회로는 시간에 맞춰 규칙적인 활동을 하다가 스스로 제자리로 돌아간다. 따라서 의식은 교향악단의 악기처럼 순간순간 변화하고, 변화된 선율은 화음과 조화를 이룬다. T. S. 엘리엇T. S. Eliot의 말을 빌리면, 음악이 흐르는 동안에는 우리가 바로 음악인 것이다.

이 발상은 매력적이지만, 생각해보면 금방 더 복잡한 문제를 일으킨다. 근본적인 문제는 시각 체계 내에서뿐 아니라 다중적인 단계에서 결합이 일어나야 한다는 것이다. 마음의 다른 측면도 상당히 비슷한 방식으로 작동하는 것으로 보인다. 이를테면 기억을 생각해보자. 신경화학자인 스티븐 로즈Steven Rose는 『기억 만들기The Making of Memory』라는 근사한 책에서, 머릿속에서 연기처럼 사방으로 흩어지는 기억 속을 헤매면서 얼마나 난감했는지를 떠올렸다. 기억은 어떤 한곳에 '놓여' 있는 것 같지 않았다. 훗날 그는 기억도 시각과 마찬가지로 잘게 쪼개져 단편들로 나뉘기 때문이라는 사실을 발견했다. 이를테면 갓 태어난 병아리가 여러 가지 맛이 나는 구슬 모양 모이를 쪼아 먹을 때, 로즈는 병아리가 쓴 맛이 나는 모이의 색을 피하는 방법을 곧 배우지만, 그 기억은 조각조각 나뉘어 저장된다는 것을 알았다. 색은 여기, 모양은 저기, 크기, 냄새, 쓴 맛 따위는 저마다 다른 장소에 저장되는 것이다. 통합된 기억을 형성하려면 이 모든 요소를 다시 하나로 결합해야만 한다. 재방송 같은 것인 셈이다. 최근 연구에서 밝혀진 바에 따르면, 기억의 구성 요소들이 재결합할 때 흥분을 일으키는 뉴런 조합은 처음 경험에서 반응했던 뉴런 조합과 정확히 일치한다.

신경학자인 안토니오 다마지오Antonio Damasio는 여기에 '자아self'를 첨가해 더 복잡한 신경 지도로 만들었다. 그는 감정emotion과 기분feeling의 차이를 세심하게 구별했다(어떤 사람은 지나치게 세심했다고 말한다). 다마지오에게 감정은 물리적이고 육체적인 경험이다. 공포로 등골이 오싹하고, 심장이 쿵쾅거리고, 손바닥에 땀이 나고, 눈이 커지고, 동공이 확대되고, 인상이 찡그러지는 것이다. 이는 대체로 우리가 통제할 수도 없고, 상상조차 할 수 없는 무의식적인 행동이다. 적어도 안락한 도시 생활을 하는 우리 같은 사람들은 그럴 것이다. 나는 암벽등반을 하다가 두어 번 정도 동물적인 공포에 휩싸였던 적이 있다. 창자가 요동치는 것 같은 격한 감정 반응은 나를 충격으로 몰아넣었다. 나는 단 한 번이였지만 내 자신의 공포를 느꼈고 그 느낌은 결코 잊지 못할 것이다. 정말 마음을 심란하게 한다. 다마지오에게 모든 감정은 아무리 고차원적인 감정이라도 몸에서 일어나는 물리적 현상이다. 그러나 몸은 마음과 분리되지 않는다. 몸은 마음과 단단히 결합하고 있다. 몸의 모든 상태는 신경과 호르몬을 거쳐 다시 뇌로 전달된다. 그 다음 몸 상태의 변화는 조금씩 기관별로, 기관계별로 상세하게 지도로 만들어진다. 이런 지도 만들기는 대부분 뇌에서 더 오래된 부분인 뇌간brainstem과 중뇌midbrain에서 일어난다. 뇌간과 중뇌는 모든 척추동물의 뇌에서 꿋꿋하게 보존되어온 중추기관이다. 이렇게 만들어진 마음 지도는 물리적 감정의 신경 지도인 **기분**을 구성한다. 신경 지도(근본적으로는 정보)가 어떻게 기분이라는 주관적 감각을 불러일으키는지는 아직 명확히 밝혀지지 않았으며, 이 논란에 관해서는 잠시 후에 다시 살펴볼 것이다.

그러나 다마지오에게는 기분도 충분치 않았다. 우리는 의식하지 않고 있다가 기분을 느끼고 그 기분을 알기 시작한다. 당연히 다른 지도가 더 있는 것이다. 따라서 1차 신경 지도는 우리의 신체 체계, 다시 말해서 근육의 긴장도, 위장의 활동, 혈당량, 호흡 속도, 안구 운동, 심장 박동, 방광의 팽창 상태 따위를 매 순간 새롭게 지도로 나타낸다. 다마지오는 우리의 자아의식이 이런 몸에 관한 모든 정보에서 나타난다고 보았다. 처음에는 무의식적인 원자아protoself의 형태로 나타나는데, 이는 본질적으로 몸 상태에 대한 종합적인 판독이다. 진정한 자아의식은 이런 마음 지도가 외부 세계에서 '대상들'과의 관계로 바뀌는 과정을 통해 나타난다. 이런 대상에는 당신의 아들, 사랑하는 여인, 아찔한 절벽, 커피향, 검표원 같은 것이 들어간다. 이 모든 대상은 감각을 통해 곧바로 감지되지만, 몸을 통해 감정적 반응도 만들어진다. 감정적 반응은 우리 몸의 신경 지도에 의해 뇌로 들어가 기분을 만든다. 그렇다면 의식은 세상의 대상들이 자아를 어떻게 바꾸는지에 관한 지식이다. 이 모든 지도들과 그 지도들이 어떻게 변화하는지를 나타내는 지도다. 이를 2차 지도라고 하며, 기분이 세상과 어떻게 연관되는지에 관한 지도, 우리의 지각을 가치 있는 것들로 장식하는 지도다.

신경 다윈주의

이 모든 지도들은 어떻게 만들어질까? 그리고 서로 어떻게 연관될 수 있을까? 가장 설득력 있는 해답을 내놓은 사람은 신경과학자인 제럴드 에델만Gerald Edelman이었다. 면역학에 기여한 공로로 1972년에 노벨상을 수상한 에델만은 그 후 수십 년 동안 의식 연구에 몰두했다. 그의 발상은 면역학 연구에서와 같았는데, 바로 체내에서의 선택 능력이다. 면역학의 경우에는, 하나의 항체가 세균과 결합한 뒤 선택적으로 증식될 수 있다. 선택으로 인해 승리를 거둔 면역 세포는 다른 면역세포들에 손해를 끼치면서 증식을 한다. 수명의 절반 정도를 살고 난 뒤에는, 우리 몸의 혈관을 흐르는 면역세포의 특성을 결정하는 것은 직접적인 유전자가 아니라 대개 그 사람의 경험이다. 에델만에 따르면, 이와 비슷한 유형의 선택이 뇌에서도 끊임없이 일어난다. 활용되는 뉴런 집단은 선택되고 강화되는 반면, 활용되지 않는 뉴런 집단은 차츰 쇠퇴한다. 역시 최상의 조합이 우위를 차지한다. 게다가 뉴런 사이의 관계도 축적된 경험에 의해 결정되고, 유전자는 직접적인 특성으로 작용하지 않는다.

그 과정은 다음과 같이 일어난다. 배 발생이 일어나는 동안, 뇌에서는 (시신경은 시각 중추에, 뇌량corpus callosum은 두 개의 대뇌 반구와 연결되는 등) 대충의 회로가 얼기설기 형성되면서 신경 섬유 다발이 뇌의 이곳저곳에 연결된다. 그러나 어떤 특이성이나 의미가 있는 방식은 거의 나타나지 않는다. 간단히 말해서, 유전자는 일반적인 뇌의 회로만 결정하고 정확한 배선과 후천적으로 나타나는 독특한 세부적 특성은 경험을 통해 결정된다는 것이다. 의미는 대체로 경험에서 나오고, 이 경험은 곧바로 뇌에 기록된다. 에델만의 말에 따르면, "함께 흥분하는 뉴런은 서로 연결되어 있다". 다시 말해서, 동시에 흥분하는 뉴런은 연접부(시냅스synapse)를 강화하고 서로 물리적으로 결합하는 연접부를 더 많이 형성한다.● 이런 연접부는 뉴런 집단 내에서 부분적으로(이를테면, 시각 정보의 서로 다른 양상을 결합하는 것을 돕기 위해) 형성된다. 그러나 상당히 멀리 떨어진 뉴런 사이에도 형성되어, 시각 중추가 감정이나 언어 중추와 연결되기도 한다. 또 공통점이 적은 뉴런들 사이의 시냅스 연접부는 점점 약해지거나 완전히 사라진다. 태어난 직후부터 경험의 흐름이 점점 더 빨라지면서, 마음은 안으로부터 모습을 다듬어나간다. 그 과정에서 수십 억 개의 뉴런이 죽는다. 모든

● 시냅스는 뉴런 사이의 작은 공간으로, 신경 자극의 흐름을 물리적으로 차단한다(다시 말해서 신경 흥분을 방해한다). 시냅스에 자극이 도착하면 신경 전달 물질neurotransmitter이라고 하는 화학 물질이 분비된다. 신경 전달 물질은 뉴런 사이의 공간으로 확산되어 '시냅스 후post-synaptic' 뉴런에 있는 수용체와 결합해 뉴런을 활성화시키거나 억제시킨다. 또는 더 장기간에 걸친 변화를 일으켜 시냅스를 강화하거나 약화시킨다. 새로운 시냅스를 형성하거나 기존의 시냅스를 변경하는 것은 기억과 학습에 영향을 끼친다. 그러나 자세한 메커니즘은 앞으로 더 많이 밝혀져야 한다.

뉴런의 약 20~50퍼센트가 생후 1개월 안에 사라지고, 수백 억 개의 약한 시냅스 연결이 사라진다. 동시에 수십 조 개의 시냅스가 강화되어, 피질의 어떤 부위에서는 뉴런 하나당 무려 1만 개의 시냅스가 만들어지기도 한다. 이런 시냅스의 형성력은 성격 형성기에 최고조에 달하지만, 일생 동안 지속된다. 일찍이 몽테뉴는 누구나 40세가 넘으면 자신의 얼굴을 책임져야 한다고 말했다. 확실히 자신의 두뇌도 책임을 져야 할 것이다.

이 과정에서 유전자의 기여도가 정확히 얼마나 될지 궁금할 것이다. 유전자는 일반적인 구조를 결정할 뿐 아니라 상대적인 크기와 뇌의 다른 부분의 발달도 결정한다. 유전자가 영향을 미치는 것으로는 뉴런의 생존 가능성, 시냅스 연결의 세기, 흥분성 뉴런excitatory neuron 대 억제성 뉴런inhibitory neuron의 비율, 서로 다른 신경 전달 물질의 전체적인 균형 따위가 있다. 이런 유전자의 영향은 분명히 그 사람의 성격에 반영될 것이다. 위험한 스포츠나 약물에 중독된다거나 심각한 우울증에 빠진다거나 논리적으로 생각하는 경향도 마찬가지로 유전자의 영향을 받을 것이다. 또 유전자는 재능과 경험에도 영향을 미친다. 그러나 유전자는 뇌의 자세한 신경 구조를 결정하지 않는다. 어떻게 그럴 수 있겠는가? 3만 개의 유전자로 대뇌 피질에 있는 240조 개의 시냅스를 결정할 수는 없다(코흐의 계산). 만약 그렇다면 유전자 하나당 80억 개의 시냅스를 만들어야 한다는 결론이 나온다.

에델만은 뇌의 발생 과정을 일컬어 **신경 다원주의**neural darwinism라고 한다. 이 용어는 경험이 성공적인 뉴런 조합을 선택한다는 개념을 강조한다. 뇌의 발생 과정에는 자연선택의 기본적 특성이 모두 들어 있다. 인간의 뇌는 엄청난 수의 뉴런에서 시작되는데, 뉴런들은 같은 목적을 달성하기 위해 수백만 가지의 서로 다른 방식으로 연결될 수 있다. 뉴런 사이에도 다양성이 나타나며, 더 강해지거나 서서히 사라지기도 한다. 시냅스 연결을 형성하기 위해 뉴런들 사이에 경쟁이 일어나기도 하고, 성공을 기반으로 탁월한 생존을 하는 뉴런도 있다. '가장 적합한' 뉴런 조합이 최적의 시냅스 연결을 형성하는 것이다. 프랜시스 크릭은 이런 자연선택과의 유사성 강요를 비난하면서, 전체적인 구조로 볼 때 '신경 에델만주의neural edelmanism'라고 부르는 게 더 정확하다고 비꼬았다. 그래도 에델만의 기본 개념은 오늘날 신경학자들 사이에서 널리 받아들여지고 있다.

에델만은 의식의 신경적 토대에도 중요한 기여를 했다. 바로 반향하는 신경 루프reverberating neural loops 개념인데, 에델만은 이를 평행 재진입 신호parallel re-entrant signal라고 불렀다(역시 별로 도움이 되지 않는 용어다). 그가 의미하는 것은 다음과 같다. 한 부위에서 신경 흥분이 일어나 멀리 떨어진 곳에 있는 뉴런과 연결되고, 이 멀리 떨어진 뉴런은 다른 연결을 통해 신호를 주고받으며 동시에 반향이 일어나는 일시적인 뉴런 회로를 만든다. 그러다 다른 감각이 입력되어 경쟁이 일어나면 뉴런의 조화가 깨지고, 동시에 반향이 일어나는 다른 일시적인 회로로 바뀌어 역시 일시적인 다른 조화가 만들어진다. 여기서, 에델만의 개념은 크릭과 코흐, 그리고 볼프 징어의 개념과 근사하게 맞물린다.(그러나 그들의 공통점을 알아차리기 위해서는 행간을 잘 살펴야 한다는 점을 분명히 밝혀둔다. 나는 선구적인 주요 석학들이 서로를 이렇게 언급하지 않는 분야는 거의 본 적이 없다. 심지어 반대자들의 잘못된 개념을 비난하는 일도 거의 없다.)

의식은 수십에서 수백 밀리초 단위로 작동한다.˚ 40밀리초 간격으로 두 개의 영상이 순식간에 지나가면 우리는 두 번째로 본 영상만 인식할 것이다. 첫 번째 영상은 그냥 보지 못한다. 그러나 미세전극을 이용하거나 (기능성 자기 공명functional magnetic resonance 같은) 정밀 뇌 검사를 해보면, 뇌의 시각 중추가 첫 번째 영상을 감지했다는 것이 입증된다. 이 영상은 단순히 의식이 되지 못했을 뿐이다. 의식이 되려면, 한 무리의 신경이 함께 수십 혹은 수백 밀리초 동안 되풀이되어야 한다. 다시 징어의 40헤르츠 진동으로 돌아가보자. 징어와 에델만 모두 서로 멀리 떨어져 있는 뇌의 영역에서 동시에 진동이 일어난다는 것을 입증했다. 이 영역의 뉴런들은 서로 '위상을 단단히 결속시키는' 것이다. 다른 뉴런 무리들은 더 느리거나 더 빠른 다른 위상으로 결속되어 있다. 기본적으로 이런 위상 결속phase-locking이 일어나면 같은 장면에서 다른 특징을 구별할 수 있다. 따라서 초록색 차의 모든 요소들이 서로 위상이 결속되어 있다면, 파란색 차의 요소들은 그 근처에서 약간 다르게 위상이 결속되어 두 자동차가 마음속에서 헷갈리지 않게 한다. 시각적 장면을 이루는 각각의 특징이 약간 다르게 위상이 결속되어 있는 것이다.

징어의 개념은 이 위상 결속 진동이 더 높은 단계, 곧 의식 자체의 단계에서 서로 어떻게 결합되는지를 근사하게 설명한다. 다시 말해서, 이 진동이 다른 감각 입력(소리, 냄새, 맛 따위), 기분, 기억, 언어와 결합해 어떻게 의식의 통합된 의미를 만들어내는지를 설명한다. 징어는 이를 **신경 악수**

● 의식이 영화처럼 '정지 화상'으로 이루어져 있다는 기대를 불러일으키는 증거도 있다. 이런 화상은 수십에서 수백 밀리초의 간격으로 바뀔 수 있다. 이 간격은 감정의 영향을 받으면 줄어들거나 길어지는데, 상황에 따라 시간이 천천히 가기도 하고 빨리 가기도 하는 이유로 설명될지 모른다. 따라서 화상이 100밀리초 간격이 아니라 20밀리초 간격으로 만들어지면 시간은 5배 더 천천히 흐를 것이다. 우리는 칼을 휘두르는 팔을 느린 화면으로 볼 수도 있을 것이다.

neural handshaking라 부르며, 신경 악수는 정보를 단계별로 '차곡차곡 쌓음'으로써 작은 정보의 단편들이 더 큰 그림에서 제자리를 찾을 수 있게 한다. 모든 무의식적 정보가 일종의 간부 보고용 개요서처럼 정리되는 최고 단계에서만 의식으로 감지된다.

신경 악수를 결정하는 사실은 단순하다. 뉴런이 흥분하면 탈분극이 일어나는데, 재분극이 일어날 때까지는 다시 흥분할 수 없다. 조금 시간이 걸린다는 이야기다. 그러므로 만약 다음 재분극이 일어날 때까지의 시간 동안 다른 신호가 도달하면 이 신호는 무시될 것이다. 만약 어떤 뉴런이 1초에 60번씩(60헤르츠) 흥분한다면, 이 뉴런은 같은 주기로 흥분하는 뉴런에서 오는 신호만 받을 수 있다. 이를테면 1초에 70번(70헤르츠) 흥분되는 다른 뉴런 집단이 있다면, 이 뉴런 집단은 60헤르츠 주기로 흥분하는 뉴런 집단과는 위상이 맞지 않는다. 이 두 뉴런 집단은 독립적인 단위가 되고 서로 악수를 할 수 없다. 그런데 더 느린 속도도, 이를테면 40헤르츠로 흥분하는 또 다른 뉴런 집단이 있다고 해보자. 이 뉴런 집단은 재분극이 일어나고 다시 신경 흥분을 일으킬 준비가 될 때까지 훨씬 더 오랜 시간이 걸린다. 이런 뉴런은 70헤르츠로 진동하는 뉴런에 반응해 흥분할 수 있다. 다시 말해서, 진동이 느리면 위상이 더 잘 겹치고 다른 뉴런 집단과 악수를 할 가능성이 높아진다. 따라서 가장 빠른 진동은 시각적 장면, 냄새, 기억, 감정 같은 개별적인 특성과 연결되는 반면, 더 느린 진동은 모든 감각과 신체 정보가 하나로 통합된 것(다마지오의 2차 지도), 다시 말해서 의식의 흐름에서 한순간과 연결된다.

이 가운데 깔끔하게 입증된 것은 거의 없지만, 엄청나게 많은 증거가 이 개략적인 그림과 일치한다. 가장 중요한 것은, 이 개념들이 검증 가능한 예측들이라는 점이다. 이를테면, 40헤르츠 진동이 의식을 구성하는 내용물을 통합하는 데 필요하다는 예측, 반대로 이런 진동이 사라지면 의식도 사라진다는 예측이 있다. 이런 진동을 측정하기는 어렵다(뇌를 가로지르는 뉴런 수천 개의 흥분 속도를 동시에 측정해야 한다). 그래도 수 년 내에 이 가설들과 그 외 다른 가설들이 확인될 수 있을 것이다.

그렇더라도 이 개념들은 하나의 설명 방식으로서 의식을 이해하는 데 도움이 된다. 이를테면, 확장 의식이 어떻게 핵심 의식으로부터 발달할 수 있는지를 입증한다. 핵심 의식은 현재에 작동한다. 매 순간 재구축되면서 자아가 외부의 대상에 의해 어떻게 바뀌는지를 나타내고 지각에 기분을 덧입힌다. 확장 의식은 같은 메커니즘을 활용하지만, 이번에는 기억과 언어를 핵심 의식의 순간 하나하나와 결합하면서 감정적 의미를 자전적 과거로 만들고 기분과 대상을 언어로 나타낸다. 따라서 확장 의식은 지금 이 순간의 핵심 의식 속으로 들어가 감정적 의미, 통합된 기억, 언어, 과거와 미래를 형성한다. 똑같은 신경 악수 메커니즘이 평행한 회로를 방대하게 확장시켜 인식의 한순간이 되게 한다.

나는 이 모든 것이 믿을 만하다고 생각한다. 그러나 가장 심원한 문제에 관해서는 여전히 해답을 찾지 못하고 있다. 맨 처음에는 어떻게 뉴런이 기분을 만들게 되었을까? 만약 의식이 기분을 느끼고 미묘한 감정의 의미를 만드는 능력이라면, 자아에 대한 세상의 모든 설명, 곧 웅장한 체계 전체가 한낱 기분 위에서 춤을 추고 있는 것이다. 철학자들은 이를 두고 감각질의 문제라고 한다. 이제 어려운 문제와 마주칠 때가 왔다.

의식의 '어려운 문제'

상처가 아픈 데는 이유가 있다. 일부 불행한 사람들은 선천적으로 고통에 둔감하다. 이들은 끔찍하고, 때로는 예기치 못한 고통을 겪는다. 네 살 소녀인 개비 깅그라Gabby Gingras는 2005년에 멜로디 길버트Melody Gilbert 감독이 연출한 다큐멘터리 영화의 주인공이다. 고통이 없으면 성장 단계의 중요한 순간 하나하나는 호된 시련이 된다. 젖니가 처음 돋아날 무렵이 되자, 개비는 자신의 손가락들을 뼈가 드러나도록 씹었다. 손가락들이 너무 심하게 상해서, 개비의 부모는 어쩔 수 없이 개비의 젖니를 뽑아야 했다. 걸음마를 배울 때는 다치는 일이 다반사였다. 한번은 턱뼈가 부러진 것을 모르고 있다가 감염이 되어 열이 나서야 알기도 했다. 더 끔찍한 일은 자신의 눈을 찌르는 것이었다. 찔린 눈을 봉합하자, 개비는 봉합 부위를 바로 뜯어버렸다. 개비의 부모는 눈을 찌르지 못하게 하기 위해 보안경을 씌웠지만 아무 효과가 없었다. 네 살이 되었을 때 개비는 왼쪽 눈을 제거해야만 했다. 오른쪽 눈도 심각한 손상을 입어 현재 개비는 법적으로는 맹인이다(시력 0.1). 내가 이 글을 쓰는 동안 개비는 일곱 살이 되었고, 자신의 어려움을 헤쳐나가는 법을 배우고 있다. 개비와 같은 상황에 처한 사람들은 대개 일찍 죽는다. 아주 소수만이 살아남아 성인이 되지만, 심각한 손상과 싸워야만 한다. 개비의 부모는 개비와 같은 병을 앓는 사람들을 돕는 '고통의 선물Gift of Pain'이라는 재단을 설립했다(지금까지 모두 39명의 회원이 있다). 정말 꼭 맞는 이름이다. 고통은 분명 축복이다.

고통은 배고픔, 목마름, 공포, 정욕과 함께 데릭 덴튼이 꼽은 '원시적 감정primordial emotion' 가운데 하나다. 덴튼의 묘사에 따르면, 원시적 감정은 의식의 전체적인 흐름을 압도해 시행에 옮기도록 강요하는 강력한 감각이다. 이 감정들 모두 개체의 생존이나 번식에 알맞게 맞춰진 것이 분명하다. 감정은 행동을 강요하고, 그 행동이 생명을 구하거나 번식을 하게 한다. 아마 섹스를 하면 번식을 할 수 있다는 사실을 아는 것은 인간뿐일 것이다. 그러나 교회조차도 지금까지 성적 만족을 제거하는 일에서는 이렇다 할 성공을 거두지 못했다. 동물과 대부분의 인간이 섹스를 하는 까닭은 오르가슴이라는 보상 때문이지 자손을 얻기 위해서가 아니다. 여기서 주목할 사실은, 원시적 감정이 모두 **기분**이며, 항상 인식하고 있지는 않지만 모두 생물학적인 목적을 수행한다는 점이다. 무엇보다도 고통은 불쾌한 기분이다. 고통스러운 **고통**이 없다면, 아마 우리는 자신에게 끔찍한 상해를 입힐 것이다. 혐오스러운 성질이 없는 고통의 경험은 아무 쓸모가 없다. 정욕도 마찬가지다. 섹스의 메커니즘 자체에는 아무 보상도 없다. 우리 동물은 모두 살갗에 닿는 보상, 곧 그 **기분**을 추구한다. 마찬가지로, 사막에서 신경의 눈금판에 단순히 목마름을 나타내는 것으로는 충분하지 않다. 목마름은 목숨을 구하기 위해 마지막 한 방울까지 체력을 짜내 우리로 하여금 오아시스에 이르게 하는 격한 감정이다.

이런 원시적인 감정들이 자연선택과 연관성이 있다는 개념에는 이견이 거의 없다. 그러나 이 개념에는 중요한 의미가 내포되어 있다. 19세기 말에 이 의미를 최초로 지적한 사람은 현대 심리학의 창시자인 미국의 천재, 윌리엄 제임스William James였다. 제임스의 주장에 따르면, 감정과 그 연장선상에 있는 의식 자체에 생물학적 효용성이 있다. 이는 의식이 유기체 주위에 만들어지는 그림자와 같은 '부수 현상epiphenomenon'은 아니지만, 그 자체로는 '어떤 물리적 효과를 발휘하지 못한다는 의미다. 감정은 물리적 효과를 발휘한다. 그러나 만약 감정이 정말 물리적 효과를 발휘한다면, 어느 정도는 물리적이어야 할 것이다. 제임스는 감정이 물리적으로 보이지는 않지만 정말 물리적이고 자연선택에 의해 진화한다는 결론을 내렸다. 그런데 감정이 실제로도 그럴까? 제임스만큼 이 문제를 곰곰이 생각한 사람은 아무도 없었는데, 그가 도달한 결론은 직관에도 어긋나고 문제가 있었다. 그는 알려지지 않은 물질의 특성이 분명히 존재하며, 일종의 '마음 입자mind-dust'가 우주 공간에 스며들어 있다고 주장했다. 제임스는 오늘날 내로라하는 신경학자들에게 확실히 영웅과 같은 인물이지만, 범신론과 비슷한 그의 이론(의식은 어디에나 있고 모든 것의 일부다)을 추종하려는 사람은 극소수다. 지금까지는 그랬다.

이것이 얼마나 어려운 문제인지 가늠해보기 위해, 텔레비전이나 팩스나 전화기 같은 정교한 장치를 생각해보자. 이런 장치들이 물리 법칙을 파괴하지 않는다는 것을 알기 위해 그 작동 방법을 알 필요는 없다. 전기 신호는 이런저런 방식으로 암호화되어 출력된다. 그러나 출력된 신호는 항상 물리적이다. TV의 경우에는 빛의 형태로, TV와 라디오는 음파로, 팩스는 인쇄물로 출력된다. 전기적 신호가 우리가 알고 있는 물리적 매개체를 통해 출력되는 것이다. 그런데 감정은 어떨까? 신경에서 전기 신호가 전달되는 방식은 근본적으로 TV와 비슷하다. 뉴런은 어떤 암호를 거쳐 정확하고 구체적인 출력물을 내놓는다. 여기에는 아무 문제가 없다. 그러나 이 출력물은 정확히 무엇일까? 지금까지 알려진 모든 물질의 특성을 생각해보자. 감정은 전자기 복사도 아니고, 음파도 아니다. 지금까지 알려진 어떤 원자의 물리적 구조와도 일치하지 않는다. 쿼크quark도 아니고, 전자도 아니다. 도대체 무엇일까? 진동하는 끈일까? 중력 양자graviton일까?

암흑 물질dark matter일까?●

차머스가 밝힌 대로 이는 '어려운 문제'다. 제임스보다 선대의 사람인 차머스 역시 제임스처럼 새롭고 근본적인 물질의 특성이 발견되어야만 답을 알 수 있을 것이라고 주장했다. 이유는 간단하다. 감정은 물리적이지만, 지금까지 알려진 물리 법칙으로는 설명이 되지 않는다. 물리 법칙은 우리를 둘러싼 세계를 완벽하게 설명할 수 있다고 여겨진다. 이 모든 놀라운 능력 때문에, 자연선택은 무에서 유를 불러내지 못한다. 뭔가 근원이 되는 조짐이 있어야만 한다. 말하자면, 어떤 감정의 조짐이 있어야만 진화를 통해 마음이라는 장관이 만들어질 수 있는 것이다. 스코틀랜드의 물리화학자인 그레이엄 케언스-스미스Graham Cairns-Smith는 이를 두고 현대 물리학의 '토대 속에 있는 폭탄'이라고 일컬었다. 아마 그의 말은, 만약 감정이 지금까지 알려진 어떤 물질의 특성과도 일치하지 않는다면 물질 자체에 어떤 부가적인 특성, 곧 자연선택에 의해 조직화될 때 비로소 우리 내면에서 감정을 나타내는 '주관적 특징subjective feature'이 있어야 한다는 뜻일 것이다. 물질은 어느 면에서는 '내적' 특성이 있는 의식이다. 이와 더불어 물리학자들이 측정하는 우리에게 친숙한 외적 특성도 있다. 범신론이 다시 진지하게 받아들여지는 것이다.

터무니없는 이야기처럼 들린다. 그러나 우리가 물질의 특성에 관해 알아야 할 모든 것을 알고 있다는 생각은 참으로 오만한 생각이다! 우리는 모른다. 심지어 우리는 어떻게 양자역학이 작동하는지도 모른다. 11차원

● 암흑 물질은 의식의 재료이고, 소설가 필립 풀먼Philip Pullman은 '그의 검은 물질His Dark Materials' 삼부작에서 '입자Dust'라고 표현했다. 나는 이 표현이 제임스의 '마음 입자'에 대한 존경의 뜻이 아닌가 하는 생각을 했다.

이라는 상상할 수 없는 차원 속에서 진동하는 상상할 수 없는 작은 끈에서 물질의 특성을 이끌어낸 끈이론은 대단한 이론이다. 그러나 우리에게는 끈이론이 옳은지를 실험적으로 결정할 수 있는 방법이 없다. 내가 이 장을 시작하면서 교황의 태도가 터무니없는 것이 아니라고 말한 이유가 바로 이런 것 때문이다. 어떻게 뉴런이 물질을 주관적인 감정으로 변화시키는지를 아는 데 필요한 물질의 깊은 특성을 우리는 충분히 알지 못한다. 전자가 입자인 동시에 파동일 수 있다면, 정신과 물질이 한 사물의 서로 다른 일면이 되지 못할 이유가 무엇이 있겠는가?

케언스-스미스는 생명의 기원에 관한 연구로 더 널리 알려졌지만, 은퇴를 한 이후에는 의식의 문제에 관심을 가졌다. 의식을 주제로 한 그의 책들은 통찰력과 재미를 모두 갖췄으며, 그 뒤를 이어 로저 펜로즈Roger Penrose와 스튜어트 해머로프Stuart Hameroff가 마음의 양자론 연구에 뛰어들었다. 케언스-스미스는 감정이 단백질의 결맞은 진동coherent vibration이라고 생각했다. 위상이 일치하는, 즉 결맞은 빛이 레이저 광선이 되는 것처럼 결맞은 단백질이 감정이 된다는 의미다. 말하자면, 진동(음향 양자 phonon)이 한데 어우러져 같은 양자 상태가 된다는 것이다. 그러면 이제 하나의 '거시적 양자macroquantum' 상태가 되어, 드넓은 뇌 속 공간을 가로지르는 공문서가 된다. 여기서 케언스-스미스는 다시금 교향악단을 떠올린다. 여러 악기의 다양한 연주가 하나로 합쳐져 훌륭한 화음이 된다. 감정은 음악이며, 음악이 흐르는 동안에는 우리가 음악이 된다. 아름다운 개념이다. 또 양자 효과를 진화의 탓으로 돌릴 정도로 불합리하지도 않다. 그래도 자연선택의 맹목적인 능력이 양자 메커니즘을 불러들였을 가능성이 있는 경우가 적어도 두 가지는 있다. 이 두 가지 경우란, 광합성 과정이 일어나는 동안 엽록소에 빛 에너지가 전달되는 현상과 세포 호흡 과정에서 전자가 전기적 장벽을 통과하는 현상(터널 현상tunnelling)이다.

그리고 나는 아직 이를 전적으로 받아들이지는 않았다. 양자의 마음이 존재할지도 모르지만, 내가 생각하기에는 몇 가지 극복할 수 없을 것으로 보이는 문제가 있다.

첫째로 가장 중요한 문제는 전체적인 체계 관리에 관한 문제다. 이를테면 양자 진동은 어떻게 시냅스 사이를 건너뛸까? 펜로즈 자신이 인정한 바에 따르면, 하나의 뉴런에 제한된 거시적 양자 상태는 아무것도 해결하지 않는다. 그리고 양자 수준에서 볼 때 시냅스는 대양과 같다. 음향 양자가 일제히 진동하기 위해서는 대단히 밀착된 반복적인 단백질의 배열이 음향 양자가 붕괴할 때까지 함께 하나로 진동을 해야만 한다. 이런 문제는 실험적으로 다뤄질 수 있지만, 아직까지 결맞은 거시적 양자 상태가 마음속에 존재한다는 증거는 조금도 나오지 않았다. 오히려 그 반대다. 뇌는 뜨겁고 축축하며 변화무쌍하다. 거시적 양자 상태를 만들기에는 최악의 장소다.

만약 이른바 양자 진동이라는 것이 정말로 존재한다면, 그리고 반복적인 단백질 배열에 의해 정말로 일어난다면, 신경 퇴행성 질환으로 인해 이 단백질 배열이 붕괴되면 의식에는 무슨 일이 벌어질까? 펜로즈와 해머로프는 뉴런 안에 있는 미세소관 때문에 의식이 생긴다고 말했다. 그러나 알츠하이머병에 걸리면 미세소관이 퇴화되어 결국 신경 섬유의 매듭tangle이 나타나는데, 이 매듭이 알츠하이머병의 전형적인 징후다. 이런 매듭은 알츠하이머병의 초기에 수천 개씩 발견된다(대부분 새로운 기억 형성을 담당하는 곳에서 나타난다). 그러나 병이 꽤 진행될 때까지 의식은 손상되지 않은 채 남아 있다. 간단히 말해서 상관관계가 나타나지 않는다는 것이다. 양자 구조에 대한 다른 가정들도 별반 다르지 않다. 이를테면 다발경화증 multiple sclerosis에 걸리면 뉴런을 감싸고 있는 흰색 물질인 수초myelin sheath 가 손상되지만, 역시 의식에 미치는 영향은 미미하거나 전혀 없다. 그나마 유일하게 양자를 통한 설명과 최소한 모순되지 않는 예를 찾으라면, 뇌졸중이 일어난 뒤에 성상교세포astrocyte라는 지지세포에서 나타나는 행동이다. 한 연구에서, 뇌졸중이 일어난 뒤 스스로 회복되는 것을 느끼지 못하는 몇 명의 환자들을 조사했다. 이 환자들에게는 측정된 행동과 자신이 인식하는 행동 사이에 이상한 차이가 있었다. 어쩌면 이 현상이 성상교세포의 네트워크(현재로서는 의심스럽지만, 정말 이런 네트워크가 존재한다면) 사이의 양자 결맞음으로 설명될 수도 있다(아닐 수도 있다).

양자 의식과 연관된 두 번째 문제는 이 개념이 사실상 해결되었다는 것이다. 뇌 속에 정말로 진동하는 단백질의 네트워크가 있다고 가정해보자. 이 단백질의 네트워크가 한 목소리로 '노래'를 하고, 그 노랫가락이 감정, 더 정확히 말해서 감정이 있다는 느낌을 불러일으킨다고 해보자. 또 이런 양자 진동이 어떤 식으로 시냅스의 바다를 '건너' 다른 곳에 가서 다른 양자 '노래'를 촉발시켜 뇌 전체에 이런 똑같은 노래가 퍼져나간다고도 가정해보자. 여기서 우리는 뇌 속에 완전한 평행 우주를 갖게 되는 것이다. 이 평행 우주는 뉴런이 흥분하는 '고전적' 우주와 나란히 작동되어야 하는데, 그렇다면 어떻게 뉴런이 동시에 흥분을 해서 의식적 지각을 일으키거나 신경 전달 물질이 어떻게 의식 상태에 영향을 미칠 수 있을까? 뉴런이나 신경 전달 물질의 작용은 거의 확실하다. 양자 우주는 정확히 뇌와 같은 방식으로 구분되어야만 할 것이다. 따라서 시각과 연관된 감정(이를테면 붉은색을 보는 것)은 시각을 처리하는 영역으로만 한정되어야 하고, 정서적 감정은 편도체나 중뇌 같은 영역에서만 진동이 일어나야 할 것이다. 여기서 문제는, 현미경으로 봤을 때 모든 뉴런의 세부구조가 기본적으로 같다는 것이다. 각각의 뉴런을 이루는 미세소관들 사이에는 어떤 의미 있는 차이도 없다. 그런데 왜 어떤 것은 색을 노래하고, 어떤 것은 고통을 호소하는 것일까? 무엇보다 무시하기 어려운 가장 근본적인 사실은 감정이 몸에서 일어나는 모든 일을 가장 잘 반영한다는 점이다. 사랑이나 음악에 공명하는 물질의 근본적인 특성을 상상할 수 있는 사람은 있을지 모르지만, 복통은 어떨까? 그냥 방광이 팽창한 느낌을 내놓고 나타내는 독특한 진동이 있는 것일까? 그건 아닐 것 같다. 만약 신이 주사위 놀이를 한다면, 분명히 이 놀이는 아닐 것이다. 그러나 양자가 아니라면, 그러면 무엇일까?

'어려운 문제'의 해답을 찾아서

우리는 어디서 의식의 '어려운 문제'의 해답을 찾는 게 좋을까? 몇 가지 분명한 모순은 꽤 단순하게 다뤄질 수 있는데, 케언스-스미스가 제기한 현대 물리학의 '토대 속에 있는 폭탄'이 여기에 해당한다. 감정이 자연선택에 의해 진화하더라도 정말 물질의 물리적 특성을 갖고 있을까? 꼭 그래야만 하는 것은 아니다. 만약 뉴런에 감정이 정확하게 재현될 수 있는 방식으로 암호화된다면, 다시 말해서 어떤 뉴런 집단에서 특정 방식으로 일어난 흥분이 언제나 같은 감정을 불러일으킨다면 꼭 그럴 필요가 없다는 것이다. 자연선택은 뉴런의 기저에 있는 물리적 특성에 작용할 것이다. 에델만은 신중하게 고르고 골라 '수반한다entail'는 단어를 즐겨 쓴다. 뉴런 흥분의 양상은 감정을 수반한다. 둘은 떼려야 뗄 수 없는 관계다. 같은 이치로, 유전자는 단백질을 수반한다고 말할 수도 있다. 자연선택은 단백질의 특성에 작용하는 것이지, 유전자 서열에 작용하지 않는다. 그러나 유전자에 단백질이 엄격한 방식으로 암호화되어 있기 때문에, 또 오로지 유전자만 유전되기 때문에 결국 유전자와 단백질을 똑같이 취급할 수 있다는 이야기다. 확실히 내가 보기에는, 배고픔이나 목마름 같은 원시적 감정은 정확한 뉴런 흥분 양상을 수반한다고 하는 편이 훨씬 그럴듯해 보인다. 어떤 근원적인 진동을 하는 물질의 특성보다는 말이다.

부분적으로나마 비교적 간단히 설명될 수 있는 다른 모순으로는, 마음은 무형의 것이며 감정은 설명할 수 없다는 개념이다. 또 다른 뛰어난 과학자에 따르면, 마음은 뇌의 존재와 분리되지 않는다는 것, 더 정확히 말해서 분리될 수 없다는 것을 먼저 생각해야 한다. 이 과학자는 의사이자 약리학자였다가 은퇴한 뒤부터 의식을 연구하기 시작한 뉴욕 대학의 호세 무사초José Musacchio다. 무사초의 통찰에서 핵심은 마음이 뇌의 물리적 작용을 감지하지 않는다는 것, 더 정확히 말하면 감지할 수 없다는 것이다. 우리는 뇌나 마음의 물리적 특성을 지각하지 못한다. 뇌의 물리적 작용을 마음과 연관시킬 수 있는 방법은 오직 과학의 객관적 방법밖에는 없다. 우리가 과거에 얼마나 헛다리를 짚어왔는지는 고대 이집트의 예를 통해 잘 알 수 있다. 고대 이집트인들은 파라오의 심장과 다른 장기들을 세심하게 보존했다(이들은 심장에 감정과 마음이 깃들어 있다고 생각했다). 그러나 뇌는 갈고리를 이용해 콧구멍으로 다 빼낸 다음 기다란 숟가락으로 내부를 깨끗하게 긁어내고 물로 씻어냈다. 고대 이집트인들은 뇌가 무엇을 하는지를 정확히 알지 못했고, 내세에는 필요가 없을 것이라고 생각했다. 오늘날에도 우리는 뇌수술을 하는 동안 그것을 감지하지 못하는 기이한 능력이 있다. 뇌는 세상일에는 그렇게 민감하면서도 자체의 고통을 감지하는 수용체가 없기 때문에 고통을 전혀 느낄 수 없다. 그런 이유에서 일반적인 마취를 하지 않고도 뇌수술을 할 수 있는 것이다.

왜 마음은 스스로에게 일어나는 물리적 작용을 감지하지 못할까? 덤불 속에 호랑이가 있는지, 그리고 그 호랑이가 무엇을 하는지를 알아내는 데 온 신경을 집중시켜야 하는 상황에서 자신의 마음에서 일어나는 일을 곰곰이 생각하는 개체는 분명 불리할 것이다. 위험한 순간에 자신의 내면을 들여다보는 것은 혹독한 자연선택에서 살아남는 데 적합한 특성은 아니다. 그리고 그 결과 우리의 지각과 감정은 투명해졌다. 지각과 감정은 그대로 있지만, 물리적인 신경의 기반에 대한 느낌은 하나도 남지 않은 것이다. 지각과 감정의 물리적 기반을 인식할 필요가 없기 때문에, 우리 의식은 무형의 것이나 영적인 것을 강하게 감지할 수 있다. 어떤 사람에게는 혼란스러운 결론일지 모르지만, 이는 불가피해 보인다. 우리의 영적인 느낌은 의식이 '꼭 필요한 것만 있는' 토대에서 작동한다는 사실에서 비롯된다. 우리의 뇌는 생존을 위해 스스로를 차단한 것이다.

감정을 설명할 수 없는 이유도 거의 비슷하다. 만약 앞서 주장했던 것처럼, 감정이 특정한 방식으로 일어나는 뉴런 흥분에서 수반된다면 감정은 대단히 섬세한 비음성적 언어non-verbal language가 될 것이다. 음성 언어는 이런 비음성적 언어의 깊은 뿌리를 두고 있지만, 결코 같은 것이 될 수 없다. 만약 어떤 뉴런 패턴에 의해 수반되는 감정이 있다면, 그 감정을 설명하는 단어는 다른 뉴런 패턴에 의해 수반될 것이다. 이는 한 암호가 다른 암호로, 한 언어가 다른 언어로 번역되는 것과 비슷하다. 단어는 번역을 통해서만 감정을 묘사할 수 있고, 따라서 감정은 언어로 정확하게 설명할 수 없다. 그러나 지금까지의 모든 언어는 공통된 감정에 닻을 내리고 있다. 빨강이라는 색은 실제로 존재하지 않는다. 이는 신경이 만드는 하나의 심상이며, 그와 비슷한 것을 감지하지 못하는 사람에게는 전달할 수 없다. 마찬가지로, 아픔이나 배고픔, 커피향 같은 것은 모두 단어에 의지해 음성으로 소통이 가능한 감각이다. 무사초가 지적한 것처럼, 누구에게나 "내 말이 무슨 소린지 알겠어?" 하고 남을 닦달하는 순간이 있다. 우리는 똑같은 신경 구조와 감정을 갖고 있기 때문에, 언어는 인류의 공통적인 경험에 토대를 두고 있다. 감정이 없는 언어는 의미가 없다. 그러나 감정이 존재하면, 음성 언어가 전혀 없어도 의미는 존재한다. 말로 표현할 수 없는 직관이나 감동 같은 핵심 의식이 그런 예다.

이 모든 것이 감정이 뉴런에서 만들어질 수 있다는 의미를 담고 있지만, 우리는 내적 성찰이나 논리, 다시 말해서 철학이나 신학을 통해서는 결코 그 의미에 다가가지 못할 것이다. 그 의미에 가까이 갈 수 있는 길은 실험뿐이다. 한편, 의식이 감정, 동기, 혐오감에 토대를 두고 있다는 사실은 다른 동물과 언어적으로 소통하지 않고도 의식의 뿌리에 이를 수 있다는 것을 의미한다. 우리에게 필요한 것은 독창적이고 정교한 실험적 검증이다. 또한 뉴런 흥분에서 감정까지 심각한 신경 변화를 동물을 통해 연구할 수 있어야 한다는 뜻이기도 하다. 단순한 동물을 통해서라도 가능하다. 모든 징후로 볼 때, 원시적 감정은 척추동물 사이에 널리 퍼져 있기 때문이다.

의식이 우리가 생각하는 것보다 훨씬 널리 퍼져 있다는 것을 시사하는 놀라운 사례가 있다. 대뇌 피질이 없이 태어나는 소수의 예외적인 아이들

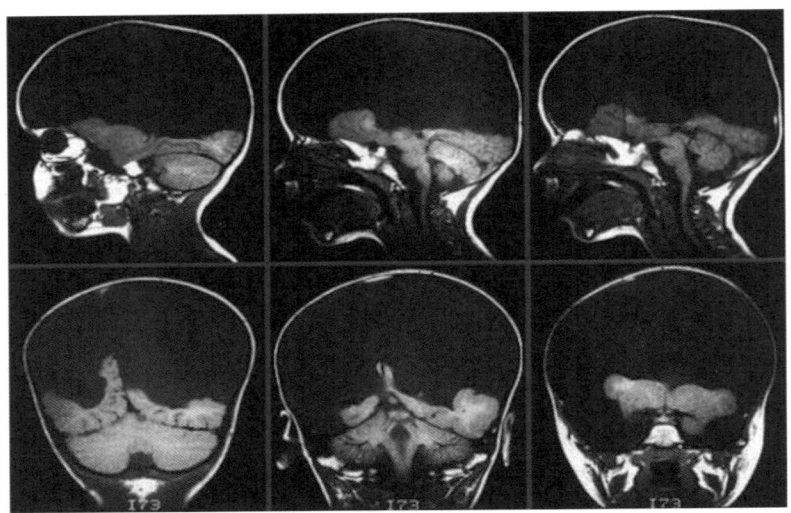

그림 9.1 무뇌수두증hydranencephaly을 앓고 있는 어린이 머리의 MRI 사진. 놀랍게도 대뇌 피질이 사실상 전혀 없으며 대신 뇌척수액이 차 있다.

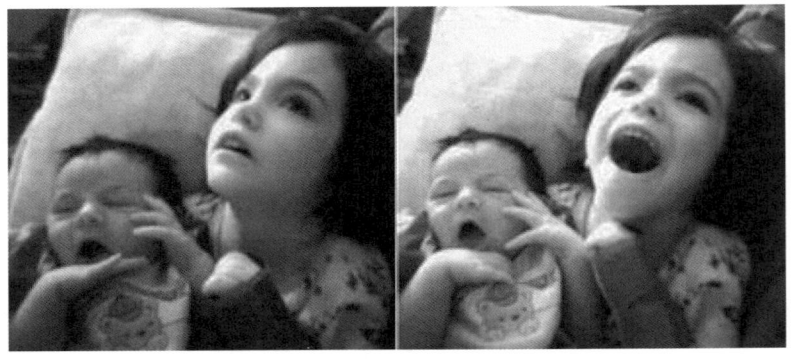

그림 9.2 네 살 소녀 니키Nikki의 얼굴에 나타난 행복과 기쁨. 니키는 무뇌수두증을 앓고 있다.

에게도 분명한 의식이 있다는 점이다(그림 9.1). 경미한 뇌졸중이나 발달이상developmental abnormality으로 인해; 임신 중에 대뇌 피질의 대부분이 재흡수되는 경우가 있다. 이렇게 태어나는 아이들은 언어 능력이나 시력 따위에 많은 장애가 있으리라는 것은 어렵지 않게 짐작할 수 있다. 그러나 스웨덴의 신경학자인 비에른 메르세르Björn Merker에 따르면, 우리가 일반적으로 의식과 연결시키는 뇌 영역이 거의 전부 없어도 일부 어린이들은 때에 맞춰 웃거나 우는 정서적 행동을 하고 정말 인간적인 표현으로 보이는 행동을 할 수 있다(그림 9.2). 앞서 나는 많은 감정 중추가 뇌에서 오래된 부분인 뇌간과 중뇌에 위치하고 있다고 말했다. 뇌간과 중뇌는 거의 모든 척추동물에 공통으로 들어 있다. 데릭 덴튼은 MRI 검사를 통해, 이 오랜 부분이 목마름, 질식의 공포 같은 원시적인 감정의 경험을 중개한다는 것을 입증했다. 당연히 의식의 뿌리는 새로 형성된 대뇌 피질에서는 전혀 발견될 수 없다. 물론 대뇌 피질에는 엄청나게 정교한 의식이 존재한다. 그러나 이 오밀조밀 들어차 있는 뇌 속의 오래된 부분은 다른 동물들과 많은 부분을 공유하고 있다. 만약 이것이 옳다면, 뉴런이 흥분해서 감정을 느끼기까지의 신경 변화는 그 신비감이 조금 사라질 것이다.

의식은 어떻게 널리 퍼졌을까? 일종의 의식 측정계consciousometer가 나오기 전까지는 결코 확실하게 알 수 없겠지만, 목마름, 배고픔, 고통, 정욕, 질식의 공포 같은 원시적 감정은 뇌가 있는 동물이라면 모두 가지고 있는 것으로 보인다. 꿀벌 같은 단순한 무척추동물까지도 말이다. 꿀벌의 뉴런은 100만 개가 채 되지 않는다(우리 인간은 대뇌 피질에만 230억 개의 뉴런이 있다). 그러나 꽤 정교한 행동을 할 수 있다. 그 유명한 8자 춤으로 먹을 것이 있는 방향을 알려줄 뿐 아니라, 가장 꿀이 많은 꽃을 먼저 찾아가기 위해 행동을 최적화할 수도 있다. 심지어 용의주도한 연구자들이 꿀샘의 균형을 고의로 바꿔놓았을 때도 최적의 행동을 취한다. 나는 우리가 언어를 이해하는 것과 같은 의식이 벌에게 있다고는 주장하지는 않겠다. 그러나 벌들의 단순한 신경 '보상 체계'조차도 어떤 보상을 요구한다. 이를테면, 꽃꿀의 달콤한 맛 같은 **좋은 기분**을 원하는 것이다. 다시 말해서, 비록 꿀벌은 전혀 의식하지 못하겠지만 이미 꿀벌에게는 의식이라고 부를 만한 것이 있다는 이야기다.

따라서 감정이란 결국 하나의 신경 구조이며, 물질의 근본적인 특성은 아니라는 것이다. 만약 우리가 꿀벌이 진화의 정점에 도달한 어떤 평행우주에 살고 있다면, 우리는 꿀벌의 행동을 설명하기 위한 새로운 물리 법칙에 도달해야 한다는 느낌을 가질 수 있을까? 그러나 만약 감정이란 게 뉴런이 자신의 일을 하는 것에 불과하다면, 왜 그토록 생생하고 진짜처럼 **느껴질까**? 감정이 진짜처럼 느껴지는 까닭은 진정한 의미가 들어 있기 때문이다. 그리고 그 의미는 자연선택의 도가니에서 꼭 필요한 의미이며, 진짜 삶과 진짜 죽음에서 온 의미다. 사실 감정은 신경의 암호다. 그러나 수억, 수천만 세대에 걸쳐 만들어진 풍부하고 역동적인 의미를 지닌 암호다. 우리는 우리의 뉴런이 어떻게 이런 의미를 만들어내는지를 아직까지 알지 못하지만, 의식의 가장 밑바닥에는 삶과 죽음에 대한 것이 있다. 의식이 어떻게 생기게 되었는지를 정말 이해하고 싶다면, 우리는 삶과 죽음의 틀에서 우리 자신을 벗어나게 해야 할 것이다.

제10장

죽음
불로불사의 대가

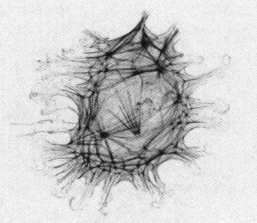

Life Ascending

행복은 돈으로 살 수 없다고들 말한다. 그러나 고대 리디아의 크로이소스 왕은 대단히 부자였고…… 자신이 가장 행복한 사람이라고 생각했다. 마침 리디아를 지나던 아테네의 정치가 솔론Solon에게 동의를 구했지만, 솔론은 크로이소스의 기대와는 다른 말을 했다. "죽음에 이르기 전까지는 그 누구도 행복하다고 볼 수 없습니다." 앞으로 어떤 운명이 닥칠지 알 수 있는 사람이 누가 있을까? 그러다 크로이소스는 페르시아의 키루스 2세에게 붙잡혀 산 채로 화형을 당하게 되었다. 크로이소스는 마지막 순간에 신을 원망하는 대신 "솔론"이라고 중얼거렸다. 이를 궁금히 여긴 키루스 2세는 왜 솔론의 이름을 불렀는지 물었고, 크로이소스는 솔론과의 대화에 관해 말해주었다. 자신도 한낱 재물의 꼭두각시였다는 것을 깨달은 키루스 2세는 크로이소스를 풀어주고(어떤 이야기에서는 아폴론 신이 천둥을 쳐서 크로이소스를 구했다고도 한다) 조언자로 삼았다.

  행복한 죽음은 고대 그리스에서도 큰 의미가 있었다. 운명과 죽음은 보이지 않는 손에 의해 조종되었고, 이 보이지 않는 손은 가장 복잡한 방식으로 인간사에 개입해 인간을 굴복시켰다. 그리스 연극에는 수수께끼 같은 신탁을 통해 예견되거나 운명적으로 결정된 죽음 같은 복잡한 장치가 가득하다. 열광적인 바쿠스의 축제와 반인반수의 우화에서 볼 수 있듯이, 그리스인에게는 자연 세계에 자신을 맡기는 운명론 같은 것이 있는 것 같다. 그리고 그 반대이기도 하다. 서구 문화의 시각에서 보면, 동물들의 복잡한 죽음에도 가끔씩 그리스 연극의 망령이 남아 있는 것 같다.

이를테면 하루살이의 삶은 그리스 비극보다 더 슬프다. 몇 달을 애벌레의 모습으로 살다가 변태를 하여 성체가 된 하루살이의 몸에는 입과 소화관이 없다. 단 하루의 난교 파티를 위해 살아가는 소수의 동물종에 속할 뿐 아니라 곧 배를 곯아야 할 운명이기도 한 것이다. 태평양연어Pacific salmon는 어떤가? 자신이 태어난 곳을 향해 수백 킬로미터를 거슬러 올라가는 태평양연어는 호르몬이 충만한 극도의 흥분 상태 속에서 며칠 안에 죽음을 맞는다. 몇 년 동안 나이도 없이 살다가 마침내 정자 공급이 다 떨어지면 자신의 딸들에게 갈가리 찢기는 여왕벌은 어떨까? 12시간 동안 광란의 교미를 하고 절정의 순간에 기력을 다 소진하고 죽음을 맞는 오스트레일리아 주머니쥐marsupial mouse의 행동은 거세를 하면 막을 수 있을까? 비극이든 희극이든, 확실히 극적이다. 이 동물들은 오이디푸스만큼이나 운명의 포로다. 죽음은 단순히 피할 수 없는 것이 아니다. 운명에 의해 조절되며, 그 운명은 바로 생명의 구조와 함께 계획되어 있다.

이 모든 기괴한 죽음의 방식 가운데 가장 비극적이고, 특히 현대인들에게 가장 큰 반향을 불러일으키는 죽음 이야기는 아마 트로이의 티토노스Tithonus 이야기일 것이다. 티토노스를 사랑했던 한 여신이 티토노스에게 영원한 생명을 달라고 제우스에게 청했다. 그런데 영원한 젊음도 함께

청하는 것을 깜박 잊고 말았다. 호메로스의 이야기에 따르면, 티토노스는 "끔찍하고 혐오스러운 노년에 완전히 짓눌려" 끊임없이 웅얼거렸다. 또 테니슨이 묘사한 티토노스는 "죽을 능력이 있는 행복한 사람들의 집이 있는 어둑어둑한 들판과 그보다 더 행복한 죽은 자의 풀이 무성한 무덤"을 내려다보고 있다.

이런 죽음의 형태들 간에는 어떤 긴장감이 있다. 이 긴장감은 일부 동물들의 삶 속에 예정된 급박한 죽음과 인간만이 마주하는 예기치 않게 끝없이 이어지는 티토노스의 최후 같은 자포자기한 노년 사이의 긴장감이다. 오늘날 우리는 정확히 이런 형벌을 받고 있다. 의술의 발달로 생명은 연장되었지만 건강은 그렇지 못하다. 현대의학이라는 신이 수명을 1년 더 선사할 때, 그중 건강하게 보낼 수 있는 시간은 몇 달에 불과하다. 그 나머지 시간은 내리막길을 걷게 되는 것이다. 티토노스처럼 우리도 결국에는 무덤으로 들어가게 해달라고 애원을 한다. 죽음은 잔혹하고 범우주적인 장난처럼 보일지 모르지만, 노화는 서글프다.

그러나 우리의 황혼기에는 티토노스가 모습을 드러내지 않아야만 할 것이다. 확실히 엄격한 물리법칙은 영원한 젊음을 영구운동처럼 엄격히 금하고 있다. 그러나 진화는 놀라울 정도로 유연하며, 수명이 길어질수록 티토노스의 비참함을 피할 수 있는 젊음도 길어진다는 것이 입증되었다. 수명이 연장된 사례는 동물에서 널리 볼 수 있다. 고통 없이, 다시 말해서 질병에 걸리지 않은 채 환경이 변할 때 수명이 원래의 2배, 3배, 심지어 4배까지 연장되는 것이다. 그 대표적인 예로는 캘리포니아 시에라네바다 Sierra Nevada 산맥에 있는 물이 차고 양분이 적은 한 호수로 돌아오는 민물송어brook trout를 들 수 있다. 이 민물송어의 수명은 약 6년에서 24년으로,

무려 4배가 늘어났다. 수명 연장의 '비용'으로 분명하게 드러난 것은 성숙의 지연밖에 없다. 북미산 주머니쥐opossum 같은 일부 포유류에서도 비슷한 현상이 보고되었다. 이를테면 천적이 없는 섬에서 몇 천 년 동안 살게되면, 주머니쥐는 정상 수명이 2배 이상 증가하고 노화의 속도도 절반으로 줄어든다. 우리 인간 역시 최대 수명이 지난 수백만 년 동안 두 배로 늘어났으며, 그에 따른 불이익은 특별히 없었다. 진화의 관점에서 볼 때, 티토노스는 그저 신화여야 한다.

그러나 인류는 수천 년 동안 영원한 생명을 추구했으나 결코 찾지 못했다. 위생학과 의학의 발달로 인간의 평균 수명이 늘어나기는 했지만, 지난 120년 동안 **최대** 수명은 제자리걸음을 하고 있다. 역사시대가 막 시작될 무렵, 우루크Uruk의 길가메시Gilgamesh 왕은 영생을 구하기 위해 불로초를 찾아다녔지만, 그의 영웅담은 거의 손에 넣다시피 한 불로초를 허망하게 놓치는 것으로 끝난다. 다른 이야기들도 다 마찬가지다. 불로장생의 영약도, 성배도, 유니콘의 뿔도, 현자의 돌도, 요구르트도, 멜라토닌melatonin도, 모두 생명을 연장시킨다고 소문이 났었다. 그러나 아무것도 그러지 못했다. 학자들 틈에 끼어 있는 뻔뻔한 사기꾼들이 회춘 연구의 역사를 왜곡해왔다. 프랑스의 유명한 생물학자인 샤를 브라운-세카르Charles Brown-Séquard는 1889년 파리 생물학회Société de Biologie에서 기니피그와 개의 고환 추출물을 자신에게 주사하자 활력과 정신력이 개선되었다는 연구 결과를 발표했다. 심지어 그는 청중 앞에서 자신의 오줌 줄기를 자랑스럽게 입증해, 보는 사람을 대경실색하게 하기도 했다. 1889년 말이 되자, 약 1만 2000명의 내과 의사가 브라운-세카르의 추출액을 처방했다. 세계 곳곳의 외과 의사들이 곧바로 양, 원숭이의 고환 조각을 이식했다. 심지어 죄수의 고환까지도 이용되었다. 아마 가장 악명 높은 사기꾼은 미국의 존 R. 브링클리John R. Brinkley일 것이다. 브링클리는 염소의 분비샘을 이식해 어마어마한 돈을 벌었다. 그 후 그는 1000여 건의 불쾌한 소송의 희생자로 실의에 빠진 채 생을 마감했다. 인류가 오만한 솜씨 자랑을 위해 지구상에서 우리에게 주어진 날을 하루 더 늘렸는지는 잘 모르겠다.

그래서 수명을 쉽게 연장할 수 있는 것처럼 보이는 진화의 유연성과 오늘날 우리의 노력에 대해 보이는 완전히 비타협적 태도 사이의 간극이 더욱 기묘하게 느껴진다. 진화는 어떻게 그렇게 쉽게 수명을 연장시키는 것일까? 분명 우리는 지난 수천 년 동안 실패를 거듭해왔고, 죽음의 더 심오한 의미를 이해하지 못하면 조금도 나아지지 않을 것이다. 언뜻 보기에 죽음은 당황스러운 '발명품'이다. 일반적으로 자연선택은 개체 수준에서 작용한다. 어떻게 내 죽음이 내게 이득인지, 태평양연어가 산산이 부서지면서 얻는 것은 무엇인지, 검은과부거미black widow spider가 암컷에게 잡아먹히는 데는 무슨 이득이 있는지, 쉽게 가늠하기 어렵다. 그러나 죽음이 우연과는 거리가 멀다는 것도 명백한 사실이다. 그러면 개체의 이득을 위해 (또는 리처드 도킨스의 잊지 못할 표현을 빌려 이기적 유전자를 위해) 생명 자체가 시작되고 그 직후부터 죽음이 진화된 것도 분명한 사실이다. 티토노스의 고뇌를 피해 더 나은 최후를 맞고 싶다면, 그 첫 순간부터 살펴보자.

죽음의 이득

타임머신을 타고 지금으로부터 30억 년 전으로 돌아가 얕은 해안가에 착륙했다고 상상해보자. 맨 먼저 우리가 깨닫는 사실은 하늘이 파랗지 않다는 것이다. 안개가 짙게 낀 흐릿한 붉은 하늘이 마치 화성을 연상시킨다. 잔잔한 바다에는 붉은 빛이 반사된다. 안개가 너무 짙어 태양이 희미하게 보이지만, 안개 속은 기분 좋게 따스하다. 육지에는 별로 눈에 띄는 것이 없다. 드러난 바위에는 축축한 얼룩이 여기저기 붙어 있다. 극한의 육지 전초기지에 위태롭게 매달려 있는 세균이다. 풀도 없고, 어떤 종류의 식물도 없다. 그러나 얕은 물속을 조금 나아가다 보면 푸르스름하고 희한하게 생긴 둥근 바위들이 나타난다. 분명히 생명의 작품처럼 보이는 이 바위들 가운데 큰 것은 높이가 1미터에 달하기도 한다. 오늘날에도 가끔씩 이와 비슷한 구조가 사람의 발길이 닿지 않는 해안가에서 발견된다. 바로 스트로마톨라이트다. 물속에는 아무것도 움직이는 것이 없다. 물고기도 없고, 물풀도 없고, 종종거리며 도망가는 게도 없고, 물살에 흔들리는 말미잘도 없다. 산소는 거의 없는데, 스트로마톨라이트와 가까운 곳도 마찬가지다. 그러나 청록색의 세균인 **남조세균**은 이미 공기 중에 이 위험한 기체의 흔적을 남기기 시작했다. 그 후 10억 년 동안 남조세균은 산소를 배출해 결국 지구를 선명한 녹색과 파란색의 행성으로 바꿔놓을 것이다. 그러면 비로소 이 벌거벗은 행성이 우리의 고향별로 보이기 시작할 것이다.

만약 우리가 희뿌연 붉은 안개 속을 꿰뚫어볼 수 있다면, 우주 공간에서 본 초기 지구의 모습에서 한 가지만큼은 오늘날과 비슷할 것이다. 바로 녹조 현상algal bloom이다. 녹조 현상을 일으키는 것도 스트로마톨라이트와 연관성이 있는 남조세균이지만, 바다 위 넓은 지역을 떠다닌다는 차이가 있다. 하늘에서 보면 이 남조세균의 모습은 오늘날의 녹조 현상과 상당히 흡사하다. 또 현미경으로 관찰해도 그 옛날에 살던 남조세균 화석의 모습은 오늘날의 남조세균인 트리코데스미움Trichodesmium과 사실상 똑같다.

이 녹조현상은 몇 주 동안 계속되는데, 강에서 운반되어오거나 대양 깊은 곳에서 솟구치는 해류에 딸려 올라온 무기염류가 남조세균이 급속히 성장하는 데 자극제 구실을 한다. 그러다 하룻밤 사이에 갑자기 분해되면서 사라진다. 오늘날에도 바다에서 발생한 대규모 적조 현상이나 녹조 현상은 예고도 없이 갑자기 사라진다.

우리는 최근에 들어서야 무슨 일이 벌어지고 있는지를 파악할 수 있게 되었다. 이 엄청난 세균 무리는 죽지 않는다. 이 세균 무리는 상당히 계획적으로 스스로를 제거한다. 각각의 남조세균은 아주 오래된 효소 체계인 죽음의 장치를 지니고 있는데, 이 효소 체계는 우리 몸속에 있는 세포를 내부로부터 분해하는 장치와 상당히 비슷하다. 세균이 스스로를 제거한다는 개념은 너무나 반직관적이어서 과학자들은 그 증거를 간과해오곤 했다. 그러나 이제는 그냥 지나치기에는 그 증거가 너무 강력하다. 세균이 '계획적으로' 죽는다는 것은 사실이다. 뉴저지에 위치한 러트거스 대학의 폴 팔코프스키Paul Falkowski와 케이 비들Kay Bidle이 내놓은 유전학적 증거는 세균이 30억 년 전부터 그렇게 해오고 있었다는 의미를 내포한다. 이유는 무엇일까?

죽음이 수지에 맞기 때문이다. 녹조 현상 같은 세균의 대증식이 일어나면 완전히 똑같지는 않아도 유전적으로 비슷한 세균들이 엄청나게 늘어난다. 그러나 유전적으로 동일한 세포라고 해도 항상 똑같은 것은 아니다. 우리 몸을 한번 생각해보자. 우리 몸은 수백 가지의 서로 다른 세포로 이루어져 있지만 유전적으로는 똑같다. 세포에서는 환경으로부터 오는 미묘한 화학적 자극 변화에 따라 서로 다른 형태로 발생하는 분화differentiation가 일어나는데, 우리 인간의 경우에는 이 환경이 주위를 둘러싸고 있는 세포가 된다. 세균의 대증식이 일어날 경우에는 화학 물질을 분비하거나, 심지어 강한 독소를 내뿜는 주위의 다른 세포가 환경으로 작용하며, 태양빛의 세기, 이용할 수 있는 양분의 양, 바이러스 감염 같은 물리적 스트레스도 환경이 된다. 따라서 이 세균들은 유전적으로는 동일할지 몰라도, 환경에 호된 시달림을 당하다 보니 결국 저마다의 길을 찾게 된다. 이것이 바로 분화의 원리다.

30억 년 전으로 거슬러 올라가, 우리는 분화가 일어날 최초의 조짐을 목격한다. 유전적으로 똑같은 세포들이 다양한 형태를 나타내기 시작하고 있다. 세포의 형태가 달라지면 생활사에 따라 그 운명도 달라진다. 어떤 것은 단단한 내성 포자가 되고, 어떤 것은 끈적끈적한 얇은 막(세균막 biofilm)을 형성해 바다 속 바위 표면 같은 것에 달라붙는다. 어떤 것은 독립적으로 번성해 무리로부터 떨어져 나오고 어떤 것은 그냥 죽는다.

또 어떤 것은 그냥 죽지 않고, 복잡한 방식으로 죽는다. 이런 복잡한 죽음의 장치가 어떻게 처음 진화했는지는 확실히 밝혀지지 않았다. 가장 그럴듯한 해답은 파지phage 감염을 통해서라는 것이다. 파지는 세균을 감염시키는 바이러스의 일종이다. 오늘날 바다에서 발견되는 바이러스 입자의 수는 충격적일 정도로 어마어마하다. 바닷물 1밀리리터에는 수억 개의 바이러스가 들어 있는데, 이는 세균에 비해 수백 배나 많은 수치다. 아주 옛날에도 틀림없이 이와 거의 비슷한 수의 바이러스가 있었을 것이다. 세균과 파지 사이의 부단한 전쟁은 진화 역사에서 가장 중요한 싸움 중 하나지만 거의 알려져 있지 않다. 예정된 세포 죽음도 이 전쟁 초기에 무기로 등장했을 가능성이 크다.

간단한 예를 하나 들면, 많은 파지에서 사용하는 독소-항독소 단위toxinantitoxin module가 있다. 이런 파지에 있는 소량의 유전자에는 숙주 세균을 죽일 수 있는 독소가 암호화되어 있는데, 숙주 세포를 독소로부터 보호할 수 있는 항독소의 유전자도 함께 암호화되어 있다. 비열하게도, 독소의 효과는 오래 지속되지만 항독소의 효과는 그에 비해 짧다. 감염된 세균은 독소와 항독소를 모두 생산하므로 살아남을 수 있다. 그러나 이 순진한 세균이 바이러스의 족쇄에서 벗어나려고 시도를 하면 독소의 공격을 받아 죽게 되는 것이다. 이 불쌍한 세균이 곤경에서 벗어날 가장 쉬운 방법은 항독소의 유전자를 자신의 유전체에 삽입하는 것이다. 그러면 감염이 되지 않았을 때도 방어를 할 수 있다. 이 전쟁이 지속되면서 더 복잡한 독소와 항독소가 진화하고, 전쟁 장비는 더욱 화려해졌다. **카스파제**caspase 효소가 남조세균에서 처음 만들어졌을 때도 이 같은 방식으로 진화했을 가능성이 크다.● 이 특별한 '죽음' 단백질은 세포를 안에서부터 난도질한다. 카스파제는 하나의 효소가 다음 효소를 단계적으로 활성화시키는 연쇄작용을 일으키는데, 결국에는 집행자의 군대 전체가 세포 안에 풀려나게 된다.●● 중요한 점은 카스파제가 저마다 억제제inhibitor를 갖고 있다는 것이다. 이

● 정확히 말하면, 세균과 식물은 진짜 카스파제가 아닌 '메타카스파제metacaspase' 효소를 갖고 있다. 그러나 이 메타카스파제는 진화과정상 동물에서 발견되는 카스파제의 전구물질이 분명하며, 여러모로 비슷한 목적을 수행한다. 편의상 나는 이 두 가지를 모두 카스파제라고 부르겠다. 더 자세한 내용을 알고 싶다면, 2008년 5월호 『네이처』에 소개된 「죽음의 기원Origins of Death」이라는 내 글을 읽어보기 바란다.

●● 세포에서 효소의 연쇄 반응이 중요한 까닭은 작은 시작 신호를 증폭시키기 때문이다. 한번 상상해보자. 한 개의 효소가 활성화되면, 뒤이어 10개의 효소를 활성화시킨다. 이렇게 활성화된 효소들은 또 10개씩의 효소를 새롭게 활성화시킨다. 이제 모두 100개의 효소가 활성화되었다. 이 100개의 효소들이 각각 10개씩의 효소를 또 활성화시키면 1000개의 효소가 활성화되고, 그 다음에는 1만 개, 10만 개, 이런 식으로 증가하게 된다. 이런 연쇄 반응을 여섯 단계만 거치면 세포를 산산조각 낼 100만 개의 사형집행자들이 활성화되는 것이다.

억제제는 카스파제의 활동을 차단할 수 있는 '해독제'다. 공격과 방어 작용이 여러 단계에 걸쳐 복잡하게 얽혀 있는 전체적인 독소-항독소 체계는 파지와 세균 사이에 지루하게 이어져온 진화 전쟁의 모습을 잘 보여주고 있는지도 모른다.

세균과 바이러스 사이의 이런 전쟁 속에 어쩌면 죽음의 깊은 뿌리가 있을지도 모르지만, 자살은 바이러스에 감염이 되지 않았을 때조차도 의심할 여지없이 세균에게 이득이다. 여기에는 같은 원리가 적용된다. 집단 전체가 사라질 위기에 대한 어떤 물리적 위협(이를테면, 극심한 자외선 조사나 영양분 부족 따위)은 크게 번성한 남조세균 무리에서 예정된 세포 죽음을 촉발시킬 수 있다. 가장 강인한 세포는 이 위협에서 살아남을 방법으로 내구성이 강한 포자를 만들어 훗날 다시 번성하기 위한 씨앗을 마련한다. 반면 강인한 세포와 유전적으로는 같지만 더 약한 사촌들은 똑같은 위협을 받으면 죽음의 장치를 촉발시킨다. 이런 역학 관계를 자살로 보느냐, 타살로 보느냐는 취향의 문제다. 냉정한 시각으로 볼 때 결론은 간단하다. 손상된 세균이 제거되면 이 세균 유전체의 복사본은 진화 기간 동안 더 많이 살아남게 된다는 것이다. 삶과 죽음 중 하나를 선택하는 것, 이것이야말로 가장 단순한 분화의 형태다. 어떤 선택을 하느냐는 세포 하나하나의 생활사에 달렸다.

정확히 같은 논리가 더 큰 힘이 작용하는 다세포생물에도 적용된다. 다세포생물에서는 세포들이 항상 유전적으로 동일하고, 헐렁한 군체나 녹조 현상에서보다는 세포들의 운명이 훨씬 더 단단하게 결속되어 있다. 단순한 공 모양의 다세포생물이라도 분화는 불가피하다. 공의 내부와 외부 사이에는 산소와 이산화탄소의 이용도, 햇빛에 대한 노출, 포식자에 대한 위협에서 차이가 난다. 이 세포들은 서로 같아질 수 없다. 아무리 세포들이 서로 같아지기를 '바란다' 해도 소용이 없다. 가장 단순한 적응도 금방 대가가 따르게 된다. 이를테면 발생의 특정 단계에서, 많은 조류가 채찍처럼 생긴 일종의 추진 장치인 편모를 갖는다. 둥근 군체에서는 이렇게 편모를 갖는 세포들이 군체의 바깥쪽에 자리 잡고 함께 운동하여 군체 전체를 움직인다. 반면 포자(유전적으로 동일한 세포의 다른 발생 단계)는 군체 내부에서 보호된다. 이런 단순한 노동의 구별은 각각의 세포들이 최초의 원시적인 군체를 형성하는 데 큰 장점으로 작용했을 것이다. 수가 많다는 것과 분화의 장점은 최초의 농경사회에 비길 만하다. 처음 농경사회가 만들어지고 많은 인구를 먹일 수 있을 만큼 식량이 충분해지자, 전쟁, 농사, 금속세공, 입법과 같은 식으로 일을 전문화할 수 있었다. 이런 전문화가 불가능했던 소규모 수렵채집 부족을 농경사회가 밀어낸 것은 당연한 일이다.

 가장 단순화 군체에도 근본적으로 다른 두 가지 세포 유형이 있다. 바로 생식세포 계열germ-line과 '소마soma(몸)'를 이루는 체세포다. 이와 같은 구분을 최초로 지적한 사람은 (이미 제5장에서 소개했던) 독일의 진화학자, 아우구스트 바이스만이다. 바이스만은 아마 다윈 이후에 가장 영향력 있고 통찰력 있는 19세기 다윈주의자일 것이다. 그의 주장에 따르면, 오로지 생식세포 계열만이 죽지 않고 다음 세대에 유전자를 전달한다. 반면 체세포들은 죽지 않는 생식세포 계열을 단순히 거들다가 버려진다. 바이스만의 개념은 프랑스의 노벨상 수상자 알렉시 카렐Alexis Carrel의 의혹 제기로 반세기 동안 신임을 받지 못했다. 훗날 카렐은 자료 조작으로 스스로의 명성을 실추시켰지만, 바이스만은 항상 옳았다. 그의 구분은 궁극적으로 모든 다세포생물의 죽음을 설명한다. 분화는 특성상 몸을 이루는 세포 중 일부만이 생식세포 계열이 될 수 있다는 의미를 담고 있다. 그 나머지 세포들은 생식세포 계열을 돕는 구실을 해야만 한다. 이 세포들에게 돌아가는 유일한 혜택은 자신과 똑같은 유전자가 생식세포 계열을 통해 후대에 전해짐으로써 얻는 대리 만족뿐이다. 체세포가 일단 생식세포 계열에 종속되는 역할을 '받아들이면' 이 체세포들이 죽는 시점도 생식세포 계열의 요구에 종속될 수밖에 없다.

군체와 진정한 다세포생물 사이의 차이는 분화의 정도로 가장 잘 구분된다. 볼복스 같은 조류는 집단생활을 함으로써 이득을 보지만, '이탈'을 해서 단세포생물로 살아갈 수도 있다. 독립생활의 가능성을 유지하면 세포가 도달할 수 있는 분화의 정도가 줄어든다. 뉴런처럼 고도로 분화된 세포가 홀로 살아갈 수는 없는 노릇이다. 진정한 다세포생물의 삶은 대의를 위해 하나될 '준비'가 된 세포들로만 도달할 수 있다. 이 세포들이 의무를 다하는지는 철저히 관리되고, 독립생활로의 복귀를 시도하면 죽음이라는 벌을 받는다. 다른 길은 없다. 다세포생물이 생기고 10억 년이 흘렀지만 오늘날에도 암에 걸리면 삶이 파괴된다. 이것만 봐도 다세포생물에서는 세포들이 제멋대로 하는 것이 불가능하다는 사실을 짐작할 수 있을 것이다. 죽음만이 다세포생물 생활을 가능하게 한다. 그리고 죽음이 없으면 당연히 진화도 없다. 생존의 차이가 없으며 자연선택이 아무 소용이 없기 때문이다.

최초의 다세포생물조차도, 일탈을 꾀하는 세포에게 죽음의 위협을 가하는 데 별다른 진화적 도약이 필요하지 않았을 것이다. 제4장을 떠올려 보자. 복잡한 '진핵'세포는 두 세포의 연합으로 만들어졌다. 숙주 세포 속으로 들어간 세균은 훗날 세포에서 에너지를 생산하는 작은 발전소인 미토콘드리아로 진화했다. 독립생활을 하던 미토콘드리아의 조상은 남조세균 같은 세균 무리로, 세포를 내부에서 난도질하는 데 필요한 카스파제 효소를 지니고 있었다. 이 세균이 카스파제를 어디서 얻었는지는 중요하지 않다(남조세균에게서 건네받았을 수도 있고, 그 반대일 수도 있다. 또는 둘 다 공통조상으로부터 물려받았을 수도 있다). 중요한 것은 미토콘드리아가 제대로 작동하는 완전한 죽음의 장치를 최초의 진핵세포 속에 남겼다는 것이다.

진핵생물이 세균으로부터 카스파제 효소를 물려받지 않았다면 그렇게 성공적인 다세포생물로 멋지게 진화할 수 있었을지는 흥미를 자아내는 의문이지만, 카스파제가 있는 상황에서는 다세포생물의 진화를 막을 수는 없었을 것이다. 진핵생물에서는 진정한 다세포화가 최소 5번 이상, 곧 홍조류, 녹조류, 식물, 동물, 균류에서 독립적으로 진화했다.● 이 다섯 종류의 생명체 사이에는 구조상의 공통점이 별로 없지만, 일탈하려는 세포를 모두 죽음으로 다스렸고, 죽음의 형벌을 내릴 때 놀라울 정도로 비슷한 카스파제 효소를 활용했다. 흥미롭게도 거의 모든 경우에서 미토콘드리아는 여전히 주도적으로 죽음을 중재한다. 세포 내에서 충돌하는 신호를 통합하고, 잡음을 제거하고 마침내 필요하면 죽음의 장치의 방아쇠를 당긴다. 따라서 어떤 형태의 다세포생물이라도 세포의 죽음이 필요하지만, 여기에는 진화적 신기성이 별로 필요치 않다는 것이다. 필요한 장치는 미토콘드리아와 함께 최초의 진핵생물 속으로 이미 들어왔고, 약간 정교해지기는 했지만 오늘날까지도 대체로 변함없이 남아 있다.

● 세균이 결코 콜로니 이상으로는 발전하지 못한 반면, 진핵생물이 다세포화의 길로 들어선 데는 당연히 다른 이유도 있다. 특히 진핵세포는 크기가 커지고 유전자를 추적하는 경향이 있다. 이런 발전의 이면에 있는 이유가 무엇인지를 알아보는 것이 내 전작, 『미토콘드리아』의 주요 주제다.

그러나 세포의 죽음과 유기체 전체의 죽음 사이에는 큰 차이가 있다. 세포 죽음은 다세포생물의 노화와 죽음에 중요한 구실을 한다. 그러나 몸을 구성하는 세포가 모두 죽어야 한다거나 똑같이 쓰고 버릴 수 있는 다른 세포로 대체되어서는 안 된다고 명시된 법칙은 없다. 민물에 사는 강장동물인 히드라 *Hydra*는 본질적으로 죽지 않는다. 세포가 죽으면 대체되지만 유기체 전체는 노화의 징후가 전혀 나타나지 않는다. 세포의 삶과 세포의 죽음 사이에는 장기적인 균형이 존재한다. 이는 흐르는 시냇물과 같다. 아무도 같은 시냇물에 두 번 발을 담글 수는 없다. 물은 영원히 앞으로만 나아가고 그 자리에는 계속해서 새로운 물이 흐르기 때문이다. 그러나 시내의 모습, 곧 크기나 형태는 변함이 없다. 어떤 그리스 철학자를 제외하면 누구에게나 같은 시내다. 마찬가지로 세포가 시냇물처럼 바뀌는 유기체는 전체적으로 변하지 않는다. 내 몸을 이루고 있는 세포가 바뀌어도 나는 나다.

다른 방식이기는 어렵다. 만약 세포의 삶과 죽음 사이의 균형이 바뀌면, 유기체는 더 이상 시냇물처럼 안정될 수 없을 것이다. 만약 '죽음' 설정이 세포가 덜 죽는 쪽으로 조정되면, 세포의 성장을 저지하지 못해 암이 발생하는 결과가 초래된다. 그러나 죽음이 더 잘 일어나도록 조정되면, 그 결과는 쇠퇴로 나타난다. 암과 퇴화는 동전의 양면과 같다. 둘 다 다세포생물의 생활을 위태롭게 한다. 그러나 한낱 히드라도 자신의 균형을 영원히 유지할 수 있다. 또 인간도 하루에 수십 억 개의 세포가 바뀌는 상황에서도 수십 년 동안 체중과 체형을 일정하게 유지할 수 있기도 하다. 우리가 늙는다는 것은 단순히 이 균형을 잃는 것이다. 흥미롭게도 우리는 이 동전의 양면을 모두 경험한다. 암과 퇴행성 질환은 둘 다 노년과 불가분의 관계다. 그렇다면 왜 유기체는 늙고 죽는 것일까?

왜 '늙는' 것일까

가장 대중적인 노화 개념은 1880년대에 바이스만이 내놓았지만, 바이스만 자신도 금방 알아차린 것처럼 이 개념은 잘못된 개념이었다. 당초 바이스만이 내놓은 개념에 따르면, 노화와 죽음은 낡아서 못 쓰게 된 개체들로 구성된 집단을 유성생식을 통해 유전자가 재조합된 팔팔한 신품 집단으로 대체하는 것이다. 이 개념은 종교적인 장엄함까지는 아니더라도, 대의를 수행하는 죽음에 일종의 숭고함과 균형을 부여했다. 이런 관점에서는 일부 세포의 죽음이 유기체 전체에 이득이 되듯이, 개체의 죽음이 종 전체에 이득이 된다. 그러나 바이스만의 비평가들이 지적한 것처럼, 이는 순환논법이다. 처음에 노화가 되면 늙은 개체는 단순히 '낡아서 못 쓰게 된다'. 따라서 바이스만은 자신이 설명하려고 한 것을 정확하게 전제로 삼은 것이다. 여전히 의문은 남는다. 설사 죽음이 개체군에 이득이 된다 해도, 나이가 들면 '낡아서 못 쓰게' 만드는 것은 무엇일까? 죽음에서 벗어나 자신과 똑같은 이기적 유전자를 지닌 자손을 더 많이 남길 수 있는 암 같은 개체를 차단하는 것은 무엇일까? 개체군에서 이런 암을 차단하는 것은 무엇일까?

이에 관해 다윈주의적 해답을 처음 내놓은 사람은 피터 메더워다. 1953년 런던 유니버시티 칼리지의 취임 연설에서 메더워가 내놓은 해답은, 노화에 관계없이 죽음이 통계적으로 있음직한 사건이라는 것이다. 만약 우리가 불사의 존재라 해도 버스에 치이거나, 하늘에서 돌이 떨어지거나, 호랑이에게 잡아 먹히거나, 병에 걸리거나 해서, 영원히 살 가능성은 아주 적다는 것이다. 생의 초반기에 자신이 가진 생식 자원을 집중시키는 개체는 느긋한 계획을 세우는 개체들보다 훨씬 많은 자손을 남길 가능성이 있다. 이를테면 500년마다 생식을 할 계획인 개체가 있다면, 450년이 지난 뒤에 땅을 치고 후회할 일이 생길 수도 있다는 것이다. 더 이른 나이에 생식을 많이 할수록 우리는 느긋한 사촌들보다 자손을 더 많이 남기게 되고, 이 자손들은 우리의 '조기 생식' 유전자를 물려받을 것이다. 그리고 거기에 문제가 있다.

메더워에 따르면, 종마다 통계적인 적정 수명이 있다. 이 적정 수명은 개체의 크기, 대사율, 천적, 날개 같은 신체적 특징 따위에 의해 결정된다. 이 통계적 수명이 20년이라고 해보자. 그러면 그 시기 안에 생식 주기를 완성할 수 있는 개체는 그렇지 못한 개체보다 일반적으로 더 많은 자손을 남길 것이다. '도박을 하는' 유전자는 그렇지 않은 유전자보다 더 잘해낼 것이라는 이야기다. 결국 메더워의 결론에 따르면, 우리의 통계적 수명 이후에 심장 질환을 일으키는 유전자는 유전체 속에 축적된다. 인간을 예로 들면, 아무도 150세까지 살지 못한다면 150세에 알츠하이머병을 일으키는 유전자를 자연선택을 통해 제거할 수 없다는 것이다. 과거에는 70세 넘게 사는 사람이 많지 않았기 때문에 70세에 알츠하이머병을 유발하는 유전자가 걸러지지 않았다. 그러므로 메더워에게 노년이란 유전자에 의한 쇠퇴. 죽음을 유발하는 수백 개의 유전자가 자연선택의 손길을 피해 살아남아 우리를 죽음에 이르게 한다는 것이다. 티토노스의 비참함을 겪는 생물은 인간뿐이다. 오로지 인간만이 치명적인 감염 질환이나 포식자 같은 죽음을 유발하는 수많은 통계적 원인을 인위적으로 제거해서 수명을 연장했기 때문이다. 우리는 유전자의 무덤을 파헤쳐왔고, 유전자는 우리를 무덤까지 따라온 것이다.

메더워의 개념을 더 세련되게 다듬은 사람은 미국의 진화학자인 조지 C. 윌리엄스다. 윌리엄스는 길항적 다형질 발현antagonistic pleiotropy이라는 개념을 제안했는데, 확실히 모든 과학을 통틀어 최악의 이름이다. 나는 이 용어에서 먹이를 향해 미친 듯이 달려드는 수장룡이 연상된다. 사실 이 용어는 유용하기도 하고 아주 해롭기도 한, 여러 가지 효과를 지닌 유전자를 가리키는 말이다. 길항적 다형질 발현의 전형적인 사례로는 헌팅턴 무도병Huntington's chorea이 있다. 정신과 육체를 가차 없이 망가뜨리는 이 병은 중년에 들어서야 발병하며, 처음에는 가벼운 경련과 비틀거림으로 시작된다. 그러다 결국에는 걷고 말하고 생각하고 추론하는 능력을 빼앗긴다. 이 '비틀거리는 광기lurching madness'는 단 한 개의 유전자 결함으로 인해 나타난다. 이 유전자는 성적인 성숙이 될 때까지 모습을 드러내지 않는다. 일부 잠정적 증거가 제시하는 바에 따르면, 헌팅턴 무도병이 진행될 사람은 초년에 성적인 성공을 거둘 가능성이 높지만 왜 그런지는 불확실하다. 또 그 효과도 대단히 미미하다. 중요한 것은 아무리 미미하더라도 성적인 성공을 거둘 수 있는 유전자는 선택되어 유전체에 남는다는 것이다. 훗날 가장 끔찍한 퇴행성 질환을 일으킨다 해도 말이다.

얼마나 많은 유전자가 노년의 질환과 연관되어 있는지는 확실치 않다. 그러나 이 개념은 충분히 단순하고 설득력이 있다. 다음과 같은 경우는 쉽게 상상할 수 있다. 이를테면 철분의 축적을 일으키는 유전자는 어릴 적에는 혈색소인 헤모글로빈을 형성하는 데 도움이 되지만, 나이가 들어 철분이 너무 많으면 심부전의 원인이 된다. 확실히, 진화론적 개념은 현대 의학과 일치하지 않는다. 대중적으로 말하면, 동성애에서 알츠하이머병까지 유전자에는 없는 게 없다. 그렇다. 신문이 팔리려면 이런 말투가 제격이다. 그러나 여기에는 더 깊은 의미가 숨어 있다. 특별한 유전적 변이가 특정 질환의 소인이 된다는 개념은 의학 연구 전체에 깊이 스며들어 있다. 널리 알려진 예를 하나 들면, ApoE(아폴리포 단백질 E) 유전자의 세 가지 변이인 ApoE2, ApoE3, ApoE4를 들 수 있다. 서구 유럽에서는 인구의 약 20퍼센트가 ApoE4 변이를 갖고 있다. 이 유전자를 갖고 있는 사람들과 이 유전자를 아는 사람들은 분명히 다른 유전자를 원할 것이다. ApoE4 유전자를 갖고 있으면 알츠하이머병에 걸릴 위험이 상대적으로 높다고 알려져 있다. 만약 ApoE4 변이를 두 개 갖고 있다면, 먹는 것에 신경을 쓰고 규칙적인 운동을 해서 유전적 성향에 따른 영향을 줄이도록 노력하는 편이 좋을 것이다.●

ApoE4 유전자에 실제로 무슨 '좋은 점'이 있는지는 알려지지 않았다. 그러나 이 변이가 그렇게 일반적이라는 사실은, 훗날 찾아오는 불이익을 상쇄하는 어떤 이득이 생의 초반부에 있다는 것을 암시한다. 이는 수백 가지의 예 가운데 하나에 불과하다. 의학 연구는 이런 유전적 변이를 색출하고 신약(하나같이 비싸다)을 이용해 해로운 영향을 상쇄하려 한다. 헌팅턴무도병과 달리, 대부분의 노화 관련 질환은 유전적 요소와 환경적 요소가 복잡하게 얽혀 있다. 일반적으로 여러 개의 유전자가 복합적으로 작용해서 병리 현상이 나타난다. 심혈관계 질환을 예로 들면, 다양한 유전자 변이가

● 내게 ApoE4 유전자가 있는지는 잘 모르겠다. 그러나 우리 가족의 병력을 보면, 내가 이 유전자를 한 개쯤 갖고 있다고 해도 그다지 놀랍지는 않을 것 같다. 그러니 아예 모르는 게 낫다. 운동이나 열심히 해야겠다.

고혈압, 비만, 고지혈증, 무기력증 따위를 일으킨다. 만약 혈압이 높으면서 짜고 기름진 식사를 하고, 술 담배를 즐기고, 운동보다는 TV 시청을 더 좋아한다면, 위험성을 결정하기 위해 보험회사를 찾을 필요도 없다. 그러나 일반적으로 질병의 위험성을 추정하는 것은 생색 안 나는 일이고, 우리의 유전적 성향에 관한 이해는 여전히 걸음마 단계에 머물러 있다. 노화 관련 질환에 유전자의 기여가 차지하는 정도는 모두 합쳐도 대개 50퍼센트를 넘지 않는다. 확실히 노년은 언제나 가장 큰 단일 위험 요소다. 20~30대에 암에 걸리거나 뇌졸중을 겪는 불행한 사람은 소수에 불과하다.

현대 의학에서 노화 관련 질환에 대한 이해는 대체로 늦게 작용하는 유전자를 통한 메더워의 진화론적 묘사와 거의 일치한다. 수백 개의 유전자가 질병의 원인으로 작용하고, 우리는 저마다 다양한 위험을 안고 있다. 저마다의 특별한 유전자 무덤을 가지고 있으며, 그 효과는 우리의 생활습관이나 유전자에 따라 악화될 수도 있고 개선될 수도 있다. 그러나 이런 노화에 관한 시각에는 심각한 문제가 두 가지 있다.

첫 번째 문제는 여기서 내가 선택한 단어 속에 암시되어 있다. 내가 이야기하고 있는 것은 질환, 곧 노화의 **증상**symptom에 관한 것이지, 노화의 저변에 있는 원인이 아니다. 이런 유전자는 특정 질환과 연관성이 있지만, 이들 중 노화 자체를 일으키는 것은 거의 없어 보인다. 질병이 없으면 120세까지 사는 것은 가능하지만, 그래도 늙고 죽는 것은 어쩔 수 없다. 또한 우리 같은 사람들은 나이가 들면서 비정상적인 유전자의 부정적인 효과가 나타나게 된다. 젊었을 때는 이런 유전자가 문제를 일으키지 않지만, 나이가 들면 이야기가 다르다. 의학에서는 노화 관련 질환을 병리학적으로(따라서 '치료할 수 있다'고) 보는 경향이 있다. 그러나 노화는 질병보다는 '상태'로 봐야 한다. 그러므로 본질적으로 '치료할 수 없다'. 노화를 '병적인' 것으로 몰아가고 싶은 심정은 이해할 수 있다. 이런 관점이 노화를 노화 관련 질환과 분리하는 데 도움이 되지 않지만, 이 구별이 메더워에 대한 내 생각을 잘 보여준다. 메더워가 설명한 것은 노화 연관 질환에서의 유전자의 구실이지, 노화의 저변에 있는 원인이 아니었다.

이 구별의 힘은 충격적이었다. 1988년, 어바인 캘리포니아 대학의 데이비드 프리드먼David Friedman과 톰 존슨Tom Johnson은 선충류에서 최초로 수명을 연장시키는 돌연변이를 발견했다. age-1이라고 명명된 이 돌연변이는 선충류의 수명을 22일에서 46일로 두 배 연장시켰다. 그 다음 해, 수많은 비슷한 돌연변이가 선충류뿐 아니라 효모에서 초파리, 생쥐에 이르는 다양한 생명체에서 발견되었다. 한동안 학계는 입자물리학의 전성기였던 1970년대와 비슷한 분위기를 풍겼고, 온갖 종류의 새로운 생명 연장 돌연변이가 발견되었다. 점차 이 돌연변이들 사이에 어떤 공통적 특징이 드러나기 시작했다. 효모, 초파리, 생쥐 할 것 없이 거의 모든 돌연변이 유전자에 똑같은 생화학적 경로로 들어가는 단백질이 암호화되어 있었다. 다시 말해서, 균류와 포유류에 똑같이 적용되는 대단히 일정한 메커니즘이 있으며, 이 메커니즘이 수명을 조절했다. 이 경로에서 돌연변이가 일어나면 수명이 연장될 뿐 아니라, 노년기의 질환도 지연되고 심지어 피해갈 수도 있다. 불쌍한 티토노스와 달리, 수명의 두 배 연장에 그치는 것이 아니라 건강한 기간도 두 배로 길어지는 것이다.

질병과 수명 사이의 연관성은 그리 놀라운 일이 아니다. 어쨌든 거의 모든 포유류가 당뇨병, 뇌졸중, 심장병, 실명, 치매와 같은 노화 관련 질환을 비슷하게 겪는다. 그러나 쥐는 세 살 무렵이 되면 노화가 진행되면서 암에 걸린다. 반면 인간에게는 같은 질환이 60~70세 사이에 나타난다. '유전적' 질환조차도 단순히 시간 경과보다는 노화와 연관성이 있는 것이 분명하다. 수명과 연관된 돌연변이에서 진짜 놀라운 점은 체계 전체의 유연성이다. 단 하나의 유전자에서 단 하나의 돌연변이가 생겨도 수명이 두 배로 늘어남과 동시에 노인성 질환을 '멈춤' 상태로 놓을 수 있다.

이 발견이 우리 자신에게 얼마나 중요한 것인지는 아무리 강조해도 지나치지 않다. 단 하나의 경로에서 간단히 치환을 통해, 암에서 심장병, 알츠하이머병에 이르는 노년의 모든 질환이 원칙적으로 지연될 수도 있고, 심지어 피할 수도 있다. 정말 충격적인 결론이지만, 우리 코앞에 다가오고 있는 일이다. 노화와 모든 노화 관련 질환을 단 하나의 만병통치약으로 '치료'하는 것이, 다르게 '늙은' 사람들 속에서 알츠하이머병 같은 하나의 노화 관련 질환을 치료하는 것보다 더 쉽다는 사실이 밝혀지게 될 것이다. 이것이 내가 노화에 관한 메더워의 설명이 틀렸다고 생각하는 두 번째 이유다. 우리에게는 저마다의 특별한 유전자 무덤이 정해져 있는 것이 아니다. 처음부터 노화를 피할 수 있다면, 우리는 유전자의 공동묘지를 모두 비켜갈 수 있다. 노화 관련 질환은 생물학적 나이로 결정되는 것이지, 화학적 나이나 연대순의 시간으로 결정되는 것이 아니다. 노화를 치료하면, 노화와 연관된 질병 모두를 치료할 수 있다. 그리고 이 유전학 연구에서 배운 가장 중요한 사실은 노화가 치료될 수 있다는 것이다.

장수와 성

수명을 조절하는 생화학적 경로의 존재는 몇 가지 진화론적 의문을 불러일으킨다. 첫 번째로는 수명이 유전자에 직접 쓰여 있을 것이라는 그릇된 인식이다. 노화와 죽음은 예정되어 있고 아마 종 전체에 이득이 되리라는 것이 바이스만의 처음 주장이다. 그러나 만약 단 한 번의 돌연변이로 수명이 두 배로 늘어날 수 있다면, 부정행위를 하는 동물들, 다시 말해서 그들의 이득을 위한 체계를 '이탈'한 동물들을 왜 더 많이 볼 수 없는 것일까? 그 이유는 간단할 것이다. 만약 동물들이 부정행위를 하지 않는다면, 부정행위에 대한 벌이 있기 때문일 것이며 그 벌은 수명이 길어지는 장점을 넘어설 정도로 대단히 혹독할 것이다. 그리고 이 추측이 맞다면, 우리는 노화 관련 질환을 그냥 가지고 있는 편이 나을 것이다.

불이익은 존재한다. 역시 성이었다. 만약 병에 걸리지 않고 오래 살고 싶다면, 우리와 죽음 사이에 작성된 짧은 계약서를 읽어보는 게 현명할 것이다. **노화유전자**gerontogene라고 불리는 모든 생명-연장 유전자에서 돌연변이가 일어나면 수명이 줄어드는 게 아니라 연장된다는 점은 대단히 흥미롭다. 본래의 위치가 항상 수명을 짧아지게 한다. 이 현상은 노화유전자에 의해 조절되는 생화학적 경로의 특성을 생각하면 이해가 된다. 이 생화학적 경로는 노화가 아닌 성적 성숙과 연관이 있다. 한 동물이 성적으로 성숙해지기 위해서는 엄청난 에너지와 자원이 필요하다. 따라서 이런 자원과 에너지를 구할 수 없다면, 발달을 억제하고 상황이 좋아질 때까지 기다리는 편이 낫다. 즉, 환경이 풍족해지는지를 잘 지켜보고 있다가 생화학적인 흐름을 바꾸는 것이다. 생화학적 흐름의 변화는 세포에 다음과 같이 이야기를 직접 하는 것과 같다. "먹을 것이 많다. 번식하기 딱 좋은 때가 왔다. 짝짓기 할 준비를 해라!"

풍족을 나타내는 생화학적 지표는 인슐린insulin 호르몬이다. 인슐린은 장기간(몇 주나 몇 달)에 걸쳐 작용하는 같은 종류의 거대한 호르몬 집단과 함께 작용하며, 이 호르몬 집단에서 가장 유명한 것은 인슐린 관련 성장 인자insulin-related growth factor(IGF)다. 이름들은 신경 쓰지 않아도 된다. 선충류 하나에만도 인슐린과 연관된 호르몬이 39개나 있다. 중요한 것은, 먹을 것이 풍부해지면 인슐린 호르몬이 행동에 돌입한다는 것이다. 발달 상의 변화를 일으킬 범위를 조절하고 짝짓기를 할 준비를 한다. 만약 먹을 것을 구할 수 없으면 이 경로는 잠잠해지고 성적 발달은 지연된다. 그러나 이 침묵이 아무 일도 일어나지 않는다는 뜻은 아니다. 오히려 신호가 없다는 것을 다른 장치를 통해 감지하고 생명을 효과적으로 보류한다. 말하자면, 더 나은 환경이 올 때까지 기다렸다가 다시 짝짓기를 하자고 말하는 것이다. 그 사이 몸은 가능한 한 오랫동안 순결한 상태로 보존된다.

성과 장수 사이의 거래라는 개념은 영국의 노년학자 톰 커크우드Tom Kirkwood가 1970년대에 내놓았다. 당시는 노화유전자가 발견되기 오래전이었다. 커크우드는 에너지가 제한되고 모든 것에 비용이 드는 경제적 토대 위에서의 이런 '선택'을 정확히 묘사했다. 몸을 유지하는 데 드는 에너지 비용에서 성의 에너지 비용은 제외되어야 한다. 두 가지를 동시에 하려는 유기체는 자원을 배분하는 유기체에 비해 훨씬 성공 가능성이 낮다. 가장 극단적인 예는 딱 한 번만 번식을 하고 자손을 전혀 기르지 않는 태평양연어 같은 동물이다. 따라서 이들의 파국적인 종말을 더 잘 설명하는 것은 예정된 죽음이 아니라 생명이라는 사업에서의 자원의 전적인 투자, 즉 생식이다.● 이들은 자신이 가진 자원을 모조리 성에 집중시키기 위해 몸을

● 커크우드는 바이스만의 언급을 염두에 두고 자신의 이론을 '마모설disposable soma theory'이라고

유지하는 데 드는 비용까지 끌어다 쓰기 때문에 며칠 만에 몸이 산산조각이 난다. 한 번 이상 생식을 하는 동물은 때에 따라서 생식에 배분하는 양을 줄이고, 몸을 유지하는 데 더 많은 자원을 할당해야 한다. 우리 인간처럼 자손을 기르는 데 1년 이상 집중적인 투자를 하는 동물은 더 멀리 내다보고 균형을 조절한다. 그러나 모두가 나름의 선택을 해야 하고, 동물의 경우 그 선택은 일반적으로 인슐린 호르몬에 의해 조절된다.

노화유전자의 돌연변이는 침묵을 자극한다. 이들은 풍부함의 신호를 약화시키고, 대신 몸을 유지하는 데 관여하는 유전자를 활성화시킨다. 심지어 먹을 것이 풍부할 때도, 돌연변이 노화유전자는 반응을 하지 않는다. 여기에는 몇 가지 흥미로운 반전들이 있다. 먼저, 인슐린이 보내는 유혹의 손짓을 노화유전자들이 뿌리친다는 것이다. 인간에게는 이 기이한 현상이 인슐린 내성insulin resistance으로 나타나는데, 인슐린 내성은 수명은 연장시키지 않으면서 성인 당뇨병을 일으킨다. 문제는 과식 그리고 부족한 자원을 저장하려는 생리학적 결정과 짝을 이루게 되면 체중 증가와 당뇨병, 조기 사망으로 이어진다는 것이다. 두 번째 반전은 수명 연장, 곧 생식이 미뤄지는 데 따른 불이익이 그대로 남는다는 것이다. 이는 불임으로 나타난다. 따라서 당뇨병이 불임과 연관이 있는 것은 우연이 아니다. 당뇨병과 불임은 같은 호르몬의 주기적 변화가 원인이 되어 나타난다. 인슐린 장애는 우리가 대부분의 시간을 허기진 채로 있을 때만 수명을 연장시킨다. 그리고 그 잠재적인 비용은 아이를 가질 수 없는 것이다.

불렀다. 몸은 생식세포 계열보다 부차적이다. 이는 커크우드와 바이스만이 공통적으로 한 이야기이며, 그 전형적인 예가 태평양연어다.

당연히 우리는 수십 년 동안 이 모든 것을 알고 있었다. 이것이 세 번째 반전이다. 그리 달갑지 않은 사실일 수도 있지만, 우리는 1920년대부터 적절한 허기가 수명을 연장시킨다는 것을 인식하고 있었다. 이를 열량 제한calorie restriction이라고 한다. 균형 잡힌 식사를 하면서 정상보다 40퍼센트 정도 적은 열량을 섭취하는 쥐는 마음껏 먹는 형제들보다 50퍼센트 정도 더 오래 산다. 또 노화 관련 질환도 무기한 연기되고 뇌졸중도 덜 일어난다. 이런 열량 제한이 인간에게도 쥐에서와 똑같은 효과를 발휘하는지는 확실히 밝혀지지 않았다. 그러나 쥐에서처럼 극적이지는 않아도 어느 정도 효과가 나타난다는 증거가 있다. 생화학적 연구에 따르면, 우리 인간에게도 대체로 비슷한 변화가 일어난다. 그러나 열량 제한이 효과가 있다는 사실을 수십 년 동안 알고 있었지만, 이런 작용이 어떻게, 그리고 왜 일어나는지에 관해서는 놀라울 정도로 아는 바가 없다. 심지어는 인간에게도 정말 그런지조차 확신이 없다.

그 이유 중 하나는 인간 수명에 관해 적절한 연구를 하려면 수십 년이 소요된다는 것이다. 가장 부지런한 학자들마저도 맥이 빠지는 기간이다.• 또 다른 이유로는 오래 살면 더 느리고 더 지루하게 사는 것이라는 통념이 오랫동안 지속되어온 점을 들 수 있다. 이는 사실이 아니며, 그 점이 희망을 준다. 열량 제한은 전체적인 에너지 수준을 낮추지 않고도 에너지의 효율성을 개선한다. 오히려 에너지 수준을 높이는 경향이 있다. 그러나 우리가 그렇게 아는 것이 없는 가장 큰 이유는 열량 제한의 저변에 깔린 생화학이 수많은 피드백과 그에 병행되는 회로, 그 밖의 군더더기들로 대단히 복잡하게 얽혀 있기 때문이다. 이런 복잡한 생화학은 조직마다 종마다 만화경처럼 다채롭게 변화해서 과정을 이해하기가 대단히 어렵다. 중요한 것은, 거미줄처럼 얽혀 있는 이 복잡한 경로에서 일어나는 사소한 변화가 큰 차이를 만들 수 있다는 사실이 노화유전자로 입증되었다는 것이다. 당연히 이 점이 연구자들에게 활력을 불어넣었다.

열량 제한은 노화유전자에 의해 조절되는 경로에서 적어도 부분적인 효과를 발휘하는 것으로 추정된다. 성과 장수는 일종의 스위치로 조절된다. 열량 제한의 문제점은 이 스위치를 완전히 한쪽으로 젖혀버린다는 것이다. 따라서 오래 살게 되면 그만큼 유성생식을 할 가능성이 낮아지는 것이다. 그러나 노화유전자에 관해서는 이것이 항상 들어맞는 것은 아니다. 노화유전자에서 일어나는 일부 돌연변이는 성적 성숙을 억제하지만(이를테면 원래 age-1 돌연변이는 75퍼센트까지), 모두 다 그런 것은 아니다. 몇몇 노화유전자 돌연변이는 수명과 건강한 기간을 연장시키지만 성적 능력은 거의 억제하지 않는 것으로 밝혀졌다. 성적 능력을 완전히 없애는 대신 살짝 연기만 하는 것이다. 다른 노화유전자들은 어린 동물의 성적 발달을 차단하지만 더 나이가 많은 성체에는 특별히 부정적인 효과를 미치지 않는다. 마찬가지로 여기서도 세부적인 내용은 우리에게 별로 중요치 않다. 중요한 것은 교묘한 술수를 발휘하면, 성과 장수의 뒤얽힌 관계를 해결하는 것, 다시 말해서 성적 능력을 손상시키지 않고도 장수를 담당하는 유전자를 활성화시키는 게 가능하다는 것이다.

지난 몇 년 사이, 열량 제한에서 중추적 구실을 하는 것으로 추정되는 두 개의 노화유전자가 부각되기 시작했다. 이 두 유전자는 SIRT-1와

● 연구를 하다가 뜻밖의 장애를 만날 수도 있다. 자기 자신을 대상으로 엄격한 열량 제한 식이요법을 연구하던 한 학자는 살짝 넘어졌는데 생각지도 않게 다리가 부러졌다. 심각한 골다공증이 진행된 것이었다. 당연히 담당 의사는 엄격한 식이요법을 중지하라고 경고했다.

TOR이다. 두 유전자 모두 효모에서 포유류에 이르기까지 거의 보편적으로 존재하며, 둘 다 단백질 집단 전체를 활성화시킴으로써 수명에 효과를 발휘한다. 둘 다 양분이나 인슐린군 같은 성장인자의 유무에 민감하며, 서로 상반된 조건에서 활동한다.● TOR는 세포의 성장과 증식을 자극함으로써 이 스위치의 성적인 면을 조절한다고 알려져 있다. TOR는 다른 단백질이 켜지면서 작동하는데, 이 단백질들은 단백질 합성과 세포 성장을 자극하거나 세포 구성 요소의 전환과 분해를 차단한다. 반면 SIRT-1는 이와는 상당히 다른 작용을 하는데, 세포를 강화하는 '스트레스 반응'을 일으킨다. 전형적으로 생물학에서는 이들의 작용이 일부 겹치지만, 서로 정확한 균형을 이루지는 않는다. 그러나 단백질들 사이에서 SIRT-1과 TOR는 열량 제한의 여러 이득을 조정하는 중심 '창구' 구실을 담당한다.

SIRT-1과 TOR가 두드러지는 이유는 확실히 중요하기 때문이기도 하고, 약리학적으로 어떻게 표적화되는지 이미 알고 있기 때문이기도 하다. 이런 약리 작용에는 보상이 걸려 있으니 열띤 과학적 논쟁이 일어날 수밖에 없었다. 매사추세츠 공과대학의 레너드 거런티Leonard Guarente와 그의 전임 박사후 연구원이었다가 현재는 하버드에 있는 데이비드 싱클레어David Sinclair에 따르면, SIRT-1은 포유류에서 열량 제한 효과의 대부분을 담당하며, 적포도주에서 발견되는 작은 분자인 레스베라트롤resveratrol에 의해 활성화된다. 2003년 『네이처』에 발표된 논문을 필두로, 대중의 이목

● 어떻게 분자가 양분의 유무에 '민감'할 수 있는지를 정말로 알고 싶은 사람을 위해, SIRT-1과 결합하여 SIRT-1을 활성화시키는 NAD라고 하는 호흡조효소가 '사용된' 형태를 소개한다. NAD는 세포에서 포도당 같은 기질이 고갈되었을 때에만 만들어진다. TCR은 '산화환원에 민감'하다. 다시 말해서 세포의 산화상태에 따라 활성이 달라진다는 뜻이며, 세포의 산화상태는 양분의 이용도를 반영한다.

을 끄는 출판물들이 줄줄이 레스베라트롤이 효모와 지렁이와 파리의 수명을 연장시킬 수 있다는 것을 입증했다. 2006년 11월, 싱클레어와 그의 동료 연구진이 레스베라트롤이 비만 쥐의 사망 위험을 3분의 1로 줄인다는 것을 입증한 대단히 중요한 논문을 『네이처』에 발표하면서 대중의 관심은 급격히 증가했다. 이 논문에 관한 기사가 『뉴욕타임스』의 1면을 장식하면서 갑작스러운 유명세를 타게 되었다. 비만 쥐에서 할 수 있다면, 마찬가지로 과체중인 포유류, 확실히 인간에게도 놀라운 효험을 나타낼 가능성이 있을 것이다. 적포도주를 마시면 건강에 좋다는 유명한 이야기는 돈벌이를 늘려주었지만, 적포도주 한 잔에 들어 있는 레스베라트롤의 양은 쥐에게 투여했던 1회 복용량의 0.3퍼센트에 불과하다.

현재 워싱턴 대학의 브라이언 케네디Brian Kennedy와 매트 캐벌린Matt Kaeberlein이라는 두 학자가 그러한 개념에 도전장을 내밀고 있는데, 공교롭게도 이들은 거렌티 연구소에서 박사과정을 밟은 사람들이었다. 이들은 SIRT-1의 초기 연구에 참여하면서, 그들의 예측에 대한 수많은 예외 때문에 어려움을 겪었다.

캐벌린과 케네디는 SIRT-1 대신 TOR를 내세웠다. 이들의 말에 따르면, TOR의 효과는 종 사이에 더 널리 퍼져 있고 지속적이다. TOR와 SIRT-1은 정확히 정반대의 특성을 가진다기보다는 중복되기 때문에 이들의 주장이 옳을 수도 있다. 특히 TOR를 차단하면 염증 작용과 면역 작용이 억제된다. 이는 도움이 될 수도 있는데, 그 까닭은 여러 노화 관련 질환이 지속적인 염증성 요소를 갖고 있기 때문이다. 사실 TOR는 **라파마이신의 표적**target of rapamycin이라는 뜻으로 이식의학을 연구하는 과정에서 발견되었다. 라파마이신은 장기 이식 환자의 면역 억제제immunosuppressant

가운데 가장 성공적인 의약품으로 10년 넘게 사용되어오고 있다. 면역 억제제로는 드물게, 라파마이신은 장기 이식 수혜자의 몸에서 암이나 뼈 손실을 일으키는 경향이 없다. 그러나 미하일 블라고스클로니Mikhail Blagosklonny는 라파마이신이 이상적인 노화 방지 약품이라고 강력하게 주장하고 있으며, 일부 연구자들은 그 주장에 설득되고 있다. 라파마이신을 투여받은 장기 이식 수혜자가 노년에 더 적은 질병을 겪는지 알아보는 것은 확실히 흥미로운 연구가 될 것이다.

그러나 레스베라트롤과 라파마이신 같은 노화 방지 의약품에는 둘 다 심각한 문제점이 있다. 두 가지 모두 수십, 심지어 스백 개의 단백질과 유전자의 활성이나 비활성을 조절한다. 어느 정도까지는 필요한 작용일지 모르지만, 이런 대규모의 변화에서 어떤 부분은 불필요하거나 단기적인 식량 부족이나 스트레스 하에서만 필요할지도 모른다. 진화의 맥락에서 볼 때 이런 스트레스가 존재하는 것은 어쨌든 사실이다. 이를테면 우리는 SIRT-1의 활성이나 TOR의 억제가 인슐린 저항성, 당뇨병, 불임, 면역 억제를 일으킬 가능성이 있다는 것을 알고 있다. 더욱 표적을 뚜렷하게 하면 이런 맞교환이 일어날 가능성이 훨씬 적어지므로 더 바람직하다.● 우리는 이것이 가능하다는 것을 알아야 한다. 야생에서 여러 세대를 거치면서 자연선택에 의해 수명이 연장된 동물들은 맞교환으로 인한 불이익을 전혀 당하지 않기 때문이다. 문제는, SIRT-1과 TOR에 의해 활성화되는 잡다한 유전자들 중에서 수명을 연장시키고 질병을 억제하는 것이 무엇이냐

● 우리는 앞서 또 다른 맞교환 가능성을 지적했다. 바로 암과 퇴행성 질환이다. 특별한 SIRT-1 유전자를 가진 쥐는 더 건강하다는 징후를 나타내지만 더 오래 살지는 않는다. 대신 이 쥐들은 대부분 암으로 죽는 불행한 맞교환을 한다.

하는 점이다. 세포 내에서 일어나는 물리적 변화 중에 정확히 어떤 것이 시간의 흐름을 멈추는 것일까? 그리고 우리는 그것을 정확히 표적화할 수 있을까?

그 해답은 아직 확실하지 않으며, 연구자들의 수만큼이나 많은 답이 있는 것처럼 보인다. 어떤 연구자는 방어적인 '스트레스 반응'을 강조하고, 어떤 연구자는 해독작용을 하는 효소의 민감도를 강조하는 반면, 어떤 학자는 노폐물 처리 체계를 강조한다. 모두 특정 상황에서는 충분히 중요성을 지닐 수 있지만, 이 중요성은 종에 따라 다양해 보인다. 균류에서 우리를 포함하는 동물에 이르기까지, 일정하게 나타나는 유일한 변화는 세포 내 에너지 생산 장치인 미토콘드리아와 연관성이 있다. 열량 제한은 언제나 미토콘드리아의 수를 증가시킨다. 미토콘드리아에는 손상에 대한 저항성이 있는 막이 있는데, 이 막은 호흡을 하는 동안 함께 생성되는 반응성이 큰 '자유라디칼'의 누출을 감소시킨다. 이런 변화는 지속적일 뿐 아니라, 지난 반세기 동안 이어져온 노화에 관한 자유라디칼 연구와도 근사하게 맞아떨어진다.

자유라디칼 신호

자유라디칼이 노화의 원인일지도 모른다는 생각이 처음 나온 시기는 1950년대로 거슬러 올라간다. 석유 회사에서 자유라디칼 화학을 연구한 데넘 하먼Denham Harman은 (전자를 얻거나 잃는) 산소나 질소를 포함한 반응성이 큰 자유라디칼 조각이 DNA나 단백질 같은 중요한 생체 분자도 공격할 수 있다는 가설을 내놓았다. 하먼은 이 자유라디칼 조각들이 결국 세포를 파괴하고 노화 과정을 일으킬 것이라고 주장했다.

하먼의 개념이 처음 나온 이래로 반세기가 흐르면서 많은 변화가 일어났다. 현재로서는 그가 처음 내놓은 개념은 틀렸다고 말하는 것이 공정하다. 그러나 더욱 정교해진 개념은 훨씬 더 그럴듯해졌다.

하먼이 몰랐던 것, 그리고 알 수 없었던 것이 두 가지가 있다. 하나는 자유라디칼이 단순히 반응성만 있는 것이 아니라 세포 내에서 하나의 위험 신호로서 호흡을 최적화하는 데 사용된다는 것이다. 자유라디칼은 연기가 화재경보기를 울리는 것과 대단히 비슷한 방식으로 작동한다. 단백질과 DNA를 마구잡이로 공격한다기보다는 (TOR 자체를 포함해) 몇 가지 중요한 신호 단백질을 활성화시키거나 무력하게 한 다음, 수백 개의 단백질과 유전자의 활성을 조절한다. 오늘날 우리는 자유라디칼 신호가 세포생리학의 중심에 있다는 것을 알고 있다. 따라서 우리는 항산화제 antioxidant(자유라디칼을 깨끗이 없앤다)가 도움도 되지만 해롭기도 한 이유를 이해하기 시작했다. 많은 사람들이 여전히 하먼의 원래 예측에 따라 항산화제가 노화를 지연시키고 질병을 예방한다고 생각한다. 그러나 항산화제가 그런 작용을 하지 않는다는 것은 임상 연구를 통해 계속 입증되고 있다. 그 이유는 항산화제가 자유라디칼 신호를 방해하기 때문이다. 자유라디칼 신호를 방해하는 것은 화재경보기의 스위치를 꺼두는 것과 같다. 이런 일이 벌어지지 않게 하려면, 혈액 속의 항산화제 농도를 엄격하게 조절해야만 한다. 다량의 항산화제를 복용하면 그냥 배설되거나 처음부터 흡수되지 않는다. 우리 몸은 항산화제 농도를 대체로 일정하게 유지하면서 항상 경보를 울릴 채비를 하고 있다.

하먼이 (25년 뒤에 발견되었기 때문에) 알 수 없었던 두 번째 요소는 예정된 세포 죽음에 관한 것이다. 대부분의 세포에서 예정된 죽음 역시 미토콘드리아에 의해 조정된다. 미토콘드리아는 20억 년 전에 이 죽음의 장치 일습을 진핵세포 속으로 들여왔다. 세포로 하여금 스스로의 생명을 거두게 하는 기본적인 신호 중 하나가 미토콘드리아에서 누출되는 자유라디칼의 증가다. 이 자유라디칼 신호에 반응하여 세포는 죽음의 장치를 작동시켜 몸 전체에서 자신의 모습을 흔적도 없이 지운다. 알게 모르게 파편을 남길 것이라는 하먼의 생각과 달리, 조용한 죽음의 장치는 잔혹한 KGB처럼 능란하게 끊임없이 증거를 없앤다. 따라서 하먼의 이론에서 두 가지 중요한 예측, 곧 세포의 손상은 나이가 들수록 축적되어 비참한 결과를 가져오고 항산화제가 이런 축적을 늦춰서 생명을 연장시킨다는 것은 모두 틀렸다.

그러나 몇 가지 이유에서 더 다듬어진 새 이론은 대체로 옳다. 아직 자세한 부분에서는 검증되어야 할 것들이 여전히 많지만 말이다. 먼저, 가장 중요한 것은 사실상 모든 종에서 자유라디칼 누출에 따라 수명이 변한다는 사실이다.● 자유라디칼의 누출이 빨라질수록 수명은 더 짧아진다. 자유라디칼 누출 속도는 대체로 대사율, 다시 말해서 세포가 산소를 소비하는 속도에 의해 결정된다. 몸집이 작은 동물은 대사율이 높다. 이들의 몸을 이루는 세포는 있는 힘을 다해 산소를 소비하고, 가만히 있을 때조차도 맥박이 1분에 수백 번씩 뛴다. 이렇게 빠른 호흡을 하면, 자유라디칼 누출이 많아지고 수명이 눈 깜짝할 사이에 지나간다. 이와 대조적으로 몸집이

● 텔로메어 telomere(염색체 끝을 감싸고 있는 부분으로 세포분열을 할 때마다 짧아진다)의 길이 같은 다른 '생체 시계' 후보들은 모든 종에 걸쳐 수명과 전혀 일치하지 않는다. 상관관계가 인과관계를 입증하는 것은 아니지만, 이 정도면 만족스러운 출발점이다. 상관관계가 부족하면 인과관계를 어느 정도 반증한다. 텔로메어가 세포분열이 무한정 일어나는 것을 막아 암을 예방하는지에 관해서는 논의할 여지가 있지만, 수명을 결정하는 것은 확실히 아니다.

큰 동물은 대사율이 낮다. 심장 박동은 느리고 자유라디칼 누출도 적다. 이런 동물들은 더 오래 산다.

여기서도 정말 예외는 규칙을 잘 입증한다. 이를테면, 대부분의 조류는 그들의 대사율을 토대로 '살아야 하는' 것보다 훨씬 더 오래 산다. 이를테면 비둘기는 약 45년을 사는데, 이는 크기와 대사율이 비슷한 쥐에 비해 놀랍게도 10배나 더 오래 사는 것이다. 스페인의 생리학자인 구스타보 바르하Gustavo Barja는 1990년대에 마드리드 콤플루텐세 대학에서 수행한 일련의 파격적인 실험을 통해서 이런 차이가 자유라디칼 누출로 대부분 설명될 수 있다는 것을 입증했다. 새들은 산소 소비량이 비슷한 포유류에 비해 자유라디칼 누출이 거의 10배나 적다. 이는 어울리지 않게 오래 사는 박쥐에도 똑같이 적용된다. 새들처럼 박쥐의 미토콘드리아도 자유라디칼의 누출이 대단히 적다. 왜 그런지 이유는 분명치 않다. 나는 전작에서 그 이유가 비행 능력과 연관이 있다고 주장했다. 그러나 이유가 무엇이든, 부정할 수 없는 사실은 자유라디칼 누출이 적으면 대사율에 관계없이 수명이 길어진다는 것이다.

자유라디칼 누출에 따라 달라지는 것은 수명만이 아니다. 건강한 기간도 함께 변화한다. 앞서 우리는 노화 관련 질환의 발병이 시간의 경과가 아닌 생물학적 나이에 의해 결정된다는 것을 지적했다. 쥐와 인간은 같은 질병을 앓는다. 그러나 쥐가 2~3년이면 발병하는 데 반해, 우리 인간은 수십 년의 시간이 걸린다. 일부 퇴행성 질환은 쥐와 인간에서 정확히 같은 돌연변이가 원인이 되어 발병하지만, 마찬가지로 수십 년의 시간 격차가 나타난다. 메더워가 노화와 연관이 있다고 생각했고, 그래서 의학 연구의 중심에 있는 비정상적인 유전자들은 나이든 동물의 노화된 세포 상태에 관한 뭔가를 통해 정체가 드러난다. 에든버러 대학의 앨런 라이트Alan Wright와 그 동료 연구진은 이 '뭔가'가 자유라디칼 누출 속도와 연관성이 있다는 것을 입증했다. 만약 자유라디칼이 빠른 속도로 누출되면 퇴행성 질환이 빠르게 발병한다. 만약 자유라디칼 누출 속도가 느리면 퇴행성 질환의 발병이 늦어지거나 걸리지 않는다. 이를테면 새들은 대부분의 포유류에서는 일반적인(여기서도 박쥐는 예외다) 노화 관련 질환을 거의 겪지 않는다. 자유라디칼 누출이 궁극적으로 세포의 상태를 바꿔 '낡게' 만들고, 이렇게 변화된 상태에 의해 늦게 작용하는 유전자의 부負의 효과가 드러나게 된다는 것이 합리적인 가설이다.

어떻게 자유라디칼은 노화가 진행되는 동안 세포의 상태를 바꿔놓을까? 신호에 작용하는 예기치 못한 효과에 의한 것이 거의 분명하다. 자유라디칼 신호의 활용은 젊었을 때는 우리의 건강을 최적화하지만, 나이가 들면 (G. C. 윌리엄스의 길항적 다형질 발현 같은) 해로운 효과를 나타낸다. 세포의 미토콘드리아 집단이 손상을 입기 시작하면, 자유라디칼 누출이 조금씩 증가하기 시작하다가 화재경보를 울릴 한계를 넘게 되어 끊임없이 경보가 울리게 된다. 수백여 개의 유전자가 활성화되어 정상 상태를 회복하려는 헛된 시도를 하면서, 비록 약하기는 하지만 만성적인 염증이 일어난다. 이런 만성적인 염증은 노년기에 나타나는 많은 질환의 특징이다.*
이런 지속적이고 가벼운 염증은 수많은 다른 단백질과 유전자의 특성을 변화시켜 세포를 더 심각한 스트레스 상황에 놓이게 한다. 내가 보기에는, ApoE4 같이 늦게 발현되는 유전자에서 해로운 효과가 나타나게 하는 뭔가는 바로 이런 염증이 잘 일어나는 상태라고 생각된다.

여기서 벗어나는 방법은 단 두 가지다. 세포는 지속적인 스트레스 상태를 잘 대처할 수도 있고 그렇지 못할 수도 있다. 세포의 종류에 따라 대처 능력이 다양한데, 이런 대처 능력은 대개 세포가 하는 '일'에 달렸다. 내가 아는 가장 좋은 예는 런던 유니버시티 칼리지의 선구적인 약리학자, 살바도르 몬카다Salvador Moncada의 연구에서 나왔다. 몬카다는 뉴런과 성상세포라고 하는 뉴런의 지지세포가 완전히 정반대의 운명을 나타낸다는 것을 입증했다. 뉴런의 운명은 그 미토콘드리아에 달려 있다. 만약 미토콘드리아가 필요한 에너지를 충분히 생산하지 못하면, 죽음의 장치가 촉발되어 그 뉴런은 조용히 제거된다. 알츠하이머병의 초기 증세가 나타날 즈음에는 뉴런의 4분의 1이 제거되어 뇌의 위축이 확실히 드러난다. 이와 대조적으로 성상세포는 미토콘드리아 없이도 꽤나 행복하게 살아갈 수 있다. 성상세포는 대체 에너지원의 스위치를 켜고(해당 작용 스위치glycolytic switch) 사실상 예정된 세포 죽음의 영향을 받지 않게 된다. 이 두 가지 상반된 결과는 왜 퇴행성 질환과 암이 노화와 나란히 가는지를 설명한다. 만약 세포가 대체 에너지의 스위치를 켜지 못하면, 세포는 죽는다. 이는 조직과 기관을 위축시켜 퇴행성 질환을 일으키고 얼마 남지 않은 다른 세포에 부담을 가중시킨다. 또 대체 에너지원의 스위치를 켤 수 있는 세포는 스위치를

● 몇 가지 예를 들어 내가 하고자 하는 말을 분명히 해야겠다. 나는 벌겋게 부어오르는 상처에서 나타나는 급성 염증에 관해 말하고자 하는 게 아니다. 죽상동맥경화증Atherosclerosis은 동맥의 죽종에 축적된 물질에서 만성적 염증 반응이 발생하고 시간이 지날수록 염증이 점점 악화된다. 알츠하이머병은 뇌 속에 있는 아밀로이드판amyloid plaque에서 일어나는 지속적인 염증 반응에 의해 발병한다. 노화와 연관된 황반 변성age-related macular degeneration은 망막의 염증에 의해 일어나며, 새로운 혈관이 생기게 하고 실명을 일으킨다. 당뇨병, 암, 관절염arthritis, 다발성 경화증multiple sclerosis 등, 꼽을 수 있는 예는 무궁무진하다. 만성적인 가벼운 염증은 노화 관련 질환의 공통분모다. 대체로 흡연은 염증을 악화시킴으로써 이런 병에 걸리게 한다. 반대로 TOR를 차단하면 앞서 확인했듯이 가벼운 면역 억제 효과가 나타나는데, 이는 염증을 약화시키는 데 도움이 되는 것으로 보인다.

컴으로써 사실상 세포 죽음의 영향을 받지 않는다. 끊임없는 염증에 시달리는 상황에서 이 세포들은 정상적인 세포 주기의 제약을 벗어나 빠르게 돌연변이를 축적하고, 결국 암세포로 변한다. 뉴런에서 종양이 형성되는 일이 드문 것은 우연이 아니다. 반면 성상세포는 상대적으로 종양이 형성되는 경우가 많다.●

이런 관점에서, 충분히 젊을 때(미토콘드리아가 손상되기 전, 중년도 괜찮다) 열량 제한을 시작하면 노화는 물론, 노화 관련 질환까지 예방되는 이유를 알 수 있다. 열량 제한을 하면 자유라디칼 누출이 낮아지고, 손상을 방지하는 미토콘드리아 막을 강화하며, 미토콘드리아 수를 늘림으로써 생체 시계를 '젊음'으로 되돌려 '다시 맞추게' 된다. 이렇게 하면 수백 개의 염증 유전자의 스위치가 꺼지고 유전자는 청년기의 화학적 환경으로 되돌아가는 한편, 예정된 세포 죽음에 대처해 세포를 강화한다. 암과 퇴행성 질환이 함께 억제되고, 따라서 노화의 속도도 늦춰진다. 실제로는 (TOR를 방해하는 직접적인 면역 억제 효과와 같은) 수많은 다른 요소들이 연관되어 있지만, 원칙적으로 열량 제한의 가장 큰 이득은 자유라디칼 누출 감소로 간단히 설명될 수 있다. 열량 제한은 우리를 새와 한껏 비슷하게 만들어준다.

이 모든 것이 어떻게 진짜 작용하는지에 관한 흥미로운 증거가 있다. 1998년, 일본의 기후 국제 생명공학 연구소Gifu International Institute of

---

● 해당 작용 스위치 개념의 기원은 1940년대의 오토 바르부르크Otto Warburg로 거슬러 올라가지만, 최근에야 확인이 되었다. 일반적인 법칙에 따르면 미토콘드리아가 없이 살아갈 수 있는 세포만 암으로 진행될 수 있다. 가장 크게 원인으로 지목된 세포는 줄기세포다. 미토콘드리아에 거의 의존하지 않는 줄기세포는 종양화tumorogenesis와 연관이 되는 경우가 많다. 이외에 피부 세포, 폐 세포, 백혈구가 모두 미토콘드리아 의존도가 상대적으로 낮기 때문에 종양과 연관성이 있다.

Biotechnology에서 다나카 마사시Masashi Tanaka와 그의 동료 연구진은 미토콘드리아 DNA에 공통적인(불행히도 세계 다른 곳이 아닌 일본에서 공통적인) 변이가 있는 사람들을 조사했다. 이 변이는 단 하나의 DNA 문자가 바뀐 것이다. 이 변이로 인해 자유라디칼 누출이 조금 감소되는 효과가 나타나는데, 그 효과는 어느 한순간에 겨우 검출될 정도로 미미하지만 일생 동안 지속된다. 그러나 그 여파는 대단하다. 다나카와 그의 동료 연구진은 병원에 온 환자 수백 명의 미토콘드리아 DNA 서열을 분석했다. 그 결과, 50대까지는 두 유형, 곧 이로운 돌연변이와 '정상'의 비율 사이에 차이가 없다는 것을 발견했다. 그러나 50대가 넘어가면 두 유형 사이에 차이가 벌어지기 시작한다. 80대에 이르면 이로운 돌연변이가 있는 사람들은 어떤 이유에서든 병원에 갈 확률이 절반으로 줄어든다. 게다가 그들이 병원에 가지 않은 이유는 사망 때문이 아니었다. 다나카의 발견에 따르면, 이로운 돌연변이가 있는 사람들은 100세까지 살 확률이 두 배나 더 높다. 이는 이로운 돌연변이가 있는 사람은 종류에 관계없이 노화 관련 질환에 걸릴 확률이 절반으로 줄어든다는 것을 의미한다. 다시 말하지만, 내가 아는 의약품 중에는 이런 충격적인 효과를 지닌 것이 없다. 미토콘드리아에서 일어나는 미미한 변화가 노화 관련 질환으로 병원에 갈 위험을 절반으로 줄이고 100세까지 살 가능성을 두 배로 늘리는 것이다. 노년 인구가 늘어나 회색으로 변해가는 우리 지구에서 고통스럽고 비용이 많이 드는 노인 건강 문제에 관해 진지하게 고민하고 있다면, 이는 확실한 출발점이 될 것이다. 열심히 소문을 내자!

건강한 기간을 늘린다

내가 이 시대의 과학적 도전을 경시하거나 혼신을 바쳐 노년의 특정 질병 연구에 매진하는 연구자들의 노력을 비방하려는 것은 아니다. 그들이 질병의 생화학적 요인과 유전적 요인을 성공적으로 밝히지 못했다면, 더욱 폭넓은 통합을 하는 것은 불가능했을 것이다. 그러나 유전학적 사고를 인식하지 못하거나 이에 관심이 없는 의학 연구에는 위험이 도사리고 있다. 진화사상가인 테오도시우스 도브잔스키Theodosius Dobzhansky는 진화를 제외하고 생물학에서 이치에 맞는 것은 아무것도 없다고 주장하지만, 의학은 이보다 더 심하다. 질병을 바라보는 오늘날의 시각에서 고수하는 가치는 아무것도 없다. 우리는 하나하나에 매겨진 값은 알고 있지만, 그 안의 진정한 가치를 알고 있는 것은 아무것도 없다. 금욕적인 우리 할아버지 세대는 이 모든 것이 우리를 시험하기 위해 내려진 것이라 말하며 자신을 위로하곤 했지만, 이런 운명론이 점점 퇴색해갈 때 즈음이면 병에 걸리고 요한 묵시록에 등장하는 네 기사의 모습이 무색할 정도로 생명이 사그라진다. 언젠가는 우리가 질 싸움이라는 것을 알고 있지만, 이제는 암이나 알츠하이머병과 '싸움'을 할 때다.

그러나 죽음과 질병은 마구잡이로 오지 않는다. 어떤 의미를 지니고 있으며, 우리는 이 의미를 이용해 우리 자신을 치료해야 한다. 죽음도 진화했고, 노화도 진화했다. 죽음과 노화는 몇 가지 실용적인 이유에서 진화를 했다. 가장 오랜 기간 동안 노화는 진화론적 변수가 되어 변화되어왔다. 이 변수는 생명의 부기 장부에서 성적 성숙 같은 다양한 다른 인자들에 의해 변화된다. 이런 인자들을 억지로 바꾸는 데는 대가가 따르지만, 그 대가는 다양하고 경우에 따라서는 아주 사소할 수도 있다. 원칙적으로 특별한 경로를 조금만 조절하면 우리는 더 오랫동안 건강한 삶을 살 수 있다. 이에 관해 좀 더 강력하게 말하고자 한다. 진화론의 제안에 따르면, 우리는 단 한 번의 적절한 해결책으로 노년의 질병을 뿌리 뽑을 수 있다. 노화 방지 의약품은 그저 꿈이 아니다.

그러나 알츠하이머병의 '치료'는 꿈이라는 생각이 든다. 사실 의학 연구자들은 '치료cure'라는 단어보다는 좀 더 신중하게 '개선ameliorate'이나 '완화palliate'나 '지연delay' 같은 단어를 선호한다. 우리가 알츠하이머병을 치료해 사람들을 다른 모습으로 '늙게' 할 수 있을지는 잘 모르겠다. 이는 진화론적 거래 조건을 무시하는 것이기 때문이다. 물이 새는 댐의 균열 몇 군데를 접착제로 때우기만 하고 한쪽에서 물이 잘 흐르기를 바랄 수는 없다. 뇌졸중과 심장 질환, 여러 종류의 암에도 같은 이치가 적용된다. 우리는 놀라울 정도로 많은 것을 자세히 밝혀냈다. 단백질과 단백질, 유전자와 유전자 사이에 무슨 일이 벌어지고 있는지를 알아가고 있다. 그러나 나무를 보느라 숲을 보지 못하고 있다. 노인의 몸에서 생기는 이런 질환은 오래된 내부 환경의 산물이다. 만약 우리가 서둘러 개입하면 이 내부 환경을 '젊게', 최소한 '조금 덜 늙게' 되돌릴 수 있을 것이다. 이 과정이 쉽지는 않을 것이다. 여기에는 대단히 많은 세부적인 계약 사항이 있고, 대단히 많은 거래가 있다. 그러나 우리가 노화의 근본 메커니즘에 관한 의학 연구에 조금 더 시간과 노력을 들인다면, 다가올 20년 내에 해답을 얻지 못한다는 게 오히려 더 놀라운 일이 될 것이라는 생각이 든다. 그 해답은 노년의 모든 질환을 단번에 치료할 수 있는 해답이 될 것이다.

어떤 사람들은 수명 연장의 도덕성에 관해 염려를 할지도 모른다. 그러나 나는 굳이 문제가 될 것이 없다고 생각한다. 이를테면, 열량 제한에 따라 수명이 연장되는 비율은 확실히 처음 수명에 반비례한다. 쥐는 거의 수명이 두 배로 늘어나지만, 붉은털원숭이rhesus monkey는 그렇게 많이 연장되지 않는다. 붉은털원숭이에서의 연구는 아직 완전하지 않지만, 수명에 관해서만 보면 이득이 훨씬 소박한 것으로 보인다. 그러나 건강상의 이득은 문제가 다르다. 붉은털원숭이의 몸에 나타난 생화학적 변화를 보면, 수명이 그렇게 많이 연장되지는 않지만 노년에 나타나는 질환은 훨씬 적어지는 것으로 나타난다. 내 예감에 따르면, 수명보다는 건강한 시기를 연장하는 게 더 수월한 일인 것 같다. 만약 열량 제한의 이득을 모방하면서 그 결점은 피할 수 있는 노화 방지 의약품이 개발된다면, 전반적인 건강이 개선되는 것은 물론, 미토콘드리아 돌연변이를 가진 운 좋은 일본 장수 노인들처럼 건강하게 100세까지 사는 장수 노인의 수가 훨씬 많아질 것이다. 그러나 1000년이나, 하다못해 200년을 사는 사람을 보기는 어려울 것이라고 생각한다. 이는 우리가 받아들여야 하는 훨씬 까다로운 숙제다.●

우리는 결코 영원히 살 수 없으며, 그런 소망을 품는 사람도 많지 않을 것이다. 최초의 군체는 생식세포와 체세포의 차이라는 문제를 내포하고 있었다. 세포가 분화를 하기 시작하면서, 대체될 수 있는 체세포는 생식세포 계열에 종속되기 시작했다. 세포가 전문화될수록 몸 전체, 특히 생식세포 계열의 이득은 커졌다. 모든 세포 중에서 가장 분화된 세포는 인간의 뇌에 있는 뉴런이다. 여느 평범한 세포들과 달리 뉴런은 사실상 대체가 불

● 구스타보 바르하가 지적한 것처럼, 진화를 통해 수명이 한 자리 수 이상 연장될 수 있다는 사실은 인간 수명의 의미 있는 연장 가능성이 대단히 높다는 것을 의미한다. 다만 무척 까다로울 뿐이다.

가능하다. 뉴런 하나는 무려 1만 개의 시냅스 연결을 형성하고 있으며, 각각의 시냅스는 우리 각자의 독특한 경험을 바탕으로 한다. 우리 뇌는 대체할 수 없다. 죽은 뉴런을 대체할 공통의 줄기세포 집단이 없기 때문이다. 만약 언젠가 유전공학적 방법으로 뉴런의 줄기세포 집단을 만드는 데 성공하더라도, 뉴런을 대체할 때 우리 자신의 경험까지 함께 얹어서 바꿀 수 있는 방법은 없을 것이다. 따라서 영원한 생명의 대가는 우리 각자의 인간성이 될 것이다.

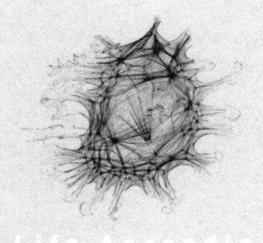

Life Ascending

에필로그

　가장 재미있었던 TV 시리즈 중에서 제이콥 브로노우스키Jacob Bronowski가 아우슈비츠의 늪지 사이를 천천히 걷던 프로그램이 있었다. 그 늪지는 그의 가족을 포함해 400만 명의 재가 뿌려진 곳이었다. 브로노우스키가 할 수 있는 일은 카메라를 향해 이야기를 하는 것뿐이었다. 그는 과학이란 인간성을 말살하지 않고 사람들을 숫자로 바꾸지 않는다고 말했다. 아우슈비츠에서는 그런 일이 벌어졌다. 그 주범은 독가스가 아니라 인간의 오만함과 독단과 무지였다. 브로노우스키는 인간이 신의 지식을 열망할 때, 그리고 현실에서 아무 시련도 없을 때 그런 일이 발생한다고 말했다.
　이와 반대로 과학은 대단히 인간적인 형태의 지식이다. 브로노우스키는 이를 아름답게 설명했다. "우리는 항상 이미 알려진 것의 가장자리에 있습니다. 우리는 항상 어떤 희망을 향해 나아간다고 느낍니다. 과학적 판단은 모두 실수의 끝머리에 위태롭게 서 있으며, 모두 주관적입니다. 과학은 우리가 알 수 있는 것에 바치는 헌정입니다. 비록 우리가 오류를 범하는 존재라고 해도 말이죠."

이는 1973년에 방영된 「인간 등정의 발자취The Ascent of Man」의 한 장면이다. 브로노우스키는 그 이듬해에 심장마비로 죽었다. 인간도 과학만큼이나 오류를 범하기 쉽다. 그러나 그가 전해준 감동은 생생하게 살아 있고, 나는 그의 말보다 과학의 정신을 더 잘 묘사한 말을 알지 못한다. 나는 그 정신을 기리고자 작은 존경의 마음을 담아 이 책의 제목을 정했다. 이 책은 이미 알려진 것의 가장자리를 둘러보고 있으며, 실수의 끝머리에 위태롭게 서 있는 판단들이 가득하다. 이 책은 우리가 알 수 있는 것에 바치는 헌정이다. 비록 우리가 오류를 범하는 존재라 해도 말이다.

그러나 오류와 진실 사이의 경계는 어디쯤일까? 이 책의 세부적인 사항에 대해 어떤 과학자는 동의하지 않을 것이고, 어떤 과학자는 동의할 것이다. 의견의 불일치는 실수의 끝머리에서 일어날 수 있으며, 그 가장자리에 걸려 넘어지기도 쉽다. 그러나 만약 세부 사항이 바뀌거나 틀린다고 해서, 더 큰 줄거리도 틀리게 될까? 과학적 지식은 상대적일까? 특히 오랜 과거에 적용할 때 더 그럴까? 그렇다면 편안한 교의를 선호하는 사람들에게 날마다 도전을 받게 될까? 아니면 진화의 과학도 도전받기를 거부하는 또 다른 교의에 지나지 않는 것일까?

내가 생각하기에, 증거는 단번에 틀릴 수도 있고 불가항력적일 수도 있다는 것이 그 대답이 될 것 같다. 우리는 결코 과거를 모두 속속들이 알 수 없다. 우리의 해석은 언제나 오류를 범할 수 있기 때문에 항상 더 많은 가능성을 열어두어야만 한다. 바로 이런 이유 때문에 과학은 그렇게 논쟁의 여지가 많은 것이다. 그러나 과학에는 문제를 해결할 수 있는 독특한 능력이 있다. 실험과 관찰, 실제적인 검증, 그리고 적당히 먼 거리에서 바라보면 근사한 그림이 되는 수많은 작은 점들과 같은 세부 사항들이 있다. 이 책에서 묘사한 몇 가지 세부 사항이 틀린 것으로 입증되더라도, 생명의 진화를 의심하는 것은 분자에서 인간, 세균에서 행성계에 이르는 증거에서 수렴된 사실을 의심하는 것이다. 이는 생물학의 증거를 의심하는 것이며, 이에 일치하는 물리학과 화학과 지질학과 천문학의 증거를 의심하는 것이다. 실험과 관찰의 진실성을 의심하는 것이며, 실제적인 검증을 의심하는 것이다. 결국 현실을 의심하는 것이 된다.

    내 생각에 이 책에서 그리는 전체적인 그림은 옳다. 이 책의 묘사를 따라갈 때 생명의 진화는 거의 확실하다. 이는 학설이 아니라 현실에서 검증된 증거이며 그런 까닭에 정확하다. 이 장대한 그릇이 신에 대한 믿음과 부합하는지는 나는 모른다. 진화에 친숙한 사람에게는 그럴 것이고, 그렇지 않은 사람은 달리 생각할 것이다. 그러나 우리가 어떤 신앙을 갖고 있든, 이런 풍성한 이해는 경탄할 만하고 축하해야 할 일이다. 무엇보다 근사한 일은, 끝없이 펼쳐진 적막한 공간을 유랑하는 초록빛 지구에서 우리는 수많은 생명들에 둘러싸여 살고 있다는 것이다. 생명의 모습은 웅장하다는 말로는 부족하다. 거기에는 오류 가능성과 위엄이 있으며, 무엇보다도 앎에 대한 인간의 열망이 있다.

감사의 말

　이 책은 외로운 신세가 아니었다. 나는 많은 시간을 두 아들 에네코, 우고와 함께 보냈다. 아이들의 존재가 언제나 정신을 집중을 하는 데 도움이 되는 것은 아니지만, 한 글자 한 글자에 의미를 주었고 기쁨이 되었다. 모든 주제와 견해와 단어 하나하나까지 토론해준 아내 아나 이달고 박사는 종종 새로운 관점으로 문제를 바라보게 해주었고, 쓸모없는 군더더기를 미련 없이 잘라내게 해주었다. 나는 그녀의 진정성 있는 판단 덕분에 연구 면에서나 글쓰기 면에서 두루 성장할 수 있었다. 논쟁을 하면 내가 틀렸다는 것이 드러나거나 시인하게 될 뿐이므로. 이제 나는 아내의 조언을 잘 받아들인다. 이 책에 칭찬받을 부분이 있다면 거의 다 아내의 몫이다.

　그리고 내가 밝히고자 했던 다양한 분야에서 세계 곳곳의 전문가들과 밤낮없이 나눈 대화는 많은 자극이 되었다. 나는 언제나 나만의 관점을 견지했지만, 그들의 너그러움과 전문적 식견에 깊이 감사한다. 특히, 뒤셀도르프에 있는 하인리히 하이네 대학의 빌 마틴 교수, 런던 대학 퀸 메리 칼리지의 존 앨런, 현재 캘리포니아 공과대학의 NASA 제트추진연구소에 있는 마이크 러셀에게 감사한다. 이들은 모두 강력하고 독창적인 가설을 제시하는 과학자들이다. 나는 이들에게 큰 빚을 졌다. 이들은 내게 기꺼이 시간을 내주고, 용기를 북돋아주고, 건전한 비평을 해주고, 과학에 대한 애정을 심어주었다. 내 열정이 이울기라도 할 때면, 이들과의 만남이나 이메일은 언제나 정신이 번쩍 드는 충격을 안겨주었다.

그러나 이들이 전부가 아니다. 이 책의 각 장을 읽고 의견을 밝히며 자신들의 생각을 명확하게 드러내준 수많은 연구자들에게 깊이 감사한다. 각 장마다 적어도 둘 이상의 전문가들로부터 건설적인 비평을 들었다. 이에 대한 감사의 뜻으로 그들의 이름을 소개하고자 한다(알파벳 순). 마드리드 콤플루텐세 대학의 구스타보 바르하 교수, 워싱턴 대학의 밥 블랭켄십 교수, 콜로라도 대학의 셸리 코플리 교수, 앨버타 대학의 조엘 댁스 박사, 멜버른 대학의 데릭 덴튼 교수, 뉴저지 러트거스 대학의 폴 팔코프스키, 매사추세츠 브랜다이스 대학의 휴 헉슬리 교수, 네덜란드 생태연구소의 마르셀 클라선 교수, 캘리포니아 공과대학의 크리스토프 코흐 교수, 미국 국립보건원의 유진 쿠닌 박사, 폴란드 야기에오 대학의 파벨 코테야 교수, 서식스 대학의 마이클 랜드 교수, 웁살라 대학의 비에른 메르세르 교수, 런던 유니버시티 칼리지의 살바도르 몬카다 교수, 뉴욕 대학의 호세 무사초 교수, 브리티시 컬럼비아 대학의 셸리 오토, 시드니 대학의 프랭크 제바허 교수, 옥스퍼드 대학의 리 스위트러브 박사, 워싱턴 대학의 존 터니 박사와 피터 워드 모두에게 감사한다. 이 책에 어떤 오류가 남아 있다면, 이는 모두 내 잘못이다.

사랑과 응원을 아끼지 않은 영국과 스페인의 가족들에게도 고마움을 느낀다. 특히 내 아버지는 역사에 관한 책을 쓰시는 도중 짬짬이 시간을 내어 내 원고를 거의 전부 읽고 평을 해주셨다. 분자를 그렇게도 싫어하는 분인데! 이상하게 줄어든 친구들에게도 큰 고마움을 전한다. 이들은 여전히 내 세 번째 책에서도 여러 장을 읽고 평을 해주었다. 특히 마이크 카터Mike Carter에게 고마움을 전한다. 그는 가장 힘들 때조차도 최고로 사람 좋은 친구다. 앤드루 필립스Andrew Phlilips는 친절하고 힘을 북돋는 조언과 토론을 해주었다. 폴 애즈버리Paul Asbury는 함께 산을 오르고, 걷고, 이야기를 나눠주었다. 좀 더 일상적으로 함께 스쿼시를 하고, 맥주잔을 앞에 놓고 정기적으로 과학에 관해 토론해준 배리 풀러Barry Fuller 교수에게도 감사한다. 콜린 그린Colin Green 교수는 이해관계를 떠나서 정말 필요한 순간에 나를 믿어주었다. 이언 애클런드-스노Ian Ackland-Snow 박사의 무한한 열정에 감사한다. 그리고 여러 해에 걸쳐 과학저술에 관해 좋은 이야기를 해주고 작가가 될 수 있게 도와준 존 엠슬리John Emsley 박사, 정말 한없이 친절한 에리히Erich와 안드레아 그나이거Andrea Gnaiger 교수, 내 안에서 생물학과 화학에 대한 평생의 사랑이 싹틀 수 있도록 오래전에 그 씨앗을 심어준 데바니Devani 선생님과 애덤스Adams 선생님에게도 감사한다.

마지막으로 프로파일 출판사와 WW 노튼 출판사의 편집자들인 앤드루 프랭클린Andrew Franklin과 안젤라 폰 데어 리페Angela von der Lippe에게 감사한다. 이들은 처음부터 이 책을 믿고 지칠 줄 모르는 성원을 해주었다. 근사한 안목과 편집에 대한 다방면의 지식을 갖춘 에디 미치Eddie Mizzi와 언제나 긍정적인 시각을 잃지 않고 용기를 북돋아주는 내 미국 에이전트인 캐롤라인 도네이Caroline Dawnay에게도 감사한다.

옮긴이의 말

 번역일을 시작한 지는 몇 년 되지 않았지만 그동안 참 보람되고 기쁜 순간이 많았습니다. 이 책의 번역 의뢰를 받던 날도 그런 기쁜 순간 중 하나였습니다. 엄밀히 말하면 의뢰를 받았다기보다는 초록색 도마뱀이 그려진 원서 표지를 보자마자 "이 책, 제가 하면 안 될까요?" 하고 반은 애원조로 부탁을 했고, 그렇게 해서 '허락'을 받은 것입니다. 전작인 『미토콘드리아』를 번역하면서 만났던 그 화려한 글 솜씨와 최첨단 생물학 이론을 다시 대할 생각을 하니, 책을 받아오고 며칠 동안은 잠이 잘 오지 않을 정도로 설렜습니다.

 이 책에서 글쓴이는 생명의 기원, DNA, 광합성, 진핵세포, 성, 운동, 시각, 온혈성, 의식, 죽음이라는 자신이 선택한 진화사의 획기적인 열 가지 발명을 주제로 열 가지 이야기를 풀어냅니다. 생명과학에 관심이 있는 사람이라면 누구나 한 번쯤은 골똘히 생각해본 적이 있을 매혹적인 주제들입니다. 어쩌면 이렇게 가려운 곳을 긁어주듯 궁금한 주제를 잘도 골랐을까 하고 저 혼자 감탄을 했습니다. 내용은 더 감탄스러웠습니다. 글쓴이는 최첨단 연구에 관한 깊이 있는 통찰과 익살스러운 비유를 넘나들며 이 열 가지 주제를 맛깔스럽게 설명합니다. 그렇게 책의 내용을 따라가다 보면 어느새 생명의 진화사라는 큰 그림이 어렴풋이나마 눈에 들어옵니다.

이 책에서는 『미토콘드리아』에서도 잠시 소개되었던 열수분출공이 곧 생명이 처음 발생한 장소의 후보로 자세하게 다뤄집니다. 깊은 바다 속 열수분출공 주위에서 살아가는 듣도 보도 못한 생명체들에 관한 이야기는 지구가 얼마나 넓고 경이로운 곳인지를 다시 한 번 생각하게 해줍니다. 열수분출공에서는 무기세포와 RNA가 저절로 만들어집니다. RNA는 유전물질이자 생체 반응의 촉매로도 이용되는 물질입니다. 그 다음으로 DNA가 저절로 만들어져 생명의 특성인 자가복제가 시작되었을 것이라고 글쓴이는 추측합니다. 이렇게 저절로 일어나는 과정을 통해 지금의 복잡한 생태계를 이루기까지 생명이 지나왔을 아득한 시간을 생각하면 인간이라는 존재가 참 덧없게 느껴집니다.

DNA에서 3개의 염기가 어떻게 아미노산을 암호화하는지를 밝히기 위해 여러 과학자들이 고민하는 과정도 흥미진진하게 소개됩니다. 특히 이 문제의 해결책을 처음 내놓은 사람이 생물학자가 아니라 물리학자인 가모브였다는 사실은 무척 흥미롭습니다. 제가 기억하는 가모브는 빅뱅 이론의 창시자이자 노벨상을 수상한 물리학자이기 이전에, 상대성 이론이나 우주론을 재미난 글로 소개하는 과학저술가였습니다. 이 오지랖 넓은 물리학자가 아미노산의 암호화 과정을 수학적 시각에서 설명한 가설을 내놓았다는 것입니다. 가모브의 가설은 당연히 폐기되었지만, 이 일화에서 물리학자와 생물학자의 시각차가 언뜻 드러난다는 엉뚱한 생각이 들었습니다. 결국 오랜 시행착오를 거쳐 첫 번째 염기는 아미노산의 전구물질을,

두 번째 염기는 그 아미노산이 소수성인지 친수성인지를 나타낸다는 사실이 밝혀졌습니다. 이는 아미노산이 암호화되어온 과정의 진화를 밝히는 데 중요한 단서가 되지만, 달달 외워야 할 것 같은 부분에도 나름의 규칙성이 있다는 것을 알게 된 것 같아 왠지 뿌듯했습니다.

『미토콘드리아』에서 호흡 과정을 참신한 관점으로 풀이했던 글쓴이는 이 책에서도 광합성 과정을 아주 알기 쉽고 재미나게 풀이합니다. 대학 다닐 때 이런 책이 있었다면 전공과목 중에서 가장 지루한 과목이었던 식물생리학이 조금 다르게 보이지 않았을까 하는 얼토당토않은 생각도 해보았습니다. 게다가 환경오염도 없고 이산화탄소도 배출되지 않는 수소 연료를 개발하는 데 광합성 촉매가 그 희망이 될 수 있다는 글쓴이의 제안은, 하나의 제안으로 끝나지 않고 정말 실현되었으면 하는 간절한 바람이 들었습니다.

모든 장이 하나같이 재미가 있지만, 개인적으로 궁금증이 가장 많이 해소된 부분은 눈의 진화를 다룬 제7장이었습니다. 이 장에서 글쓴이는 자신의 전공분야인 생화학 지식을 잘 활용해 '환원 불가능한 복잡성'의 예로 가장 많이 등장하는 눈이 어떻게 진화했는지를 속 시원하게 밝힙니다. 눈을 홍채와 수정체로 나눠 두 부분의 진화 과정을 연구 역사와 함께 엮어 명쾌하게 설명하고, 마지막으로 눈의 기원을 추적하다 광합성 미생물의 안점에 이르는 과정에서는 절로 탄성이 나왔습니다. 동물의 화려한 진화를 이끌어낸 눈이 식물에서 나왔을지도 모른다는 것은 모든 생물의 깊은 통일성을 보여주는 멋진 본보기가 되기에 충분합니다. 독자로 하여금 스스로 이런 결론을 내리게 만드는 이 뼛속까지 다윈주의자인 글쓴이의 솜씨에는 정말 여러 번 감탄이 나옵니다.

의식을 다룬 제9장에서는 글쓴이 고유의 시각이 가장 잘 드러납니다. 의식, 곧 인간의 마음은 순수과학뿐 아니라 다양한 분야에서 다각도로 연구되고 있습니다. 아직 명확히 밝혀지지 않은 부분이 더 많은 이 주제를 다루면서 글쓴이는 여러 1차 자료를 생화학자의 관점에서 재평가합니다. 1차 자료를 깊이 분석하고 자신만의 판단을 덧입힌 글을 옮기면서 자료도 충분치 않은 처지에서 글쓴이의 의중을 파악하느라 무척 애를 먹었지만, 글쓴이의 독창적인 시각을 접하면서 느꼈던 두근거림은 여러 달이 지난 지금도 생생하게 기억이 납니다.

원고를 넘긴 지 6개월이 지난 지금, 옮긴이의 말을 쓰기 위해 이 책에 대한 기억을 되짚으면서 머릿속에 가장 먼저 떠오른 단어는 'original'이었습니다. 생화학적 관점에서 살펴본 진화의 일면들, 생소한 최첨단 과학에 대한 알기 쉬운 설명, 곳곳에서 묻어나는 과학에 대한 애정까지, 이 책에는 어디 하나 독창적이지 않은 부분이 없습니다. 이런 의미 있는 책을 옮길 깜냥은 되는지, 위트가 넘치고 아름다운 원문의 분위기를 훼손하는 것은 아닌지 번역하는 내내 마음을 졸이기는 했지만, 이 멋진 책을 번역할 기회를 준 글항아리 출판사에 고마움을 전하며 이만 글을 맺고자 합니다.

2011년 3월

김정은

도판 목록

1.1 화산을 방불케 하는 블랙 스모커. 태평양 북동부. 드보라 S. 켈리Deborah S. Kelley와 해양학회Oceanography Society(메릴랜드 로크빌)의 허락을 얻어 다시 실음(*Oceanography* vol. 18, no 3, September 2005).

1.2 로스트 시티에 있는 알칼리성 열수분출공인 네이처 타워. 드보라 S. 켈리와 해양학회의 허락을 얻어 다시 실음(*Oceanography* vol. 18, no 3, September 2005).

1.3 현미경으로 본 알칼리성 열수구의 구조. 드보라 S. 켈리와 해양학회의 허락을 얻어 다시 실음(*Oceanography* vol. 20, no 4, September 2007).

2.1 DNA에 있는 염기쌍.

2.2 DNA 이중나선 구조. 두 가닥이 서로 어떻게 꼬여 있는지를 보여준다.

3.1 Z체계를 표현한 리처드 워커의 만화. 데이비드 A. 워커David A. Walker, 「언제나 아래로 내려가는 Z체계The Z-scheme: Down Hill all the way」, *Trends in Plant Sciences 7*: 183-185; 2002에서 허락을 얻어 다시 실음..

3.2 근대*Beta vulgaris* 엽록체의 모습. 뒤셀도르프 대학의 클라우스 코발리크Klaus Kowallik 교수의 호의로 실음.

3.3 서부 오스트레일리아 샤크 베이Shark Bay 근처의 햄린 풀Hamelin Pool에 있는 살아 있는 스트로마톨라이트. 웨스턴오스트레일리아 대학의 카트린 콜라 데 프랑스-스몰 Catherine Colas des Francs-Small 박사의 호의로 실음.

3.4 X-선 결정학을 통해 밝혀진 원시적인 산소 함유 복합체의 결정 구조. 네 개의 망간 원자가 산소 격자로 연결되어 있고 그 주위에 칼슘 원자가 있다. Yano J. 외, 「물이 산소 분자로 산화되는 곳: 광합성이 일어나는 Mn4Ca 덩어리의 구조Where Water Is Oxidised to dioxygen: Structure of Photosynthetic Mn4Ca Cluster」, *Science* 314: 821; 2006에서 다시 그림.

4.1 세균 같은 원핵세포와 복잡한 진핵세포의 차이점.

4.2 전통적인 계통수.

4.3 리보솜 RNA를 기초로 작성한 계통수.

4.4 '생명의 고리'. Rivera MC, Lake JA., 「생명의 고리는 진핵생물 유전체 융합의 기원에 관한 증거를 제시한다The ring of life provides evidence for a genome fusion origin of eukaryotes」, *Nature* 431: 152-155; 2004에서 다시 그림.

4.5 다른 세균의 몸속에 사는 세균. 유타 대학의 캐럴 본 돌렌Carol von Dohlen의 호의로 실음.

4.6 핵막의 구조. 빌 마틴Bill Martin, 「고세균과 진핵생물 핵의 기원Archaebacteria and the origin of the eukaryotic nucleus」, *Current Oponion in Microbiology* 8: 630-637; 2005에서 허락을 얻어 다시 실음.

5.1 새롭고 유익한 돌연변이가 유성생식 개체군(위)과 무성생식 개체군(아래)에서 퍼지는 모습.

6.1 가로 및 세로로 줄무늬가 보이는 골격근의 구조. 매사추세츠 대학의 로저 크레이그 Roger Craig 교수의 호의로 실음.

6.2 데이비드 굿셀David Goodsell이 멋진 수채화로 표현한 미오신. 스크립스 연구소Scripps Research Institute(캘리포니아 샌디에이고)의 데이비드 굿셀 박사의 호의로 실음.

6.3 점균류인 황색망사먼지에서 유래한 액틴 미세섬유에 토끼의 근육에서 유래한 미오신의 '화살촉'이 장식된 모습. 휴 헉슬리Hugh Huxley: Nachmias VT, Huxley HE, Kessler D, 「전자현미경으로 관찰한 황색망사먼지의 액토미오신과 액틴, 그리고 근육 미오신에서 유래한 무거운 메로미오신 조각 I 과의 관계Electron microscope observations on actomyosin and actin preparations from Physarum polycephalum, and on their interaction with heavy meromyosin subfragment I from muscle myosin」, *J Mol Biol* 1970: 50; 83-90에서 허락을 얻어

다시 실음.

6.4 팔로이딘-FITC로 형광 염색을 한 젖소의 연골 세포 속에 들어 있는 액틴 세포골격. 웨스트민스터 대학의 마크 케리건Mark Kerrigan 박사의 허락을 얻어 실음.

7.1 등 위로 노출된 망막 두 개가 흐릿하게 보이는 눈 없는 새우, 리미카리스 엑소쿨라타. Ifremer(프랑스 국립해양개발연구소French Research Institute for Exploitation of the Sea)의 파트릭 브리앙Patrick Briand의 호의로 실음.

7.2 눈이 진화하는 데 필요한 연속적인 단계. 마이클 랜드Michael Land와 단-에릭 닐슨Dan-Eric Nilsson, *Animal Eyes*, OUP, Oxford, 2002에서 허락을 얻어 다시 실음.

7.3 삼엽충 달마니티나 소시알리스의 방해석 수정체. 에든버러 대학의 유앤 클락슨Euan Clarkson 교수의 호의로 실음.

7.4 거미불가사리 오피오코마 웬티이의 방해석 수정체. 하버드 대학의 조애너 아이젠버그Joanna Aizenberg 교수의 호의로 실음.

7.5 능면체 모양의 방해석 결정. Addadi L 외, 「생물학의 무기화 작용에서의 조절 및 설계의 원리Control and Design Principles in Biological Mineralisation」, *Angew. Chem Int. Ed. Engl.* 3: 153-169; 1992. Copyright Wiley-VCH Verlage GmbH & Co. KGaA.에서 허락을 얻어 다시 실음.

7.6 초파리(드로소필라) 머리의 주사 전자 현미경 사진. 스위스 바젤 대학 바이오젠트룸Biozentrum의 발터 게링Walter Gehring 교수의 호의로 실음.

8.1 조류의 허파에서 일어나는 공기의 흐름. Reese S 외, 「조류의 허파와 연관된 면역 체계: 재고찰The avian lung-associated immune system: a review」, *Vet. Res.* 37: 311-324; 2006에서 다시 그림.

8.2 재구성한 공룡의 공기주머니. 미국 국립과학재단National Science Foundation(버지니아 알링턴)의 지나 데레츠키Zina Deretsky의 호의로 실음.

9.1 무뇌수두증을 앓고 있는 어린이의 머리 MRI 사진. 미국 방사선학 대학협의회 학습파일ACR Learning File(Neuroradiology Section Edition 2)에서 허락을 얻어 다시 실음.

9.2 무뇌수두증을 앓고 있는 네 살 난 소녀 니키의 기뻐하는 표정. 니키의 어머니 린 트리스Lynne Trease의 허락을 얻어 실음.

문헌 안내

나는 대체로 1차 자료를 이용해 이 책을 썼지만, 아래 열거한 문헌들은 모두 내게 영감과 즐거움을 주었다. 그런 책들의 내용에 다 동의하는 것은 아니지만, 그 역시 좋은 책을 읽는 즐거움의 일부다. 대부분이 일반 독자를 대상으로 하는 책이며, 『종의 기원』의 맥을 잇는 정통 과학서들이다(저자 알파벳순).

데이비드 비어링David Beerling, 『에메랄드빛 지구The Emerald Planet』(OUP, 2006). 지구의 역사에서 식물의 영향을 다룬 멋진 책. 다채로운 진화의 그림이 펼쳐진다.

수전 블랙모어, 『의식에 관한 대화Conversations on Consciousness』(OUP, 2005). 공정하고도 차분한 시각으로 선구적인 과학자와 철학자들의 엇갈리는 시각을 설득력 있게 설명하려는 시도.

제이콥 브로노우스키, 『인간 등정의 발자취The Ascent of Man』(Little, Brown, 1974). TV 시리즈를 엮은 대작이다. (바다출판사, 2009)

그레이엄 케언스-스미스, 『생명의 기원에 관한 일곱 가지 단서Seven Clues to the Origin of Life』(CUP, 1982). 이제는 과학서로서는 오래된 책이지만, 생명의 화학적 특성의 핵심에 있는 실마리를 파헤치는 과정이 추리소설만큼 흥미진진하다.

_____, 『마음의 진화Evolving the Mind』(CUP, 1998). 독자적이고 확고한 생각으로 의식에 관한 양자이론을 옹호한 멋지고 독특한 책.

프랜시스 크릭, 『생명 그 자체Life Itself』(Simon & Schuster, 1981). 20세기 최고의 과학 지성

으로 꼽히는 프랜시스 크릭의 정당화될 수 없는 가설. 세월이 많이 흘렀지만 그래도 여전히 가치 있는 책이다.

안토니오 다마지오, 『무슨 일이 일어난 느낌The Feeling of What Happens』(Vintage Books, 2000). 다마지오의 주옥같은 책들 가운데 하나. 서정적이고 강렬하다. 신경학에서는 최고지만 진화론에서는 가장 약하다.

찰스 다윈, 『종의 기원The Origin of Species』(Penguin, 1985). 지금까지 나온 책들 중에서 가장 중요한 책 가운데 하나.

폴 데이비스Paul Davies, 『생명의 기원The Origin of Life』(Penguin, 2006). 너무나 많은 장애를 지적하는 경향이 있지만 그래도 좋은 책.

리처드 도킨스, 『불가능의 산을 오르며Climbing Mount Improbable』(Viking, 1996). 눈과 같은 복잡한 형질의 진화를 특유의 스타일로 명쾌하게 다룬 보기 드문 대중서.

_____, 『이기적 유전자The Selfish Gene』(OUP, 1976). 이 시대를 대표하는 책 가운데 하나. 반드시 읽어야 할 책. (을유문화사, 2006)

대니얼 데닛, 『설명된 의식Consciousness Explained』(Little, Brown, 1991). 논쟁의 여지는 있지만 결코 무시할 수 없는 걸작.

데릭 덴튼, 『원시적 감정The Primordial Emotions』(OUP, 2005). 중요한 주제를 설득력 있게 다룬 책. 무엇보다 다른 과학자들과 철학자들의 연구에 관한 고찰이 대단히 뛰어나다.

크리스티앙 드 뒤브, 『특이점Singularities』(CUP, 2005). 자신의 명징한 개념을 잘 담아 밀도 있게 논하는 책. 훌륭한 지성들뿐 아니라 화학에 문외한인 사람도 읽을 수 있는 책.

_____, 『진화하는 생명Life Evolving』(OUP, 2002). 우주에서 우리의 위치와 생명의 생화학적 진화를 다룬 쓸쓸하고 생각할 거리가 많은 책. 최후의 순간에 부르는 아름다운 노래처럼 읽히지만, 알고 보면 『특이점』을 염두에 둔 내용이다.

제럴드 에델만, 『수줍어하기보다는 대범하게Wider than the Shy』(Penguin, 2004). 얇지만 묵직한 책. 에델만의 중요 개념을 훑어보기에 좋은 책이다.

리처드 포티, 『삼엽충Trilobite!』(HarperCollins, 2000). 포티의 다른 책과 마찬가지로 유쾌한 책. 특히 방해석 결정으로 이루어진 삼엽충 눈의 진화를 근사하게 다루었다. (뿌리와 이파리, 2007)

티보르 간티Tibor Ganti, 『생명의 원리The Principles of Life』(OUP, 2003). 실제적인 생화학에서는 부족하지만 근본적인 생명의 구성을 독창적으로 다룬 책. 그의 개념을 다루지 못한 것이 아쉽다.

스티븐 제이 굴드, 『진화론의 구조The Structure of Evolutionary Theory』(HUP, 2002). 학구적이고 진지한 책이지만 굴드 특유의 관록이 번득인다. 흥미로운 자료가 널려 있는 책.

프랭클린 해럴드Franklin Harold, 『세포의 길The Way of the Cell』(OUP, 2001). 세포에 관한 멋지고 통찰력 있는 책으로, 깊이 있는 과학에 대한 서정성이 가득하다. 쉽지는 않지만 그만한 노력을 들일 가치는 충분하다.

스티브 존스, 『유전자의 언어The Language of the Genes』(Flamingo, 2000). 유전자에 관한 멋진 개론서. 활기가 넘친다.

_____, 『진화하는 진화론Almost like a Whale』(Doubleday, 1996). 화려함과 깊이 있는 지식으로 되살아난 최신판 다윈. (김영사, 2008)

호레이스 프리랜드 저드슨Horace Freeland Judson, 『창조의 8일째 날The Eighth Day of Creation』(Cold Spring Harbor Press, 1996). 매우 독창적인 책. 시대의 여명기에 분자생물학의 선구자들과 나눈 대담.

톰 커크우드, 『우리 생애의 시대Time of Our Lives』(Weidenfeld & Nicolson, 1999). 노화 연구의 선구자가 쓴 노화에 관한 최고의 입문서. 과학의 인문학적 연구.

앙드레 클라르스펠드Andre Klarsfeld와 프레드릭 레바Frederic Revah, 『죽음의 생물학The Biology of Death』(Cornell University Press, 2004). 세포의 시각에서 바라본 노화와 죽음에 대한 진지한 고찰. 진화와 의학이 멋지게 어우러져 있다.

앤드루 놀Andrew Knoll, 『생명 최초의 30억 년Life on a Young Planet』(Princeton University Press, 2003). 초기 진화의 주인공들의 시각을 자세하고 알기 쉽게 풀어낸 책. 지혜가 돋보이는 시도. (뿌리와이파리, 2007)

크리스토프 코흐, 『의식의 탐구The Quest for Consciousness』(Roberts & Co, 2004). 교과서. 읽기 쉽지는 않지만 재기와 통찰이 가득하다. 마음을 탐구하는 예리하고 균형 잡힌 접근. (시그마프레스, 2006)

마렉 콘Marek Kohn, 『모든 것의 이유A Reason for Everything』(Faber and Faber, 2004). 영국의 진

화학자 5인의 짧은 전기로, 유려하고 통찰이 넘친다. 성의 진화에 관한 뛰어난 책.

마이클 랜드와 단-에릭 닐손, 『동물의 눈Animal Eyes』(OUP, 2002). 동물의 시각에 관한 교과서. 읽기 쉽게 쓰였으며 진화의 풍부한 독창성을 잘 전해준다.

닉 레인, 『미토콘드리아Power, Sex, Suicide』(OUP, 2005). 세포생물학과 복잡성의 진화, 세포 에너지의 관점에서 다룬 나만의 탐구. (뿌리와이파리, 2009)

_____, 『산소Oxygen』(OUP, 2002). 복잡한 생명체의 등장을 가능케 한 기체인 산소를 중심으로 바라본 지구 생명의 역사. (파스칼북스, 2004)

프리모 레비, 『주기율표The Periodic Table』(Penguin, 1988). 진정한 과학서는 아니지만 과학과 서정성과 인간미가 넘친다. 최고 문장가의 글. (돌베개, 2007)

린 마굴리스와 도리언 세이건Dorion Sagan, 『소우주Microcosmos』(University of California Press, 1997). 생물학의 가장 상징적인 특징 중 하나인 소우주에 관한 장대하고 근사한 입문서. 논쟁의 여지가 있다.

빌 마틴과 미클로스 뮐러, 『미토콘드리아와 하이드로게노좀의 기원Origin of Mitochondria and Hydrogenosomes』(Springer, 2007). 진화의 중요한 사건에 관한 두 과학자의 공저. 진핵세포에 관한 이질적 시각.

존 메이너드 스미스와 외르스 사트마리Eörs Szathmáry, 『40억 년간의 시나리오The Origins of Life』(OUP, 1999). 이들의 명저 『진화의 거대한 변화The Great Transitions of Evolution』(OUP, 1997)를 대중적으로 풀어쓴 작품. 뛰어난 석학들의 대작. (전파과학사, 2001)

존 메이너드 스미스, 『다윈은 제대로 알았을까?Did Darwin get it Right?』(Penguin, 1988). 작고한 진화생물학의 큰 스승이 쉽게 쓴 성의 진화에 관한 에세이.

올리버 모튼, 『태양을 먹다Eating the Sun』(Fourth Estate, 2007). 사람과 환경에 대한 소설가적 통찰이 식물과 분자에 관한 깊은 애정과 어우러진 보석 같은 책. 탄소 위기를 맞고 있는 이 시대에 특히 좋은 책이다.

앤드루 파커, 『눈의 탄생In the Blink of an Eye』(Free Press, 2003). 조금 일방적인 시각이지만 무척 흥미로운 책. (뿌리와이파리, 2007)

빌라야누르 라마찬드란, 『뇌가 마음을 만든다The Emerging Mind』(Profile, 2003). 라마찬드란의 2003년 리스 강연Reith lectures을 엮은 책. 특히 그의 전작 『머릿속의 유령Phantoms in the Brain』을 압축해놓은 것 같은 작품이다. 대단히 독창적이고 상상력이 풍부한 지성의 유희. (바다출판사, 2006)

마크 리들리, 『멘델의 악마Mendel's Demon』(Weidenfeld & Nicolson, 2000). 복잡성의 진화에 관한 근원적 소재를 심상치 않은 기지로 장식한 지적인 만찬.

매트 리들리, 『붉은 여왕The Red Queen』(Penguin, 1993). 성의 진화와 성적 행동의 진화에 관한 매우 독창적인 책. 리들리 특유의 번뜩임이 가득한 통찰력 있는 책. (김영사, 2006)

_____, 『프랜시스 크릭Francis Crick』(HarperPress, 2006). 20세기 과학에서 가장 흥미로운 인물 가운데 한 사람인 프랜시스 크릭에 관한 훌륭한 전기. 인물에 대한 애정에 치우치지 않는 미묘한 묘사가 근사하다.

스티븐 로즈, 『기억 만들기The Making of Memory』(Vintage, 2003). 기억을 할 때 신경에서 일어나는 사건에 관한 책. 과학의 사회적 구조에 관한 책으로는 최고.

이언 스튜어트Ian Stewart와 잭 코언Jack Cohen, 『현실이라는 허구Figments of Reality』(CUP, 1997). 의식을 바라보는 짜릿하고 기지 넘치고 해박한 시선. 재미있고 주장이 강하다.

피터 워드, 『공기 속에서 갑자기Out of Thin Air』(Joseph Henry Press, 2006). 왜 공룡은 그렇게 오랫동안 지구를 지배했는지에 관한 진지하고 독창적인 가설. 쉽고 흡인력이 있다.

칼 짐머Carl Zimmer, 『기생충 제국Parasite Rex』(The Free Press, 2000). 기생충의 중요성을 다룬 최고의 책. 성의 진화에서 기생충의 역할에 관한 부분이 특히 탁월하다. (궁리, 2004)

1차 자료

언젠가 프랜시스 크릭은 "보통의 과학 논문보다 더 읽기 따분하고 더 이해하기 어려운 글은 없다"고 말했다. 그는 정곡을 찔렀다. 그러나 여기에는 "보통의"라는 말이 들어 있다. 가장 뛰어난 과학 논문은 순수한 의미를 추출할 수 있고 예술 작품처럼 혼신의 힘을 기울인다. 나는 여기에 소개할 논문의 목록을 그런 기준에 맞추려고 노력했다. 또한 모든 논문을 빠짐없이 망라한 것이 아니라, 이 책을 쓰는 과정에서 내 생각에 가장 큰 영향을 미친 논문들만 엄선한 것이다. 또 학술 논문으로 들어가는 입문격인 일반적인 평론도 일부 덧붙였다(저자 알파벳순).

제1장 생명의 기원

Fyfe W. S., "The water inventory of the Earth: fluids and tectonics", Geological Society, London, Special Publications 78: 1-7; 1994.

Hoim N. G., et al., "Alkaline fluid circulation in ultramafic rocks and formation of nucleotide constituents: a hypothesis", *Geochemical Transactions*, 7: 7; 2006.

Huber C., Wächtershäuser G., "Peptides by activation of amino acids with CO on (Ni,Fe) S surfaces: implications for the origin of life", *Science* 281: 670-72; 1998.

Kelley D. S., Karson J. A., Fruh-Green G. L., et al., "A serpentinite-hosted ecosystem: the Lost City hydrothermal field", *Science* 307: 1428-34; 2005.

Martin W., Baross J., Kelley D., Russell M. J., "Hydrothermal vents and the origin of life", *Nature Reviews in Microbiology* 6: 805-14; 2008.

Martin W., Russell M. J., "On the origin of biochemistry at an alkaline hydrothermal vent", *Philosophical Transactions of the Royal Society of London B* 362: 1887-925; 2007.

Morowitz H., Smith E., "Energy flow and the organisation of life", *Complexity* 13: 51-9; 2007.

Proskurowski G., et al., "Abiogenic hydrocarbon production at Lost City hydrothermal field", *Science* 319: 604-7; 2008.

Russell M. J., Martin W., "The rocky roots of the acetyl CoA pathway", *Trends in Biochemical Sciences* 29: 358-63; 2004.

Russell M., "First Life", *American Scientist* 94: 32-9; 2006.

Smith E., Morowitz H. J., "Universality in intermediary metabolism", *Proceedings of the National Academy of Sciences USA* 101: 13 168-73; 2004.

Wächtershäuser G., "From volcanic origins of chemoautotrophic life to bacteria, archaea and eukarya", *Philosophical Transactions of the Royal Society of London B* 361: 1787-806; 2006.

제2장 DNA

Baaske P., et al., "Extreme accumulation of nucleotides in simulated hydrothermal pore systems", *Proceedings of the National Academy of Sciences USA* 104: 9346-51; 2007.

Copley S. D., Smith E., Morowitz H. J., "A mechanism for the association of amino acids with their codons and the origin of the genetic code", PNAS 102: 4442-7; 2005.

Crick F. H. C., "The origin of the genetic code", *Journal of Molecular Biology* 38: 367-79; 1968.

De Duve C., "The onset of selection", *Nature* 433: 581-2; 2005.

Freeland S. J., Hurst L. D., "The genetic code is one in a million", *Journal of Molecular Evolution* 47: 238-48; 1998.

Gilbert W., "The RNA world", *Nature* 319: 618; 1986.

Hayes B., "The invention of the genetic code", *American Scientist* 86: 8-14; 1998.

Koonin E. V., Martin W., "On the origin of genomes and cells within inorganic compartments", *Trends in Genetics* 21: 647-54; 2005.

Leipe D., Aravind L., Koonin E.V., "Did DNA replication evolve twice independently?", *Nucleic Acids Research* 27: 3389-401; 1999.

Martin W., Russell M. J., "On the origins of cells: a hypothesis for the evolutionary transitions from abiotic geochemistry to chemoautotrophic prokaryotes, and from prokaryotes to nucleated cells", *Philosophical Transactions of the Royal Society of London B* 358: 59-83; 2003.

Taylor F. J. R., Coates D., "The code within the codons", *Biosystems* 22: 177-87; 1989.

Watson J. D., Crick F. H. C., "A structure for deoxyribose nucleic acid", *Nature* 171: 737-8; 1953.

제3장 광합성

Allen J. F., Martin W., "Out of thin air", *Nature* 445: 610-12; 2007.

Allen J. F., "A redox switch hypothesis for the origin of two light reactions in photosynthesis", *FEBS Letters* 579: 963-68; 2005.

Dalton R., "Squaring up over ancient life", *Nature* 417: 782-4; 2002.

Ferreira K. N. et al., "Architecture of the photosynthetic oxygen-evolving center", *Science* 303: 1831-8; 2004.

Mauzerall D., "Evolution of porphyrins-life as a cosmic imperative", *Clinics in Dermatology* 16: 195-201; 1998.

Olson J. M., Blankenship R. E., "Thinking about photosynthesis", *Photosynthesis Research* 80: 373-86; 2004.

Russell M. J., Allen J. F., Milner-White E. J., "Inorganic complexes enabled the onset of life and oxygenic photosynthesis", In *Energy from the Sun: 14th International Congress on Photosynthesis*, Allen J. F., Gantt E., Golbeck J. H., Osmond B. (editors). Springer 1193-8; 2008.

Sadekar S., Raymond J., Blankenship R. E., "Conservation of distantly related membrane proteins: photosynthetic reaction centers share a common structural core", *Molecular Biology and Evolution* 23: 2001-7; 2006.

Sauer K., Yachandra V. K., "A possible evolutionary origin for the Mn_4 cluster of the photosynthetic water oxidation complex from natural MnO_2 precipitates in the early ocean", *Proceedings of the National Academy of Sciences USA* 99: 8631-6; 2002.

Walker D. A, "The Z-scheme: Down Hill all the way", *Trends in Plant Sciences* 7: 183-5; 2002.

Yano J., et al., "Where water is oxidised to dioxygen: structure of the photosynthetic cluster", *Science* 314: 821-5; 2006.

제4장 진핵세포

Cox C. J., et al., "The archaebacterial origin of eukaryotes", *Proceedings of the National Academy of Sciences USA* 105: 20356-61; 2008.

Embley M. T., Martin W., "Eukaryotic evolution, changes and challenges", *Nature* 440:

623-30; 2006.

Javaeux E. J., "The early eukaryotic fossil record", In: *Origins and Evolution of Eukaryotic Endomembranes and Cytoskeleton* (Ed. Gáspár Jékely); Landes Bioscience 2006.

Koonin E. V., "The origin of introns and their role in eukaryogenesis: a compromise Solution to the introns-early versus introns-late debate?", *Biology Direct* 1: 22; 2006.

Lane N., "Mitochondria: key to complexity", In: *Origin of Mitochondria and Hydrogenosomes* (Eds Martin W., Müller M); Springer, 2007.

Martin W., Koonin E. V., "Introns and the origin of nucleus-cytosol compartmentalisation", *Nature* 440: 41-5; 2006.

Martin W., Müller M., "The hydrogen hypothesis for the first eukaryote", *Nature* 392: 37-4,; 1998.

Pisani D., Cotton J. A., McInerney J. O., "Supertrees disentangle the chimerical origin of eukaryotic genomes", *Molecular Biology and Evolution* 24: 1752-60; 2007.

Sagan L., "On the origin of mitosing cells", *Journal of Theoretical Biology* 14: 255-74; 1967.

Simonson A. B., et al., "Decoding the genomic tree of life", *Proceedings of the National Academy of Sciences USA* 102: 6608-13; 2005.

Taft R. J., Pheasant M., Mattick J. S., "The relationship between non-protein-coding DNA and eukaryotic complexity", *BioEssays* 29: 288-99; 2007.

Vellai T., Vida G., "The difference between prokaryotic and eukaryotic cells", *Proceedings of the Royal Society of London B* 266: 1571-7; 1999.

제5장 성

Burt A., "Sex, recombination, and the efficacy of selection: was Weismann right?", *Evolution* 54: 337-51; 2000.

Butlin R., "The costs and benefits of sex: new insights from old asexual lineages", *Nature Reviews in Genetics* 3: 311-17; 2002.

Cavalier-Smith T., "Origins of the machinery of recombination and sex", *Heredity* 88: 125-41; 2002.

Dacks J., Roger A. J., "The first sexual lineage and the relevance of facultative sex", *Journal of Molecular Evolution* 48: 779-83; 1999.

Felsenstein J., "The evolutionary advantage of recombination", *Genetics* 78: 737-56; 1974.

Hamilton W. D., Axelrod R., Tanese R., "Sexual reproduction as an adaptation to resist parasites", *Proceedings of the National Academy of Sciences USA* 87: 3566-73; 1990.

Howard R. S., Lively C. V., "Parasitism, mutation accumulation and the maintenance of sex", *Nature* 367: 554-7; 1994.

Keightley P. D., Otto S. P., "Interference among deleterious mutations favours sex and recombination in finite populations", *Nature* 443: 9-92; 2006.

Kondrashov A., "Deleterious mutations and the evolution of sexual recombination", *Nature* 336: 435-40; 1988.

Otto S. P., Nuismer S. L., "Species interactions and the evolution of sex", *Science* 304: 1018-20; 2004.

Szollosi G. J., Derenyi I., Vellai T., "The maintenance of sex in bacteria is ensured by its potential to reload genes", *Genetics* 174: 2173-80; 2006.

제6장 운동

Amos L. A., van den Ent F., Lowe J., "Structural/functional homology between the bacterial and eukaryotic cytoskeletons", *Current Opinion in Cell Biology* 16: 24-31; 2004.

Frixione E., "Recurring views on the structure and function of the cytoskeleton: a 300 year epic", *Cell Motillity and the Cytoskeleton* 46: 73-94; 2000.

Huxley H. E., Hanson J., "Changes in the cross striations of muscle during contraction and stretch and their structural interpretation", *Nature* 173: 973-1954.

Huxley H. E., "A personal view of muscle and motility mechanisms", *Annual Review of Physiology* 58: 1-19; 1996.

Mitchison T. J., "Evolution of a dynamic cytoskeleton", *Philosophical Transactions of the Royal Society of London B* 349: 299-304; 1995.

Nachmias V. T., Huxley H., Kessler D., "Electron microscope observations on actomyosin and actin preparations from Physarum polycephalum, and on their interaction with heavy meromyosin subfragment I from muscle myosin", *Journal of Molecular Biology* 50: 83-90; 1970.

OOta S., Saitou N., "Phylogenetic relationship of muscle tissues deduced from superimposition of gene trees", *Molecular Biology and Evolution* 16: 856-67; 1999.

Piccolino M., "Animal electricity and the birth of electrophysiology: The legacy of Luigi Galvani", *Brain Research Bulletin* 46: 381-407; 1998.

Richards T. A., Cavalier-Smith T., "Myosin domain evolution and the primary divergence of eukaryotes", *Nature* 436: 1113-18; 2005.

Swank D. M., Vishnudas V. K., Maughan D. W., "An exceptionally fast actomyosin reaction powers insect flight muscle", *Proceedings of the National Academy of Sciences USA* 103: 17543-7; 2006.

Wagner P. J., Kosnik M. A., Lidgard S., "Abundance distributions imply elevated complexity of post-paleozoic marine ecosystems", *Science* 314: 1289-92; 2006.

제7장 시각

Addadi L., Weiner S., "Control and Design Principles in Biological Mineralisation", *Angew Chem Int Ed Engl* 3: 153-69; 1992.

Aizenberg J., et al., "Calcitic microlenses as part of the photoreceptor system in brittlestars", *Nature* 412: 819-22; 2001.

Arendt D., et al. "Ciliary photoreceptors with a vertebrate-type opsin in an invertebrate brain", *Science* 306: 869-71; 2004.

Deininger W., Fuhrmann M., Hegemann P., "Opsin evolution: out of wild green yonder?", *Trends in Genetics* 16: 158-9; 2000.

Gehring W. J., "Historical perspective on the development and evolution of eyes and photoreceptors", *International Journal of Developmental Biology* 48: 707-17; 2004.

Gehring W. J., "New perspectives on eye development and the evolution of eyes and photoreceptors", *Journal of Heredity* 96: 171-84; 2005.

Nilsson D. E., Pelger S., "A pessimistic estimate of the time required for an eye to evolve", *Proceedings of the Royal Society of London B* 256: 53-8; 1994.

Panda S., et al., "Illumination of the melanopsin signaling pathway", *Science* 307: 600-604; 2005.

Piatigorsky J., "Seeing the light: the role of inherited developmental cascades in the origins of vertebrate lenses and their crystallins", *Heredity* 96: 275-77; 2006.

Shi Y., Yokoyama S., "Molecular analysis of the evolutionary significance of ultraviolet vision in vertebrates", *Proceedings of the National Academy of Sciences USA* 100: 8308-13; 2003.

Van Dover C. L., et al., "A novel eye in 'eyeless' shrimp from hydrothermal vents on the Mid-Atlantic Ridge", *Nature* 337: 458-60; 1989.

White S. N., et al., "Ambient light emission from hydrothermal vents on the Mid-Atlantic Ridge", *Geophysical Research Letters* 29: 341-4; 2000.

제8장 온혈성

Burness G. P., Diamond J., Flannery T., "Dinosaurs, dragons, and dwarfs: the evolution of maximal body size", *Proceedings of the National Academy of Sciences USA* 98: 14518-23; 2001.

Hayes J. P., Garland J., "The evolution of endothermy: testing the aerobic capacity model", *Evolution* 49: 836-47; 1995.

Hulbert A. J., Else P. L., "Membranes and the setting of energy demand", *Journal of Experimental Biology* 208: 1593-99; 2005.

Kirkland J. I., et al., "A primitive therizinosauroid dinosaur from the Early Cretaceous of

Utah", *Nature* 435: 84-7; 2005.

Klaassen M., Nolet B. A., "Stoichiometry of endothermy: shifting the quest from nitrogen to carbon", *Ecology Letters* 11: 1-8; 2008.

Lane N., "Reading the book of death", *Nature* 448: 122-5; 2007.

O'Connor P. M., Claessens L. P. A. M., "Basic avian pulmonary design and flow-through ventilation in non-avian theropod dinosaurs", *Nature* 436: 253-6; 2005.

Organ C. L., et al., "Molecular phylogenetics of Mastodon and Tyrannosaurus rex", *Science* 320: 499; 2008.

Prum R. O., Brush A. H., "The evolutionary origin and diversification of feathers", *Quartely Review of Biology* 77: 261-95; 2002.

Sawyer R. H., Knapp L. W., "Avian skin development and the evolutionary origin of feathers", *Journal of Experimental Zoology* 298B: 57-72; 2003.

Seebacher F., "Dinosaur body temperatures: the occurrence of endothermy and ectothermy", *Paleobiology* 29: 105-22; 2003.

Walter I., Seebacher F., "Molecular mechanisms underlying the development of endothermy in birds (*Gallus gallus*): a new role of PGC-1α?", *American Journal of Physiology Regul Inregr Comp Physiol* 293: R2315-22; 2007.

제9장 의식

Churchland P., "How do neurons know?", *Daedalus Winter* 2004; 42-50.

Crick F., Koch C., "A framework for consciousness", *Nature Neuroscience* 6: 119-26; 2003.

Denton D. A., et al. "The role of primordial emotions in the evolutionary origin of consciousness", *Consciousness and Cognition* doi:10.1016/j.concog.2008.06.009.

Edelman G., Gally J. A., "Degeneracy and complexity in biological systems", *Proceedings of the National Academy of Sciences USA* 98: 13763-68; 2001.

Edelman G., "Consciousness: the remembered present", *Annals of the New York Academy of Sciences* 929: 111-22; 2001.

Gil M., De Marco R. J., Menzel R., "Learning reward expectations in honeybees", *Learning and Memory* 14: 49-96; 2007.

Koch C., Greenfield S., "How does consciousness happen?", *Scientific American*, October 2007; 76-83.

Lane N., "Medical constraints on the quantum mind", *Journal of the Royal Society of Medicine* 93: 571-5; 2000.

Merker B. "Consciousness without a cerebral cortex: A challenge for neuroscience and medicine", *Behavioral and Brain Sciences* 30: 63-134; 2007.

Musacchio J. M., "The ineffability of qualia and the word-anchoring problem", *Language Sciences* 27: 403-35; 2005.

Searle J., "How to study consciousness scientifically", *Philosophical Transactions of the Royal Society of London B* 353: 1935-42; 1998.

Singer W., "Consciousness and the binding problem", *Annals of the New York Academy of Sciences* 929:123-46; 2001.

제10장 죽음

Almeida A., Almeida J., Bolaños J. P., Moncada S., "Different responses of astrocytes and neurons to nitric oxide: the role of glycolytically-generated ATP in astrocyte protection", *Proceedings of the National Academy of Sciences USA* 98: 15294-99; 2001.

Barja G., "Mitochondrial oxygen consumption and reactive oxygen species production are independently modulated: implications for aging studies", *Rejuvenation Research* 10: 215-24; 2007.

Bauer et al., "Resveratrol improves health and survival of mice on a high-calorie diet", *Nature* 444: 280-81; 2006.

Bidle K. D., Falkowski P. G., "Cell death in planktonic, photosynthetic microorganisms", *Nature Reviews in Microbiology* 2: 643-55; 2004.

Blagosklonny M. V., "An anti-aging drug today: from senescence-promoting genes to anti-aging pill", *Drug Discovery Today* 12: 218-24; 2007.

Bonawitz N. D., et al., "Reduced TOR signaling extends chronological life span via increased respiration and upregulation of mitochondrial gene expression", *Cell Metabolism* 5: 265-77; 2007.

Garber K., "A mid-life crisis for aging theory", *Nature* 26: 371-4; 2008.

Hunter P., "Is eternal youth scientifically plausible?", *EMBO Reports* 8: 18-20; 2007.

Kirkwood T., "Understanding the odd science of aging", *Cell* 120: 437-47; 2005

Lane N., "A unifying view of aging and disease: the double-agent theory", *Journal of Theoretical Biology* 225: 531-40; 2003.

Lane N., "Origins of death", *Nature* 453: 583-5; 2008.

Tanaka M., et al., "Mitochondrial genotype associated with longevity", *Lancet* 351: 185-6; 1998.

찾아보기

| ㄱ |

가모브, 조지 79~80
가자니가, 마이클 380
각막 289, 295, 331
갈라파고스 열곡 34, 36
갈바니, 루이지 247~249, 254, 260
감수분열 209~210, 220, 233~235
감정 중추 390~391, 419
거렌티, 레너드 449~450
게링, 발터 317, 319
겸상적혈구빈혈증 198~199, 277~278
겹눈 303, 309, 317, 323
계통수 18, 154~155, 165~166, 168~173, 180~181, 206, 312
고세균 46~47, 54, 99~101, 105, 169~172, 178~180, 184, 188, 191

공룡 14, 17, 300, 327, 336, 339~340, 347, 351, 353~356, 358, 361, 363~365, 368~369, 372~373
구아닌(G) 69, 309
굴드, 스티븐 제이 381, 481
굿셀, 데이비드 258, 477
극미동물 154, 330
근적외선 292
근활주설 252, 254~256
기낭 360~363, 368
기생충 47, 165, 199, 222~225, 229, 243, 304, 483
길버트, 멜로디 407
길버트, 월터 91
깃가지 356~357
깃털 349, 355~357, 364
깅그라, 개비 407

ㄴ

난자 71, 137, 204, 209

날개 161, 272, 274, 317, 355, 438

남조세균 120~121, 129~135, 137,
  141~142, 146, 148, 170, 175, 330,
  428~429, 431~432, 435

냉혈동물 336~337, 339~340, 345,
  349, 358, 371~372

노화 15, 51, 425~426, 436~437,
  440~448, 450~453, 455~462, 481

놀럿, 바르트 370~371, 373

뉴런 20, 274, 286~287, 382~383,
  387~388, 394~398, 400~409,
  411~417, 419~420, 434,
  457~458, 462~463

뉴클레오티드 52, 72, 92~93, 95~97,
  99, 104~105

능면체 304, 306, 308, 478

닐손, 단-에릭 298~299, 302~303,
  482

ㄷ

다나카 마사시 459

다마지오, 안토니오 398~399, 405,
  480

다모류 302, 321~322, 328

다세포생물 111, 169, 432~436

다윈, 찰스 12. 16~17, 34, 161~162,
  164, 207~208, 211, 217, 222,
  239~240, 254, 285~286,
  296~298, 433, 480, 482

다윈주의 161, 164, 172~177, 179,
  208, 222, 302, 400, 433, 437

다이아몬드, 제레드 109, 373

대멸종 176, 241~243, 305, 351,
  365~366, 373~374

대사율 202. 287, 336~337, 339,
  341~342, 345~348, 350,
  352~353, 365, 369, 372, 438,
  454~455

데닛, 대니얼 386~387, 480

데이비스, 브라이언 K 86

덴튼, 데릭 385, 407, 419, 470, 480

덴튼, 에릭 324

도브잔스키, 테오도시우스 460

도킨스, 리처드 204, 218, 288, 393,
  427, 480

돌연변이 71~73, 89, 122, 145~146,
  163~165, 167, 176, 182,
  211~217, 225, 227~230, 233,
  236, 274, 319, 357, 442~444, 448,
  455, 459, 462, 477

드 뒤브, 크리스티앙 27~28, 55, 176, 387, 480
드로소필라 259, 317~318, 478
디뉴클레오티드 92~93

| ㄹ |

라마찬드란, V. S. 390, 391, 482
라이블리, 커티스 225
라이트, 앨런 456
라파마이신 450~451
랍토르 355, 373~374
랭케스터, 레이 223
랜드, 마이클 330, 470, 478, 482
러셀, 마이크 34, 40, 43, 52~53, 95, 147
레벤후크, 안톤 반 245~246, 251, 330
레비, 프리모 119, 121, 128, 482
레트로바이러스 101~105
로돕신 291~292, 314~317, 320~326, 328~331
로버트슨, 앨런 227
로즈, 스티븐 483
루벤, 존 344, 352, 361, 364
리들리, 마크 216, 483
리들리, 매트 85, 222, 483
리보솜 83, 158, 169~170, 173~174, 180, 188, 190~192, 477
리스트로사우루스 351~352, 368
린네, 칼 폰 153~154, 312

| ㅁ |

마굴리스, 린 170, 178, 482
마이어, 에른스트 170
마중가톨루스 아토푸스 363
마틴, 빌 53, 101, 178~179, 469, 477, 482
망막 285~296, 298, 301~302, 306, 309~310, 314, 322~325, 331, 388, 457, 478
맨틀 41~42, 48
먹이사슬 111~112, 337
멀러, 허먼 213, 226
멀러의 톱니바퀴 214, 216, 226
메더워, 피터 374, 437~439, 441~443, 455
메이너드 스미스, 존 215, 218, 482
메이오, 존 246
멘델, 그레고어 208
멘델의 법칙 208
명암 395, 397
모로비츠, 해럴드 92
모터 단백질 266, 269~271,

274~276, 279

모튼, 올리버 123, 482

몬카다, 살바도르 457, 470

무사초, 호세 415, 417, 470

무성생식 199, 203, 206, 209, 212~216, 218~222, 225, 230, 233, 236, 477

무척추동물 112, 262, 291, 312, 316, 318~322, 328~329, 419

무홍채증 319

문화적 진화 15~16

밀러, 미클로스 179, 482

미오신 250, 252, 257~265, 267, 269~274, 477

미첼, 피터 59

미치슨, 팀 277

미토콘드리아 90, 158, 176~177, 179~186, 191, 219, 231~232, 234~235, 259, 267~268, 304, 339, 344, 346~350, 435, 452, 454~459, 462, 473~474, 482

밀러, 스탠리 29, 43

밀러, 켄 272

밀러-유리의 실험 29

ㅂ

바르부르크, 오토 458

바르하, 구스타보 462, 470

바버, 짐 136, 148

바이러스 49, 69, 72, 97, 102, 104, 161, 222, 315, 430~432

바이스만, 아우구스트 211, 433, 437, 444~446

바커, 로버트 361

바턴, 닉 227

반 도버, 신디 290~292, 323~325

방해석 46, 304~308, 314, 478, 480

배로스, 존 38

버너, 로버트 115

벌새 160, 201~203, 337

베넷, 앨버트 344~346, 348

베히터스호이저, 귄터 39~40, 44

벨, 그레이엄 218

벨러이, 티보르 235

벨로키랍토르 355

보먼, 윌리엄 249, 251~252, 261

복제자 31~32, 34, 101

볼복스 329~331, 434

볼타, 알렉산드로 247~248

브라운, 디터 95

브라운-세카르, 샤를 426

브레너, 시드니 78

브레이저, 마틴 133~134

브로노우스키, 제이콥 465~466, 479

브링클리, 존 R 427

블라고스클로니, 미하일 451

블랑켄십, 밥 470

블랙모어, 수전 393, 479

비들, 케이 429

| ㅅ |

사이토 나루야 262

산소 11, 14, 25, 33~34, 37~38, 46, 51, 60, 103~104, 109, 122, 128~130, 133, 135, 137, 140, 147~149, 159, 176, 181, 183, 259, 277, 287, 301, 336~337, 343~347, 349, 358~359, 366~368, 374, 428, 432, 454~455, 477, 482

삼엽충 300, 303~308, 314, 478, 480

색소 109, 123, 138, 140, 291~292, 311, 322, 325~326, 329, 346, 439

색스, 올리버 389

생어, 프레드 80

세포골격 157, 166, 180, 232~233, 265~269, 271, 274~279, 478

세포소기관 157~158, 330

세포질 80, 82, 158, 192, 267~268, 275

센트-죄르지, 얼베르트 33

소포체 158, 188

쇼프, 빌 132

수각류 353~358, 361~365, 369, 373

수궁류 351~352

수용체 33, 93, 309, 394, 401

수정체 285~286, 288, 291, 295, 297~314, 320, 323, 328, 331, 474, 478

스닙스 72~73

스미스, 에릭 92

스완메르담, 얀 245

스테고사우루스 285

스트로마톨라이트 26, 132, 134, 143, 428, 476

스페리, 로저 380, 395

스피겔먼, 솔 97

시냅스 277, 401~403, 412~413, 463

시멜드, 서배스천 313

시베리아 트랩 366~367

시세포 316, 320~322

시안화물 52, 94

시토신(C) 69

신경 다윈주의 400, 402

신경 악수 404~406

싱클레어, 데이비드 449~450

ㅇ

아다디, 리아 308

아데노신삼인산 49

아데닌(A) 69

아렌트, 데틀레프 321

아르케오프테릭스 355

아메바 69~70, 154~155, 191, 240, 330

아미노산 30~31, 52, 78~84, 86~93, 99, 104, 163, 168, 265, 275, 354, 473~474

아사라, 존 354

아세트산 55

아세틸티오에스테르 54~56

아인슈타인, 알베르트 335

안점 297, 329~330, 474

알디니, 조반니 247

알리바르디, 로렌초 356

알츠하이머병 73, 383, 390, 412, 438, 440, 443, 457, 460~461

암모나이트 241, 300

액틴 250, 257~271, 274~279, 477~478

앨런, 존 142, 146, 183, 469

야러스, 마이클 93

야찬드라, 비탈 147

에델만, 제럴드 480

에메이샨 트랩 366~367

에이버리, 오즈월드 77

엘스, 폴 347

열수분출공 14, 18~19, 34~38, 40~41, 43, 47~49, 54~57, 59, 61~63, 87, 95~98, 101~105, 138, 140, 142~143, 147~148, 289, 291~295, 299, 314~316, 322~325, 474, 476

열역학 15, 32~34, 38, 40, 47, 52

염기쌍 68~70, 92, 96, 476

염색체 70~73, 157, 191, 208, 210, 227~229, 232~236, 267, 275~276, 278~279, 454

오존층 110, 143, 366~367

오코너, 패트릭 362~363

오타 사토시 262

오토, 새라 227

오피오코마 웬티이 305, 478

옵신 323, 326~329

와그너, 피터 242

왓슨, 제임스 67~69, 75~78, 80~81,

103, 253
요코야마 쇼조 328
용암 26, 118, 366
우드하우스 P. G. 298
우라실(U) 81, 104
우즈, 칼 166, 168~171, 173, 180
워드, 피터 368, 470, 483
원생동물 154, 265, 330~331
원시수프 29~32, 34, 38, 86, 94
원핵생물 47, 156~157, 179~181, 184~186, 190, 194
월드, 조지 198
웨이너, 스티븐 308
웨지우드, 에마 208
위즐, 토르스튼 395
윌리엄스, 조지 C. 218, 220~221, 227, 439, 456
유리, 해럴드 29
육식동물 373
이기적 유전자 189, 194, 204, 218, 427, 437, 480
이산화탄소 30, 37, 39, 43, 46~47, 49, 51, 53~55, 57, 59, 61~62, 86~87, 111, 114~116, 119~121, 125~129, 138, 140, 142, 145~146, 149, 154, 179, 339, 359,

366~368, 373, 432, 474
이중나선 16, 67, 69, 75~77, 91, 103, 476
인트론 189~193, 329
일산화탄소 39

| ㅈ |

자노, 린제이 374
자리바꿈 유전자 187, 189~191, 193, 205, 232~234
자아 383, 385, 398, 400, 406
자유라디칼 55, 57, 104, 452~456, 458~459
장수 445, 448, 462
적혈구 139, 199, 277~278, 346, 359
절지동물 283
점균류 165, 170, 234, 264~265, 477
점돌연변이 71, 80, 83~84
정자 71, 197~198, 204~205, 209, 258, 330, 424
제바허, 프랭크 349, 470
제임스, 윌리엄 408
조룡류 351, 353, 356~358, 365
조류藻類 109, 283, 329
존스, 스티브 312, 481
존슨, 톰 442

줄기세포 458, 463
지각판 41
지아르디아 165, 220
진핵생물 101, 156~157, 159~160,
　163~154, 166~181, 185~186,
　190~194, 220, 231~236, 269,
　278~279, 435, 477
질소 30, 43, 370~374, 452
징어, 볼프 396, 403

| ㅊ |

차머스, 데이비드 386
척색동물 283, 312
척추동물 262, 283, 311~313,
　316~322, 327~329, 351, 417, 419
초식동물 131, 240, 351~352,
　371~375
최초의 보편적 공통조상(LUCA)
　49~50, 60

| ㅋ |

카렐, 알렉시 433
카메라눈 317, 323
카스파제 431~432, 435
캄브리아기 14, 113, 159~160, 167,
　284, 300~303, 314, 320

캐벌리어-스미스, 톰 176~177, 186,
　234~235
캐벌린, 매트 450
캠벨, 패트릭 197
커크우드, 틈 445~446, 481
케네디, 브라이언 450
케언스-스기스, 그레이엄 410~411,
　414, 479
켄드루, 존 76, 253
코돈 79, 81~90
코키노스 크리스토퍼 352
코테야, 파벨 470
코플리, 셸리 92, 470
크헤신 단백질 234
코흐, 크리스토프 394, 396~397,
　402~403, 470, 481
콘드라쇼프, 알렉세이 215~218
콜라겐 112~113, 354~355
콜버트, 에드윈 352
쿠닌, 유진 100~101, 103, 188~189,
　192, 470
크레브스 회로 48, 50~56, 60, 87
크레브스, 한스 50
크로, 제임스 71
크룬, 윌리엄 245~246
크릭, 프랜시스 67, 253, 255, 396,

403, 479, 480, 483
클라선, 마르셀 370, 470
클라젠, 레온 362
클론 85, 203~204, 206
키네신 271~273
키노돈트 352~353, 365, 368~369, 372~373
키메라 146, 172, 174~175, 177~178, 188, 191~192, 194, 232, 331

| ㅌ |

탄소 26, 53, 55, 115~117, 119, 132, 337, 339, 367, 371~372, 482
테르모플라즈마 180
텔로메어 454
튜블린 271, 274~275, 277~278
트라이아스기 351~353, 356, 365, 368~369, 372
트리버스, 로버트 218, 223
티민(T) 69, 81, 104

| ㅍ |

파커, 앤드루 284, 301, 482
판게아 367
판다, 사트친 322

팔코프스키, 폴 429
퍼루츠, 맥스 76, 253
퍼싱어, 마이클 393
페두차, 앨런 354~355
페름기 241~243, 306, 351, 365~367, 373
펜로즈, 로저 411~412
펠거, 수산네 298~299, 302~303
풀먼, 필립 410
프럼, 리처드 357
프로이트, 클레멘트 336
프리온 277
피루브산 55, 87, 92
피셔, 로널드 212, 217
핑커, 스티븐 387

| ㅎ |

하먼, 데넘 452
할램, 아서 239
합포체 234
해머로프, 스튜어트 411
해밀턴, 빌 218, 222
허버트, 토니 347
허블, 데이비드 395
허스트, 로런스 89
헉슬리, 앤드루 253~254

헉슬리, 휴 253~254, 263, 265, 470, 477
헉슬리, T. H. 124
헤게만, 페터 329
헤모글로빈 253, 277, 359, 439
헬름홀츠, 헤르만 폰 249
호일, 프레드 27, 31
호지킨, 도로시 255
호흡 코선반 352~353, 364, 368
화학삼투 58~62
황세균 37~38, 46, 289, 314
횡격막 346, 352, 359~361, 368
히드라 436
힐, 로빈 124
힐, 윌리엄 227

생명의 도약

1판 1쇄　2011년 3월 15일
1판 7쇄　2024년 3월 14일

지은이　닉 레인
옮긴이　김정은
펴낸이　강성민
편집장　이은혜
마케팅　정민호 박치우 한민아 이민경 박진희 정유선 황승현
브랜딩　함유지 함근아 고보미 박민재 김희숙 박다솔 조다현 정승민 배진성
제작　　강신은 김동욱 이순호

펴낸곳　(주)글항아리 | 출판등록 2009년 1월 19일 제406-2009-000002호

주소 10881 경기도 파주시 심학산로 10 3층
전자우편 bookpot@hanmail.net
전화번호 031-955-8869(마케팅) 031-941-5158(편집부)
팩스 031-941-5163

ISBN 978-89-93905-55-7 03400

잘못된 책은 구입하신 서점에서 교환해드립니다.
기타 교환 문의 031-955-2661, 3580

geulhangari.com